150 Jahre
Wissen für die Zukunft
Oldenbourg Verlag

Finanzmanagement

unter besonderer Berücksichtigung von kleinen und mittelständischen Unternehmen

von

Prof. Dr. Jürgen Stiefl

2., vollständig überarbeitete und wesentlich erweiterte Auflage

Oldenbourg Verlag München

Bibliografische Information der Deutschen Nationalbibliothek

Die Deutsche Nationalbibliothek verzeichnet diese Publikation in der Deutschen Nationalbibliografie; detaillierte bibliografische Daten sind im Internet über <http://dnb.d-nb.de> abrufbar.

Rosenheimer Straße 145, D-81671 München
Telefon: (089) 45051-0
oldenbourg.de

Lektorat: Wirtschafts- und Sozialwissenschaften, wiso@oldenbourg.de
Herstellung: Anna Grosser
Coverentwurf: Kochan & Partner, München
Gedruckt auf säure- und chlorfreiem Papier
Druck: Grafik + Druck, München
Bindung: Thomas Buchbinderei GmbH, Augsburg

ISBN 978-3-486-58782-1

Vorwort zur ersten Auflage

Das vorliegende Buch möchte dem Leser das theoretische Grundlagenwissen aus dem Bereich des Finanzmanagements vermitteln sowie beim praktischen Umsetzen helfen.

Um diesen Zielsetzungen gerecht zu werden, sind sowohl meine mehrjährigen Lehr-, aber auch die praktischen Erfahrungen aus vielen Jahren Unternehmensberatung in die Lerninhalte mit eingeflossen.

Das Buch richtet sich an Studierende der Hochschulen, ist aber auch aufgrund der Übungen für Praktiker geeignet. Aus diesem Grund verweisen regelmäßig Fußnoten auf entsprechende Fallstudien, die die vorgestellte Thematik noch einmal aufgreifen und vertiefen. Zur Lernkontrolle schließen sich dem Kapitel der Fallstudien deren Lösungen an.

Bedanken möchte ich mich an dieser Stelle bei meinen Studentinnen und Studenten sowie den vielen Seminarteilnehmern, die mich zu diesem Buch ermutigt und mir auch durch ihre Hinweise und Fragestellungen wertvolle Tipps gegeben haben.

Besonders aber möchte ich mich bei den Personen bedanken, die an dieser Stelle nicht genannt werden wollen, die aber durch ihr Verständnis die Herstellung dieses Buches sehr erleichtert haben.

Jürgen Stiefl

Januar 2005

Vorwort zur zweiten Auflage

Die zweite Ausgabe von „Finanzmanagement unter besonderer Berücksichtigung von kleinen und mittelständischen Unternehmen" hat inhaltlich den gleichen Aufbau wie die Erstausgabe. Jedoch wurden viele neue Erkenntnisse aus meinen Vorlesungen, betriebswirtschaftlichen Seminaren sowie sich verändernde Rahmenbedingungen eingearbeitet.

Im ersten Kapitel „Einführung in die Finanzierung" wird versucht, die Komplexität der Finanzierung, die ja als Teilgebiet des Rechnungswesens verstanden werden muss, anhand eines kleinen und hoffentlich anschaulichen Beispiels zu verdeutlichen. Immer wieder wurde mir in meinen Veranstaltungen klar, dass es weniger einzelne Fragestellungen sind, die Neueinsteiger vor Probleme stellen. Vielmehr mangelt es häufig daran, diese Themen integriert als Gesamtkomplex betrachten zu können. Wieso kann sich eine Unternehmung bspw. über eine Abschreibung finanzieren, wo doch die Abschreibung einen betriebswirtschaftlichen Aufwand darstellt? Diese Frage kann man eigentlich nur dann befriedigend beantworten, wenn man „über den Tellerrand" hinausschaut und sich auch mit der Kosten- und Leistungsrechnung als Teilgebiet des Rechnungswesens beschäftigt etc.

Das zweite Kapitel „Management der Kapitalbeschaffung" richtet sich besonders an die Studierenden des betriebswirtschaftlichen Grundstudiums sowie an Praktiker, die bspw. wissen möchten, welche Finanzierungsalternative für ihre Unternehmensform besonders in Frage kommt. Dieses zweite Kapitel folgt im ersten Teil der „klassischen" Einteilung der Finanzierungsmodelle und behandelt im zweiten Teil kleine und mittelständische Betriebe und deren besondere Problematik im Zuge der Kapitalbeschaffung. Gegenüber der ersten Auflage beinhaltet das Kapitel den neustrukturierten Aktienmarkt in Deutschland, geht auch auf die Kapitalherabsetzung und damit auf die Unternehmenssanierung ein und beschreibt intensiver als die Erstausgabe den Bereich der Unternehmensanleihen.

Das dritte Kapitel „Finanzmanagement" richtet sich nicht nur an Studierende aus dem Grundstudium, sondern ist auch als hinführende Literatur zu ausgewählten finanzwirtschaftlichen Spezialthemen geeignet. Auch Praktiker finden hier viele Lösungsansätze für ihr Tagesgeschäft. Wie bspw. sichert man die Liquidität einer Unternehmung? Wann besitzt eine Unternehmung eine gute Bonität und damit eine hohe Kreditwürdigkeit bei den Banken? Wie kann ich auf den ersten Blick erkennen, ob meine Bilanz in eine Schieflage geraten ist? Welche Ratingverfahren gibt es und wie kann ich selbst ein Rating ohne großen Aufwand durchführen? Warum sollte ich mich auch als kleines Unternehmen mit Fragen des Risikomanagements auseinandersetzen? Kann man für ein Unternehmen, unabhängig von der Größe und der Rechtsform, den Unternehmenswert bestimmen und welche Möglichkeiten sind gegeben, diesen zu steigern? Gegenüber der ersten Auflage beinhaltet das vorliegende Lehrbuch eine Reihe von Neuerungen und Ergänzungen. Im Bereich der Kennzahlenbetrachtung wird den Finanzierungsmodellen von KMU stärker Rechnung getragen. Auch wird unter der Rubrik „Sachverhaltsgestaltung und Sachverhaltsabbildung“ erläutert, wie man auf legale Art und Weise eine Bilanz „verbessern“ kann. Im Rahmen der Erstellung von langfristigen Finanzplänen wird die Thematik der Veränderungs- und Bewegungsbilanz diskutiert. Hier haben Neueinsteiger die Möglichkeit, ohne große Vorkenntnisse sofort zu erkennen, wohin innerhalb eines Jahres das investierte Geld geflossen ist und wie die Investitionen finanziert wurden. Der Bereich des Ratings unterscheidet jetzt so genannte Banken- von externen Ratings. Die Leser erfahren Möglichkeiten, wie man sich auf Bankengespräche vorbereiten kann und welche Fakten das Rating und damit die Bonität der Unternehmung in besonderem Maße beeinflussen. Schließlich werden im Rahmen des wertorientierten Managements etwas andere Schwerpunkte im Vergleich zur ersten Auflage gesetzt. Auch werden die Unternehmensteuerreform 2008 sowie die neuen Verlautbarungen der Wirtschaftsprüfer im Rahmen der Unternehmensbewertungsmodelle berücksichtigt.

Die Kapitel vier und fünf beinhalten in altbewährter Manier Fallstudien sowie deren Lösungen zu ausgewählten Fragestellungen der vorangegangenen Kapitel. Dadurch eignet sich das Buch auch sehr gut zum Selbststudium. Gegenüber der ersten Version wurden die Anzahl und die Komplexität der Fallstudien deutlich erhöht.

Am Schluss bleibt mir nur noch, an dieser Stelle „Danke“ zu sagen. Bedanken möchte ich mich zunächst wiederum bei den vielen Aalener Studentinnen und Studenten für ihre wertvollen Hinweise und Tipps. Insbesondere Fragestellungen verdeutlichten mir häufig, wie eine Thematik aufgebaut werden sollte, damit sie auch verstanden wird. Auch meine Familie hat mich wieder tatkräftig unterstützt. Hier gilt diesmal mein besonderer Dank Herrn Theo Stiefl für die kritische Durchsicht des Manuskriptes.

Jürgen Stiefl

Juli 2008

Inhalt

1 Einführung in die Finanzierung

1.1 Zielsetzung des Buches

Innerhalb der Betriebswirtschaftslehre gehört die Finanzierung zu den traditionsreichsten und damit automatisch zu den am intensivsten erforschten Gebieten. Warum aber ist das so? Offensichtlich ist es bspw. von zentraler Bedeutung, ob das Geld, das für den unternehmerischen Leistungsprozess benötigt wird, schnell und kostengünstig besorgt werden kann. Aus Risikoüberlegungen heraus kommt der Frage eine elementare Bedeutung zu, wie hoch das unmittelbar haftende Kapital einer Gesellschaft ist. Liegt der Fokus des Betrachters auf dem Rentabilitätsaspekt, ist für ihn die Frage wichtig, wie sich das eingesetzte Kapital verzinst hat. Werden hingegen neue Geldgeber für die Unternehmung gesucht, ist es bedeutsam, den Wert und damit den Preis der zu übertragenden Unternehmensanteile zu kennen. Nicht zuletzt sind es steuerliche und gesetzliche Anforderungen, die erfüllt werden müssen.

Zu all diesen Fragen und zu einigen mehr möchte das vorliegende Buch eine Antwort geben. Dabei hat es sich als sinnvoll erwiesen, die Fragen auch im Hinblick auf die Unternehmensgröße zu betrachten. So ist es nicht unerheblich, ob es sich um Finanzierungsmodelle einer großen Aktiengesellschaft handelt, oder ob neues Geld für ein kleines Familienunternehmen beschafft werden muss.

Nachfolgend werden im ersten Kapitel zunächst elementare Punkte diskutiert. Dazu gehört die Einordnung der Finanzierung in den Bereich des Rechnungswesens. Begrifflichkeiten und Abgrenzungen, die Frage nach der Notwendigkeit der Finanzierung sowie finanzwirtschaftliche Ziele und Fragestellungen beschließen das Kapitel.

Im zweiten Kapitel werden die Möglichkeiten der Kapitalbeschaffung dargelegt. Das Buch folgt dabei tendenziell der angelsächsischen Struktur, die zwischen Außen- und Innenfinanzierungsmöglichkeiten unterscheidet. Ferner werden die Besonderheiten von kleinen und mittelständischen Unternehmen (KMU) berücksichtigt, sind doch mehr als 90% der Unternehmen diesem Segment zuzuordnen.

Im dritten Kapitel werden zentrale Fragen im Bereich des Finanzmanagements beleuchtet. Ist es bspw. möglich, aus einem vergangenheitsorientierten Jahresabschluss Kennzahlen abzuleiten, die Aussagen zur so genannten Bonität der Unternehmung erlauben? Wie können unternehmerische Risiken identifiziert, analysiert und schließlich beseitigt werden? Welche Implikationen haben gesetzliche Regelungen auf die Kreditvergabepolitik von Banken?

Kann man mit Hilfe des wertorientierten Managements den Wertzuwachs/Wertverzehr einer Abrechnungsperiode oder möglicherweise sogar den gesamten Unternehmenswert ermitteln?

Damit die einzelnen Kapitel leichter verständlich und erlernbar sind, werden in regelmäßigen Abständen Fallstudien angeboten, die die dargestellten Inhalte nochmals aufgreifen und vertiefen sollen. Diese Fallstudien sind in Kapitel vier, deren Lösungen in Kapitel fünf enthalten.

1.2 Finanzierung als Teilgebiet des Rechnungswesens

Die Finanzierung ist eingebettet in den Bereich des Rechnungswesens und sollte niemals losgelöst von den anderen Bereichen betrachtet werden.

Dreh- und Angelpunkt aller finanzwirtschaftlichen Überlegungen sind die unternehmerischen Prozesse, die ihren Niederschlag zunächst einmal in den Geschäftsvorfällen der **Finanzbuchhaltung** finden. Die Finanzbuchhaltung, aufgrund der diversen externen Interessentengruppen auch externes Rechnungswesen genannt, generiert mit der **Bilanz** die Bestandsrechnung und mit der **Gewinn- und Verlustrechnung** die Erfolgsrechnung.

Aus der Erfolgsrechnung leitet sich dann durch die so genannte Abgrenzungsrechnung die **Kostenrechnung** ab, die aufgrund des Adressatenkreises zum internen Rechnungswesen gehört, da diese Zahlen aufgrund der Brisanz niemals nach außen gelangen. Ebenso gehört die **Finanz-/Liquiditätsrechnung** zum Bereich des internen Rechnungswesens.

Aus der Bilanzstruktur, die sich aus den Geschäftsvorfällen der Finanzbuchhaltung ergibt, leitet sich weiter ab, wo das unternehmerische Kapital herkommt, d.h., auf der Passivseite stehen mit dem Eigen- und Fremdkapital die beiden Finanzierungsquellen. Gleichzeitig erkennt man aus der Struktur der Aktivseite, wie das finanzierte Kapital investiv angelegt wurde, ob das Kapital also im tendenziell langfristig gebundenen Anlagevermögen oder im kurzfristig gebundenen Umlaufvermögen Verwendung gefunden hat.

Die Gewinn- und Verlustrechnung zeigt auf ihrer Sollseite alle Aufwendungen und auf der Habenseite alle Erträge der Abrechnungsperiode. Übersteigen die Erträge die Aufwendungen, entsteht ein (handelsrechtlicher) Gewinn, im umgekehrten Fall ein Verlust. In beiden Fällen wird der Saldo der Gewinn- und Verlustrechnung dem Eigenkapital auf der Passiva der Bilanz zugeführt, unabhängig von der anschließenden Verwendung.

Entstehen in der Abrechnungsperiode Aufwendungen und Erträge, die das operative Geschäft der Unternehmung betreffen, so werden diese als so genannte Kosten und Leistungen in die Kostenrechnung übertragen. Dort werden diese Kosten/Leistungen teilweise modifiziert bzw. ergänzt und zur Erstellung des operativen Ergebnisses bzw. für Zwecke der Kalkulation weiterverwendet.

Führen die Geschäftsvorfälle schließlich zu Geldzu- oder Geldabflüssen, wird hiermit die Liquiditätsrechnung angesprochen. Somit gibt es letztlich Transaktionen, die alle Teilbereiche des Rechnungswesens berühren, aber auch solche, die nur einzelne Segmente ansprechen.

Um diese Zusammenhänge zu verdeutlichen, soll nun anhand eines sehr einfachen Beispiels auf die einzelnen Elemente des Rechnungswesens eingegangen werden. Nachfolgend werden sieben Geschäftsvorfälle dargestellt und daraus die vier Teilbereiche des Rechnungswesens entwickelt.

<u>1. Geschäftsvorfall</u>: Wir gründen eine Unternehmung – die Gesellschaftsform sei an dieser Stelle einmal unerheblich – indem wir eine Bareinlage in Höhe von 100 TEUR leisten.

Die Auswirkungen auf die Komponenten des Rechnungswesens sind wie folgt:

Bilanz

AKTIVA		**PASSIVA**	
		Eigenkapital	100
		…nzsumme	**100**

Liquiditätsrechnung

EZ1	100	
EZÜ =	**100**	

…swesens – Unternehmensgründung

…ite die Mittelherkunft des Kapitals und damit die Finanzie…llschaftsgründung wurden der Unternehmung 100 TEUR in …en (Außenfinanzierung) zugeführt. Das Kapital schlägt sich …tivseite ausschließlich in Form von liquiden Mitteln (Bank-…e Aktivseite zeigt somit die Mittelverwendung und damit die Inv… …ssiva sind somit lediglich die beiden Seiten ein und derselben Medaille! Eine Bilanz ist i… …er im Gleichgewicht, d.h., die Summe der Aktiva entspricht der Summe der Passiva. Der Geschäftsvorfall wurde liquiditätswirksam, da es zu einem Zufluss von Geld gekommen ist. Dies wird im Rahmen der **Liquiditätsrechnung** durch die Einzahlung (EZ1 = Einzahlung des Geschäftsvorfalls Nr. 1) in Höhe von 100 TEUR deutlich. Es ist eine erste Querverbindung zwischen der Bilanz und der Liquiditätsrechnung erkennbar. Der Saldo der liquiden Mittel der Bilanz stimmt nämlich (immer) mit dem Saldo der Liquiditätsrechnung (EZÜ = Einzahlungsüberschuss) überein!

Der Geschäftsvorfall berührt weder die Gewinn- und Verlustrechnung noch die Kostenrechnung.

2. Geschäftsvorfall: Der Unternehmer benötigt maschinelle Anlagen in Form von Betriebs- und Geschäftsausstattungen und EDV in Höhe von 240 TEUR. Aus der obigen Bilanz wird unmittelbar ersichtlich, dass die verfügbare Liquidität nicht ausreicht, um diese Investition zu tätigen. Deshalb nimmt der Unternehmer ein Darlehen bei seiner Hausbank in Höhe von 200 TEUR auf, die für die Investition fehlenden restlichen 40 TEUR entnimmt er den liquiden Mitteln.

Der Geschäftsvorfall hat folgende Auswirkungen:[1]

Bilanz

AKTIVA		**PASSIVA**	
Anlagen	240	Eigenkapital	100
Liquide Mittel	60	Bankdarlehen	200
Bilanzsumme	**300**	**Bilanzsumme**	**300**

Liquiditätsrechnung

EZ1	100	AZ2	240
EZ2	200		
EZÜ = 60			

Abbildung 2: Komponenten des Rechnungswesens – Investition in Anlagen

Durch die erforderlichen Investitionen in langfristig gebundenes Anlagevermögen in Höhe von 240 TEUR hat sich die Bilanzstruktur ganz maßgeblich verändert. Die Unternehmung ist nun zu 2/3 über ein Bankendarlehen finanziert (Fremdfinanzierung), während sich die liquiden Mittel trotz der neu erschlossenen Finanzquelle von 100 TEUR auf 60 TEUR reduziert haben. Im Rahmen der Liquiditätsrechnung werden Aufnahme und Verwendung des Bankendarlehens brutto ausgewiesen. Die Darlehensaufnahme sorgte zunächst zu einem Liquiditätszufluss (EZ2), zeitgleich aber auch zu einer Auszahlung (AZ2). Der Einzahlungsüberschuss stimmt nach der Transaktion wiederum mit dem Bestand der liquiden Mittel der Bilanz überein.

Ebenso wie beim ersten Geschäftsvorfall werden Gewinn- und Verlustrechnung sowie Kostenrechnung noch nicht tangiert.

3. Geschäftsvorfall: Der Geschäftszweck der Gesellschaft ist die Produktion und der Vertrieb von EDV-Software. Hierzu stellt die Unternehmung Mitarbeiter ein, die in diesem Jahr 335 TEUR kosten. Gleichzeitig sorgt der Verkauf der produzierten Software für Umsatzerlöse in Höhe von 400 TEUR. Beide Vorgänge werden zahlungswirksam.

---

[1] Bei der weiteren Betrachtung werden die Veränderungen als grau schraffierte Felder markiert.

Erstmalig wirkt sich ein Geschäftsvorfall auf die Gewinn- und Verlustrechnung und die Kostenrechnung aus:

Bilanz

AKTIVA			**PASSIVA**
Anlagen	240	Eigenkapital	100
Liquide Mittel	125	Bankdarlehen	200
Bilanzsumme	**365**	**Bilanzsumme**	**300**

Liquiditätsrechnung

EZ1	100	AZ2	240
EZ2	200	AZ3	335
EZ3	400		
EZÜ =	**125**		

Gewinn- und Verlustrechnung

SOLL			**HABEN**
Personalaufwand	335	Umsatzerlös	400
Gewinn	65		
Saldo	**400**	**Saldo**	**400**

Kostenrechnung

Leistungen	400
Personalkosten	335
Operatives Ergebnis	**65**

Abbildung 3: Komponenten des Rechnungswesens – Umsatzerlös und Personalaufwand

In der Bilanz zeigt sich der Geschäftsvorfall ausschließlich beim Bestand der liquiden Mittel, der sich in Höhe der Differenz zwischen Umsatzerlös (400 TEUR) und Personalaufwand (335 TEUR) erhöht. Ein- und Auszahlungen (EZ3 und AZ3) werden bei der Liquiditätsrechnung wiederum brutto dargestellt. Die Gewinn- und Verlustrechnung zeigt im Haben den Umsatzerlös und im Soll den Personalaufwand. Der bislang entstandene Gewinn in Höhe der Differenz (65 TEUR) würde, wenn der Jahresabschluss nun zu erstellen wäre, dem Eigenkapital zugeordnet und würde somit die Passive auf 365 TEUR (= Aktiva) erhöhen. Hier zeigt sich die nächste Querverbindung innerhalb der Rechnungswesenkomponenten. Der Saldo der Gewinn- und Verlustrechnung ist nämlich dem Eigenkapital zuzuschlagen. Im Falle eines Gewinnes wird damit eine weitere Form der Finanzierung angesprochen, nämlich mit der so genannten Gewinnthesaurierung eine Form der offenen Selbstfinanzierung (Innenfinanzierung). Die Bilanz wäre nach der Übernahme des Gewinnes wiederum im Gleichgewicht. Da es sich bei dem Geschäftsvorfall um das operative Geschäft der Unternehmung handelt, werden die Umsatzerlöse in der Kostenrechnung als Leistungen und die Personalaufwendungen als Personalkosten dargestellt. Bis zu diesem Zeitpunkt sind Gewinn und operatives Ergebnis in Höhe von 65 TEUR identisch.

4. Geschäftsvorfall: Das Anlagevermögen wird aufgrund des Verschleißes sowie des technischen Fortschritts über 5 Jahre linear abgeschrieben, so dass im Jahresabschluss 48 TEUR erfolgswirksam erfasst werden (240 TEUR / 5 Jahre).

Bilanz

AKTIVA		**PASSIVA**	
Anlagen	192	Eigenkapital	100
Liquide Mittel	125	Bankdarlehen	200
Bilanzsumme	**317**	**Bilanzsumme**	**300**

Liquiditätsrechnung

EZ1	100	AZ2	240
EZ2	200	AZ3	335
EZ3	400		
EZÜ = 125			

Gewinn- und Verlustrechnung

SOLL		**HABEN**	
Personalaufwand	335	Umsatzerlös	400
Abschreibung	48		
Gewinn	17		
Saldo	**400**	**Saldo**	**400**

Kostenrechnung

Leistungen	400
Personalkosten	335
Kalk. Abschreibung	40
Operatives Ergebnis	**25**

Abbildung 4: Komponenten des Rechnungswesens – Abschreibungen

Dieser Geschäftsvorfall zeigt einen elementaren Unterschied zu den ersten drei. Der handelsrechtliche Aufwand (48 TEUR) vermindert das Anlagevermögen und den ausgewiesenen Gewinn über die Einbuchung der Abschreibung, wird aber nicht im Rahmen der Liquiditätsrechnung dargestellt. Es handelt sich um einen rein buchhalterischen Vorgang, der nicht zu einer Auszahlung führt. Ferner wurde im Rahmen der Kostenrechnung der langfristige erwartete Werteverschleiß des Anlagevermögens mit 40 TEUR etwas niedriger ausgewiesen, die kalkulatorische Abschreibung (40 TEUR) weicht folglich von der handelsrechtlichen Abschreibung der Gewinn- und Verlustrechnung in Höhe von 8 TEUR ab. Hier zeigt sich eine Problematik, die der Kostenrechner immer zu lösen hat. Er leitet die Kosten und Leistungen aus der Gewinn- und Verlustrechnung ab und muss grundsätzlich die Frage beantworten, ob erstens die Aufwendungen in gleicher Höhe als Kosten zu übernehmen sind (Grundkosten oder aufwandsgleiche Kosten), ob zweitens die Aufwendungen in einer anderen Höhe als Kosten ihren Niederschlag finden (Anderskosten) oder ob drittens die Aufwendungen möglicherweise gar keine Kosten darstellen (neutrale Aufwendungen).[2] Im hier vorliegenden Fall wurde exemplarisch einmal von Anderskosten ausgegangen, natürlich wären auch die beiden anderen Varianten (Grundkosten oder neutrale Aufwendungen) denkbar gewesen.

5. Geschäftsvorfall: Das Bankdarlehen ist im ersten Jahr tilgungsfrei, jedoch mit 6% zu verzinsen. Die Zinsaufwendungen (200 TEUR * 0,06 = 12 TEUR) werden bar bezahlt.

Bilanz

AKTIVA			**PASSIVA**
Anlagen	192	Eigenkapital	100
Liquide Mittel	113	Bankdarlehen	200
Bilanzsumme	**305**	**Bilanzsumme**	**300**

Liquiditätsrechnung

EZ1	100	AZ2	240
EZ2	200	AZ3	335
EZ3	400	AZ5	12

EZÜ = 113

Gewinn- und Verlustrechnung

SOLL			**HABEN**
Personalaufwand	335	Umsatzerlös	400
Abschreibung	48		
Zinsaufwand	12		
Gewinn	5		
Saldo	**400**	**Saldo**	**400**

Kostenrechnung

Leistungen	400
Personalkosten	335
Kalk. Abschreibung	40
Kalk. Zinsen	12
Operatives Ergebnis	**13**

Abbildung 5: Komponenten des Rechnungswesens – Zinsaufwendungen

[2] Vgl. hierzu das Beispiel im Anhang 9.1 „Systematik und Beispiel der Kostenrechnung". Siehe auch Fallstudie 1.

Der Zinsaufwand reduziert den Bestand der liquiden Mittel sowie den Einzahlungsüberschuss auf 113 TEUR. Ferner vermindert er den handelsrechtlichen Gewinn auf 5 TEUR und in der gleichen Höhe über die kalkulatorischen Zinsen das operative Ergebnis auf 13 TEUR. Hier wurde davon ausgegangen, dass eine 6%ige Verzinsung dem langfristigen durchschnittlichen Zinsniveau entspricht, so dass im Rahmen der Kostenrechnung keine kostenrechnerischen Korrekturen erforderlich waren. Es handelt sich im vorliegenden Fall folglich um Grundkosten.

6. Geschäftsvorfall: Die Geschäftsleitung sieht den Liquiditätsbestand als „zu hoch" an und beschließt, kurzfristig in Höhe von 50 TEUR Wertpapiere zu erwerben.

Bilanz

AKTIVA		PASSIVA	
Anlagen	192	Eigenkapital	100
Wertpapiere	50		
Liquide Mittel	63	Bankdarlehen	200
Bilanzsumme	**305**	**Bilanzsumme**	**300**

Liquiditätsrechnung

EZ1	100	AZ2	240
EZ2	200	AZ3	335
EZ3	400	AZ5	12
		AZ6	50
EZÜ =	**63**		

Gewinn- und Verlustrechnung

SOLL		HABEN	
Personalaufwand	335	Umsatzerlös	400
Abschreibung	48		
Zinsaufwand	12		
Gewinn	5		
Saldo	**400**	**Saldo**	**400**

Kostenrechnung

Leistungen	400
Personalkosten	335
Kalk. Abschreibung	40
Kalk. Zinsen	12
Operatives Ergebnis	**13**

Abbildung 6: Komponenten des Rechnungswesens – Kauf von Wertpapieren

Der Geschäftsvorfall führt in der Bilanz zu einem reinen Aktivtausch, d.h., der Liquiditätsbestand wird zugunsten der Wertpapiere reduziert. Auswirkungen auf Gewinn- und Verlustrechnung und Kostenrechnung liegen nicht vor.

7. Geschäftsvorfall: Die Wertpapiere werden am Jahresende mit 10% verzinst. Die Zinserträge werden wiederum liquiditätswirksam.

Bilanz

AKTIVA		PASSIVA	
Anlagen	192	Eigenkapital	100
Wertpapiere	50		
Liquide Mittel	68	Bankdarlehen	200
Bilanzsumme	**310**	**Bilanzsumme**	**300**

Liquiditätsrechnung

EZ1	100	AZ2	240
EZ2	200	AZ3	335
EZ3	400	AZ5	12
EZ7	5	AZ6	50

EZÜ = 68

Gewinn- und Verlustrechnung

SOLL		HABEN	
Personalaufwand	335	Umsatzerlös	400
Abschreibung	48	Zinsertrag	5
Zinsaufwand	12		
Gewinn	10		
Saldo	**405**	**Saldo**	**405**

Kostenrechnung

Leistungen	400
Personalkosten	335
Kalk. Abschreibung	40
Kalk. Zinsen	12
Operatives Ergebnis	**13**

Abbildung 7: Komponenten des Rechnungswesens – Zinserträge

Dieser letzte Geschäftsvorfall erhöht den Liquiditätsbestand auf 68 TEUR und parallel den handelsrechtlichen Gewinn auf 10 TEUR. Im Rahmen der Kostenrechnung wird der Ertrag nicht dargestellt, da die Zinserträge nicht das operative Geschäft betreffen und somit als so genannte neutrale Erträge abgegrenzt werden.

Am Jahresende wird nun noch der handelsrechtliche Gewinn dem Eigenkapital zugeordnet und komplettiert den Jahresabschluss (aus Vereinfachungsgründen wurde im Beispiel auf die Berücksichtigung von Steuern verzichtet).

Bilanz

AKTIVA		**PASSIVA**	
Anlagen	192	Eigenkapital	100
		Gewinn	10
Wertpapiere	50		
Liquide Mittel	68	Bankdarlehen	200
Bilanzsumme	**310**	**Bilanzsumme**	**310**

Abbildung 8: Komponenten des Rechnungswesens – Schlussbilanz

Die Geschäftsvorfälle zeigen zusammenfassend folgende Ergebnisse und Implikationen:

- Mit der Bilanz und der Gewinn- und Verlustrechnung wurde der Jahresabschluss erstellt. Beide Bereiche werden zum so genannten externen Rechnungswesen gezählt, denn es sind externe Adressaten (bspw. Finanzamt, Gläubiger, Lieferanten, Kapitalgeber), die ein Interesse am Jahresabschluss haben. Am Jahresende wird der Saldo der Gewinn- und Verlustrechnung dem Eigenkapital zugeführt (hier 10 TEUR). Die Erstellung des Jahresabschlusses ist Pflicht.

- Kostenrechnung und Liquiditätsrechnung gehören zum so genannten internen Rechnungswesen, denn die Zahlen werden nicht veröffentlicht, sondern nur für interne Zwecke genutzt. Die Erstellung ist freiwillig, jedoch unbedingt ratsam. Ohne Kostenrechnung wüsste die Unternehmensleitung nicht, ob mit dem Kerngeschäft Geld verdient oder vernichtet wird und welche Produkte positive und negative Ergebnisse erwirtschaften. Auch eine Kalkulationsgrundlage wäre nicht vorhanden. Ohne Liquiditätsrechnung bzw. daran anknüpfend die Liquiditätsplanung ist der Unternehmer nicht in der Lage, drohende Liquiditätsengpässe, welche die Hauptgründe für Insolvenzen sind, zu erkennen.

- Die Kostenrechnung leitet sich aus der Gewinn- und Verlustrechnung ab. Umsatzerlöse, die das operative Geschäft betreffen, werden als Leistungen übernommen, sonstige Erträge als neutrale Erträge herausgefiltert. Aufwendungen führen entweder in gleicher Höhe zu Kosten (Grundkosten), werden in einer anderen Höhe übernommen (Anderskosten) oder finden keine Berücksichtigung (neutrale Aufwendungen).

- Im Beispiel differieren Bilanzgewinn (10 TEUR) und das operative Ergebnis der Kostenrechnung (13 TEUR). Der Grund liegt zum einen im neutralen Ertrag infolge des Zinsgewinnes (5 TEUR) und zum anderen im Rahmen der Anderskosten bei den kalkulatorischen Abschreibungen (8 TEUR).

- Die Liquiditätsrechnung (Finanzrechnung) zeigt alle Ein- und Auszahlungsströme einer Abrechnungsperiode. Der Saldo stimmt mit dem Saldo der liquiden Mittel der Aktivseite der Bilanz überein.

- Die Aktivseite ist die Investitionsseite einer Unternehmung und wird auch Mittelverwendungsseite genannt. Sie beinhaltet im Anlagevermögen das langfristig gebundene Vermögen (Grundstücke und Gebäude, Betriebs- und Geschäftsausstattung und Fuhrpark) und im Umlaufvermögen das kurz- bis mittelfristig gebundene Vermögen (Vorräte, Forderungen, Bank- und Kassenbestände).

- Die Passivseite ist die Finanzierungsseite einer Unternehmung und wird auch Mittelherkunftsseite genannt. Sie beinhaltet mit dem Eigenkapital (je nach Gesellschaftsform gezeichnetes Kapital, Grundkapital, Kapitalrücklage, Gewinnrücklage, Gewinn-/Verlustvortrag, Gewinn/Verlust) das langfristig finanzierte Kapital und mit dem Fremdkapital sowohl langfristig (z.B. Annuitätendarlehen, Hypothekendarlehen, Pensionsrückstellungen) als auch kurzfristig (z.B. Lieferantenkredit, Kontokorrentkredit) gebundene Fremdmittel.

Im obigen Beispiel können wir bereits eine Reihe von **Finanzierungsalternativen** erkennen:

- Zunächst hat eine Eigenkapitalzuführung stattgefunden. Würde man hier die Unterscheidung nach der Rechtsstellung der Kapitalgeber treffen, wäre es eine Form der Eigenfinanzierung. Wäre das Kriterium der Mittelherkunft relevant, würde man die Eigenkapitalzuführung als Außenfinanzierung bezeichnen, denn der Unternehmung wurde Kapital von außen zur Verfügung gestellt.[3]

- Es wurde dann ein Bankendarlehen aufgenommen. Nach der Rechtsstellung der Kapitalgeber handelt es sich um eine Form der Fremdfinanzierung, trifft man hingegen die Unterscheidung nach der Mittelherkunft, wäre es ebenfalls eine Form der Außenfinanzierung.

- Am Jahresende wurde der Gewinn thesauriert, d.h. dem Eigenkapital zugeführt. Nach der Rechtsstellung der Kapitalgeber handelt es sich eindeutig um eine Form der Eigenfinanzierung, die Mittelherkunft zeigt eine typische Innenfinanzierung.

- Schließlich könnte man bei genauem Hinschauen sogar eine Abschreibungsfinanzierung erkennen. Gehen wir einmal davon aus, dass die kalkulatorische Abschreibung über die Kalkulation Berücksichtigung findet und über den Verkaufspreis der Produkte wieder in die Unternehmung zurückfließt, würde es sich um eine Form der Innenfinanzierung handeln.

---

[3] Bei den Finanzierungsmodellen Außen-/Innenfinanzierung versus Eigen-/Fremdfinanzierung handelt es sich natürlich um identische Finanzierungsinstrumentarien. Es liegt lediglich eine etwas andere Betrachtungsweise vor.

Die soeben diskutierten Zusammenhänge des Rechnungswesens mit der Einbettung der Finanzierung sollen nun noch einmal aus einer etwas anderen Perspektive anhand einiger Kriterien dargestellt werden.

Säulen des Rechnungswesens			
Kriterium	**Externes ReWe**	**Internes ReWe**	**Finanzwesen**
Empfänger	Externe Interessenten	Interne Interessenten (Unternehmensführung)	Interne, teilweise auch externe Interessenten
Zweck	Rechenschaftslegung über Jahreserfolg und Vermögen	Grundlage für Planung, Steuerung und Kontrolle des Unternehmens	Grundlage für Planung, Steuerung und Kontrolle des Unternehmens, Nachweis über Zahlungsfähigkeit
Zeitbezug	Vergangenheit; Jahr	Vergangenheit, Zukunft; Jahr, Monat, Tag	Vergangenheit, Zukunft; Jahr, Monat, Tag
Regelung	Gesetzliche Regelungen (Handels- und Steuerrecht)	Interne Regelungen (Unternehmensindividuell)	Interne Regelungen (Unternehmensindividuell)
Veröffentlichung	Pflicht	freiwillig	freiwillig, teilweise gefordert
Wertgrößen	Ertrag und Aufwand	Leistungen und Kosten	Einzahlungen und Auszahlungen
	↑ Finanzbuchhaltung	↑ Kostenrechnung	↑ Finanz- und Liquiditätsrechnung

Abbildung 9: Die Säulen des Rechnungswesens

Von besonderer Relevanz sind im Rahmen der dargestellten Kriterien die Wertgrößen, die unbedingt voneinander abgegrenzt werden müssen. Deshalb ist an dieser Stelle eine kurze Definition angebracht.

Erträge sind die in der Finanzbuchhaltung in Geld bewerteten Wertezugänge einer Abrechnungsperiode. Stammen sie aus dem betrieblichen Leistungsprozess, so bezeichnet man sie als **Betriebserträge**, andernfalls als **neutrale Erträge**. Sie finden ihren Niederschlag auf der Habenseite der Gewinn- und Verlustrechnung. Beispiele für Betriebserträge sind die Umsatzerlöse, die in Zusammenhang mit den verkauften Produkten und Dienstleistungen stehen. Neutrale Erträge entstehen aus betriebsfremden, periodenfremden oder außerordentlichen Vorgängen. Spekulationsgewinne wären betriebsfremde, Gewerbesteuerrückzahlungen periodenfremde und Erträge aus einem gewonnenen Prozess außerordentliche Erträge.

Aufwendungen sind die in der Finanzbuchhaltung in Geld bewerteten Wertabgänge einer Abrechnungsperiode. Ebenso wie bei den Erträgen unterscheidet man zwischen **Betriebsaufwendungen** und **neutralen Aufwendungen**. Sie finden ihren Niederschlag auf der Sollseite der Gewinn- und Verlustrechnung. Beispiele für Betriebsaufwendungen sind Material- und Personalaufwendungen, die im Zuge des betrieblichen Leistungsprozesses anfallen. Neutrale Aufwendungen entstehen, ebenso wie die neutralen Erträge, aus betriebsfremden, periodenfremden oder außerordentlichen Geschäftsvorfällen. Verluste aus dem Verkauf einer Beteiligung bspw. stellen betriebsfremde, Steuernachzahlungen periodenfremde und nicht durch eine Versicherung abgedeckte Brandschäden außerordentliche Aufwendungen dar.

Leistungen sind die in Geld bewerteten, aus dem betrieblichen Produktionsprozess hervorgegangenen Mengen an Gütern und Dienstleistungen einer Abrechnungsperiode. Es handelt sich hierbei um die Erträge der Finanzbuchhaltung des betrieblichen Leistungsprozesses, die in der Kostenrechnung weiterverarbeitet werden. Beispiele sind die bezogenen Gelder aus dem Warenverkauf.

Kosten sind der in Geld bewertete Verzehr an Gütern und Dienstleistungen innerhalb einer Abrechnungsperiode, welche der Erhaltung der betrieblichen Leistungsbereitschaft und der Erstellung der betrieblichen Leistungen dienen. Bei den Kosten handelt es sich insbesondere um die Aufwendungen der Finanzbuchhaltung des betrieblichen Leistungsprozesses, die in der Kostenrechung im Rahmen der Kalkulation weiterverarbeitet werden. Beispiele sind die aus der Finanzbuchhaltung in gleicher Höhe übernommenen Personalkosten (Grundkosten), die in einer anderen Höhe übernommenen kalkulatorischen Abschreibungen und kalkulatorische Zinsen (Anderskosten) oder aber auch der kalkulatorische Unternehmerlohn einer Personengesellschaft, der in der Finanzbuchhaltung keine Berücksichtigung findet (Zusatzkosten).

Einzahlungen sind Zuflüsse von liquiden Mitteln. Die Zahlungs- und Geldeingänge bedeuten eine Erhöhung des Zahlungsmittelbestandes. Dieser setzt sich dabei zusammen aus dem Bestand an Bargeld und Buchgeld. Einzahlungen entstehen bspw. beim Barverkauf von Güter- und Dienstleistungen oder bei der Rechnungsbegleichung eines Kunden.

Auszahlungen hingegen bedeuten Abflüsse von liquiden Mitteln bzw. eine Verminderung des Zahlungsmittelbestandes. Beispielhaft kann hier die Gehaltsüberweisung an die Mitarbeiter oder die Begleichung einer Lieferantenrechnung aufgeführt werden.[4]

Die obige Abbildung lässt beim genauen Hinschauen im Vergleich zum aufgeführten Zahlenbeispiel einige Unschärfen erkennen. Wurde im Zahlenbeispiel Finanzierung gewissermaßen mit der Passivseite der Bilanz gleichgesetzt, so findet sich die Finanzierung im

[4] Siehe Fallstudie 2.

Schaubild nun unter dem Finanzwesen wieder. Ferner wird dort das Finanzwesen mit der Finanz-/Liquiditätsrechnung in Verbindung gebracht. Diese vermeintliche Diskrepanz soll im nächsten Unterkapitel „Begrifflichkeiten und Abgrenzung“ ausgeräumt werden.

1.3 Begrifflichkeiten und Abgrenzung

Die Begriffe und Anschauungen aus dem Bereich der Finanzwirtschaft/Finanzierung sind sehr vielschichtig, für das vorliegende Lehrbuch sollen deshalb nur die im weiteren Verlauf zur Diskussion stehenden Ansätze und Kriterien genannt werden.

Die größte Verbreitung findet die Unterscheidung in den **statisch bilanziellen** und in den **dynamischen Finanzierungsansätzen**.

Nach dem **statisch bilanziellen Ansatz**, der im vorangegangenen Abschnitt diskutiert wurde, umfasst die **Finanzierung alle Maßnahmen, die mit der Kapitalbeschaffung einer Unternehmung im Zusammenhang stehen**. Der Gegenwert des Kapitals kann in Form von Geld, Gütern oder Wertpapieren zur Verfügung gestellt werden. Verdeutlicht werden kann dieser Ansatz am besten in Form einer grob gegliederten Bilanz.

Bilanz

AKTIVA	PASSIVA
Immaterielle Vermögensgegenstände	Gezeichnetes Kapital
Grundstücke und Gebäude	Kapitalrücklage
Betriebs- und Geschäftsausstattung	Gewinnrücklage
Fuhrpark	Gewinn-/Verlustvortrag
	Jahresüberschuss/Jahresfehlbetrag
Anlagevermögen	Eigenkapital
Vorräte	Rückstellungen
Forderungen	Bankendarlehen
Sonstige Vermögensgegenstände	Lieferantenverbindlichkeiten
Wertpapiere	Sonstige Verbindlichkeiten
Liquide Mittel	
Umlaufvermögen	Fremdkapital
Bilanzsumme	**Bilanzsumme**

Abbildung 10: Standardbilanz

Die Kapitalbeschaffung findet, wie bereits erwähnt, ihren Niederschlag auf der Passivseite der Bilanz und zeigt, woher die finanziellen Mittel stammen, die für die unternehmerischen Prozesse benötigt werden. Die Passivseite ist damit die Mittelherkunftsseite der Bilanz, weil sie darstellt, ob die Unternehmung eigen- und/oder fremdfinanziert ist bzw. ob das Kapital der Unternehmung von außen oder von innen zur Verfügung gestellt wurde.[5]

Demgegenüber zeigt die Aktivseite der Bilanz, wie das beschaffte Kapital investiv verwendet wurde. So kann das Kapital längerfristig gebunden im Anlagevermögen oder aber kurzfristiger gebunden im Umlaufvermögen, beispielsweise in den Vorräten, investiert worden sein.

Im Gegensatz zum statisch bilanziellen Ansatz sieht der **dynamische Finanzierungsansatz** in der Finanzierung den **Zu- und Abfluss von liquiden Mitteln**. Betrachtet wird damit ausschließlich die Zahlungsebene der Unternehmung (Einzahlungen und Auszahlungen).[6]

Beide Ansätze, d.h. sowohl der statisch bilanzielle, als auch der dynamische Ansatz, finden sich in den weiteren Darstellungen wieder. Die Ausführungen zum Kapitalbeschaffungsmanagement folgen tendenziell eher dem statisch bilanziellen Ansatz, während die Bereiche des Finanzmanagements eher der dynamischen Betrachtungsweise nachgehen.

Damit können bereits an dieser Stelle die **Hauptaufgaben** aus den beiden Kapiteln Kapitalbeschaffung und Finanzmanagement umschrieben werden:[7]

Die **Kapitalbeschaffung** (auch Finanzierung i.e.S.) sieht ihre originäre Aufgabe darin, der Unternehmung Kapital in Form von Eigen- oder Fremdkapital, entweder über den Innenfinanzierungs- oder den Außenfinanzierungsprozess zur Verfügung zu stellen.

Das **Finanzmanagement** (auch Finanzierung i.w.S.) hingegen hat den Schwerpunkt auf der Planung, Steuerung und Kontrolle sowie der Sicherung der jederzeitigen Zahlungsbereitschaft.

Die im Zuge des statisch bilanziellen Finanzierungsbegriffs diskutierte **Kapitalverwendung**, also die Frage, wie das bereitgestellte beschaffte Kapital unternehmerisch einzusetzen ist, findet in den weiteren Ausführungen nur am Rande Berücksichtigung. Dies wäre in einem Lehrbuch zum Thema Investition näher zu erörtern.

1.4 Notwendigkeit der Finanzierung

In diesem Unterkapitel wollen wir uns noch einmal abschließend die Frage stellen, warum, wie bereits oben erwähnt, Finanzierung einen so bedeutsamen Teilbereich der Betriebswirtschaftslehre verkörpert. Es liegt insbesondere darin begründet, dass die Verantwortlichen des Unternehmens das ständige zeitliche und betragsmäßige Auseinanderdriften von Ein- und Auszahlungen überwachen sowie entstehende Finanzierungslücken kompensieren müssen.

[5] Auf diese Begrifflichkeiten und deren Unterschiede wird im weiteren Verlauf noch genau einzugehen sein.

[6] Zu den unterschiedlichen finanzwirtschaftlichen Begrifflichkeiten vgl. auch Däumler K.D/Grabe J. 2008, S. 25.

[7] Vgl. Jahrmann 2003, S. 17ff und Wöhe/Bilstein 2002, S 1ff.

Auch das obige Eingangsbeispiel hat dies deutlich gemacht, wie folgende Abbildung noch einmal zeigt.

Finanzielle Vorgänge in einer Unternehmung

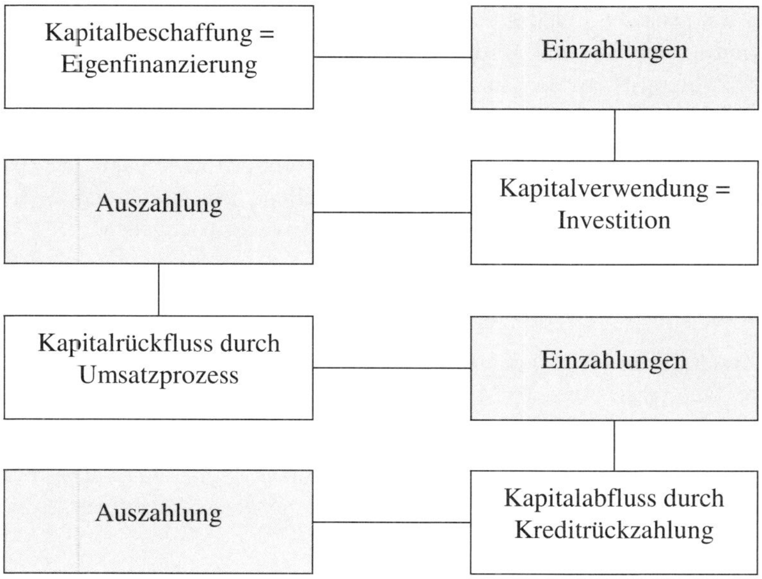

Abbildung 11: Finanzielle Vorgänge einer Unternehmung

Im Zuge der Unternehmensgründung hatte die Kapitalbeschaffung zunächst zu einer Einzahlung geführt. Es wurde Eigenkapital von außen eingebracht. Im Anschluss wurden Mittel in Anlagevermögen investiert. Diese Kapitalverwendung machte jedoch eine Auszahlung erforderlich, die die bestehenden liquiden Mittel deutlich überstieg. Deshalb musste die Gesellschaft mit neuem Kapital ausgestattet werden (hier Bankendarlehen), um die notwendig gewordene Liquidität bereitzustellen. Im weiteren Verlauf kam es dann durch den Verkauf der Software zu einem Kapitalrückfluss. Auch hier hätte man sich ein zeitliches Auseinanderfallen von Auszahlungen für das Personal und Einzahlungen aus dem Verkauf der Produkte vorstellen können. Erfolgt nämlich der Produktverkauf auf Ziel, werden zunächst Forderungen gegenüber den Kunden eingebucht, die somit erst später in Form von liquiden Mitteln einzahlungswirksam werden.

Aus der soeben geführten Diskussion erhebt sich unmittelbar die Frage, was die Hauptbestimmungsgründe des Kapitalbedarfs sind. Als solche können der betriebliche Umsatzprozess und die (langfristigen) Investitionen ausfindig gemacht werden.

Der **betriebliche Umsatzprozess** führt zu einer vergleichsweise kurzen Kapitalbindung. Kurzfristig zu finanzieren sind bspw. Produktionsfaktoren wie Roh-, Hilfs- und Betriebsstoffe, fremdbezogene Vorprodukte und die Arbeitsleistung.

Investitionen, z.B. in Produktionsanlagen oder den Fuhrpark, haben eine vergleichsweise lange Kapitalbindung – meist über mehrere Jahre – zur Folge. Die investierten Mittel fließen über den betrieblichen Umsatzprozess in die Unternehmung zurück, wenn die Marktteilnehmer über den Produktpreis die Produktionskosten einschließlich der Abschreibungen der Anlagen finanzieren.

1.5 Finanzwirtschaftliche Ziele und Fragestellungen

Im Rahmen der Betriebswirtschaftslehre ergeben sich eine ganze Reihe von unternehmerischen Zielen mit den daraus abgeleiteten finanzwirtschaftlichen Zielen und den daran anknüpfenden Fragen, die im weiteren Verlauf relevant sind.

Hinsichtlich der Zielkriterien unterscheidet man in der Literatur häufig die Kategorien

- quantifizierbare/qualitative Ziele,
- Leistungs-, Erfolgs- und Finanzziele sowie
- komplementäre, konkurrierende und indifferente Ziele.

Quantifizierbare Ziele lassen sich in Mengen oder Preisen ausdrücken. So lässt sich die geplante Absatzmenge in Stückzahlen oder Tonnagen angeben, oder aber der geplante Umsatzerlös einer Abrechnungsperiode in € oder $.

Qualitative Ziele haben zunächst einmal den Nachteil, dass sie sich aufgrund ihres Charakters nicht direkt in Geld- oder Mengengrößen ausdrücken lassen und damit schwerer zu greifen sind als die quantifizierbaren Ziele. Sie sind aber häufig nicht minder wichtig. So sind die Erlangung von Marktmacht oder aber eine möglichst hohe Kreditwürdigkeit bei den Kreditinstituten typische qualitative Ziele, die sich dann aber bei näherer Betrachtung im nächsten Schritt sehr wohl quantifizieren lassen. So führt die Marktmacht zwangsläufig im Zeitablauf zu einem entsprechenden Umsatzvolumen verbunden mit einer „akzeptablen“ Gewinnmarge, während sich eine hohe Kreditwürdigkeit später in einer guten Bonität verbunden mit niedrigen Fremdkapitalzinsen widerspiegelt.

Leistungsziele leiten sich i.d.R. aus den strategischen, d.h. langfristigen, von der Unternehmensleitung vorgegebenen Zielen ab. Die Struktur des Produktionsprogramms bspw. wäre ein typisches Leistungsziel, das normalerweise langfristig geplant von der Geschäftsleitung vorgegeben wird.

Erfolgsziele knüpfen an den Leistungszielen an und werden häufig zwischen der Unternehmensführung und den operativen Einheiten der Unternehmung vereinbart. Die Planung des

Umsatzvolumens (in Geldeinheiten) verbunden mit einer vorgegebenen Umsatzrentabilität (Gewinn in Relation zum Umsatzerlös) sind typische Erfolgsziele.

Finanzziele haben innerhalb der Zielkriterien häufig ein Alleinstellungsmerkmal. Innerhalb der Finanzziele werden bestimmte Vereinbarungen festgelegt, die den Fortbestand der Unternehmung sowohl kurz-, mittel- als auch langfristig sichern müssen. Die jederzeitige Zahlungsbereitschaft der Unternehmung ist ein bedeutendes finanzwirtschaftliches Ziel.

Die **komplementären Ziele** fördern sich in ihrem Zielerreichungsgrad gegenseitig, d.h. je höher der Zielerreichungsgrad des einen, desto höher auch der Zielerreichungsgrad des anderen Ziels. Gewinn und Dividende sind typische komplementäre Ziele, denn je höher der Gewinn einer Abrechnungsperiode, desto höher ist die mögliche Dividendenausschüttung (Gewinn/Aktie).

Problematisch sind die in der Praxis häufiger anzutreffenden **konkurrierenden Zielbeziehungen**. Hier wirken sich die Ziele kontraproduktiv aufeinander aus. Hohe Liquiditätsbestände und eine hohe Umsatzrentabilität sind konkurrierende Zielbeziehungen, denn je mehr liquide Mittel in den Barreserven einer Unternehmung gebunden sind, desto weniger Kapital steht zur Verfügung, um es produktiv und damit gewinnbringend arbeiten zu lassen.

Noch gravierender zeigt sich eine konkurrierende Zielbeziehung bei der Frage nach der Höhe des haftenden Eigenkapitals. Aus Sicht der Kredit gebenden Banken, oder um drohende Überschuldungen zu vermeiden, sollte das Eigenkapital möglichst hoch, aus Sicht der Eigenkapitalverzinsung – die so genannte Eigenkapitalrentabilität – möglichst niedrig sein. Hier offenbart sich der Zielkonflikt folglich bei einer einzigen Größe, nämlich dem Eigenkapital.

$$EKR = \frac{G}{EK} * 100 = \frac{10}{100} * 100 = 10\% \qquad EKQ = \frac{EK}{BS} * 100 = \frac{100}{400} * 100 = 25\%$$

mit: EKR = Eigenkapitalrentabilität

G = Gewinn

EK = Eigenkapital

EKQ = Eigenkapitalquote

BS = Bilanzsumme

Bei der Eigenkapitalrentabilität ist das Eigenkapital die Bezugsgröße, d.h., es steht im Nenner, bei der Eigenkapitalquote ist es die Ausgangsgröße, d.h., es steht im Zähler. Im vorliegenden Beispiel beträgt die Verzinsung des eingesetzten Eigenkapitals 10% und ist damit, wie später noch zu zeigen sein wird, eher zu gering, während die Eigenkapitalquote mit 25% einen annehmbaren Wert aufweist. Würde man nun, unter sonst gleichen Bedingungen, der Unternehmung 50 TEUR Eigenkapital zugunsten von Fremdkapital entziehen, würde zwar die Rentabilität auf 20% ansteigen, jedoch wäre nun die Eigenkapitalquote aus Risikoaspekten heraus mit 12,5% eher zu gering.

$$EKR = \frac{10}{50} * 100 = 20\% \quad EKQ = \frac{50}{400} * 100 = 12{,}5\%$$

Wie hoch sollte folglich das Eigenkapital sein? Eine wirklich schwer zu beantwortende Frage.[8]

Wiederum unproblematisch sind **indifferente Zielbeziehungen**, denn hierbei geht es um Ziele, die nichts miteinander zu tun haben und die sich folglich auch nicht in ihren Erreichungsgraden behindern.

Nachfolgend sind zu den einzelnen Zielkriterien einige Beispiele dargestellt:

Zielkriterium	**Beispiel**
Quantifizierbare Ziele	Gewinn, Rentabilität, Liquidität, Kosten, Umsatz, Produktmenge
Qualitative Ziele	Marktmacht, Prestige, Kreditwürdigkeit, Sicherheit (Minimierung unternehmerischer Risiken)
Leistungsziele	Struktur des Produktionsprogramms, Marktanteil, Produktqualität, Standort, Absatzwege
Erfolgsziele	Umsatzvolumen, Wertschöpfung, Gewinn, Rentabilität, Dividende
Finanzierungsziele	Zahlungsfähigkeit, Umfang und Struktur der Liquiditätsreserven, Art der finanziellen Struktur, Abstimmung von Investitions- und Finanzierungsprogramm
Komplementäre Ziele	Gewinn und Dividende, Hohe Rendite und Kreditwürdigkeit
Konkurrierende Ziele	Eigenkapitalquote und Eigenkapitalrentabilität, hohe Kundenzufriedenheit und Senkung der Materialkosten
Indifferente Ziele	Absatzwege und Kundenzufriedenheit

Abbildung 12: Finanzwirtschaftliche Zielkriterien

Was sind nun die wichtigsten unternehmerischen **Ziele aus finanzwirtschaftlicher Sicht**, die für das vorliegende Buch bedeutsam sind?

[8] Vgl. hierzu Stiefl J./v. Westerholt K. 2007, S. 136ff.

Finanzwirtschaftliche Ziele einer Unternehmung

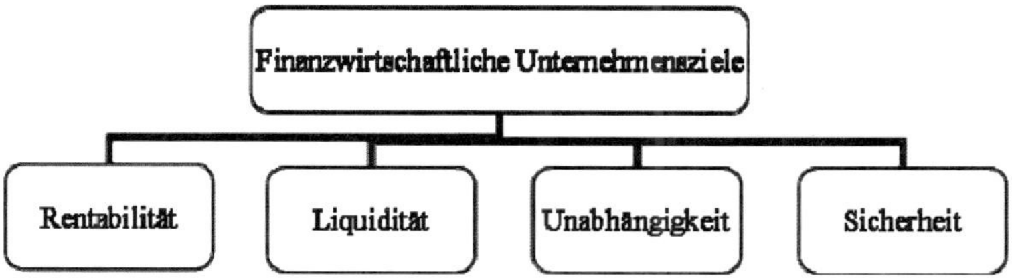

Abbildung 13: Die wichtigsten finanzwirtschaftlichen Ziele

Die **Rentabilität** als erstes quantitatives Ziel ist allgemein Ausdruck des Gewinnstrebens einer Unternehmung.[9] Je nach vorgegebenem Zeithorizont unterscheidet man verschiedene Rentabilitätsmaximierungsmöglichkeiten.

- Einkommensmaximierung = Maximierung der periodischen Ausschüttungen an die Anteilseigner des Unternehmens, wobei sich die Ausschüttung am Jahresergebnis orientiert.
- Endvermögensmaximierung = Maximierung des am Ende des Planungshorizontes vorhandenen Vermögens (z.B. nach 10 Jahren).

Neben der Rentabilität ist die **Liquidität** das zweite wichtige quantitative Ziel. Liquidität kann unterschiedlich verstanden und interpretiert werden, bspw. als:

- positiver Zahlungsmittelbestand,
- Eigenschaft von Vermögensgütern, in Zahlungsmittel umgewandelt werden zu können,
- Deckungsverhältnis von bestimmten Vermögensteilen zu bestimmten Schulden (Liquiditätsgrade), oder aber als
- Eigenschaft des Unternehmens, seinen Zahlungsverpflichtungen in jedem Zeitpunkt nachkommen zu können (**jederzeitige Zahlungsfähigkeit**).

Die **Sicherheit** stellt das erste bedeutende qualitative finanzwirtschaftliche Ziel dar. Verstanden wird es hier in Form der Minimierung von

---

[9] Später werden die verschiedenen Rentabilitätsbegriffe sowie deren unternehmerische Bedeutung genauer betrachtet.

- Geschäftsrisiken (betriebswirtschaftliche Risiken) und
- Zinsänderungsrisiken (volkswirtschaftliche Risiken).

Neben der Sicherheit ist die **Unabhängigkeit** das zweite qualitative finanzwirtschaftliche Ziel. Man findet die Unabhängigkeit in Form der

- Dispositionsfreiheit des Unternehmers und der
- finanziellen Flexibilität

vor.

Als Fazit der finanzwirtschaftlichen Ziele bleibt festzuhalten:

Das finanzwirtschaftliche **quantitative Hauptziel** ist die Steigerung der Rentabilität. Die finanzwirtschaftliche **quantitative Nebenbedingung** ist die Sicherung der jederzeitigen Zahlungsbereitschaft (Liquidität) der Unternehmung. Da aus den Zielbeziehungen heraus bereits klar geworden ist, dass es sich bei diesen beiden Zielen um konkurrierende Ziele handelt, ist die Frage, wie dem in der Realität zu begegnen ist.

Allgemein kann als unternehmerische Maxime festgehalten werden, dass man die Liquidität möglichst niedrig halten sollte, um das überschüssige Geld zur Steigerung der Rentabilität investiv einsetzen zu können. Was aber bedeutet eine „möglichst niedrige Liquidität“? Genau mit dieser Fragestellung beschäftigt sich der Finanz- und Liquiditätsplan, denn in ihm werden die voraussichtlichen Ein- und Auszahlungen so aufeinander abgestimmt, dass einerseits die jederzeitige Zahlungsbereitschaft gewährleistet ist (ausreichende Liquidität als quantitative Nebenbedingung) und andererseits nicht benötigte Liquidität an den betrieblichen Prozess abgegeben werden kann, um die Rentabilität steigern zu können (quantitatives Hauptziel).

Aus dem oben beschriebenen Zielsystem der Unternehmung leiten sich **finanzwirtschaftliche Fragestellungen** ab, die inhaltlich in den nächsten Kapiteln zu diskutieren sein werden:

- Wie wird das erforderliche Kapital der Unternehmung aufgebracht und wie hoch sind die daraus resultierenden Kapitalkosten?

  Mit dieser Frage beschäftigt sich das 2. Kapitel, wobei die Formen der Innen- und Außenfinanzierung bzw. der Eigen- und Fremdfinanzierung zu erläutern sind auch unter dem Aspekt, dass es möglicherweise zwischen Großunternehmen und kleinen und mittelständischen Unternehmen Unterschiede gibt.

- Welchen finanzwirtschaftlichen Erkenntniswert kann man aus dem Jahresabschluss einer Unternehmung ziehen?

  Nachdem zunächst der Jahresabschluss (Bilanz sowie Gewinn- und Verlustrechnung) entsprechend aufbereitet wird, sollen in Kapitel 3.2 Kennzahlen aus den Bereichen Investition, Finanzierung, Liquidität, Rentabilität und Erfolg hier Licht ins Dunkel bringen.

- Gibt es einen optimalen Verschuldungsgrad?

  Die Frage, ob es ein optimales Verhältnis von Fremd- zu Eigenkapital (Verschuldungsgrad) in einer Unternehmung gibt, wird im Zuge des so genannten Leverage-Effektes behandelt (Kapitel 3.2.4.4.2).

- Wie kann man die Bonität einer Unternehmung messen, um Rückschlüsse auf mögliche Kreditwürdigkeitsprüfungen durch die Banken zu erhalten und wie sensitiv reagieren diese Bonitätsmaße auf sich verändernde Umweltzustände?

  Mit der Scoring-Methode, der Faktorenanalyse, vor allem aber der multiplen Diskriminanzanalyse stehen geeignete Bonitätsmaße zur Verfügung, die Aufschluss über diese Fragestellung geben (Kapitel 3.2.5) und die sich ebenso einer Sensitivitätsanalyse unterziehen lassen (Kapitel 3.2.6).

- Wie hoch ist das zu finanzierende Volumen, also der Kapitalbedarf, der zur Aufrechterhaltung des Betriebsprozesses notwendig ist?

  Angesprochen wird hier die Gewährleistung der jederzeitigen Zahlungsbereitschaft der Unternehmung (Liquidität) und die Kongruenz zwischen Finanzierungsvolumen und Investitionsbedarf. Aufschlüsse hierzu erlangt man durch die Aufstellung von Finanz- und Liquiditätsplänen (Kapitel 3.3).

- Welche (finanziellen) Risiken stecken in einer Unternehmung und wie lassen sich diese darstellen?

  Mit den Instrumentarien des Risikomanagements kann man auf diese Frage Antworten erhalten und diese sehr anschaulich darstellen (Kapitel 3.4).

- Welche Auswirkungen haben die neuen Kreditvergaberichtlinien nach Basel II auf die Kreditbeschaffungsmöglichkeiten der Unternehmung

  Eine Reihe quantitativer und qualitativer Faktoren bilden die Basis für ein adäquates Unternehmensrating, was auch mittels geeigneter Software dargestellt werden kann (Kapitel 3.5).

- Wie hoch ist der Unternehmenswert?

  Eine Reihe von potenziellen Verfahren haben sich im Laufe der letzten Jahrzehnte herauskristallisiert, um den Wert einer Unternehmung bestimmen zu können. Diese orientieren sich an unterschiedlichen Größen aus Bilanz sowie Gewinn- und Verlustrechnung (Kapitel 3.6).

2 Management der Kapitalbeschaffung

2.1 Kriterien zur Auswahl von Finanzierungsformen

Bei der Frage, welche Finanzierungsform für eine Unternehmung die „richtige" ist, müssen eine Reihe von Vorüberlegungen angestellt werden, die dann insgesamt Aufschluss geben sollen. Als wichtigste Kriterien haben sich herausgestellt:

- Zeitliche und betragsmäßige Verfügbarkeit

  Für eine Unternehmung bzw. deren Unternehmensleitung ist es von elementarer Bedeutung, wie lange die aufgebrachten finanziellen Mittel in der Unternehmung für die betrieblichen Zwecke nutzbar und wie hoch die finanziell notwendigen Mittel sind. Generell arbeitet Eigenkapital tendenziell langfristig im Unternehmen, während Fremdkapital kurz-, mittel- oder aber ebenfalls langfristigen Charakter besitzt. Entscheidend für die Frage, wie viel des eingesetzten Kapitals langfristiger Natur sein sollte, ist die Struktur der Aktiva, denn es gilt der Grundsatz, dass das Anlagevermögen auf jeden Fall durch langfristiges Kapital (Eigen- und Fremdkapital) zu finanzieren ist. Die betragsmäßige Verfügbarkeit wird nicht selten durch die Möglichkeit beschränkt, sich über den freien Kapitalmarkt „frisches" Eigenkapital zu beschaffen oder aber durch die fehlende Bonität bei den Banken, so dass (langfristiges) Fremdkapital nur in sehr eingeschränktem Umfang bereitgestellt wird.

- Liquiditätswirksamkeit

  Im Rahmen der Finanzierung ist man darauf bedacht, die Liquidität möglichst zu schonen. Deshalb sind tendenziell Finanzierungsquellen aus dem Eigenkapital gegenüber dem Fremdkapital zu bevorzugen, da sie weniger auszahlungswirksam sind. Beim Fremdkapital fallen Zins- und Tilgungszahlungen an und belasten die Liquidität. Ferner stehen mit neuen alternativen Finanzierungsinstrumentarien, wie bspw. dem Leasing, Finanzquellen zur Verfügung, die die zu zahlende Investition über mehrere Zahlungsperioden verteilt und darüber die Kreditlinie schont.

- Mitspracherecht/Unabhängigkeit

  Je höher die Anzahl der Kapitalgeber und je höher der Anteil des Fremdkapitals ist, desto schwieriger gestaltet sich die Unternehmensführung, da aufgrund der schwindenden Unabhängigkeit der Unternehmensleitung und dem steigenden Mitspracherecht der (übrigen) Kapitalgeber die Entscheidungswege länger und die Einzelkompetenzen der Unternehmensleiter geringer werden. Aus diesem Grund versuchen vor allem kleine und mittlere Unternehmungen, den Verschuldungsgrad möglichst gering und die Anzahl der Eigenkapitalgeber mit Mitspracherecht klein zu halten.

- Finanzierungskosten

  Je nach Finanzierungsart entstehen unterschiedlich hohe Finanzierungskosten.

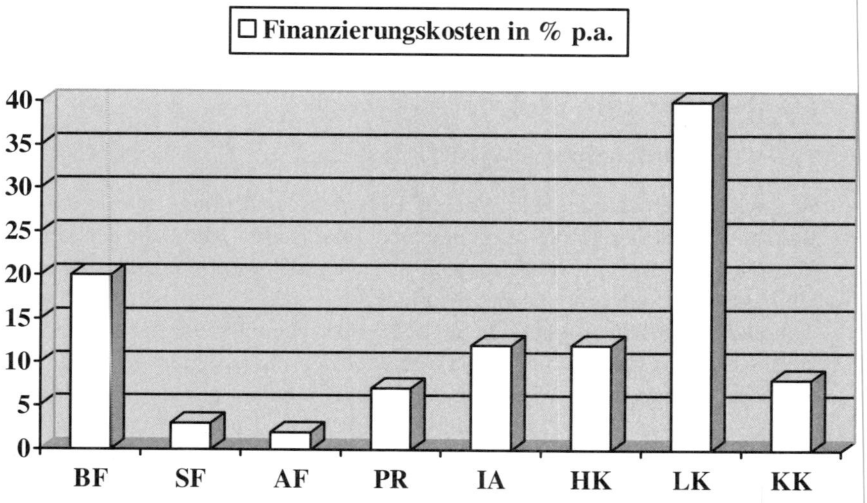

BF = Beteiligungsfinanzierung; SF = Selbstfinanzierung; AF = Abschreibungsfinanzierung; PR = Pensionsrückstellungsfinanzierung; IA = Industrieanleihe; HK = Hypothekarkredit; LK = Lieferantenkredit; KK = Kontokorrentkredit;

Abbildung 14: Kosten ausgewählter Finanzierungsformen

Das Schema zeigt, dass der Lieferantenkredit im Rahmen der kurzfristigen Fremdfinanzierung den mit Abstand teuersten Kredit darstellt, gefolgt von der Beteiligungsfinanzierung im Rahmen der Eigenfinanzierung und den beiden langfristigen Fremdfinanzierungsformen Industrieanleihe und Hypothekarkredit.

- Kapitalstrukturwirkung/Rentabilität des eingesetzten Kapitals

  Die Kapitalstruktur, also das Verhältnis zwischen eingesetztem Eigen- und Fremdkapital, oder als Verschuldungsgrad die Relation Fremd- zu Eigenkapital, ist ein maßgebliches Kriterium für die (weitere) Auswahl der Finanzierungsform. Einmal gibt es rechtliche Vorschriften, die eine bestimmte Eigenkapitalausstattung fordern, dann wiederum gibt es faktische Gründe, wie bspw. Bonitätskalküle, warum ein bestimmter Verschuldungsgrad nicht überschritten werden darf bzw. sollte.

  Neben diesen Überlegungen spielen Rentabilitätsaspekte eine ganz entscheidende Rolle. An dieser Stelle sei bereits angemerkt, dass es mit der **Eigenkapitalrentabilität**, verstanden als Verhältnis von Gewinn der Abrechnungsperiode in Relation zum eingesetzten Eigenkapital, sowie der **Gesamtkapitalrentabilität**, verstanden als Gewinn der Abrechnungsperiode vor Fremdkapitalzinsen in Relation zum eingesetzten Gesamtkapital, ein gewisses Spannungsverhältnis gibt, das es bzgl. der Frage nach dem „optimalen" Verschuldungsgrad zu lösen gilt.

2.2 Systematisierung der Finanzierungsformen

2.2.1 Die „klassischen" Einteilungsmöglichkeiten

Im Rahmen der hier beschriebenen „klassischen" Einteilung der betrieblichen Finanzierungsformen können verschiedene Kategorien klassifiziert werden:

- nach der Rechtsstellung der Kapitalgeber,
- nach der Mittelherkunft,
- nach der Fristigkeit des Kapitals,
- nach der Entsprechung von finanzieller Ausstattung und Finanzbedarf und
- nach dem Finanzierungsanlass.

Bei der Unterscheidung nach der **Rechtsstellung der Kapitalgeber** unterscheidet man

- erstens die **Eigenfinanzierung**, d.h. die Zuführung von Eigenkapital in ein Unternehmen, was einmal durch Einlagen der Unternehmenseigner oder aber durch Einbehaltung von Gewinnen (Gewinnthesaurierung) erfolgen kann.
- Zweitens existieren verschiedene Formen der **Fremdfinanzierung**, verstanden als Zuführung von Kapital durch Unternehmensaußenstehende, was beispielhaft über Kredite Dritter oder aber durch die Bildung von Rückstellungen möglich ist.

Es gibt eine Reihe von Kriterien, wie sich Eigen- und Fremdkapital idealtypisch voneinander unterscheiden.

Kriterium	**Eigenkapital**	**Fremdkapital**
Haftung	mindestens in Höhe der Einlage	(grundsätzlich) keine
laufende Erträge	voller Anteil an Gewinn und Verlust	fester Zinsanspruch
Unternehmensleitung	geschäftsführend	kein Mitspracherecht
Dauer der Kapitalüberlassung	unbefristet	feste Laufzeit
Finanzielle Kapazität	durch private Vermögenslage der Unternehmer beschränkt	abhängig von Sicherheiten

Abbildung 15: Unterschiede zwischen Eigen- und Fremdkapital

Die Aussagen zu den Kriterien sind jedoch teilweise zu relativieren. So haftet bspw. das Fremdkapital grundsätzlich nicht, jedoch ist im Falle einer Insolvenz der Unternehmung ohne entsprechende Sicherheitsvorkehrungen das zur Verfügung gestellte Fremdkapital ebenso gefährdet und geht möglicherweise in die Insolvenz mit ein. Beim Kriterium der Unternehmensleitung besitzen Fremdkapitalgeber aufgrund der gesetzlichen Bestimmungen zwar von der Papierform her kein Mitspracherecht, faktisch steigt jedoch mit der Höhe der Verschuldung auch die Einflussnahme der Fremdkapitalgeber – beispielsweise die der Banken – auf die Unternehmensleitung.

Mit der obigen Einteilung ist ein breites Spektrum fixiert, in dem auch viele Zwischenformen Platz finden:

- Genussrechte als eine Art befristetes Eigenkapital,
- nachrangige Schuldverschreibungen, die dem Grunde nach Fremdkapitalcharakter haben, jedoch bei Rückzahlungsproblemen hinter die vorrangigen Schulden zurücktreten und sich somit wie Eigenkapital verhalten oder
- stimmrechtslose Vorzugsaktien, bei denen das Mitspracherecht des Eigenkapitals aufgehoben wird.

Bei der Unterscheidung nach der **Mittelherkunft** kennt man die

- **Außenfinanzierung**, d.h. die Zuführung von finanziellen Mitteln durch unternehmensexterne Quellen, was über Beteiligungen (mit oder ohne Börsenzugang), Kredite oder Subventionen erfolgen kann

  sowie die

- **Innenfinanzierung**, also die Zuführung von finanziellen Mitteln über den Umsatzprozess, wobei man die Selbstfinanzierung, die Finanzierung aus Rückstellungen und die Finanzierung über verdiente Abschreibungen unterscheidet. Zudem gibt es hier noch die so genannte (sonstige) Vermögensumschichtung. Beispielhaft genannt werden kann hier die Verminderung der Vorratsbestände (Reduktion der Aktiva), was zu einer Verminderung der aufzubringenden finanziellen Mittel (Reduktion der Passiva) führt.

Graphisch lässt sich die Außenfinanzierung einerseits und die Innenfinanzierung andererseits wir folgt zusammenfassen:

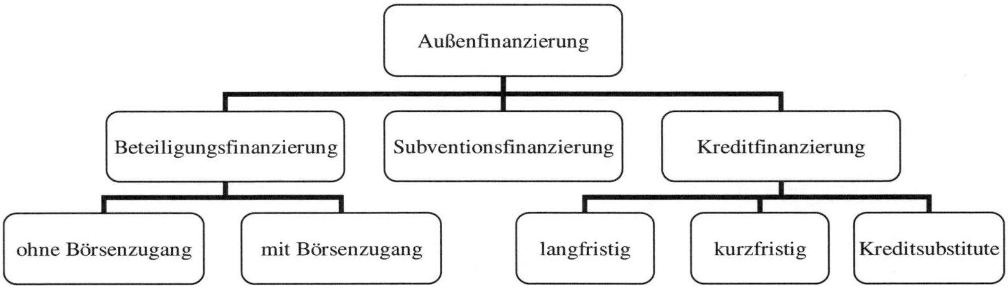

Abbildung 16: Gliederung der Außenfinanzierung

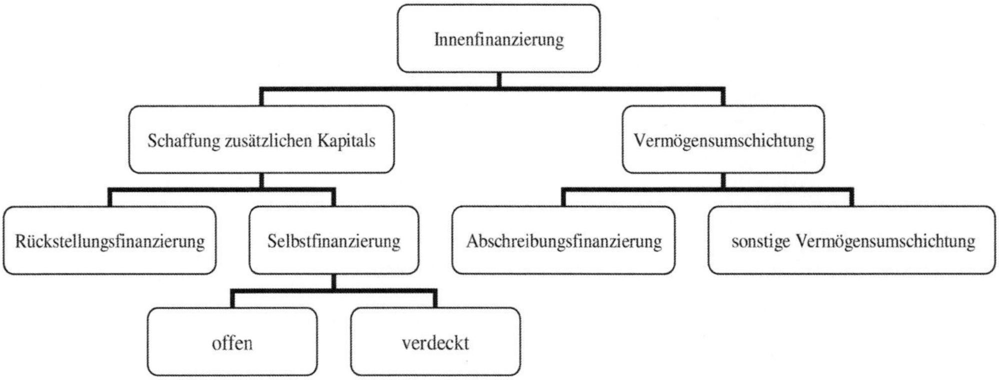

Abbildung 17: Gliederung der Innenfinanzierung

In der Literatur werden im Allgemeinen die oben skizzierten Systematisierungen gewählt, um die Finanzierungsformen zu erläutern. Es liegt also der Schwerpunkt der Darstellung entweder auf der Systematisierung nach der **Rechtsstellung der Kapitalgeber** oder auf der **Mittelherkunft**. Der Zusammenhang sowie die Unterschiede lassen sich anhand der folgenden Abbildung noch einmal darstellen:

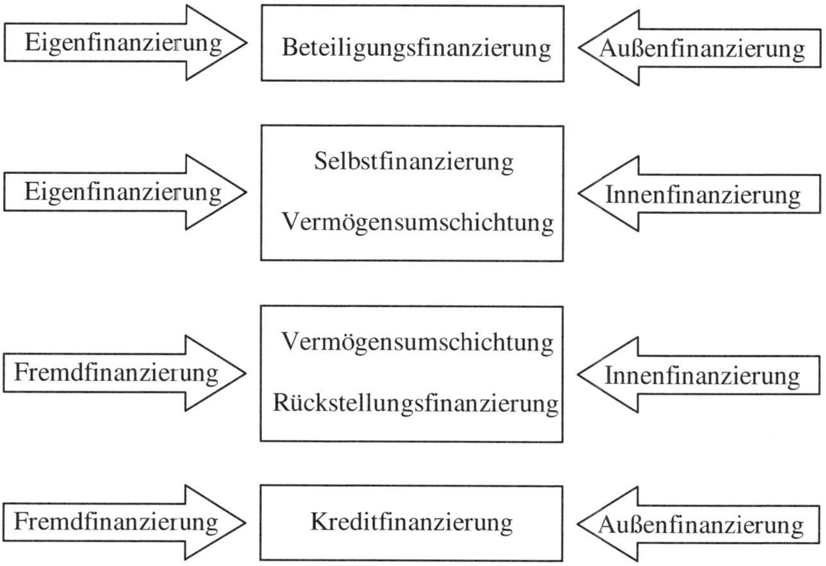

Abbildung 18: Die Rechtsstellung der Kapitalgeber und die Mittelherkunft

Die Abbildung verdeutlicht, dass sich die Finanzierungsformen immer sowohl in die Rechtsstellung der Kapitalgeber (Eigen- oder Fremdkapital), als auch nach der Mittelherkunft (Außen- oder Innenfinanzierung) einteilen lassen. Insofern handelt es sich immer nur um eine etwas andere Sichtweise.[10]

Bei der Unterscheidung nach der **Fristigkeit des Kapitals** trennt man die

- unbefristete Kapitalüberlassung, wobei es sich üblicherweise um Eigenkapital handelt, von der

[10] Die Finanzierungsform der Vermögensumschichtung, also bspw. die Abschreibungsfinanzierung oder die Kapitalfreisetzung aufgrund von nicht mehr benötigten Vorräten, lässt sich nicht eindeutig in die Rechtsstellung der Kapitalgeber untergliedern.

- befristeten Kapitalüberlassung, was üblicherweise Fremdkapital bedeutet und sowohl als kurz-, mittel- und langfristig zur Verfügung gestelltes Fremdkapital vorkommt.

Dabei wird die Fristigkeit unterschiedlich definiert, wobei sich in der Literatur eine „enge“ und „weite“ Fassung durchgesetzt hat.

Fristigkeit	**Zeitspanne**	**Beispiele**
Enge kurzfristige Sicht	bis 90 Tage	Handelswechsel
Weite kurzfristige Sicht	bis 360 Tage	Kontokorrentkredit
Enge mittelfristige Sicht	mehr als 90 Tage bis 4 Jahre	Anzahlungen im Anlagenbau
Weite mittelfristige Sicht	mehr als 360 Tage bis 5 Jahre	Darlehen
Enge langfristige Sicht	mehr als 4 Jahre	Schuldscheindarlehn
Weite langfristige Sicht	mehr als 5 Jahre	Obligation

Abbildung 19: Die Fristigkeit des Fremdkapitals

Bei der Unterscheidung nach der finanziellen Ausstattung und dem **Finanzbedarf** diskutiert man ebenfalls verschiedene Varianten:

- Die **Überfinanzierung**, bei der im Unternehmen für einen Teil der finanziellen Mittel keine geeigneten Anlagemöglichkeiten existieren. Dies hat zur Folge, dass zwar einerseits genügend Liquidität vorhanden ist, andererseits aber aufgrund der fehlenden Investitionsmöglichkeiten die Rentabilität sinkt. Als Konsequenz würde man aus Gründen der Wirtschaftlichkeit also bei einer permanenten Überfinanzierung Kapital aus der Unternehmung abziehen und in anderen rentableren Investitionsvorhaben anlegen.

- Die **Unterfinanzierung**, bei der im Gegensatz zur Überfinanzierung in der Unternehmung chronische Liquiditätsprobleme bestehen, weil die Kapitalaufbringung hinter dem Unternehmenswachstum zurückbleibt. Eine permanente Unterfinanzierung gefährdet den Fortbestand einer Unternehmung mit der Konsequenz, dass man, soll ein drohender Konkurs verhindert werden, die Unternehmung mit weiteren finanziellen Mitteln ausstatten muss.

- Die **bedarfsadäquate Finanzierung**, bei der sich Kapitalbedarf und Kapitalaufbringung entsprechen, so dass einerseits die jederzeitige Zahlungsbereitschaft der Unternehmung gesichert ist, andererseits aber auch keine Kassenbestandsüberhänge die Rentabilität verringern.

Nach dem Kriterium des **Finanzierungsanlasses** wird unterschieden in

- die Gründungsfinanzierung, also die erstmalige Ausstattung der Unternehmung mit finanziellen Mitteln,
- die Erweiterungs-/Neufinanzierung, bei der man aufgrund von neuen Investitionsvorhaben oder bedingt durch Rationalisierungsmaßnahmen finanzielle Mittel aufstocken muss sowie
- die Sanierungsfinanzierung, bei der Maßnahmen zur Wiederherstellung der Rentabilität und Liquidität bei in ihrer Existenz bedrohten Unternehmen durchgeführt werden. Dies können Maßnahmen sein, bei denen es sowohl zu Kapitalerhöhungen als auch zu Kapitalherabsetzungen kommt. Ferner bedeutet Sanierungsfinanzierung häufig auch eine Umfinanzierung, indem „teures" Fremdkapital durch Eigenkapital ersetzt wird.

Im weiteren Verlauf des Buches werden die „klassischen" Finanzierungsformen nach der Mittelherkunft erläutert, also die Unterscheidung in Außen- und Innenfinanzierung vorgenommen.[11]

2.2.2 Die „KMU-spezifische" Einteilung

KMU unterscheiden sich von Großunternehmen hinsichtlich qualitativer und quantitativer Kriterien und leiten deshalb auch (zumindest teilweise) unterschiedliche Finanzierungsformen ab.

Eine klassische Definition von KMU gibt es nicht, in der Praxis hat sich jedoch das Kriterium der Beschäftigtenzahl und des Umsatzes durchgesetzt, so dass – diesen Kriterien entsprechend – folgende Unternehmensgrößen beschrieben werden:

Unternehmensgröße	Zahl der Beschäftigten	Umsatz €/Jahr
Klein	bis 9	bis unter 1 Million
Mittel	10 bis 499	1 bis 50 Millionen
Groß	500 und mehr	50 Millionen und mehr

Abbildung 20: Einteilung der Unternehmensgröße

[11] Ebenso findet sich häufig in der Literatur die Klassifizierung nach der Rechtsstellung der Kapitalgeber, vgl. z.B. Garhammer C. 1998, S. 135ff, oder eine Vermischung von beiden Systematiken, vgl. Olfert K./Reichel C. 2005, S. 183ff. Zu weiteren einschlägigen Literaturquellen vgl. Becker H.P. 2002, S. 60ff, Perridon L./Steiner M. 2007, S. 353ff, Drukarczyk J. 2008, Zantow R. 2007, Steiner M./Mader W./Starbatty N. 2003, S. 513ff und Swoboda P. 2007, S. 94ff.

KMU und Großunternehmen können nach unterschiedlichen Kriterien differenziert werden.

Kriterium	KMU	Großunternehmen
Unternehmensführung	Eigentümer/Unternehmer	Manager
Organisation	Generalistentum, geringe Arbeitsteilung, kurze Informationswege, hohe Flexibilität	Spezialistentum, ausgeprägte Arbeitsteilung, formale Dienstwege, geringere Flexibilität
Beschaffung/Absatz	geringe Marktmacht	hohe Marktmacht
Forschung & Entwicklung	anwendungsorientiert, intuitiv	grundlagen- und anwendungsorientiert, langfristig, systematisch
Eigentumsverhältnisse	häufig in Familienbesitz	meist breit gestreute Eigentümerbasis
Finanzierung	erschwerter Zugang zum anonymen Kapitalmarkt	häufig freier Zugang zum anonymen Kapitalmarkt
Staatliche Unterstützung	„Mittelstandsförderung“ kaum individuelle staatl. Unterstützung im Krisenfall	„to big to fail“-Syndrom

Abbildung 21: Unterschiede zwischen KMU und Großunternehmen

Bedingt durch hohe Insolvenzen im Mittelstand und bei Kleinbetrieben sowie durch die geforderte Eigenkapitalstruktur im Rahmen von Basel II haben sich eigene KMU-spezifische Finanzierungsformen neben den herkömmlichen Instrumentarien wie Bankenkredite etc. herauskristallisiert. I.d.R. handelt es sich dabei um Außenfinanzierungsformen, weshalb hier, zur besseren Unterscheidung, die Einteilung nach der Rechtsstellung der Kapitalgeber erfolgen soll. Unterschieden werden somit die entsprechenden Ausprägungen der Eigen- und Fremdfinanzierung sowie mit den Formen der so genannten Mezzanine-Finanzierung diverse Zwischenformen:[12]

[12] In der ersten Auflage dieses Buches wurde eine andere Unterteilung vorgenommen. Dort wurde unterschieden in die traditionellen Kreditsubstitute (Leasing und Factoring), Public Equity (Börse, Unternehmensanleihen und Asset Backed Securities) und Private Equity (Venture Capital, Business Angels und Mezzanine); vgl. Stiefl J. 2005, S. 25. Vgl. aber auch Bernet B./Denk C. 2000, S. 80ff, Kokalj L./Paffenholz G./Moog P. 2003, S. 11ff, Achleitner A./v. Einem C./v. Schröder B. 2004, Kaserer C./Achleitner A./von Einem C./Schiereck D. 2007, S. 13ff und Stark J. 2002, S. 35ff.

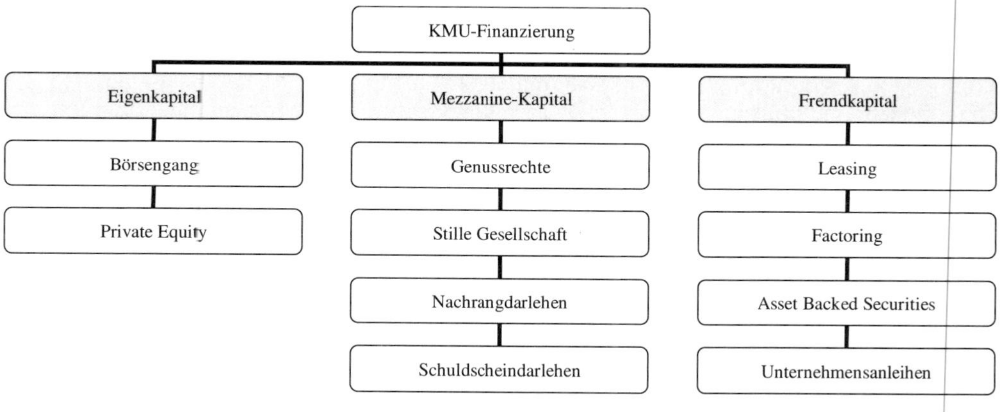

Abbildung 22: Die KMU-spezifische Finanzierung

Diese Instrumentarien werden später eingehender dargestellt.

2.3 Darstellung der „klassischen" Finanzierungsformen

2.3.1 Außenfinanzierung

2.3.1.1 Beteiligungsfinanzierung

2.3.1.1.1 Klassifikation

Bei der Beteiligungsfinanzierung wird der Unternehmung **Eigenkapital von außen** zur Verfügung gestellt. Eigenkapital wird dabei auch als Fundament des Finanzierungsaufbaus des Unternehmens verstanden, weil es in aller Regel nur möglich sein wird, Gläubiger mit Fremdmitteln an der Finanzierung des Unternehmens zu beteiligen, wenn zuvor Eigenkapital in ausreichender Höhe eingebracht worden ist. Darüber hinaus hat Eigenkapital aber noch eine Reihe von weiteren Funktionen:

- **Errichtungsfunktion**: Bei Gründung des Unternehmens ist das Startkapital von den Eigentümern als Beteiligungskapital aufzubringen.
- **Gewinnverteilungsfunktion**: Die Gewinnverteilung nach dem Gesetz oder dem jeweiligen Gesellschaftsvertrag basiert grundsätzlich auf der Höhe des vom einzelnen Gesellschafter in das Unternehmen eingezahlten Beteiligungskapitals.

- **Finanzierungsfunktion**: Mit der Bereitstellung des Startkapitals durch die Eigentümer und später erfolgenden Erhöhungen des Beteiligungskapitals ist in der Regel ein Zufluss von Zahlungsmitteln verbunden, die für investive Zwecke eingesetzt werden können. Ferner führt das Startkapital dazu, dass im Zuge einer notwendigen Erweiterungsfinanzierung leichter Fremdkapital beschafft werden kann.
- **Garantie- bzw. Haftungsfunktion**: Die Eigentümer haften zugunsten der Gläubiger mit ihrem Kapital.
- **Repräsentationsfunktion**: Unternehmen mit guter Eigenkapitalausstattung haben im Allgemeinen auch eine hohe Kreditwürdigkeit und Verschuldungskapazität.

Beim Beteiligungskapital lässt sich eine Reihe von Unterscheidungskriterien ausmachen.

Unterscheidungskriterien	
nach der Form der Einlage	Geld-/Bareinlagen Sacheinlagen (Bewertungsproblem) Rechte (Bewertungsproblem) Kombination obiger Einlageformen
nach den beteiligten Personen	bisherige Gesellschafter neue Gesellschafter
nach dem Anlass	Gründung Kapitalerhöhung/-herabsetzung Umwandlung Fusion Liquidation
nach dem Einfluss der Rechtsform	(kleine) nicht emissionsfähige Unternehmen emissionsfähige Unternehmen (KGaA, AG)

Abbildung 23: Unterscheidungskriterien des Beteiligungskapitals

Das erste Unterscheidungskriterium zielt auf die **Form der Einlage** ab.

- Bei der Beteiligungsfinanzierung durch **(Bar)Einlagen** erwirbt der einzahlende Gesellschafter Eigenkapital und im Allgemeinen auch die Geschäftsführungsfunktion. Die Beteiligungsfinanzierung ist kraft Gesetz oder Satzung unter Einhaltung einer Kündigungsfrist kündbar (z.B. bei der Rechtsform der OHG nach § 132 HGB).
- Denkbar ist auch eine Beteiligung, bei der man Eigenkapital durch **Sacheinlagen** oder das Zurverfügungstellen von **Rechten** erwirbt. Aus diesen Einlageformen ergeben sich allerdings Bewertungsprobleme, denn sowohl Sacheinlagen (bspw. Ma-

schinen, Fahrzeuge oder Vorräte) als auch Rechte (z.B. Patente) sind bei Einbringung entsprechend zu bewerten, um den Eigenkapitalanteil zu ermitteln.

Nach den **beteiligten Personen** können sowohl **bisherige Gesellschafter**, aber auch **neue Gesellschafter** die Beteilungsfinanzierung durchführen. In allen Fällen ändern sich die Eigentumsverhältnisse, d.h. das anteilige Eigenkapital.

Der **Anlass** ist das dritte bedeutende Kriterium im Rahmen der Beteiligungsfinanzierung.

- Bei der **Gründung** einer Unternehmung befasst man sich mit allen Vorgängen und Maßnahmen, die sich auf die Entstehung einer Gesellschaft beziehen. Dabei sind teilweise, in Abhängigkeit von der Gesellschaftsform, rechtliche Bestimmungen im Hinblick auf die Mindestkapitaleinlage zu erfüllen. So beträgt die Mindesterstausstattung mit Eigenkapital bei der GmbH in Deutschland beispielsweise 25 TEUR.

  Insbesondere bei Existenzgründungen, bei denen die neuen Unternehmer selbst nicht über ausreichende finanzielle Mittel verfügen, ergeben sich häufig Finanzierungsprobleme, die in der Gründungs- und Anlaufphase durch Wagnisfinanzierungsgesellschaften abgefangen werden können. Diese stellen dann unter bestimmten Voraussetzungen Eigenkapital zur Verfügung, das aufgrund des hohen Risikopotenzials in der Anlaufphase auch Risikokapital genannt wird. Der Stellenwert solcher Wagnisfinanzierungsgesellschaften ist besonders für die Neugründungen interessant, die nicht mittel- bis langfristig den Zugang zum freien Kapitalmarkt erhalten. In Deutschland aber ist diese Finanzierungsmöglichkeit, im Vergleich bspw. zu den USA, immer noch sehr unterentwickelt.

- Eine **Kapitalerhöhung** ist im Zuge einer wachstumskonformen Mitfinanzierung oftmals unumgänglich, d.h., unternehmerisches Wachstum bedingt gleichzeitig eine Ausweitung der Eigenkapitalbasis. Hier bestehen natürlich erhebliche Diskrepanzen zwischen emissionsfähigen Kapitalgesellschaften, die sich über den freien Kapitalmarkt relativ leicht Geld beschaffen können, während Personengesellschaften und kleine nicht-emissionsfähige Kapitalgesellschaften eine Begrenzung der Kapitalerhöhungsmöglichkeiten durch das verfügbare Kapital der Gesellschafter haben. Möglicherweise können auch hier Kapitalbeteiligungsgesellschaften in die Bresche springen und so die Finanzierungsprobleme dieser Unternehmensgruppe beheben oder zumindest lindern helfen. Die Beteiligungsfinanzierung in Verbindung mit einer Kapitalerhöhung sowohl für börsennotierte als auch für nicht börsennotierte Unternehmen sind Inhalte späterer Kapitel.

- Die **Kapitalherabsetzung** als Gegenstück zur Kapitalerhöhung bedeutet die Verminderung des Eigenkapitals einer Unternehmung, weil bspw. ein Gesellschafter einer Personengesellschaft ausscheidet, weil der Kapitalbedarf der Unternehmung geringer wurde oder weil man eine Kapitalherabsetzung als einleitende Maßnahme einer Sanierung durchzuführen hat.

- Bei einer **Umwandlung** wird eine Unternehmung in eine andere Rechtsform überführt mit dem finanzwirtschaftlichen Ziel, leichter und evtl. günstiger an Eigenkapital zu kommen. Da hier insbesondere die Umwandlung einer Personengesellschaft aufgrund deren beschränkten (Beteiligungs-)Finanzierungsmöglichkeiten in eine Kapitalgesellschaft bedeutsam erscheint, wird auch dieser Aspekt später noch einmal inhaltlich aufgegriffen.

- Als **Fusion** wird die Verschmelzung von zwei oder mehreren (vorher) rechtlich selbstständigen Unternehmen zu einer neuen wirtschaftlichen und rechtlichen Einheit verstanden. Neben diversen nicht-finanziellen Gründen einer Fusion wie Erhöhung der Marktmacht und Rationalisierungen in den Bereichen Beschaffung, Fertigung und Absatz liegt der finanzielle Grund einer Fusion in der Konzentration und Erhöhung der Kapitalkraft.

- Eine **Liquidation** setzt der Unternehmenstätigkeit ein Ende, denn es werden Teile oder aber das ganze Unternehmen aufgelöst. Insofern hat die Liquidation ebenso wie die Kapitalherabsetzung nur sehr entfernt etwas mit der Beteiligungsfinanzierung zu tun, im eigentlichen Sinne gehören beide zu den Definanzierungsmaßnahmen.

Der **Einfluss der Rechtsform** schließlich ist das vierte bedeutende Kriterium im Rahmen der Beteiligungsfinanzierung. Die Rechtsform der Unternehmung hat einen ganz entscheidenden Einfluss auf die Möglichkeiten der Beteiligungsfinanzierung, denn sie begrenzt sowohl qualitativ als auch quantitativ die Kapitalbeschaffungsmöglichkeiten.

- Bei **nicht emissionsfähigen Unternehmungen** sind die Möglichkeiten der Beteiligungsfinanzierung nach wie vor doch sehr eingeschränkt. Zu diesen Unternehmensformen, die ihre Eigenkapitalanteile nicht einem breiten Publikum über das Marktsegment der Börse anbieten können, gehören die Einzelunternehmungen, die stillen Gesellschaften, die beiden Personengesellschaftsformen OHG (Offene Handelsgesellschaft) und KG (Kommanditgesellschaft) sowie die GmbH (Gesellschaft mit beschränkter Haftung) als Kapitalgesellschaftsform.

- Sehr viel günstiger ist die Möglichkeit der Beteiligungsfinanzierung bei **emissionsfähigen Unternehmungen**. Diesen Unternehmen, wozu die AGs (Aktiengesellschaften) und KGaA´s (Kommanditgesellschaften auf Aktien) gehören, stehen die Möglichkeiten offen, ihre Eigenkapitalanteile (Aktien) der Öffentlichkeit über die Börse anzubieten. Die Aktienfinanzierung wird für stetig wachsende Unternehmungen sicherlich langfristig die interessanteste Art der Beteiligungsfinanzierung darstellen, da sie erstens ein festes, unkündbares Eigenkapital induziert, was aus haftungsrechtlichen Gründen als positiv zu bewerten ist. Sie besitzt zweitens den Vorteil, dass der Anteilseigner (Aktionär) jederzeit seine Anteile veräußern kann, was ihn sehr mobil bei seinen monetären Überlegungen macht (hohe Fungibilität der Aktien), und ferner kann drittens durch eine Stückelung der Aktien in kleine Anteile das Aktienvolumen einem sehr breiten Publikum dargeboten werden, was große wachstumskonforme Eigenkapitalbeträge ermöglicht. Erwähnt werden sollte darüber hinaus, dass die Beteiligungsfinanzierung über die Ausgabe von Aktien ein angemessenes Mitspracherecht der Aktionäre und in besonderem Maße eine qualifizierte Geschäftsführung durch die Trennung von Management (Vorstand und Aufsichtsrat) und Eigentum (Hauptversammlung in Gestalt der Aktionäre) erlaubt.

Im Rahmen der weiteren Erläuterungen zur Beteiligungsfinanzierung wird der Schwerpunkt auf den Bereich der Kapitalerhöhung gelegt, da es gemäß Definition bei Beteiligungsfinanzierung schließlich um die Zuführung von Eigenkapital von außen geht. Dabei wird zunächst auf die Möglichkeiten der nicht emissionsfähigen Unternehmen und im Anschluss auf die Möglichkeiten der emissionsfähigen Unternehmen eingegangen.

2.3.1.1.2 Beteiligungsfinanzierung nicht emissionsfähiger Unternehmen

Nicht emissionsfähige Unternehmen sind auf den nicht organisierten Kapitalmarkt angewiesen. Dieser ist durch mangelnde Markttransparenz, durch Individualvereinbarungen und persönliche Umstände gekennzeichnet.

Zu unterscheiden sind hier die Einzelunternehmung, die Stille Gesellschaft, die Offene Handelsgesellschaft (OHG), die Kommanditgesellschaft (KG), die Gesellschaft mit beschränkter Haftung (GmbH) und die eingetragene Genossenschaft (eG).[13]

Bei der **Einzelunternehmung** obliegt dem Einzelhandelskaufmann die alleinige Geschäftsführung. Das Haftungskapital ist der Höhe nach nicht fixiert, so dass bei einer niedrigen Eigenkapitaldecke ein niedriger Gläubigerschutz besteht. Eine bilanzielle Überschuldung (die aufgelaufenen Verluste übersteigen das eingezahlte Eigenkapital) ist dabei nicht zwingend ein Konkursgrund, sondern wird in Abhängigkeit vom vorhandenen Privatvermögen des Unternehmers betrachtet.

- **Möglichkeiten der Beteiligungsfinanzierung**: Finanzierungsmöglichkeiten in Form einer Ausweitung der Eigenkapitalbasis sind praktisch nicht gegeben und durch das **Gesamtvermögen** des Unternehmers begrenzt. Eine Kapitalerhöhung ist lediglich durch die Einbehaltung von Gewinnen möglich, was aber keine Form der Außenfinanzierung darstellt, oder durch die Aufnahme von stillen Gesellschaftern.

Nach § 335ff HGB entsteht eine **Stille Gesellschaft** durch eine Kapitalbeteiligung einer natürlichen oder juristischen Person am Handelsgewerbe eines Anderen. Die Besonderheit besteht darin, dass es sich um eine reine Innengesellschaft handelt, d.h., die Vertragsbezie-

---

[13] Bei der Darstellung wird auf eine vollständige Abhandlung der Gesellschaftsformen verzichtet. Der Schwerpunkt liegt vielmehr auf den gesellschaftsrechtlichen Fragestellungen im Rahmen der Beteiligungsfinanzierung. Ebenso wird die eingetragene Genossenschaft aufgrund ihrer untergeordneten Bedeutung nicht mehr weiter behandelt.

hung zwischen dem Unternehmer und dem stillen Gesellschafter ist für Außenstehende normalerweise nicht erkennbar. Die Praxis kennt die Stille Gesellschaft in zwei Ausprägungen. Bei der **Typischen** Stillen Gesellschaft als erste Form ist der stille Gesellschafter nicht an den stillen Reserven beteiligt, die von der Gesellschaft erwirtschaftet werden.[14] Der typisch stille Gesellschafter trägt in der Regel ein eingeschränktes unternehmerisches Risiko und erhält nach dessen Ausscheiden seine nominelle Einlage zurück. Bei der **Atypischen** Stillen Gesellschaft als zweiter Form erfolgt eine Beteiligung des stillen Gesellschafters an den stillen Reserven der Unternehmung. Zudem werden ihm Informations- und Kontrollrechte eingeräumt. Weiterhin trägt er unternehmerisches Risiko, da er nicht nur am Gewinn- und Verlust des Unternehmens, sondern auch schuldrechtlich an dessen Vermögen beteiligt ist.

- **Möglichkeiten der Beteiligungsfinanzierung**: Die Finanzierungsfunktion bei der Stillen Gesellschaft besteht in der Verbreitung der Eigenkapitalbasis durch das eingesetzte Kapital des stillen Gesellschafters.

Nach § 105 (1) HGB ist eine **OHG** eine Gesellschaft, deren Zweck auf den Betrieb eines Handelsgewerbes unter gemeinschaftlicher Firma gerichtet ist, wenn bei keinem der Gesellschafter die Haftung gegenüber den Gesellschaftsgläubigern beschränkt ist. Bei der OHG obliegt die Geschäftsleitung allen Gesellschaftern, was natürlich im Hinblick auf die Aufgabenverteilung (Machtverteilung) problematisch sein kann. Die OHG hat im Vergleich zur Einzelunternehmung bedingt durch die Anzahl der Gesellschafter tendenziell ein höheres Haftungskapital, so dass auch die Kreditwürdigkeit mit der Anzahl der Gesellschafter ansteigt. Wie bei der Einzelunternehmung ist bilanzielle Überschuldung kein zwingender Konkursgrund.

- **Möglichkeiten der Beteiligungsfinanzierung**: Die Finanzierungsmöglichkeiten der OHG ergeben sich durch die Aufnahme neuer Gesellschafter (Vollhafter) oder aber durch neue Einlagen der bereits beteiligten Personen. Ebenso können natürlich auch hier stille Gesellschafter aufgenommen werden, die dann gemäß ihrer Einlage das haftende Eigenkapital der OHG erhöhen. Problematisch ist die Aufnahme neuer Gesellschafter im Hinblick auf die Vermögensverteilung, da sich die Anteile der Altgesellschafter am Eigenkapital verändern (verringern), bspw. im Hinblick auf sich ergebende Auflösungen von stillen Reserven.

Nach § 161 (1) HGB ist eine **KG** ein Zusammenschluss mehrerer Personen zum Betrieb eines Vollhandelsgewerbes unter gemeinschaftlicher Firma, wobei mindestens ein Gesellschafter unbeschränkt haftet (= Komplementär), während die Haftung der übrigen auf den Betrag ihrer Einlage beschränkt ist (= Kommanditisten). Bei der KG sind mit den Komple-

[14] Stille Reserven entstehen durch eine Unterbewertung der Aktiva oder durch eine Überbewertung der Passiva. Steht bspw. ein ehemals erworbenes Grundstück aufgrund des strengen Niederstwertprinzips mit 100 TEUR in der Bilanz, es würde aber bei Veräußerung aufgrund des mittlerweile stark gestiegenen Grundstückspreises 1 Mio. € erzielen, so würden stille Reserven in Höhe des Differenzbetrages (900 TEUR) bestehen. Vgl. dazu auch entsprechende Fallstudien in diesem Buch.

mentären nur die Vollhafter, ähnlich zu den Gesellschaftern bei der OHG, an der Geschäftsleitung beteiligt. Die Haftung erstreckt sich über das Eigenkapital der KG hinaus auch auf die Privatvermögen der Komplementäre, während mit den Kommanditisten die Teilhafter lediglich mit ihren Einlagen haften. Der Gläubigerschutz wird auch durch die Eintragung der Zahl der festen Kommanditeinlagen im Handelsregister (§ 172 HGB) verbessert.

- **Möglichkeiten der Beteiligungsfinanzierung**: Die Eigenkapitalbasis kann auf mehrere Arten verbessert werden. Die bisherigen Voll- und Teilhafter können ihre Einlage erhöhen, es können neue Voll- und Teilhafter aufgenommen werden und zusätzlich besteht die Möglichkeit der Beteiligungsfinanzierung über die Aufnahme stiller Gesellschafter.

Die **GmbH** ist eine Gesellschaft mit eigener Rechtspersönlichkeit, deren Gesellschafter mit Einlagen auf das in Anteile zerlegte Stammkapital beteiligt sind, ohne den Gläubigern der Gesellschaft gegenüber unmittelbar zu haften. Nach § 5 GmbHG beträgt das Mindeststammkapital 25.000 €. Die Geschäftsführung der GmbH wird durch die Organe, die Gesellschafterversammlung und die Geschäftsführung geregelt. Die Haftung ist auf die Einlage, das so genannte gezeichnete Kapital, begrenzt (sofern im Gesellschaftervertrag keine Nachschusspflicht vereinbart wurde), wodurch die Kreditwürdigkeit im Allgemeinen und im Vergleich zu den Personengesellschaften OHG und KG deutlich gemindert ist.

- **Möglichkeiten der Beteiligungsfinanzierung**: Eine Erhöhung des Eigenkapitals bei der GmbH erfolgt durch die Aufnahme eines weiteren Gesellschafters oder aber durch eine Erhöhung der Einlagen der bereits beteiligten Gesellschafter. Ggf. wurde im Gesellschaftervertrag eine Nachschusspflicht festgelegt. Die Vorteile bei der Aufnahme neuer Gesellschafter im Gegensatz zur KG und OHG bestehen darin, dass die persönliche Haftung fehlt und deshalb die Bereitschaft zur Beteiligung deutlich höher ist. Der Nachteil gegenüber Kommanditanteilen liegt in der schwierigeren Übertragbarkeit der Anteile, da diese der gerichtlichen oder notariellen Form bedürfen. Somit sind GmbH-Anteile weniger fungibel.

Allgemein kann zur Beteiligungsfinanzierung ohne Börsenzugang festgehalten werden, dass neue (Eigen)Kapitalgeber aufgrund der relativ aufwendigen Übertragbarkeit (im Vergleich zu Aktien) und der schwierigen Beurteilung des Risikos aufgrund fehlender Markttransparenz eher schwer zu finden sind. Für bisherige Eigentümer bedeutet die Ausweitung des Eigenkapitals durch die Aufnahme neuer Gesellschafter zudem unerwünschte Mitspracherechte, ein Zwang zur Erzielung höherer Gewinne und auch den Verlust an anteiligen stillen Reserven.[15]

Zusammenfassend lassen sich die Möglichkeiten der Beteiligungsfinanzierung von nicht börsennotierten Unternehmen wie folgt strukturieren:

---

[15] Siehe Fallstudien 3 und 4.

Beteiligungsfinanzierungsmöglichkeiten	
Einzelunternehmung	Einlage auf Privatvermögen Aufnahme stiller Gesellschafter
Offene Handelsgesellschaft	Einlage durch bisherige Gesellschafter Aufnahme neuer Gesellschafter Aufnahme stiller Gesellschafter
Kommanditgesellschaft	Einlage durch bisherige Gesellschafter Aufnahme neuer Komplementäre Aufnahme neuer Kommanditisten Aufnahme stiller Gesellschafter
Gesellschaft mit beschränkter Haftung	Aufnahme neuer Gesellschafter Ordentliche Erhöhung des Stammkapitals Abruf von Nachschüssen Nominelle Kapitalerhöhung aus Gesellschaftsmitteln

Abbildung 24: Beteiligungsfinanzierung nicht emissionsfähiger Unternehmen

2.3.1.1.3 Beteiligungsfinanzierung emissionsfähiger Unternehmen

2.3.1.1.3.1 Allgemeines

Bei der Beteiligungsfinanzierung emissionsfähiger Unternehmen, das sind Aktiengesellschaften (AGs) einerseits und Kommanditgesellschaften auf Aktien (KGaA´s) andererseits, steht die Finanzierung über Aktien im Mittelpunkt. Die Konzentration wird hier aufgrund der Relevanz auf die AG gelegt.[16]

Die Aktiengesellschaft besorgt sich über die Ausgabe von Aktien ihr Kapital. Das Unternehmensrisiko wird somit auf viele Personen verteilt, denn die Aktionäre sind als Gesellschafter über den Kauf von Aktien am gezeichneten Kapital, dem Grundkapital der AG, beteiligt. Nach § 7 AktG beträgt dies in Deutschland mindestens 50.000 €. Die Aktionäre haften ähnlich dem Anteilseigner einer GmbH oder eines Kommanditisten nur bis zur Höhe ihrer Beteiligung und nicht mit ihrem übrigen Vermögen. Die für diese Gesellschaftsform gesetzlichen Regelungen sind unter anderem im Aktiengesetz und Handelsgesetzbuch festgeschrieben.

Die Mitwirkungsrechte an den Entscheidungen der AG beschränken sich für den Aktionär im Wesentlichen auf seine Stimmabgabe in der Hauptversammlung (HV). Diese bilden zusammen mit dem Vorstand (Geschäftsführerfunktion) und dem Aufsichtsrat die drei Organe

[16] Vgl. Gerke W./Rapp H.W. 1993, S. 287ff.

einer AG. In der HV wird vor allem über die Zusammensetzung des Aufsichtsrates, die Arbeit von Aufsichtsrat und Vorstand sowie die Verwendung des Bilanzgewinns entschieden. Der Aufsichtsrat ist für die Überwachung der Geschäftsführung zuständig, während der Vorstand die Geschäfte der AG leitet und sie im Außenverhältnis vertritt.

Die **Beteiligungsfinanzierung** bei der AG ist vergleichsweise einfach, denn durch die Stückelung des Grundkapitals in relativ leicht veräußerbare Aktien steht das zu veräußernde Eigenkapital einer praktisch unbegrenzten Zahl von Aktionären zur Verfügung, die somit auch mit einem sehr geringen Anteil als Eigenkapitalgeber in Frage kommen.

Der Aktionär ist Miteigentümer und kann seine Beteiligung nicht kündigen. Er muss vielmehr seine Anteile in der Regel an der Börse verkaufen, will er seine Beteiligung beenden. Die Laufzeit von Aktien ist nicht begrenzt. Nur ein Konkurs kann das Engagement des Aktionärs von außen beenden.

Die **Vorteile** der Beteiligungsfinanzierung von AGs können punktuell zusammengefasst werden:

- AGs können ihre Eigenkapitalanteile (Aktien) einem breiten Publikum über das Marktsegment der Börse anbieten. Dort werden die Aktien gehandelt.
- Es ist eine hohe Stückelung des Nominalkapitals (Grundkapital) in Aktien möglich, so dass eine Vielzahl von potenziellen und wechselnden Eigentümern angesprochen werden kann.
- Aktien besitzen eine hohe Fungibilität (leichte Übertragbarkeit) im Vergleich zu sonstigen Anteilsscheinen.
- Durch ein strenges Aktiengesetz besteht ein hoher Anlegerschutz.
- Durch die Ausgabe von Aktien wird ein Spannungsverhältnis beseitigt zwischen Großanlegern, die den Wunsch haben, ein langfristiges Beteiligungsengagement einzugehen, und Kleinanlegern, die mehr auf Liquiditätssicherung bedacht sind und ihre Beteiligung eher kurzfristig betrachten.

Diesen Vorteilen steht natürlich auch eine Reihe von **Nachteilen** gegenüber, die an dieser Stelle nicht verschwiegen werden dürfen:

- Eine börsennotierte Aktiengesellschaft ist einem sehr hohen öffentlichen Druck ausgesetzt. Nach der Publizitätspflicht muss der Vorstand einer AG in regelmäßigen Abständen die Geschäfte offenlegen und bei unvorhergesehenen Ereignissen wie bspw. einem Gewinn- oder Umsatzeinbruch die Öffentlichkeit informieren.
- Die Kosten eines Börsengangs sind nicht unerheblich.

- Da das Kapital von einer Vielzahl von Investoren aufgebracht wird, besteht praktisch keine Möglichkeit, an der Geschäftsführung mitzuwirken. Die Einflussnahme der Eigentümer ist damit weitestgehend auf die jährlich stattfindende HV beschränkt. Dort können die Aktionäre über ihre Stimmrechte, die in den Aktien verbrieft sind, Kontrolle über den geschäftsführenden Vorstand ausüben, die Bestellung des den Vorstand überwachenden Aufsichtsrates herbeiführen und ihr Stimmrecht bei wichtigen Einzelentscheidungen wie bspw. einer Fusion oder einer Kapitalerhöhung einsetzen.

Nach dem bisher Gesagten ist klar, dass die AG hinsichtlich der Beteiligungsfinanzierung das größte Potenzial in sich birgt. Somit müssen noch eine Vielzahl von Fragen geklärt werden, die im Hinblick auf die Beschaffung des Eigenkapitals entstehen:

- Welche Aktienarten sind zu unterscheiden?
- Wie funktioniert der Aktienhandel?
- Wie wird der Aktienkurs festgestellt?
- Wie läuft die Kapitalerhöhung bei einer Beteiligungsfinanzierung durch Aktien konkret ab?
- Wie funktioniert eine Kapitalherabsetzung, bspw. ausgelöst durch eine anstehende Sanierung?

2.3.1.1.3.2 Aktienarten

Festgehalten wurde bereits, dass Aktien Wertpapiere sind, die für den Inhaber eine Reihe von Mitgliedschaftsrechten beinhalten. Bei den Gliederungsmöglichkeiten der Aktienarten haben sich folgende Kriterien durchgesetzt:

Kriterium	**Aktienart**
Art der Übertragbarkeit	Inhaberaktie Namensaktie Vinkulierte Namensaktie
Rechtsumfang	Stammaktie Vorzugsaktie
Zerlegung des Grundkapitals	Nennwertaktie Quotenaktie Stückaktie

Abbildung 25: Aktienarten

Inhaberaktien, Namensaktien bzw. vinkulierte Namensaktien sind Aktienformen mit unterschiedlichen **Übertragungsmöglichkeiten**.

- **Inhaberaktien** stellen die übliche Aktienform in Deutschland dar. Die Übertragung erfolgt durch Einigung und Eigentumsübergang zwischen Käufer und Verkäufer.
- **Namensaktien** sind im Vergleich zur Inhaberaktie schwerer übertragbar. Sie tragen den Namen der Aktionäre, die im Aktienregister der Gesellschaft eingetragen sind. Die Übertragung erfolgt durch Indossament (schriftliche Übertragungserklärung) und Übergabe.
- **Vinkulierte Namensaktien** sind ähnlich der Namensaktie, für die Übertragung ist aber zusätzlich noch die Zustimmung der Gesellschaft notwendig.

Stamm- und Vorzugsaktien sind Inhaberpapiere mit einem unterschiedlichen **Rechtsumfang**.

- **Stammaktien** („gewöhnliche Aktie") sind die in Deutschland hauptsächlich verbreitete Aktienform. Stammaktien verbriefen das Recht auf Dividende, das Recht auf den Anteil am Liquidationserlös, Recht auf Teilnahme und Stimmrecht an der HV, Recht auf Auskunftserteilung bei der HV, das Recht auf Anfechtung von HV-Beschlüssen und so genannte Bezugsrechte bei einer Kapitalerhöhung.
- **Vorzugsaktien** (Aktie mit bestimmten Privilegien) räumen im Gegensatz zu den Stammaktien den betreffenden Aktionären besondere Ansprüche ein. Sie gewähren normalerweise eine höhere Gewinnbeteiligung (Dividende), beinhalten dafür aber häufig kein Stimmrecht in der HV. Vorzugsaktien werden in der Praxis oftmals an die eigenen Mitarbeiter ausgegeben, um diese an die Unternehmung zu binden und deren Vermögensbildung zu erleichtern.

Nennwertaktien, Quotenaktien und Stückaktien sind Inhaberpapiere, bei denen das **Grundkapital unterschiedlich zerlegt** wird.

- **Nennwertaktien** (Nominalaktien) lauten auf einen bestimmten Nennbetrag, der in Geld ausgedrückt ist und mindestens 1 € betragen muss. Bei höheren Werten müssen die Nennbeträge durch volle Euro-Beträge dividierbar sein. Gemäß § 152 (1) AktG ergibt die Summe aller Aktiennennbeträge das Grundkapital der AG. Die Nennbeträge dienen als Bemessungsgrundlage für das Stimmrecht bei der HV und die Gewinnverteilung. Nennwertaktien dürfen nur zum Nennwert oder darüber hinaus (über pari) ausgegeben werden.
- **Quotenaktien** verbriefen einen prozentualen Anteil am Reinvermögen einer AG (bspw. lauten sie auf 1/100.000), sind in Deutschland nicht zulässig, international aber üblich.

- **Stückaktien** lauten auf keinen bestimmten Nennbetrag und werden deshalb als nennwertlose Stückaktien bezeichnet. Ähnlich den Nennwertaktien verkörpern sie einen Anteil am Grundkapital, dessen Betrag aber nicht ausgewiesen wird. Dieser ergibt sich durch Division des Grundkapitals durch die Anzahl der ausgegebenen Aktien.

2.3.1.1.3.3 Marktstruktur und Aktienhandel

Aktien werden an Wertpapierbörsen, in Deutschland insbesondere über die Deutsche Börse AG, gehandelt.[17] Dort wird regelmäßig durch das Zusammentreffen von Angebot und Nachfrage der Wert einer Aktie ermittelt. In Deutschland sind derzeit weit über 5.000 Aktien in- und ausländischer Emittenten zum Handel zugelassen.

Grundsätzlich sind Aktien zugleich Chancen- und Risikopapiere, da ihre Kurse steigen oder fallen können. Der Kurs orientiert sich u.a. an den Gewinnerwartungen eines Unternehmens. Aufgrund der unterschiedlichen Prognosen der Anleger über die zukünftige Unternehmensentwicklung kommt es, dass Aktien zugleich gekauft oder verkauft werden. Die Kursentwicklung von Aktien lässt sich zum Beispiel in Tageszeitungen, über das Fernsehen und den Rundfunk oder im Internet verfolgen.

Der börsliche Handel kennt mit dem **Kassa**- und **Terminmarkt** zwei Handelsformen.

Auf dem **Kassamarkt** werden die Börsengeschäfte sofort erfüllt, d.h., Preisfeststellung und Erfüllung sind zeitgleich (innerhalb zweier Börsentage). Der Kassamarkt war bis zum Jahr 2003 in die vier Segmente Amtlicher Handel, geregelter Markt, Freiverkehr und Neuer Markt gegliedert, die anschließende Umstrukturierung überführte den Amtlichen Handel sowie den geregelten Markt in den General Standard bzw. Prime Standard, während Freiverkehr und Neuer Markt in den Open Market bzw. Entry Standard überführt wurden.[18]

Seitdem haben die Emittenten die Wahl zwischen einem von der EU regulierten Markt und Märkten, die von den Börsen selbst reguliert werden.

---

[17] Neben dieser in Frankfurt/Main ansässigen Wertpapierbörse gibt es in Deutschland noch sieben so genannte Regionalbörsen: Börse Stuttgart, Börse München, Hamburger Börse, Börse Düsseldorf, Warenterminbörse Hannover, Berliner Börse und die Stiftung Bremer Wertpapierbörse.

[18] Eine kleine Historie der Regelwerke und Index-Entwicklung ist im Anhang 9.2 dargestellt.

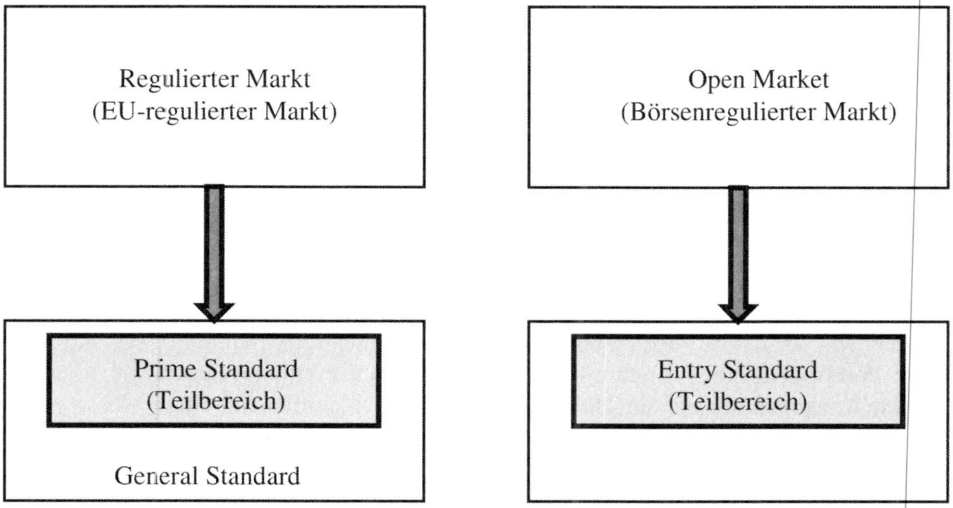

Abbildung 26: Marktsegmente der Börse

Emittenten des **General Standard** müssen höchsten Europäischen Transparenzanforderungen genügen. Dazu gehören verschiedene Maßnahmen.

- Jahresberichtserstattungen innerhalb von vier Monaten nach Ende des Geschäftsjahres nach internationalen Rechnungslegungsstandards (IFRS/IAS oder US-GAAP),
- Veröffentlichung eines Halbjahresfinanzberichts innerhalb von zwei Monaten nach Ende des Berichtszeitraumes,
- Zwischenmitteilungen zu den Jahresquartalen 1 und 3 über die allgemeine Finanzlage und die wesentlichen Ereignisse des Berichtszeitraumes,
- Ad-hoc-Publizitätspflicht nach dem Wertpapierhandelsgesetzt (WpHG), wie bspw. das Aussprechen von Umsatz- oder Gewinnwarnungen.

Unternehmen, die im **Prime Standard** gelistet sind, müssen über die Anforderungen des General Standards hinaus noch eine Reihe von zusätzlichen Bedingungen erfüllen.

- Quartalsberichte in deutscher und englischer Sprache,
- Veröffentlichungen eines aktuellen Unternehmenskalenders im Internet und
- Durchführung von mindestens einer Analystenkonferenz pro Jahr.

Der **Open Market** mit seinem Teilbereich des **Entry Standards** ist für diejenigen Unternehmen gedacht, die Ihre Aktien bei „geringen“ formalen Pflichten in den Handel bringen wollen. Besonders attraktiv ist er für junge und etablierte mittelständische Unternehmen. Er wird an späterer Stelle im Rahmen der KMU-spezifischen Finanzierungsformen diskutiert.

Kommen wir zurück zum Prime-Standard innerhalb des General Standards und betrachten die dortige Struktur.

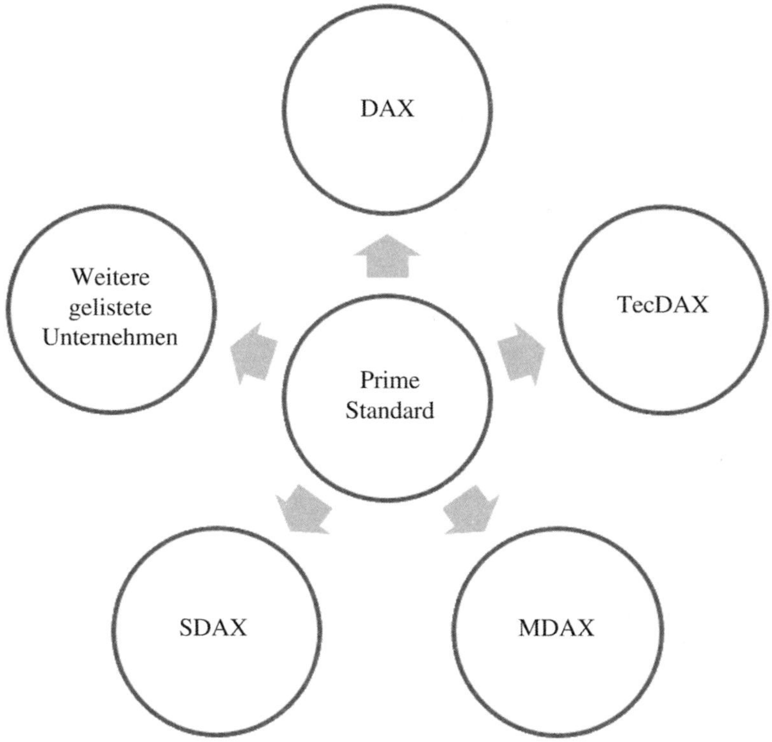

Abbildung 27: Segmente des Prime Standards

Der DAX-Index als wohl bekanntester und bedeutsamster Index innerhalb des Prime Standards bildet das Segment der so genannten Bluechips ab und umfasst die 30 größten und umsatzstärksten Unternehmen der Frankfurter Wertpapierbörse als der wichtigsten Handelsplattform in Deutschland.[19]

Der TecDAX enthält die 30 größten Werte aus der Technologiebranche des Prime Standards und ist aus dem NEMAX50 hervorgegangen.[20]

Der MDAX besteht aus 50 Unternehmen, die hinsichtlich Größe und Umsatz auf die DAX-Werte folgen. In ihm sind die gleichen Branchen enthalten, die auch die Zusammensetzung des DAX bilden.[21]

---

[19] Zur derzeitigen Zusammensetzung des DAX (30) vgl. Anhang 9.3. Die aufgeführten Unternehmen sind nach deren Gewichtung im DAX-Index geordnet. Die anschließend aufgeführte Marktkapitalisierung ist das Ergebnis des Aktienkurses multipliziert mit der Anzahl der ausgegebenen Aktien.

[20] Vgl. Anhang 9.4.

Der SDAX schließlich besteht aus den 50 Unternehmen der klassischen Sektoren unterhalb des MDAX.[22]

Innerhalb des General Standard gibt es dann noch eine Reihe von weiteren Unternehmen, die nicht bzw. noch nicht die Anforderungen des Prime Standards erfüllen.

Neben dem eben beschriebenen Kassamarkt gibt es den **Terminmarkt**, auf dem Verträge geschlossen werden, die die Konditionen für den Wertpapierkauf bzw. -verkauf in der Zukunft bereits heute festlegt. Das so genannte **unbedingte** Termingeschäft muss sowohl seitens des Käufers als auch seitens des Verkäufers unbedingt zum vereinbarten Zeitpunkt, zu den vereinbarten Konditionen erfüllt werden. Hierzu zählen bspw. die Futures als börsengehandeltes Termingeschäft und die Forwards als außerbörsliches Termingeschäft. Ferner gibt es die so genannten bedingten Termingeschäfte, bei denen dem Käufer das Wahlrecht eingeräumt wird, erst in der Zukunft zu entscheiden, ob er ein Geschäft zu den vereinbarten Konditionen ausüben möchte. Bedingte Termingeschäfte sind auch unter dem Begriff Optionen bekannt.

2.3.1.1.3.4 Festlegung des Aktienkurses

Der Aktienkurs spiegelt den Wert einer Aktie zu einem bestimmten Zeitpunkt wider und ergibt sich durch das Angebot- und Nachfrageverhalten der Marktteilnehmer. Die Einflussfaktoren auf den Aktienkurs sind sehr vielschichtig, angefangen von volkswirtschaftlichen Faktoren wie geld-, kredit- und zinspolitischen Maßnahmen, über betriebswirtschaftliche Faktoren wie die Branchenentwicklung, Umsatz- und Gewinnentwicklung des betreffenden Unternehmens hin zu psychologischen Einflüssen wie Gerüchte, Stimmungen und Ängste. Welche Faktoren letztlich für die Kursentwicklung eines Wertpapiers verantwortlich sind, lassen sich auch durch die besten Analysen nicht vorhersagen, denn sonst gäbe es keinen Markt, weil es nur Aktienanbieter oder Aktiennachfrager geben würde.

Der Aktienkurs wird an der Börse zu einem bestimmten Zeitpunkt vom Börsenmakler festgestellt. Dieser sammelt während eines bestimmten Zeitraumes alle Kauf- und Verkaufsaufträge, die entweder auf einen bestimmten Höchst- oder Mindestkurs limitiert sind, oder aber ohne Limits erteilt werden (Bestens- bzw. Billigstorder). Die Feststellung des so genannten **Einheitskurses** erfolgt dann vom Börsenmakler nach dem Meistausführungsprinzip, d.h., der Einheitskurs ist derjenige Kurs, bei dem die größte Stückzahl an Wertpapieren umgesetzt werden kann. Nachfolgendes Beispiel soll diesen Sachverhalt verdeutlichen.

[22] Vgl. Anhang 9.6.

Kaufaufträge	Limit	Verkaufsaufträge	Limit
40 Stück	billigst	30 Stück	bestens
20 Stück	124 €	50 Stück	124 €
60 Stück	125 €	40 Stück	125 €
50 Stück	126 €	20 Stück	127 €

Tabelle 1: Ermittlung des Einheitskurses I

Limit ist der Kurs, zu dem gekauft oder verkauft werden soll. Billigst bedeutet, dass der Marktteilnehmer die Aktie um jeden Preis kaufen möchte, bestens ist der entsprechende Verkaufsauftrag. Ein Limit bei den Kaufaufträgen von 125 € bspw. bedeutet, dass der Käufer 60 Aktien kaufen möchte, wenn der Kurs der Aktie **höchstens** 125 € beträgt, d.h., er ist bereit, maximal 125 € für eine Aktie zu zahlen. Demgegenüber bedeutet das Limit in Höhe von 125 € auf der Verkaufsseite, dass der Verkäufer **mindestens** 125 € für einen Anteil haben möchte, er verkauft seine 40 Aktien folglich nur dann, wenn der Einheitskurs bei 125 € oder darüber liegt. Liegt der nächste festgestellte Einheitskurs darunter, kommt der Verkäufer nicht zum Zuge.

Anhand dieser Kauf- und Verkaufsgebote stellt der Börsenmakler nun den Einheitskurs fest. Dabei werden alle potenziellen Verkaufs- und Kaufaufträge in die Berechnung mit einbezogen.

Ermittlung des Einheitskurses			
Kurs	**Käufe/Stück**	**Verkäufe/Stück**	**Umsatz in Stück**
124 €	170 (alle)	80 (30+50)	80
125 €	150 (40+60+50)	120 (30+50+40)	120
126 €	90 (50+40)	120 (30+50+40)	90
127 €	40 (nur billigst)	140 (alle)	40

Tabelle 2: Ermittlung des Einheitskurses II

Zum Kurs von 124 € könnten alle Kaufaufträge, also 170 Stück, ausgeführt werden. Bei einem Kurs von 125 € fallen die auf 124 € limitierten Aufträge heraus, aus Sicht der Käufer könnten somit 150 Aktien gehandelt werden usw. Bei den Verkäufen würden zu einem Kurs von 124 € die unlimitierten („bestens“) Verkaufsorders und die auf 124 € limitierten Verkaufsaufträge ausgeführt, der Umsatz würde 80 Stück betragen usw.

Der **Einheitskurs** wird nun aufgrund dieser Gegenüberstellung vom Makler beim größten Umsatz mit 120 Stück und einem Kurs von 125 € festgestellt.

Bedingungen für die Ermittlung des Einheitskurses sind, dass hier der größte Absatz möglich sein muss und dass alle Bestens- und Billigst-Aufträge ausgeführt werden können.[23]

Bei genau auf den Einheitskurs lautenden Aufträgen kommt es zu einem Angebots- oder Nachfrageüberhang, die keinen Anspruch auf Erfüllung haben. In obigem Beispiel kommt es beim festgestellten Einheitskurs von 125 € zu einem Nachfrageüberhang in Höhe von 30 Aktien, dieses Kaufangebot bleibt somit unbefriedigt.

Man findet deshalb häufig bei den Kursangaben Zusätze, die auf die jeweilige Konstellation bei der Kursfestsetzung hinweisen:

- b = bezahlt; Ausgleich von Angebot und Nachfrage zum Einheitskurs
- bG = bezahlt und Geld; Nachfrageüberhang zum Einheitskurs
- bB = bezahlt und Brief; Angebotsüberhang zum Einheitskurs

Weitere Kurszusätze sind:

- ex D = (ex Dividende); Kurs einer Aktie, die erstmals ohne Anspruch auf Dividendenzahlung notiert
- ex BR = (ex Bezugsrecht); Kurs einer Aktie, die erstmals ohne Bezugsrecht notiert
- ex BA = (ex Berichtigungsaktie); Kurs einer Aktie, die erstmals nach Ausgabe von Gratisaktien notiert

2.3.1.1.3.5 Formen der Kapitalerhöhung

Als Kapitalerhöhung wird die externe Zuführung von Eigenkapital in ein bestehendes Unternehmen bezeichnet und stellt somit die klassische Beschreibung der Beteiligungsfinanzierung von börsennotierten Unternehmen dar. Mit der Kapitalerhöhung geht eine Veränderung der Struktur des Eigenkapitals bei Kapitalgesellschaften zugunsten des gezeichneten Kapitals einher.

Als Hauptgründe für eine Kapitalerhöhung werden genannt:

- die Verbesserung der Liquidität,
- eine geplante Erweiterung der Kapazitäten mit dem dazu erforderlichen Finanzierungsvolumen,
- Maßnahmen der Rationalisierung,
- Maßnahmen zur Umschuldung oder
- Umwandlung von Rücklagen.

---

[23] Siehe Fallstudie 5.

Es ergeben sich insgesamt vier Formen der Kapitalerhöhung gemäß Aktiengesetz:

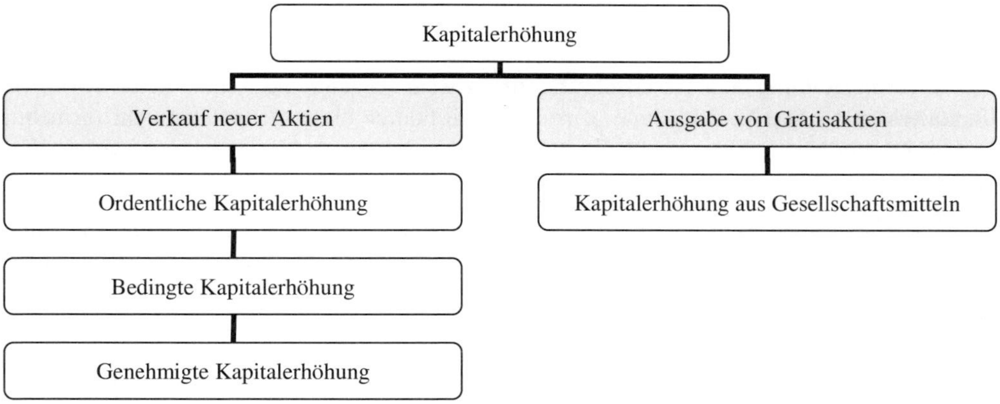

Abbildung 28: Formen der Kapitalerhöhung

Die **ordentliche Kapitalerhöhung** ist die Emission neuer (junger) Aktien und wird in der HV mit Dreiviertel-Mehrheit des vertretenen Grundkapitals festgelegt. Sie begründet neue Mitgliedschaftsrechte, daher haben bisherige Aktionäre ein so genanntes **Bezugsrecht**[24] auf die jungen Aktien. Unterpari-Emissionen junger Aktien (Ausgabe unter Nennwert) sind verboten. Ein **Agio** (Ausgabe über Nennwert) ist der gesetzlichen Rücklage zuzuweisen und zwar nach dem Bilanzrecht in die Kapitalrücklagen.

Die gesetzliche Untergrenze des Ausgabepreises der jungen Aktien ist der Mindestnennwert der auszugebenden Aktie, die wirtschaftliche Obergrenze ist der Kurs der alten Aktie, denn zu einem über den alten Kurs hinausgehenden Preis wäre niemand bereit, neue Aktien zu erwerben. Üblicherweise wird der Kurs durch eine Unternehmensbewertung ermittelt und dann den allgemeinen volkswirtschaftlichen Gegebenheiten angepasst.[25]

Bei der **bedingten Kapitalerhöhung** erfolgt die Erhöhung des Kapitals nicht sofort, sondern ist abhängig von der Ausübung bestimmter Bezugs- oder Umtauschrechte, die den Aktionären oder Dritten gewährt werden. Dabei sind mehrere Fälle gesetzlich vorgesehen:

- Umtausch von Wandelschuldverschreibungen in Aktien (Tausch von Fremdkapital in Eigenkapital),
- Unternehmenszusammenschlüsse mit Umtausch der Aktien und
- Bezugsrechte für Arbeitnehmer zum Erwerb von (neuen) Aktien (Belegschaftsaktien).

---

[24] Vgl. den Punkt „Wirkung und Vorgehensweise einer Kapitalerhöhung“.

[25] Die Verfahren der Unternehmensbewertungen werden später detailliert dargestellt.

Bei der **genehmigten Kapitalerhöhung** ermächtigt die Hauptversammlung den Vorstand, mit Zustimmung des Aufsichtsrates eine Kapitalerhöhung im Rahmen eines vorher festgelegten Umfangs durchzuführen. Somit erfolgt die Platzierung der Aktien dann, wenn der Vorstand den Zeitpunkt für günstig hält.

Die **Kapitalerhöhung aus Gesellschaftsmitteln** ist im eigentlichen Sinne keine wirkliche Kapitalerhöhung. Das Vermögen (Eigenkapital) wird durch diese Maßnahme nicht vermehrt, es erfolgt lediglich eine Umschichtung innerhalb des Postens des Eigenkapitals, wobei offene Rücklagen in Grundkapital umgewandelt werden.

Da zwar das Grundkapital erhöht wird, die Beteiligungsquote aber konstant bleiben muss, werden zum Ausgleich „Gratisaktien" an die Aktionäre entsprechend ihrem Anteil am erhöhten Nennkapital ausgegeben.

Nach der Art der Einlage kann man, ähnlich der Beteiligungsfinanzierung nicht emissionsfähiger Unternehmen, verschiedene Formen der Kapitalerhöhung unterscheiden:

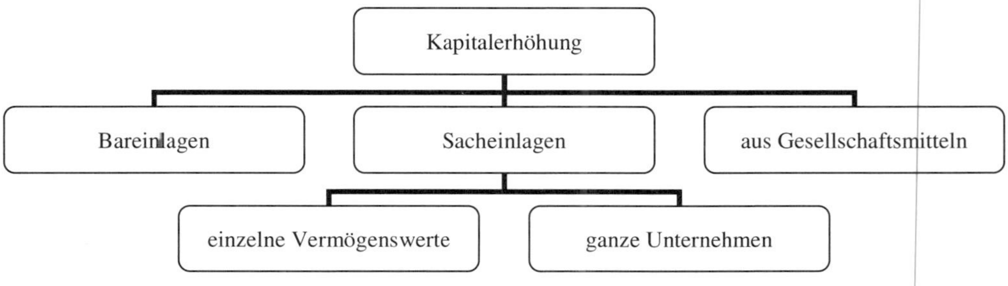

Abbildung 29: Kapitalerhöhung nach der Einlagenart

Bei der Kapitalerhöhung gegen Einlagen, auch ordentlichen Kapitalerhöhung genannt, werden der Gesellschaft neue Mittel in Form von Geld (Bareinlagen) oder Sacheinlagen zugeführt. Bei den Sacheinlagen können sowohl einzelne Vermögenswerte oder aber auch ganze Unternehmen eingebracht werden. Hier stellt sich jedoch das Problem, mit welchem Wert diese Vermögensgegenstände anzusetzen sind. Bei der Kapitalerhöhung aus Gesellschaftsmitteln wird das Grundkapital nicht durch Einlagen, sondern durch Umwandlung von Kapital- und/oder Gewinnrücklagen in Grundkapital erhöht.

2.3.1.1.3.6 Wirkung und Vorgehensweise einer Kapitalerhöhung

Eine Kapitalerhöhung hat zwei wesentliche Auswirkungen. Einmal einen **Liquiditätseffekt** durch das neue Kapital und zum zweiten eine **Änderung des** (bisherigen) **Aktienkurses**, weil sich das Reinvermögen der Aktiengesellschaft auf mehr Aktien verteilt.

Beide Effekte, ausgelöst durch eine Kapitalerhöhung, lassen sich durch ein kleines Beispiel veranschaulichen:

Eine mittelständische Aktiengesellschaft möchte das Grundkapital um 12 Mio. € auf 72 Mio. € erhöhen, indem sie 50,- € Nennwertaktien zum Kurs von 80,- € platziert. Es werden also 240.000 Aktien ausgegeben (12 Mio. € / 50,- €), die insgesamt einen **Liquiditätseffekt** von 19,2 Mio. € bewirken (240.000 x 80,- €). Das Grundkapital erhöht sich um den Nennbetrag der Aktie multipliziert mit der Anzahl der Aktien, während die Differenz von Nenn- und Kurswert in die Kapitalrücklage fließt (240.000 x 30,- €). Somit hat die Bilanz vor und nach der Kapitalerhöhung folgendes Aussehen (Angaben in Mio. €):

Bilanz vor Kapitalerhöhung

AKTIVA			PASSIVA
Anlagen	98,0	Grundkapital	60,0
Bank	40,0	Rücklagen	48,0
		Fremdkapital	30,0
Bilanzsumme	**138,0**	**Bilanzsumme**	**138,0**

Bilanz nach Kapitalerhöhung

AKTIVA			PASSIVA
Anlagen	98,0	Grundkapital	72,0
Bank	59,2	Rücklagen	55,2
		Fremdkapital	30,0
Bilanzsumme	**157,2**	**Bilanzsumme**	**157,2**

Abbildung 30: Bilanzveränderung bei einer Kapitalerhöhung

Die Kapitalerhöhung hat neben dem Liquiditätseffekt (das Bankvolumen ist von 40 Mio. € auf 59,2 Mio. € gestiegen) eine Bilanzverlängerung um den gleichen Betrag sowie eine Erhöhung des Eigenkapitals (Grundkapital und Rücklagen) und damit der Eigenkapitalquote zur Folge.

Neben dem Liquiditätseffekt hat die Kapitalerhöhung Auswirkung auf den Aktienkurs **(Effekt der Aktienkursänderung)**, denn dieser wird durch die Relationen von altem und neuem Kurs sowie dem Verhältnis der Stückzahlen der alten und neuen (jungen) Aktien verändert. Es entsteht ein neuer Kurs (Mischkurs) durch:

$$K_n = \frac{(a * K_a + j * K_j)}{(a + j)}$$

mit: K_n = Mischkurs bzw. neuer Kurs

K_a = Kurs der alten Aktie

K_j = Ausgabekurs der neuen Aktie

a = Anzahl der alten Aktien

j = Anzahl der jungen Aktien

Ferner würden sich die Altaktionäre nach der Emission der neuen Aktien ohne entsprechende Kompensation schlechter stellen, da der Mischkurs unter dem alten Kurs liegen wird. Aus diesem Grund erhalten die Altaktionäre ein gesetzliches Bezugsrecht zum anteiligen Erwerb der neuen Aktien. Das Bezugsrecht verkörpert das Recht des Altaktionärs, im Zuge einer Kapitalerhöhung eines Unternehmens mit neuen Aktien bedacht zu werden und zwar im Verhältnis seines bisherigen Anteils am Kapital zur vorgenommenen Kapitalerhöhung.

Macht er von dem Angebot hingegen keinen Gebrauch, kann er die ihm zustehenden Bezugsrechte über die Börse veräußern. Der Veräußerungsgewinn ist dann die Entschädigung für den Kursverlust, den er auf seinen Aktienbesitz nach Bezugsrechtsabschlag hinnehmen musste.

Der rechnerische Wert eines Bezugsrechts wird ermittelt, indem vom Kurs der Altaktie der Mischkurs subtrahiert wird, so dass durch den Verkauf des Bezugsrechts den Altaktionären kein Nachteil entsteht.

$BR = K_a - K_n$ (mit BR = Bezugsrecht)

Nun soll anhand des obigen Beispiels der neue Aktienkurs sowie das Bezugsrecht errechnet werden:

Vor der Kapitalerhöhung betrug das Grundkapital 60 Mio. €. Ausgehend von einem Aktiennennwert von 50,- € entspricht dies einem Aktienvolumen von 1,2 Mio. Stück. Ferner sei angenommen, dass der Kurswert der Aktie vor der Kapitalerhöhung 90,- € betragen hat. Daraus und aus den oben erwähnten Kapitalerhöhungsparametern ergeben sich folgende Werte:

K_a (Kurs der alten Aktie) = 90,- €

K_j (Ausgabekurs der neuen Aktie) = 80,- €

a (Anzahl der alten Aktien) = 1.200.000 Stück

j (Anzahl der jungen Aktien) = 240.000 Stück

Es ergibt sich ein neuer Mischkurs mit entsprechendem Bezugsrecht:

$$K_n = \frac{(a * K_a + j * K_j)}{(a + j)} = \frac{(1.200.000 * 90 + 240.000 * 80)}{(1.200.000 + 240.000)} = 88{,}33\,€$$

$BR = K_a - K_n = 90 - 88{,}33 = 1{,}67$ €

Durch die Kapitalerhöhung fällt somit der Kurs der Aktie von ursprünglich 90,- € auf 88,33 € mit der Konsequenz, dass der Altaktionär pro Altaktie als Kompensation ein Bezugsrecht in Höhe von 1,67 € erhält. Dies wird entweder ausgezahlt oder kann für den Kauf von neuen (jungen) Aktien verwendet werden.[26]

Fassen wir die Phasen der Kapitalerhöhung noch einmal zusammen, so können verallgemeinernd folgende vier Schritte identifiziert werden:

<u>1. Schritt</u>: Ermittlung des Kapitalbedarfs der Unternehmung und damit des Verhältnisses von Altaktien zu Neuaktien.

[26] Hat der Altaktionär vor der Kapitalerhöhung bspw. 48 Aktien, so entspricht dies ca. 80,- € (48 * 1,67), so dass er hierauf eine neue Aktie gutgeschrieben bekommt.

2. Schritt: Ermittlung des Ausgabekurses der Neuaktie bzw. der so genannten Bookbuilding-Spanne mit Hilfe einer Unternehmensbewertung, z.B. mittels der Ertragswert- oder Discounted-Cashflow-Methode..[27]

3. Schritt: Ermittlung des Kurses nach Kapitalerhöhung (Mischkurs von Alt- und Neuaktien).

4. Schritt: Ermittlung des Bezugsrechts.[28]

2.3.1.1.3.7 Formen der Kapitalherabsetzung

Die Kapitalherabsetzung ist das Gegenteil einer Kapitalerhöhung, d.h., hierbei wird das Grundkapital einer Aktiengesellschaft verringert. Meistens erfolgt eine solche Maßnahme im Zuge einer anstehenden Sanierung. In einem ersten Schritt bewirkt die Kapitalherabsetzung zunächst den Ausgleich der die offenen Rücklagen übersteigenden Verluste – umgangssprachlich auch als „Unterbilanz" bezeichnet. In einem zweiten Schritt wird dann, um die wirtschaftliche Gesundung der Gesellschaft herbeizuführen, häufig eine Kapitalerhöhung unter Zuzahlung der Aktionäre vorgenommen.[29] Dies macht natürlich nur dann Sinn, wenn an den langfristigen Erfolg der Unternehmung geglaubt wird. Ist dies der Fall, wird eine Kapitalherabsetzung mit anschließender Kapitalerhöhung häufig auch begleitet durch einen (teilweisen) Forderungsverzicht der Gläubiger, was das finanzielle Gleichgewicht weiter zu verbessern hilft.

Das Aktiengesetz kennt verschiedene Formen der Kapitalherabsetzung:

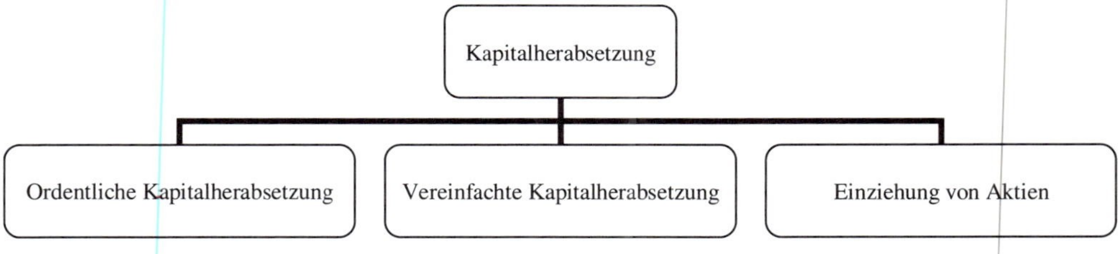

Abbildung 31: Formen der Kapitalherabsetzung

Für alle drei Formen der Kapitalherabsetzung ist eine Dreiviertelmehrheit der Stimmen der Hauptversammlung erforderlich. Ferner müssen die aus der Kapitalherabsetzung gewonne-

---

[27] Vgl. hierzu Kapitel 3.6.

[28] Siehe Fallstudie 6 und 7.

[29] Vgl. hierzu auch Süchting J. 1995, S. 110ff sowie Nekat K./Nippel P. 2006, S. 374ff.

nen Beträge in der Bilanz, der Gewinn- und Verlustrechnung sowie im Anhang des Jahresabschlusses gesondert aufgeführt werden.

Die **Ordentliche** Kapitalherabsetzung ist in erster Linie bei Teilliquidationen von Gesellschaften vorgesehen. Hierbei werden Gesellschafter zu Lasten des Gesellschaftsvermögens ausgezahlt. Geregelt ist die Ordentliche Kapitalherabsetzung in den §§ 222 bis 228 AktG. Voraussetzung dieser Form der Herabsetzung ist, sofern sie das Grundkapital der Gesellschaft unterschreitet, eine anschließende Kapitalerhöhung.

Die **vereinfachte** Kapitalherabsetzung – geregelt in den §§ 229 bis 236 AktG – ist nur dann statthaft, wenn die alleinige Zwecksetzung der Ausgleich von Wertminderungen oder die Deckung von Verlusten ist.

Beide oben genannten Formen der Kapitalherabsetzung können einmal durch die Herabstempelung des Nennwerts der Aktien erfolgen oder aber durch die Zusammenlegung von Aktien.[30]

Die Kapitalherabsetzungsform der **Einziehung von Aktien** hat grundsätzlich ähnliche Zielsetzungen wie die beiden erstgenannten Formen und ist in den §§ 237 bis 239 AktG geregelt.

Bevor die Wirkung und Vorgehensweise einer Kapitalherabsetzung (mit anschließender Kapitalerhöhung) erläutert werden soll, müssen noch einmal klar der Sinn und das Ziel einer Kapitalherabsetzung erklärt werden. Wie oben bereits erwähnt, bewirkt sie zunächst einmal buchungstechnisch gesehen die Eliminierung des die Rücklagen übersteigenden Verlustes. Zweitens, und das ist ein ebenso wichtiger Grund, haben die an der Börse gehandelten Aktien mit „Unterbilanzen“ häufig Kurswerte, die unter dem Nennwert liegen. Unter-pari-Emissionen neuer Aktien sind aber nicht möglich. Benötigt nun aber die Gesellschaft neues Beteiligungskapital, so ist es beispielsweise sinnvoll, zunächst eine vereinfachte Kapitalherabsetzung durch Zusammenlegung von Aktien vorzunehmen. Dadurch kommt es zu einem höheren Kurswert pro Aktie, der dann im nächsten Schritt eine Kapitalerhöhung und damit die Zuführung von neuem frischem Geld ermöglicht.

2.3.1.1.3.8 Wirkung und Vorgehensweise einer Kapitalherabsetzung

Der komplexe Vorgang einer Kapitalherabsetzung mit anschließender Kapitalerhöhung soll anhand einer sanierungswürdigen Aktiengesellschaft erläutert werden.

---

[30] Siehe hierzu auch den Gliederungspunkt „Wirkung und Vorgehensweise einer Kapitalherabsetzung“.

Die Gesellschaft weist vor der Sanierung folgende Bilanz auf (in Mio. €):

Bilanz

AKTIVA		**PASSIVA**	
Anlagen	60,0	Grundkapital	30,0
Umlaufvermögen	32,0		
Verlust	8,0	Fremdkapital	70,0
Bilanzsumme	**100,0**	**Bilanzsumme**	**100,0**

Abbildung 32: Bilanz vor Sanierung

Die Bilanz zeigt aus didaktischen Gründen den Verlust auf der Aktivseite der Bilanz. In der Praxis müsste nach handelsrechtlichen Vorgaben heraus dieser als Verlustvortrag bzw. Jahresfehlbetrag vom Eigenkapital auf der Passivseite stehen.

Dem Verlust in Höhe von 8 Mio. € steht keinerlei Rücklagenpotenzial auf der Passivseite gegenüber, so dass nun das Grundkapital aufzuzehren wäre. Das Grundkapital in Höhe von 30 Mio. € ist in 5,- € Nennwertaktien gestückelt, so dass insgesamt 6 Mio. Aktien im Umlauf sind. Der Kurswert der Aktie ist zum Sanierungszeitpunkt bei 4,50 €, liegt also unter dem Nennwert.

Die Hauptversammlung beschließt nun die Sanierung der Gesellschaft mit folgenden Schritten:

- Zunächst soll das Grundkapital um 10 Mio. € herabgesetzt werden. Dies geschieht durch Zusammenlegung von Aktien im Verhältnis 3:2, d.h., anstatt drei Altaktien besitzt der Aktionär nach der Sanierung nur noch zwei Aktien.

  Diese Transaktion hat einen Buchgewinn von 10 Mio. € zur Folge, der den ursprünglichen Verlust in Höhe von 8 Mio. € überkompensiert. Die Differenz in Höhe von 2 Mio. € geht in die Kapitalrücklage.

  Der **Buchungssatz** lautet:

Grundkapital: 10 Mio. €	an	Verlust: 8 Mio. €
		Kapitalrücklage: 2 Mio. €

- Nun erfolgt eine Kapitalerhöhung um den gleichen Betrag, d.h. um 10 Mio. €. Die Aktien (2 Mio. Stück) werden von einem Bankenkonsortium übernommen und zum

Kurs von 6,- € ausgegeben. Die Differenz zwischen Nominalwert (5,- €) und Kurswert wird der Kapitalrücklage zugeführt.

Der **Buchungssatz** lautet:

Bank: 12 Mio. €	an	Grundkapital: 10 Mio. €
		Kapitalrücklage: 2 Mio. €.

Kumuliert ergibt sich nach den beiden Maßnahmen folgende Bilanzstruktur:

Bilanz

AKTIVA			**PASSIVA**
Anlagen	60,0	Grundkapital	30,0
Umlaufvermögen	44,0	Kapitalrücklage	4,0
		Fremdkapital	70,0
Bilanzsumme	**104,0**	**Bilanzsumme**	**104,0**

Abbildung 33: Bilanz nach Sanierung

Insgesamt wurde der Verlust erfolgreich eliminiert, die Kapitalrücklage aufgebaut sowie neue Liquidität zugeführt.[31]

2.3.1.1.4 Unternehmensumwandlung und Börseneinführung

Wie bereits dargelegt, stoßen besonders Personengesellschaften bei der Beteiligungsfinanzierung schnell an ihre Grenzen, so dass es oft ratsam erscheint, durch eine Unternehmensumwandlung diesem Missstand entgegenzutreten. Da eine Börseneinführung in Deutschland nur Gesellschaften in der Rechtsform der AG und der KGaA gestattet ist, würde es sich also anbieten, eine Personengesellschaft, sofern dies zu vertretbaren Kosten realisierbar ist, in eine AG umzuwandeln.[32]

---

[31] Siehe Fallstudie 8.

[32] Vgl. zur Darstellung auch Wieselhuber & Partner 1996, S. 9ff.

Bei der Umwandlung unterscheidet man zwischen der Umwandlung mit Liquidation, auch Umgründung genannt, und der Umwandlung ohne Liquidation (Umwandlung im engeren Sinne).

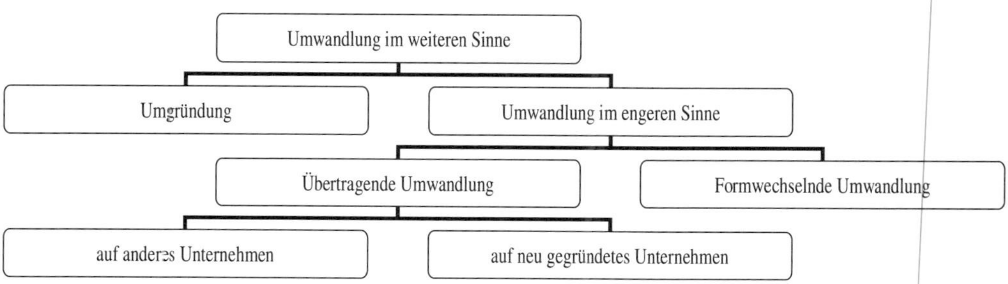

Abbildung 34: Formen der Unternehmensumwandlung

Eine **Umgründung** erfolgt durch Einzelrechtsnachfolge bei sämtlichen Vermögenswerten vom liquidierten Unternehmen auf das neue Unternehmen. Durchgeführt wird sie bei einer Umwandlung von Einzelunternehmen in Personengesellschaften (z.B. in eine KG) und umgekehrt, also bei Umwandlung von Personengesellschaften in Einzelunternehmungen.

Bei der **formwechselnden Umwandlung** bleibt die Personen- bzw. Kapitalgesellschaft erhalten, das Unternehmen ändert nur seine Rechtsform (z.B. OHG in KG oder GmbH in AG), ohne dass eine Vermögensübertragung notwendig ist.

Bei der **übertragenden Umwandlung** geht das gesamte Vermögen des alten Unternehmens entweder auf ein anderes, bereits bestehendes Unternehmen über, oder es wird auf ein neu gegründetes Unternehmen übertragen. Die übertragende Umwandlung ist nur zulässig von einer AG oder GmbH auf eine AG, GmbH, OHG oder KG.

Ist die Umwandlung in der Weise erfolgt, dass die aus dem Umwandlungsprozess hervorgegangene Gesellschaft als AG firmiert, ist ein besserer Zugang zum Kapitalmarkt durch eine dann zu praktizierende Börseneinführung möglich. Dieses Going Public, das der AG eine „angemessene" Eigenkapitalausstattung ermöglichen soll, umfasst alle Maßnahmen als Gesamtstrategie, angefangen mit der Umwandlung über die erstmalige Platzierung von Aktien über ihre Zulassung zum Börsenhandel.

Hauptziele dieser Strategie sind neben der Stärkung der Eigenkapitalbasis die Erschließung neuer Finanzierungsquellen und eine Verbesserung der Kreditwürdigkeit gegenüber Kreditinstituten.

Dennoch sollte nicht jedes Unternehmen eine Umwandlung in eine AG mit anschließender Börseneinführung vornehmen. Neben den „unangenehmen" Nebeneffekten wie hohe Emissionskosten, der Formstrenge des Aktiengesetzes, unerwünschten Publizitätspflichten, unkalkulierbaren Fremdeinflüssen und drohenden Machtverlusten, ist eine entsprechende „Börsenreife" des Unternehmens erforderlich.

Diese wird dadurch charakterisiert, dass die Unternehmung nach erfolgtem Börsengang die „Erwartungen des Marktes“ erfüllen kann. Darunter sind sowohl rechtliche Rahmenbedingungen, die Erfüllung unternehmensinterner Voraussetzungen sowie volkswirtschaftliche Parameter zu subsumieren.

Bestimmungsfaktoren der Börsenreife
Rechtliche Rahmenbedingungen Erfüllung des Börsengesetzes und der Börsenzulassungsverordnung Erfüllung des Aktiengesetzes Erfüllung des Umwandlungsgesetzes
Unternehmensinterne quantitative Faktoren Mindestunternehmensgröße Mindestumsatz (Inland/Ausland) Ertragskraft Adäquate Bilanzstruktur dem Zweck angepasste Investitionstätigkeit
Unternehmensinterne qualitative Faktoren Qualität des Managements Unternehmensimage Technisches Know-how Marktstellung/Marktmacht angepasste Struktur der Unternehmung Informations- und Publizitätsbereitschaft
Volkswirtschaftliche Parameter Geld- und Währungspolitik wirtschaftspolitische Verhältnisse allgemeine politische Stabilität Struktur des Kapitalmarktes Börsenklima

Abbildung 35: Bestimmungsfaktoren für die Börsenreife

Ist die Börsenreife gegeben, wird unter Zuhilfenahme eines Emissionskonsortiums ein Emissionskonzept erstellt. Dieses Konzept enthält zeitlich und inhaltlich strukturiert alle Maßnahmen, die für eine erfolgreiche Börseneinführung maßgeblich sind:

- Festlegung des Emissionsvolumens/des Kapitalbedarfs
- Bestimmung der Aktiengattung und der Kapitalstruktur
- Entscheidung über die Verwendung des Emissionserlöses

- Festlegung der Platzierungsstrategie
- Ermittlung des Emissionspreises
- Bestimmung des Börsenplatzes
- Festlegung des Emissionszeitpunktes

Neuemissionen erfolgen heutzutage für gewöhnlich nach dem **Bookbuilding-Verfahren**. Dabei handelt sich um ein Auktionsverfahren für neu an die Börse zu bringende Unternehmen, bei dem die Preisspanne vorgegeben wird, in der die Gebote abgegeben werden müssen. Der Konsortialführer sammelt bei diesem Verfahren alle Zeichnungswünsche der Anleger und deren Preisvorgaben, um auf dieser Grundlage die Preisfestsetzung und die Aktienzuteilung vornehmen zu können. Das Bookbuilding-Verfahren gliedert sich in vier Phasen:

Pre-Marketing Phase	Hier wird die vorgesehene Emission den potenziellen Großanlegern vorgestellt. Dadurch wird ein erster Richtwert für den Emissionskurs unter Berücksichtigung der aktuellen Marktlage und des spezifischen Unternehmensprofils festgestellt und die Vorstellungen über Preis und Nachfrage erforscht. Im Ergebnis dieser Phase wird eine Bookbuilding-Spanne (Zeichnungsspanne) für den Emissionspreis festgesetzt.
Marketing-Phase	In dieser Phase wird bei Road-Shows in internationalen Finanzmetropolen das zu platzierende Unternehmen weiteren Großanlegern vorgestellt.
Order-Taking-Period	Investoren können hier innerhalb der Bookbuilding-Spanne ihre Kauforders platzieren. Die Zeichnungswünsche werden nach Menge und Preis gesammelt.
Pricing	Hier wird auf der Grundlage der bestehenden Nachfrage, unter Berücksichtigung der aktuellen Marktlage und nach Absprache mit dem Emittenten der Emissionspreis festgelegt.

Abbildung 36: Phasen des Bookbuilding-Verfahrens

2.3.1.2 Kreditfinanzierung

2.3.1.2.1 Klassifikation und Gründe

Die Kreditfinanzierung ist wie die Beteiligungsfinanzierung eine Beschaffung finanzieller Mittel von außen. Durch die Kredithingabe entstehen im Gegensatz zur Beteiligungsfinanzierung aber Gläubigerrechte. Neben diesen Gläubigerrechten besitzt die Kreditfinanzierung eine Reihe von **Merkmalen**:

- Formal hat der Kreditgeber keine Einflussmöglichkeit auf die Geschäftsführung. Faktisch aber üben bedeutende Fremdkapitalgeber wie Großbanken oder Versicherungen aufgrund des großen Fremdkapitalvolumens sehr wohl Macht auf die Geschäftsleitung aus.
- Es handelt sich beim zur Verfügung gestellten Kapital um eine befristete Kapitalüberlassung. Zudem haftet das Fremdkapital nicht für die Verbindlichkeiten der Unternehmung.
- Der Kredit begründet eine Rückzahlungsverpflichtung gegenüber dem Gläubiger. Die Zins- und Tilgungskonditionen werden vertraglich geregelt, der Kredit muss zu dem vereinbarten Zeitpunkt und zu den vereinbarten Konditionen getilgt werden.
- Der Kredit impliziert eine feste Liquiditätsüberlassung. Somit kann die Unternehmung im Zuge ihrer Finanz- und Liquiditätsplanung anhand der Kreditvereinbarungen vorausschauend die Ein- und Auszahlungen planen.
- Der Gläubiger hat das Recht auf Prüfung der Kreditfähigkeit, Kreditwürdigkeit und Kreditbesicherungsmöglichkeiten des Schuldners.

Die möglichen **Gründe**, die für eine Kreditfinanzierung sprechen, sind:

- mangelndes Privatvermögen des Unternehmers, so dass eine notwendige Kapitalaufstockung durch Eigenfinanzierung nicht mehr möglich ist,
- das Fehlen eines gut funktionierenden Kapitalmarktes für Unternehmensanteile,
- mangelnde Attraktivität der Beteiligungserträge,
- steuerliche Diskriminierung des Eigenkapitals von Kapitalgesellschaften, sowie
- eine Steigerung der Eigenkapitalrentabilität durch Aufnahme von Fremdkapital.[33]

2.3.1.2.2 Kreditvoraussetzungen und -absicherungen

Um in den Genuss von Krediten zu kommen, seien sie kurz-, mittel- oder langfristiger Natur, müssen erstens mit der Kreditfähigkeit und zweitens mit der Kreditwürdigkeit zwei Kreditvoraussetzungen erfüllt sein, damit sich die Unternehmung verschulden kann.

---

[33] Hier ist der so genannte „Leverage-Effekt“ angesprochen, der später noch genauer zu diskutieren sein wird.

- **Kreditfähigkeit** bedeutet, dass eine Person rechtlich fähig ist, als Kreditnehmer aufzutreten. Hier ist die Geschäftsfähigkeit angesprochen, die bei Kaufleuten und juristischen Personen stets gegeben ist.
- Die (wirtschaftliche) **Kreditwürdigkeit** steht bei Unternehmen mit Haftungsbegrenzungen wie bspw. den Kapitalgesellschaften im Vordergrund. Sie wird durch die Analyse der Ertragskraft und der Finanzlage (Liquidität und Finanzkraft) sowie durch Prüfung der angebotenen Sicherheiten beurteilt. Die Finanzanalyse bietet die Möglichkeit der Abschätzung von Ertrag und Liquidität eines Unternehmens. Die Prüfung der Kreditwürdigkeit ist somit eine Bonitätsprüfung nach rechtlichen, persönlichen und wirtschaftlichen Gesichtspunkten.

Die oben angesprochene Kreditwürdigkeit ist eine Zeitpunktbetrachtung und muss als laufende Kontrolle ständig durch die Kreditgeber wiederholt und die Kredite somit überwacht werden. Zusätzlich bietet sich insbesondere den Banken als potenzielle Großkreditgeber noch die Möglichkeit, ihre Kreditvergabeentscheidungen absichern zu lassen, denn schließlich gehen sie mit der Kreditvergabe Kapital- und Zinsrisiken ein. Hierzu bieten sich eine Reihe von Besicherungsformen an, die sich nach der **Sicherungsart** in die **Personal-** und die **Realsicherheiten** aufteilen lassen.

- Bei den **Personalsicherheiten** liegen schuldrechtliche Ansprüche des Sicherungsnehmers (Gläubigers) vor. Neben dem Kreditnehmer haftet eine dritte Person für den Kredit.
- Die **Realsicherheiten** begründen dagegen sachenrechtliche Ansprüche des Sicherungsnehmers. Ihm werden zur Sicherung seines Kredites bestimmte Rechte an Vermögenswerten des Sicherungsgebers (Schuldners) eingeräumt.

Nachfolgend sind die Möglichkeiten der Kreditabsicherungen dargestellt:

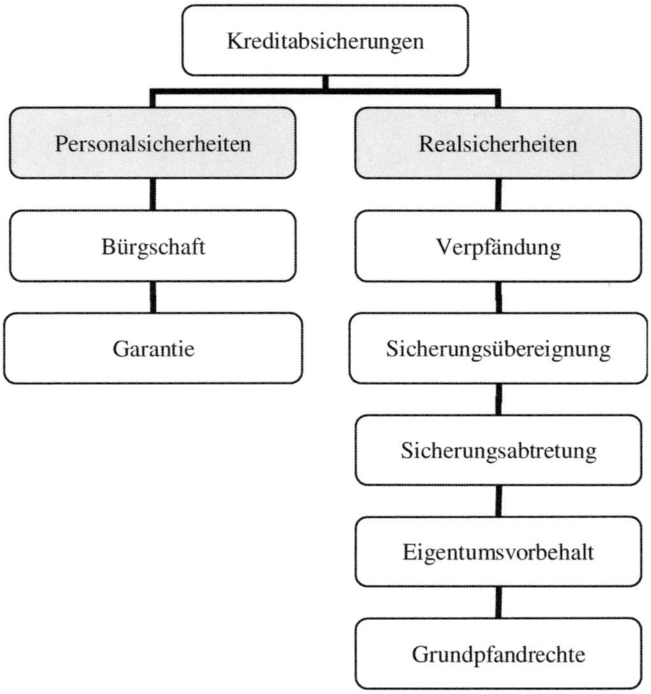

Abbildung 37: Formen der Kreditabsicherung

Durch eine **Bürgschaft** verpflichtet sich der Bürge gegenüber dem Gläubiger (Kreditgeber), für die Verbindlichkeiten eines Schuldners (Kreditnehmer) einzutreten. Bei Zahlung des Bürgen an den Gläubiger geht dessen Forderung gegen den Schuldner auf den Bürgen über. Bei der Bürgschaft unterscheidet man die selbstschuldnerische Bürgschaft und die Ausfallbürgschaft. Geregelt ist die Bürgschaft in §§ 765ff BGB und §§ 349f HGB.

- Bei der **selbstschuldnerischen Bürgschaft** kann sich der Gläubiger zur Begleichung der Verbindlichkeiten direkt an den Bürgen wenden. Dieser hat dann nicht das Recht der Einrede der Vorausklage. Damit wird das Recht des Bürgen bezeichnet, die Zahlung bis zur erfolglosen Zwangsvollstreckung in das Vermögen des Kreditnehmers verweigern zu können.
- Die Einrede der Vorausklage hat der Bürge im Falle der **Ausfallbürgschaft**. Hier zahlt der Bürge nur Verluste, die dem Kreditgeber nach Durchführung der Zwangsvollstreckung gegen den Kreditnehmer verbleiben.

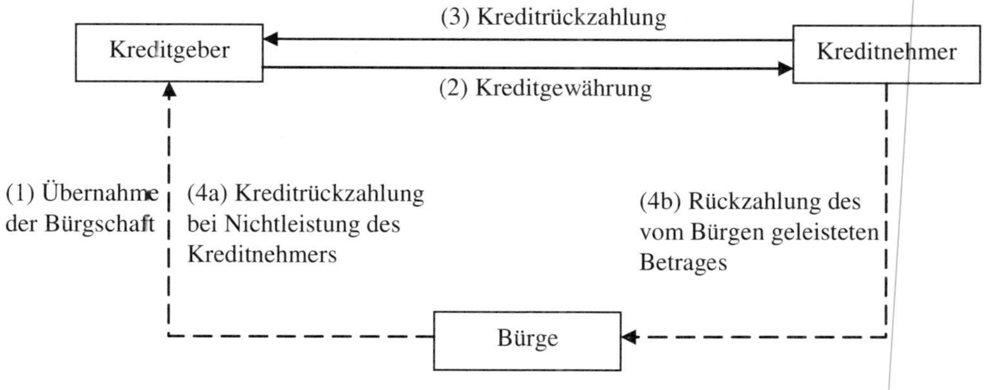

Abbildung 38: Ablauf der Bürgschaft

Die Abbildung beinhaltet die Beziehungen zwischen den drei Parteien. Zunächst übernimmt der Bürge für den Kreditnehmer die Bürgschaft im Rahmen einer Ausfallbürgschaft oder selbstschuldnerischen Bürgschaft (1). Anschließend kommt es zur Kreditgewährung an den Kreditnehmer (2). Im Idealfall zahlt der Kreditnehmer nach den vereinbarten Konditionen den Kredit zurück (3). Sollte dies nicht der Fall sein, wird der Bürge vom Kreditgeber zur Zahlung aufgefordert (4a), so dass die Forderung an den Bürgen übergeht, der nun seinerseits den Betrag vom Kreditnehmer einfordern kann (4b).

Im Falle der gesetzlich nicht geregelten **Garantie** verpflichtet sich der Garantiegeber gegenüber dem Garantienehmer, für einen bestimmten zukünftigen Erfolg einzutreten. Häufig handelt es sich in der Praxis um Zahlungsgarantien. Hier wird bei Eintritt einer Bedingung die Zahlung eines festgelegten (Höchst-)Betrages garantiert.

Durch **Verpfändung** werden bewegliche Sachen in der Weise belastet, dass der Kreditgeber berechtigt ist, ein an ihn durch den Kreditnehmer übergebenes Pfand zu veräußern, sofern der Kreditnehmer seinen Zahlungsverpflichtungen nicht nachkommen kann. Da das Pfand in den Besitz des Kreditgebers geht, besitzt die Verpfändung in der Unternehmenspraxis nur eine eingeschränkte Bedeutung. Geregelt wird die Verpfändung in den §§ 1204-1208 BGB.

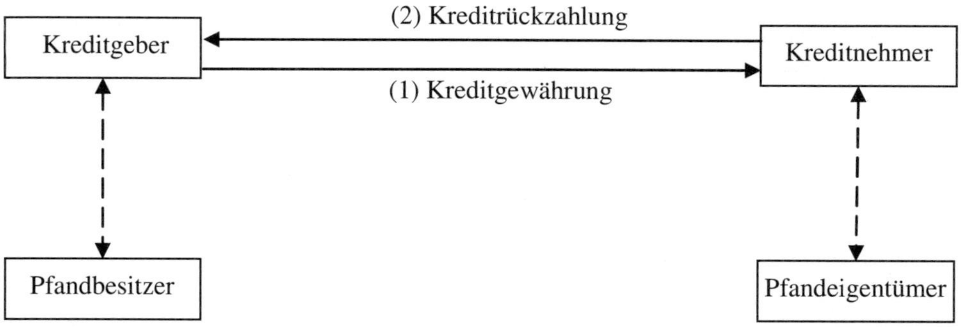

Abbildung 39: Ablauf der Verpfändung

Bei der **Sicherungsübereignung** überträgt der Kreditnehmer das Sicherungsgut an den Kreditgeber, indem sich beide über den Eigentumsübergang zu Sicherungszwecken einigen. Das Gut wird aber nicht körperlich übergeben, sondern bleibt im Besitz des Kreditnehmers. Der Kreditgeber ist aber berechtigt, im Sicherungsfall das Gut zur Abdeckung seiner Ansprüche zu verwerten. Die Sicherungsübereignung bietet sich insbesondere bei Gegenständen an, die zum betriebsnotwendigen Vermögen des Kreditnehmers gehören.

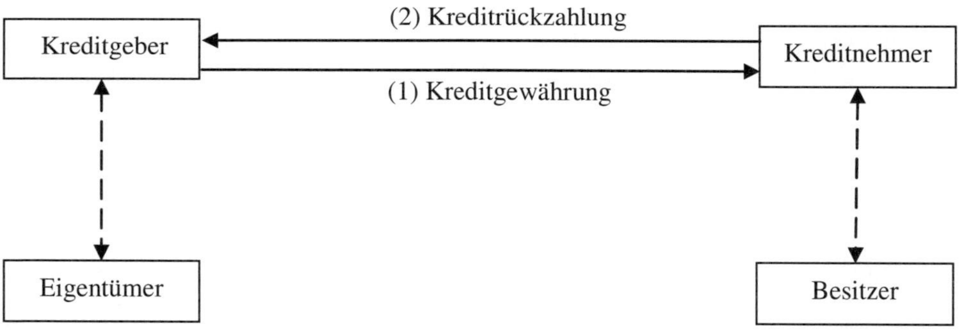

Abbildung 40: Ablauf der Sicherungsübereignung

Durch eine **Sicherungsabtretung (Zession)** werden Forderungen oder andere Rechte vom Kreditnehmer, dem Zedenten, an den Kreditgeber, den Zessionar, zur Sicherung abgetreten. In der Praxis ist die Abtretung von Forderungen aus Lieferungen und Leistungen sehr verbreitet. Die Zession wird in den §§ 398ff BGB geregelt.

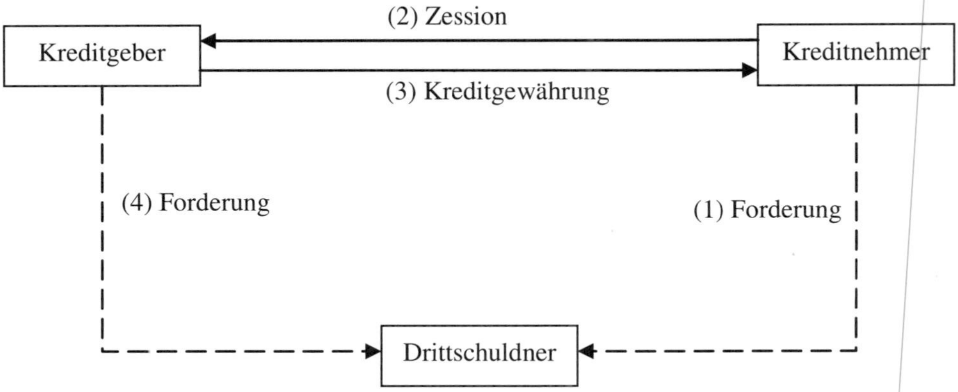

Abbildung 41: Ablauf der Sicherungsabtretung

Der Kreditnehmer tritt die Forderung (1), die er seinerseits an einen Drittschuldner hat, an den Kreditgeber ab (2). Daraufhin erhält er den Kredit (3). Schließlich macht der Kreditgeber die Forderung gegenüber dem Drittschuldner geltend (4).

Beim **Eigentumsvorbehalt** behält sich der Lieferant einer Sache das Eigentum bis zur vollständigen Bezahlung vor. Wird die Sache noch vor der Bezahlung verarbeitet, geht das Eigentum allerdings kraft Gesetz unter. Deshalb ist der Eigentumsvorbehalt bspw. bei Roh-, Hilfs- und Betriebsstoffen für den Kreditgeber von hohem Risiko und deshalb nicht geeignet.

Grundpfandrechte sind dingliche Rechte an einem Grundstück und bieten dem Kreditgeber die Möglichkeit, Befriedigung aus dem Grundstück zu suchen, wenn der Kreditnehmer nicht zahlt. Die Sicherung wird meist als Hypothek ausgestattet. Eine Hypothek kommt zustande durch:

- Einigung zwischen Kreditgeber und Grundstückseigentümer und
- Eintragung der Hypothek in das Grundbuch unter Nennung des Gläubigers, des Kreditbetrages, des Zinssatzes und ggf. der Briefübergabe.

Geregelt wird die Hypothek in §§ 1113-1190 BGB.

Entscheidend für die Art der Besicherung ist die Frage, für welche Kreditart diese gefordert wird. Man unterscheidet hierbei in Kredite zur Finanzierung des Anlage- und des Umlaufvermögens, die es noch zu erläutern gilt.

Investitionsart	**Kreditart**	**Sicherheit**
Grundstücke und Gebäude	Annuitätendarlehen Festdarlehen	Hypothek Grundschuld
Betriebs- und Geschäftsausstattung	Schuldscheindarlehen Anleihen	Sicherungsübereignung Abtretung der Ansprüche aus Kapitallebensversicherungen
Fuhrpark	Annuitätendarlehen Abzahlungsdarlehen	Sicherungsübereignung in Verbindung mit Vollkaskoversicherungen
Vorräte und Betriebsmittel Forderungen	Kontokorrentkredit Akzeptkredit	Sicherungsübereignung Zession (bei Forderungen)

Abbildung 42: Kreditarten des Anlage- und Umlaufvermögens

2.3.1.2.3 Langfristige Kreditformen

Bei den langfristigen Kreditformen beträgt die Dauer der Kapitalüberlassung üblicherweise mehr als vier Jahre. Die langfristige Kreditfinanzierung kann wie folgt untergliedert werden:

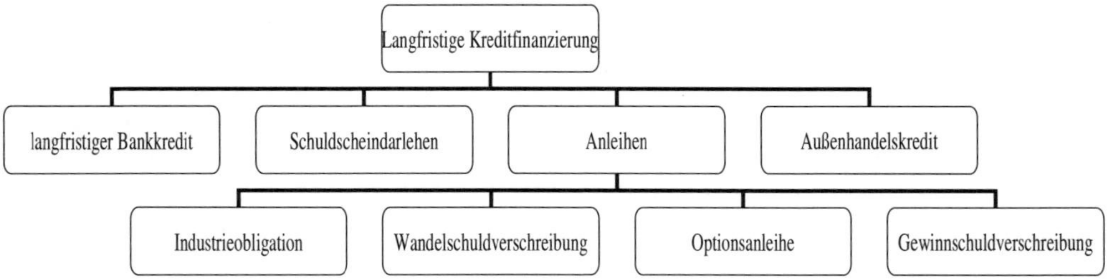

Abbildung 43: Formen der langfristigen Kreditfinanzierung

2.3.1.2.3.1 Langfristige Bankkredite

Der Markt für Schuldscheindarlehen und Anleihen steht aufgrund der hohen Anforderungen in Bezug auf Bonität und Volumen nur einem begrenzten Unternehmerkreis zur Verfügung. Kleinere und mittlere Unternehmen können diese Art der Kreditfinanzierung nur selten nutzen, weswegen der Form von langfristigen Bankendarlehen die wohl größte Bedeutung im Rahmen der langfristigen Fremdfinanzierung zukommt.

Als Kapitalgeber kommen in Frage:

- Kreditinstitute wie Kreditbanken (Großbanken, Regionalbanken, Privatbanken), Spargirobanken (Sparkassen, Girozentralen) und Genossenschaftsbanken (Volks- und Raiffeisenbanken, DG-Bank),
- Bausparkassen (sammeln als Zweckspargemeinschaft das Sparkapital ihrer Kunden an und gewähren hieraus Darlehen),
- Versicherungen, die als Kapitalsammelstellen erhaltenen Prämieneinzahlungen aus verschiedenen Versicherungsbereichen nicht nur in Aktien, Anleihen oder Immobilien anlegen, sondern auch in Darlehen sowie
- private Personen (sofern nicht als Eigenkapital eingezahlt).

Die Darlehensgeber Bausparkassen, Versicherungen und die privaten Personen gehören nicht zum eigentlichen Themenkomplex der langfristigen Bankkredite, sondern sind der Vollständigkeit halber hier bei den langfristigen Darlehensformen aufgeführt.

Die **Besicherung** von langfristigen Bankkrediten erfolgt meist in Form von Grundpfandrechten (z.B. als Hypothek). Dabei gibt es für die Beleihung von Immobilien bestimmte Höchstgrenzen, die das Kreditvolumen und damit das Risiko des Kreditgebers begrenzen, z.B. 60% des Verkehrswertes einer Immobilie bei Hypothekenbanken, 80% bei Bausparkassen.

Bei der Ausgestaltung der Zins- und Tilgungskonditionen unterscheidet man verschiedene Darlehensformen:

Kriterium	Darlehensform
Zinskonditionen	Festzinskredit Kredit mit variabler Verzinsung
Tilgungskonditionen	Abzahlungsdarlehen Festdarlehen Annuitätendarlehen

Abbildung 44: Möglichkeiten der Darlehensgestaltung

Die weitaus größte Zahl der Darlehen hat für eine bestimmte Zeit einen **Festzins**, Darlehen mit **variablen Zinsen** bilden eher die Ausnahme.

Da langfristige Kredite der langfristigen Investitionsfinanzierung dienen, sollten sich die **Tilgungskonditionen** prinzipiell auch dem langfristigen Amortisationsverlauf des Investitionsgutes anpassen, damit der Kapitaldienst vorrangig aus den durch den Umsatzprozess verdienten Abschreibungsgegenwerten erfolgen kann.

Aus diesem Grund ist das **Abzahlungsdarlehen** (Ratentilgung) die vorrangige Darlehensform bei Realkrediten an Unternehmen. Dabei wird das Darlehen über die Laufzeit in gleich hohen Tilgungsbeträgen einschließlich der anfallenden Zinsen zurückgezahlt. Oft werden auch tilgungsfreie Jahre zu Beginn der Laufzeit vereinbart.

Das **Festdarlehen** kommt bei einigen Kreditgebern ebenfalls zur Anwendung. Hierbei handelt es sich um einen langfristigen Kredit, der am Ende der Laufzeit in einer Summe zurückgezahlt wird, während innerhalb der Laufzeit lediglich Zinsen zu zahlen sind.

Das **Annuitätendarlehen** ist die am meisten verbreitete Darlehensart in der Wohnungsbaufinanzierung und der Finanzierung des Fuhrparks. Die Rückzahlungsrate (Annuität) ist eine jährlich gleichbleibende Jahresleistung, die sich aus jährlich fallenden Zinsen und jährlich steigenden Tilgungsraten zusammensetzt. Der Darlehensbetrag vermindert sich jeweils um den in der Annuität enthaltenen Tilgungsanteil. Die gesamten Finanzierungskosten ergeben sich aus der Summe der jährlich angefallenen Zins- und Tilgungszahlungen oder als Produkt aus Annuität pro Jahr und Finanzierungslaufzeit. Ebenso wie beim Abzahlungsdarlehen können auch beim Annuitätendarlehen tilgungsfreie Jahre zu Beginn der Laufzeit vereinbart werden. Dann sind die Annuitäten in den verbleibenden Jahren entsprechend höher.

Die Annuität wird durch Multiplikation des Barwertes des Darlehens mit dem so genannten Wiedergewinnungsfaktor ermittelt. Der Barwert des Darlehens ist der vereinbarte Kreditbetrag.

Im **Wiedergewinnungsfaktor** spiegeln sich Laufzeit und Zinskonditionen wider:

$$WGF = q^n * \frac{(q-1)}{(q^n - 1)}$$

Damit lautet die **Annuität**:

$$A = K_0 * q^n * \frac{(q-1)}{(q^n - 1)}$$

mit:

K_0 = Barwert des Darlehens; q = 1+i; i = Nominalzinssatz in % p.a.; n = Laufzeit des Darlehens in Jahren;

Bei allen Darlehensformen unterscheidet man Fälle, in denen der Darlehensauszahlungsbetrag gleich dem Rückzahlungsbetrag ist, und Fälle, in denen der Auszahlungskurs unter dem Rückzahlungsbetrag liegt (in diesen Fällen arbeitet man mit einem Abschlag = Disagio).

Nachfolgend sind deshalb Beispiele aufgeführt, die beide Möglichkeiten erläutern[34]:

a) Auszahlungsbetrag = Rückzahlungsbetrag

Ein Unternehmen plant den Bau einer neuen Lagerhalle. Das Investitionsvorhaben soll eine Mio. € betragen. Die Bank bietet dem Unternehmen wahlweise den Abschluss eines Abzahlungs-, Fest- oder Annuitätendarlehens an.

Die folgenden Konditionen sind zu beachten:

Zins p.a.: 7%

Laufzeit: 5 Jahre

Zins- und Tilgungsplan des Abzahlungsdarlehens:

---

[34] Darüber hinaus kann man noch Fälle unterscheiden, in denen unterjährig Zinsen gezahlt werden. Hierauf wird im Rahmen der Industrieobligationen eingegangen.

Jahr	Schuld am 01.01	Zinsen	Tilgung	Schuld am 31.12
1	1.000.000,00	70.000,00	200.000,00	800.000,00
2	800.000,00	56.000,00	200.000,00	600.000,00
3	600.000,00	42.000,00	200.000,00	400.000,00
4	400.000,00	28.000,00	200.000,00	200.000,00
5	200.000,00	14.000,00	200.000,00	0
Σ		**210.000,00**	**1.000.000,00**	

Tabelle 3: Zins- und Tilgungsplan eines Abzahlungsdarlehens

Zins- und Tilgungsplan des Festdarlehens:

Jahr	Schuld am 01.01	Zinsen	Tilgung	Schuld am 31.12
1	1.000.000,00	70.000,00		1.000.000,00
2	1.000.000,00	70.000,00		1.000.000,00
3	1.000.000,00	70.000,00		1.000.000,00
4	1.000.000,00	70.000,00		1.000.000,00
5	1.000.000,00	70.000,00	1.000.000,00	0
Σ		**350.000,00**	**1.000.000,00**	

Tabelle 4: Zins- und Tilgungsplan eines Festdarlehens

Zins- und Tilgungsplan des Annuitätendarlehens:

Ermittlung der Annuität: $A = K_0 * q^n * \frac{(q-1)}{(q^n - 1)}$ = 243.890,69 €

Jahr	Schuld am 01.01	Annuität	Zinsen	Tilgung	Schuld am 31.12
1	1.000.000,00	243.890,69	70.000,00	173.890,69	826.109,31
2	826.109,31	243.890,69	57.827,65	186.063,04	640.046,27
3	640.046,27	243.890,69	44.803,24	199.087,45	440.958,82
4	440.958,82	243.890,69	30.867,12	213.023,57	227.935,25
5	227.935,25	243.890,69	15.955,44	227.935,25	0
Σ		**1.219.453,45**	**219.453,45**	**1.000.000,00**	

Tabelle 5: Zins- und Tilgungsplan eines Annuitätendarlehens

Vergleicht man die drei Darlehensformen, erscheint das Abzahlungsdarlehen mit einer Gesamtbelastung von 1.210.000 € gegenüber dem Annuitätendarlehen (1.219.453,45 €) und dem Festdarlehen (1.350.000 €) am attraktivsten. Dabei muss man allerdings berücksichtigen, dass im Gegenzug in den einzelnen Jahren entsprechend viel an liquiden Mitteln aufgewendet werden muss, und dass ferner die nicht benötigte Liquidität in den ersten vier Jahren beim Festdarlehen verzinslich angelegt werden kann. Somit entscheiden die Liquiditätsspielräume der Unternehmung einerseits und die alternativen Anlagemöglichkeiten andererseits über die wirtschaftlichste Art der Darlehensform.[35]

Zusammenfassend gelten für die drei Darlehensformen folgende Kapitaldienstleistungen:

Kreditart	Zinsen	Tilgung	Gesamtbelastung
Festdarlehen	gleichbleibend	Betrag am Ende	gleichbleibend[36]
Abzahlungsdarlehen	sinkend	gleichbleibend	sinkend
Annuitätendarlehen	sinkend	steigend	gleichbleibend

Abbildung 45: Kapitaldienstleistungen bei unterschiedlichen Darlehensformen

b) Auszahlungsbetrag < Rückzahlungsbetrag

Vereinbart man im Rahmen eines langfristigen Darlehens die so genannte Disagiovariante, so liegt der Darlehensauszahlungsbetrag unterhalb des Rückzahlungsbetrages, was für den Darlehensnehmer in aller Regel für die Laufzeit eine Liquiditätsentlastung bedeutet.

In diesem Zusammenhang muss die **Effektivverzinsung** angesprochen werden, die von der Höhe des Nominalzinssatzes, der Differenz zwischen Auszahlungs- und Rückzahlungskurs, der Tilgungsart und auch der Zahl der Frei-/Tilgungsjahre abhängig ist.

Die Effektivverzinsung ist dabei die objektive durchschnittliche Gesamtverzinsung eines Kredites bezogen auf ein Jahr. Sie kann durch Näherungsverfahren oder aber auf finanzmathematischer Basis ermittelt werden. Die finanzmathematische Variante zur Bestimmung des effektiven Zinssatzes ist die exaktere und basiert für die beiden maßgeblichen Varianten des Abzahlungs- und des Festdarlehens auf folgenden Formeln:

[35] Siehe Fallstudie 9.

[36] Mit Ausnahme des letzten Jahres, in dem die Gesamtbelastung aus der Zinslast und der kompletten Darlehenssumme besteht.

Darlehen	Formeln	Bedeutung/Erläuterung
Festdarlehen	$r = \frac{(i + (RK - AK) * RVF)}{AK}$ $RVF = \frac{i}{((1+i)^n - 1)}$	r = effektiver Zinssatz i = Nominalzins RK = Rückzahlungskurs AK = Auszahlungskurs RVF = Restwertverteilungsfaktor n = Darlehenslaufzeit m = mittlere Darlehenslaufzeit Da beim Abzahlungsdarlehen bereits während der Laufzeit getilgt wird, kann hier beim RVF nicht die gesamte Darlehenslaufzeit n, sondern nur die mittlere Laufzeit m angesetzt werden.
Abzahlungsdarlehen	$r = \frac{(i + (RK - AK) * RVF)}{AK}$ $RVF = \frac{i}{((1+i)^m - 1)}$ $m = Freijahre + \frac{(Tilgungsjahre + 1)}{2}$	

Abbildung 46: Effektivverzinsung von Darlehen

<u>Beispiel</u>: Eine Hausbank bietet einen Kredit in Höhe von 100.000 € zu einem Nominalzins von 8% an, wobei der Auszahlungskurs 95% beträgt. Die Laufzeit sei n = 10 Jahre, in der Form des Abzahlungsdarlehens sollen die ersten beiden Jahre tilgungsfrei sein. Wie hoch ist beim Festdarlehen und Abzahlungsdarlehen der effektive Zinssatz?

Der Effektivzins beim Festdarlehen:

$$RVF = \frac{0{,}08}{((1+0{,}08)^{10} - 1)} = 0{,}0690295$$

$$r = \frac{(0{,}08 + (1 - 0{,}95) * 0{,}0690295)}{0{,}95} = 0{,}08784 = 8{,}78\%$$

Der Effektivzins beim Abzahlungsdarlehen:

$$m = 2 + \frac{(8+1)}{2} = 6{,}5$$

$$RVF = \frac{0{,}08}{((1+0{,}08)^{6{,}5} - 1)} = 0{,}1232422$$

$$r = \frac{(0{,}08 + (1-0{,}95) * 0{,}1232422)}{0{,}95} = 0{,}09069 = 9{,}07\%$$

Bedingt durch das Disagio in Höhe von 5% beträgt der Effektivzinssatz, also die tatsächliche jährliche Belastung des Darlehensnehmers, beim Festdarlehen 8,78% und beim Abzahlungsdarlehen sogar 9,07%.[37]

2.3.1.2.3.2 Anleihen

Anleihen sind langfristige Darlehen, die Unternehmen durch die Ausgabe von Teilschuldverschreibungen an ein breites Publikum gewährt werden. Sie werden im herkömmlichen Sprachgebrauch häufig auch bezeichnet als Schuldverschreibungen, Obligationen, festverzinsliche Wertpapiere oder aber auch Rentenpapiere.

Die größte Bedeutung im Rahmen der Anleihen hat wohl die **Industrieobligation**, weshalb der Fokus der nachfolgenden Betrachtung auch hierauf gelegt wird. Ferner sollen aber auch noch die so genannten **Wandelschuldverschreibungen**, **Optionsanleihen** und **Gewinnschuldverschreibungen** kurz besprochen werden.[38]

2.3.1.2.3.2.1 Industrieobligationen

Industrieobligationen sind Anleihen, die von der gesamten gewerblichen Wirtschaft ausgegeben werden können. Die Emission beschränkt sich also nicht nur auf die Industrie, sondern ist auch bei Handels- und sonstigen Dienstleistungsunternehmen denkbar. Mit Industrieobligationen ist es möglich, einen hohen Kapitalbedarf bei einem Unternehmen langfristig zu decken, weil eine Vielzahl von Kapitalgebern die Geldmittel in kleinen Beträgen zur Verfügung stellen. Somit liegt bei der Kapitalverteilung eine ähnlich günstige Konstellation vor wie bei der Ausgabe von Aktien. Die Kapitalgeber erwerben die Teilschuldverschreibungen, in welche die Industrieobligation gestückelt ist, die meist auf Beträge von 100,- €, 500,- €, 1.000,- €, 5.000,- € oder 10.000,- € lauten.

Die **Ausgabekosten** von Industrieanleihen sind für das emittierende Unternehmen sehr hoch, so dass sich eine Emission erst ab einem Volumen von mehreren Millionen € lohnt.

---

[37] Siehe Fallstudien 10 und 11.

[38] Vgl. auch Gebhardt G. 1993, S. 445ff.

Als **Sicherheiten** dienen den Kapitalgebern (Obligationäre) allgemein Grundpfandrechte ersten Ranges bis zu 40% des Beleihungswertes, Negativklauseln[39] oder Bürgschaften, insbesondere von der öffentlichen Hand.

Bei der **Emission** der Industrieobligation unterscheidet man zwei Formen. Bei der **Selbstemission** wird die Ausgabe der Obligationen durch das Unternehmen selbst vorgenommen. Dadurch sind die Kapitalkosten der Emission entsprechend gering, das Unternehmen verzichtet jedoch auf einen professionellen Vertriebsweg. Bei der **Fremdemission** hingegen beauftragt das Unternehmen ein Bankenkonsortium, das unter Leitung eines Konsortialführers steht, mit der Emission der Obligationen. Bei Industrieobligationen ist dies der herkömmliche Fall und hat den Vorteil, dass die Obligationen sehr schnell auf dem Markt untergebracht werden können.

Besondere Beachtung verdienen die **Tilgungs-** und **Zinskonditionen**. Industrieobligationen verbriefen keine Beteiligungsrechte, sondern lediglich Forderungsrechte, so dass es sich hierbei um reine Gläubigerpapiere mit einem Anspruch auf Zahlung eines festen, vereinbarten Zinssatzes zu vereinbarten Terminen handelt. Die Tilgungen des in der Urkunde genannten Betrages erfolgen zu bestimmten Zeitpunkten oder innerhalb einer bestimmten Frist, in der die zu tilgenden Teile des aufgenommenen Betrages ausgelöst oder an der Börse rückgekauft werden. Die Ansprüche von Gläubigern auf Zins- und Tilgungszahlungen sind vor den Ansprüchen von Aktionären oder anderen Eigentümern zu befriedigen.

Bei den fest vereinbarten Zinsen aus einer Industrieobligation unterscheidet man verschiedene Begriffe. Neben dem Nominalzinssatz, der auf jedem Mantelbogen einer Teilschuldverschreibung abgedruckt ist, gewinnt der Effektivzinssatz einer Industrieobligation an Bedeutung, nämlich dann, wenn der Ausgabekurs der Obligation nicht 100% beträgt. Liegt der Auszahlungskurs über dem vereinbarten Rückzahlungsbetrag, ist ein Agio (Aufgeld) zu zahlen, liegt er darunter, liegt ein Disagio (Abgeld) vor.

Die Beziehung zwischen Nominal- und Effektivzins einerseits und Agio/Disagio andererseits sowie die Bilanzierung von Industrieanleihen soll nun anhand dreier jeweils leicht modifizierter Beispiele demonstriert werden.

Zunächst sind jedoch einige Vorüberlegungen anzustellen. Einmal ist zu klären, wie sich der Effektivzinssatz für den Käufer und Verkäufer ermitteln lässt. Zum anderen ist zu erläutern, wie der Ausgabekurs einer Obligation ermittelt wird.

Die **Effektivverzinsung des Käufers** wird durch die Formel:

$$r = \frac{(i + (RK - AK) * RVF)}{AK}$$

[39] Darunter versteht man die vertragliche Verpflichtung, künftig keine Belastungen von Vermögensteilen zugunsten anderer Gläubiger vorzunehmen, auch Negativerklärung genannt.

ermittelt, mit:

$$RVF = \frac{i}{((1+i)^{m} - 1)}$$

r = Effektivzinssatz

i = Nominalzinssatz

RK = Rückzahlungskurs (i.d.R 100%)

AK = Auszahlungskurs in %

RVF = Restwertverteilungsfaktor

m = mittlere Darlehenslaufzeit; $m = Tilgungsfreijahre + \frac{(Tilgungsjahre + 1)}{2}$

Beispiel:

Eine Industrieobligation habe eine Laufzeit von fünf Jahren bei einem Rückzahlungskurs von 100%, der am Ende der Laufzeit zur Auszahlung kommt (der Standardfall). Der Nominalzins betrage 5%, das Disagio 3% (der Auszahlungskurs liegt also bei 97% und damit unter pari).

Da die ersten vier Jahre tilgungsfrei sind und es somit nur ein Tilgungsjahr (das fünfte Jahr) gibt, beträgt die (mittlere) Darlehenslaufzeit m = 5 Jahre. Es ergibt sich eine Effektivverzinsung wie folgt:

$$\text{RVF} = \frac{0{,}05}{((1+0{,}05)^{5} - 1)} = 0{,}18097$$

$$\text{r} = \frac{(0{,}05 + (1-0{,}97) * 0{,}18097)}{0{,}97} = 0{,}0571 \equiv 5{,}71\%$$

Somit sorgt das Disagio dafür, dass der effektive Zins über dem Nominalzins liegt. Die umgekehrte Konstellation ergibt sich beim Agio, d.h., hier liegt der Effektivzinssatz unterhalb des Nominalzinses.

Bei der **Effektivverzinsung des Verkäufers** müssen neben dem Emissionskurs noch die Begebungskosten der Emission berücksichtigt werden.

Unterstellt man bspw. eine Teilschuldverschreibung über 100,- € bei einem Nominalzins von 5% (Laufzeit 10 Jahre) bei Tilgung am Laufzeitende, einen Emissionskurs von 97% sowie einmaligen Begebungskosten in Höhe von 5% (für Druckkosten, Notariatsgebühren, Bankenprovisionen etc.), so ergibt sich die jährliche Bruttobelastung und damit Effektivverzinsung der Unternehmung wie folgt:

Zinsen	5,00 €	(5% Nominalzinsen)
anteiliges Disagio	0,15 €	(3% auf Nominalzinsen)
anteilige Begebungskosten	0,25 €	(5% auf Nominalzinsen)
Effektivzinsbestandteile	**5,40 €**	

Da dem Unternehmen bedingt durch das Disagio (3% der Teilschuldverschreibung über 100,- €) sowie der Begebungskosten (5% der Teilschuldverschreibung über 100,- €) nur noch 92,- € zur Verfügung stehen, beträgt die Effektivverzinsung des Verkäufers 5,87% (5,40 €/ 92,- €).

Damit wird deutlich, dass sowohl das Disagio als auch die Begebungskosten die Effektivzinsbelastung erhöhen.

Beim **Ausgabekurs** (AK) einer Obligation macht man sich die Überlegungen des Barwertkonzeptes, wie es auch beispielsweise im Rahmen von Investitionsentscheidungen durch die Kapitalwertmethode zum Ausdruck kommt, zu nutze.

Es gilt:

$$AK = \sum_{t=1}^{n} \frac{Z_t}{(1+i)^t}$$

Dabei bezeichnet Z_t die Zins- und Tilgungszahlungen im Zeitpunkt t, i die durchschnittliche Verzinsung von alternativen Anleihen (die so genannte Umlaufrendite).

Beispiel:

Eine Unternehmung emittiert Anleihen zum Wert von 100,- €, die am Ende des 3. Jahres ausgezahlt werden. Für die Dauer der Laufzeit werden 4% Nominalzinsen (Coupon) gezahlt, die durchschnittliche Umlaufrendite betrage zum Zeitpunkt der Ausgabe 4,5%. Der Ausgabekurs, auch **Marktwert** oder **Barwert** der Anleihe genannt, ergibt sich wie folgt:

$$AK = \frac{4}{(1+0{,}045)^1} + \frac{4}{(1+0{,}045)^2} + \frac{104}{(1+0{,}045)^3} = 3{,}8278\ € + 3{,}6629\ € + 91{,}1348\ € = 98{,}6255\ €$$

D.h., der „faire" Wert der Anleihe zum Zeitpunkt der Ausgabe beträgt 98,6255 €. Würde der Käufer diesen Betrag nämlich zur aktuellen Umlaufrendite von 4,5% in eine Alternativinvestition anlegen, so hätte er am Ende des 3. Jahres

$K_3 = 98.6255 * 1{,}045^3 = 112{,}548$ € angespart.

Dies entspricht exakt der Summe, die der Investor aus der Obligation zu den vereinbarten Konditionen erhält unter der Bedingung, dass er die Coupons wieder verzinslich anlegt:

$K_3 = 4*1{,}045^2 + 4*1{,}045 + 104 = 112{,}548$ €

Die 4,- € des ersten Jahres können noch zwei Jahre zur aktuellen Umlaufrendite angelegt werden, die 4,- € des zweiten Jahres noch ein Jahr, während der 4,- €-Coupon des dritten Jahres sowie der Auszahlungsbetrag über 100,- € nicht mehr verzinst werden.[40]

Nachdem nun die Basis für das Verständnis der Anleihen geschaffen wurde, sollen anhand dreier Beispiele die Wirkungen von a) pari, b) unter pari und c) über pari Emissionen auf die Bilanzierung sowie die Effektivverzinsung auf der Käufer- und Verkäuferseite erläutert werden.

---

[40] Siehe Fallstudien 12 und 13. Vgl. zu den Aufgaben Betsch O./Groh A./Lohmann L. 2000, S. 15.

a) Ausgabe von Industrieobligationen zu pari

Eine Unternehmung begibt für die Laufzeit von 10 Jahren (Tilgung nach Ablauf) eine auf 100 Mio. € lautende Anleihe (gestückelt in Tranchen zu jeweils 1.000,- €) zu folgenden Konditionen:

Nominalzins: 4%

Emissionskurs: 100%

Begebungskosten: 4% des nominellen Emissionsbetrages

Durch die Begebungskosten fließen der Unternehmung lediglich 96% in Form von liquiden Mitteln zu, so dass die **Bilanzierung** (per Buchungssatz) wie folgt aussieht:

Liquide Mittel	96.000.000,- €	an	Anleihen	100.000.000,- €
Kosten der Begebung	4.000.000,- €			

Auswirkungen auf die **Effektivverzinsung des Käufers** entstehen nicht, da der Emissionskurs gleich dem Rückzahlungskurs ist. Sie beträgt 4%.

Dem **Verkäufer** stehen allerdings nur 96% des emittierten Betrages für investive Maßnahmen zur Verfügung. Demzufolge weicht die Effektivbelastung vom Nominalzins ab. Bezogen auf eine 1.000,- €-Anleihe betragen die jährlichen effektiven Kosten:

Zinsen	40,00 €	(4% Nominalzinsen)
anteilige Begebungskosten	1,60 €	(4% auf Nominalzinsen)
Effektivzinsbestandteile	**41,60 €**	

Bezogen auf den zur Verfügung stehenden Betrag pro Anteil von 960,- € beträgt die Effektivverzinsung für den Verkäufer somit 4,33%.

b) Ausgabe von Industrieobligationen unter pari

Eine Unternehmung begibt für die Laufzeit von 10 Jahren (Tilgung nach Ablauf) eine auf 100 Mio. € lautende Anleihe (gestückelt in Tranchen zu jeweils 1.000,- €) zu folgenden Konditionen:

Nominalzins: 4%

Emissionskurs: 97%

Begebungskosten: 4% des nominellen Emissionsbetrages

Durch die Begebungskosten sowie der Ausgabe unter pari fließen der Unternehmung lediglich 93% in Form von liquiden Mitteln zu, so dass die **Bilanzierung** (per Buchungssatz) wie folgt aussieht:

Liquide Mittel	93.000.000,- €	an	Anleihen	100.000.000,- €
ARAP	3.000.000,- €			
Kosten der Begebung	4.000.000,- €			

Die Aktiven Rechnungsabgrenzungsposten werden in den kommenden Jahren anteilsmäßig über Abschreibungen aufgelöst.

Die Auswirkungen auf die **Effektivverzinsung des Käufers** entstehen durch das Auseinanderdriften von Ausgabe- und Rücknahmekurs:

$$RVF = \frac{0{,}04}{((1+0{,}04)^{10}-1)} = 0{,}08329$$

$$r = \frac{(0{,}04+(1-0{,}97)*0{,}08329)}{0{,}97} = 0{,}0438 \equiv 4{,}38\%$$

Dem **Verkäufer** stehen bei dieser Konstellation nur 93% des emittierten Betrages für investive Maßnahmen zur Verfügung. Demzufolge weicht auch hier die Effektivbelastung vom Nominalzins ab. Bezogen auf eine 1.000,- €-Anleihe betragen die jährlichen effektiven Kosten:

Zinsen	40,00 €	(4% Nominalzinsen)
Anteiliges Disagio	1,20 €	(3% auf Nominalzinsen)
anteilige Begebungskosten	1,60 €	(4% auf Nominalzinsen)
Effektivzinsbestandteile	**42,80 €**	

Bezogen auf den zur Verfügung stehenden Betrag pro Anteil von 930,- € beträgt die Effektivverzinsung für den Verkäufer somit 4,60%.

c) Ausgabe von Industrieobligationen über pari

Eine Unternehmung begibt für die Laufzeit von 10 Jahren (Tilgung nach Ablauf) eine auf 100 Mio. € lautende Anleihe (gestückelt in Tranchen zu jeweils 1.000,- €) zu folgenden Konditionen:

Nominalzins: 4%

Emissionskurs: 102%

Begebungskosten: 4% des nominellen Emissionsbetrages

Durch die Begebungskosten sowie der Ausgabe über pari fließen der Unternehmung diesmal 98% in Form von liquiden Mitteln zu, so dass die **Bilanzierung** (per Buchungssatz) wie folgt aussieht:

Liquide Mittel	98.000.000,- €	an	Anleihen	100.000.000,- €
Kosten der Begebung	4.000.000,- €		PRAP	2.000.000,- €

Die Passiven Rechnungsabgrenzungsposten werden in den kommenden Jahren anteilsmäßig erfolgswirksam aufgelöst.

Die Auswirkungen auf die **Effektivverzinsung des Käufers** entstehen durch das Auseinanderdriften von Ausgabe- und Rücknahmekurs:

$$\text{RVF} = \frac{0{,}04}{((1+0{,}04)^{10} - 1)} = 0{,}08329$$

$$r = \frac{(0{,}04 + (1-1{,}02) * 0{,}08329)}{1{,}02} = 0{,}0376 = 3{,}76\%$$

Dem **Verkäufer** stehen bei dieser Konstellation nur 98% des emittierten Betrages für investive Maßnahmen zur Verfügung. Demzufolge weicht auch hier die Effektivbelastung vom

Nominalzins ab. Bezogen auf eine 1.000,- €-Anleihe betragen die jährlichen effektiven Kosten:

Zinsen	40,00 €	(4% Nominalzinsen)
Anteiliges Agio	–0,80 €	(–2% auf Nominalzinsen)
anteilige Begebungskosten	1,60 €	(4% auf Nominalzinsen)
Effektivzinsbestandteile	**40,80 €**	

Bezogen auf den zur Verfügung stehenden Betrag pro Anteil von 980,- € beträgt die Effektivverzinsung für den Verkäufer somit 4,16%.

2.3.1.2.3.2.2 Wandelschuldverschreibungen

Die Wandelschuldverschreibung – auch Wandelanleihe genannt – ist eine spezielle Form der Industrieobligation, bei der das Recht besteht, nach Ablauf einer Sperrfrist die Obligation in eine Aktie umzutauschen (Bezugsrecht). Dann wird aus bereitgestelltem Fremdkapital Eigenkapital. Die Wandelschuldverschreibung wird von Unternehmen gewählt, wenn zum Zeitpunkt der Ausgabe erstens die Zinsen bei Anleihen entsprechend hoch und zweitens das Niveau der Aktienkurse niedrig ist. Als **Besicherung** für die Ausgabe von Wandelschuldverschreibungen dienen im Allgemeinen Negativklauseln.

Folgendes Beispiel soll die Systematik bei der Ausgabe verdeutlichen:[41]

Ein Unternehmen begibt zu Zeitpunkt t_0 eine **Wandelanleihe** zu folgenden Konditionen:

Nominalwert:	1.000,- €
Laufzeit:	5 Jahre
Ausgabekurs:	105%
Verzinsung:	5% p.a.
Wandlungsrecht am Ende in:	100 Aktien
Kurs der Aktie in t_0:	9,- €

[41] Vgl. hierzu auch Brandt D. 2004, S. 18.

Der Inhaber der Wandelanleihe erhält somit während der Laufzeit feste Zinszahlungen von 5% p.a. (50,- €) auf den Nominalwert und hat am Ende der Laufzeit die Wahl, ob er die Rückzahlung des Nominalwertes (1.000,- €) verlangt oder die Lieferung von 100 Aktien des Unternehmens. Er wird wandeln, d.h. die Aktien annehmen, wenn der Kurs 10,- € übersteigt, weil er dann einen den Nominalwert der Anleihe übersteigenden Betrag erhält. Umgekehrt wird er die Rückzahlung des Nominalwertes fordern, wenn am Ende der Laufzeit der Kurs der Aktie unter 10,- € liegt und in Zukunft auch nicht mit einem Kursanstieg zu rechnen ist.

Da der Ausgabekurs der Wandelanleihe in t_0 105% beträgt, fließen dem Unternehmen 1.050,- € zu.

Alternativ zur Begebung der Wandelanleihe hätte das Unternehmen noch die Möglichkeit, zum Zeitpunkt t_0 eine gewöhnliche **Schuldverschreibung** ohne Wandlungsrecht zu emittieren. Die Konditionen seien wie folgt:

Nominalwert:	1.000,- €
Laufzeit:	5 Jahre
Ausgabekurs:	100%
Verzinsung:	6% p.a.

Bei dieser Anleihe entspricht durch den Verzicht auf einen Ausgabeauf- bzw. -abschlag (Agio/Disagio) die effektive Verzinsung dem Nominalzins. Der Ausgabekurs beträgt 100%, also 1.000,- €. Die Anleihe würde am Ende in einer Summe getilgt.

Wie nun ist die Wandelanleihe in Eigen- und Fremdkapitalkomponenten aufzuteilen?

Dazu wird zunächst der so genannte fair value (faire Wert) des Fremdkapitals bestimmt und dieser dann vom fair value des Gesamtinstruments abgezogen. Zur Bestimmung des fair value des Fremdkapitals wird der Barwert der Wandelanleihe bestimmt, indem die vereinbarten Cash flows mit dem Effektivzinssatz der Alternativverzinsung diskontiert werden.

Fair value des Fremdkapitals	t_0	t_1	t_2	t_3	t_4	t_5
Cash flows bei Rückzahlung		50,00	50,00	50,00	50,00	1.050,00
Barwerte bei Abzinsung (6%)		47,17	44,50	41,98	39,61	784,62
Summe der Barwerte						**957,88**

Tabelle 6: Fair value des Fremdkapitals einer Wandelanleihe

Subtrahiert man diesen Wert des Fremdkapitals zum Zeitpunkt der Ausgabe vom Ausgabewert (Gesamtwert des Finanzierungsinstruments), erhält man den Wert des Eigenkapitals:

Aufteilung der Wandelanleihe	**Betrag**
Gesamtwert des Finanzierungsinstruments	1.050,00
./. Wert des Fremdkapitals	957,88
= Wert des Eigenkapitals	**92,12**

Tabelle 7: Wert des Eigenkapitals einer Wandelanleihe

Dass diese Berechnung stimmt, zeigt der Vergleich der beiden Cash flow-Reihen:

Differenz der Cash flows	t_0	t_1	t_2	t_3	t_4	t_5
Wandelanleihe	1.050,00	–50,00	–50,00	–50,00	–50,00	–1.050,00
alternative Finanzierung	1.000,00	–60,00	–60,00	–60,00	–60,00	–1.060,00
Differenz der Cash flows	50,00	10,00	10,00	10,00	10,00	10,00
Barwerte bei 6%	50,00	9,43	8,90	8,40	7,92	7,47
Summe der Barwerte						**92,12**

Tabelle 8: Cash flows einer Wandelanleihe

Damit erhalten wir gleichzeitig die Bilanzierung der Wandelanleihe zum Zeitpunkt t_0 (nach HGB), wobei es ein Wahlrecht gibt:

Liquide Mittel	1.050,00 €	an	Kapitalrücklage	92,12 €
ARAP/Disagio	42,12 €		Verbindlichkeiten	1.000,00 €

oder

Liquide Mittel	1.050,00 €	an	Kapitalrücklage	92,12 €
Zinsaufwand	42,12 €		Verbindlichkeiten	1.000,00 €

Wurde ein Disagio aktiviert (1. Fall), dann ist dies planmäßig über die Laufzeit zu verteilen. Dies kann bspw. nach der Zinsstaffelmethode erfolgen, wobei sich hier eine lineare Verteilung ergibt, weil keine Tilgungen während der Laufzeit erfolgen. Die Buchungen in den einzelnen Perioden lauten dann:

			Laufende Zinszahlungen			
t_1 bis t_5	Zinsaufwand	50,00 €	an	Liquide Mittel	50,00 €	
			Auflösung Disagio			
t_1	Zinsaufwand		an	Disagio	8,42 €	Stand Disagio = 33,70
t_2	Zinsaufwand		an	Disagio	8,42 €	Stand Disagio = 25,27
t_3	Zinsaufwand		an	Disagio	8,42 €	Stand Disagio = 16,85
t_4	Zinsaufwand		an	Disagio	8,42 €	Stand Disagio = 8,42
t_5	Zinsaufwand		an	Disagio	8,42 €	Stand Disagio = 0,00

Am Ende der Laufzeit werden die Verbindlichkeiten (und damit das Fremdkapital) entweder getilgt, oder aber im Falle eines den Nominalwert übersteigenden Aktienwertes in Eigenkapital überführt und damit gewandelt.

2.3.1.2.3.2.3 Optionsanleihen

Optionsanleihen sind wie Wandelschuldverschreibungen auch eine spezielle Form der Industrieobligation. Ebenso wie bei der Wandelschuldverschreibung werden mit dem Erwerb der Teilschuldverschreibung (Obligation) auch Bezugsrechte auf Aktien erworben. Aber im Gegensatz zur Wandelschuldverschreibung erfolgt bei der Optionsanleihe kein Umtausch der Obligation in Aktien, sondern diese bleibt bis zur Tilgung neben den Aktien bestehen. Neben dem Fremdkapital, das durch die Ausgabe von Optionsanleihen aufgenommen und bis zur Tilgung bestehen bleibt, wird also zusätzlich durch die Ausgabe der Bezugsrechte Eigenkapital aufgebaut. Optionsanleihen haben in Deutschland keine große Bedeutung.

2.3.1.2.3.2.4 Gewinnschuldverschreibungen

Als dritte Sonderart der Industrieobligation gilt die Gewinnschuldverschreibung. Die Besonderheit besteht darin, dass der Kreditgeber ganz oder teilweise am Gewinn der Unternehmung beteiligt wird. Die Gewinnschuldverschreibung kann auf zweierlei Arten ausgegeben werden:

Bei den so genannten Partizipation Bonds erfolgt zunächst eine **Festverzinsung** der Obligation und im Anschluss eine **gewinnabhängige Zusatzverzinsung**.

Die Income Bonds hingegen haben lediglich eine gewinnabhängige Verzinsung, ein Festzins wird nicht gewährt.

Reine Gewinnschuldverschreibungen sind in Deutschland eher die Ausnahme. Am ehesten kann man sich noch Formen der Partizipation Bonds vorstellen, bei denen ein Basiszins und eine Art Dividendenzins gezahlt wird.

Beispiel:

Ein Partizipation Bond sieht folgende Zinsmodalitäten vor:

Festverzinsung (Basiszins):	3,9%
Dividendenabhängiger Zins:	0,25% für jeden Prozentpunkt, um den die Stammaktiendividende über 8% liegt

Im ersten Jahr (t_1) nach der Ausgabe des Bonds betrage die Dividende auf die Stammaktie 6%, im zweiten Jahr (t_2) 10%. Somit erhält der Halter der Obligation in t_1 3,9% Zinsen (lediglich den Basiszins) und in t_2 4,4% Zinsen (Festzins von 3,9% sowie 2 * 0,25% auf den die Stammaktiendividende von 8% übersteigenden ausgezahlten prozentualen Dividendenbetrag).

2.3.1.2.3.3 Schuldscheindarlehen

Neben den herkömmlichen Formen der Fremdfinanzierung wie Bankkredit und Anleihe ist in den letzten Jahrzehnten immer stärker das Schuldscheindarlehen getreten. Hierbei handelt es sich um einen langfristigen Kredit i.d.R. in Millionenhöhe mit mehrjähriger Laufzeit, der durch eine besondere Urkunde – bspw. einem Schuldschein oder einem Darlehensvertrag – unterlegt wird. Das Schuldscheindarlehen ist – ebenso wie die Anleihe – ein wichtiges Instrument der langfristigen Kreditfinanzierung. Gläubiger sind hier nicht eine Vielzahl von Anleger über den anonymen Kapitalmarkt, sondern bestimmte Kreditgeber (häufig Versicherungsunternehmen oder Träger einer Sozialversicherung). Demzufolge findet sich die Bilanzierung von Schuldscheindarlehen auch nicht unter den Anleihen wieder, sondern entweder unter den Verbindlichkeiten gegenüber Kreditinstituten oder unter den sonstigen Anleihen.

An die **Besicherung** von Schuldscheindarlehen werden hohe Anforderungen gestellt. So sind Besicherungen zumeist erstrangige Grundschulden, die auch mit Zwangsvollstreckungsklauseln versehen sein können. **Kapitalnehmer** eines Schuldscheindarlehens sind vornehmlich große Unternehmen erster Bonität. Zwei **Arten von Schuldscheindarlehen** lassen sich unterscheiden:

- **Fristenkongruentes Schuldscheindarlehen**; das fristenkongruente Schuldscheindarlehen ist ein Darlehen, bei dem die Dauer der Kapitalbereitstellung durch den Kapitalgeber der Dauer der Kapitalnutzung durch den Kapitalnehmer entspricht.
- **Revolvierendes Schuldscheindarlehen**; das revolvierende Schuldscheindarlehen ist ein Darlehen, bei dem die Dauer der Kapitalbereitstellung durch den Kapitalge-

ber kürzer ist als die Dauer der Kapitalnutzung durch den Kapitalnehmer. Praktisch bedeutet dies, dass es notwendig ist, zur langfristigen Finanzierung bei einem Kapitalnehmer mehrere zeitlich kürzer befristete Darlehen von Kapitalgebern aneinander zu reihen, um die Dauer der Kapitalnutzung zu erfüllen.

Schuldscheindarlehen haben typischerweise ein Volumen zwischen 10 und 100 Mio. €, wobei die Zinsen aufgrund der geringeren Fungibilität (Übertragbarkeit) gegenüber Anleihen bis zu 0,5% über dem Zinssatz von vergleichbaren Anleihen liegen. Die Laufzeit kann bis zu 10 Jahren betragen, wobei die Tilgung meist in gleichen Raten erfolgt.

Interessant ist der Vergleich zwischen dem Schuldscheindarlehen und der Unternehmensanleihe:

Kriterium	**Unternehmensanleihe**	**Schuldscheindarlehen**
Emittent	Emissionsfähige Unternehmen (meist AGs)	Größere mittelständische Unternehmen unabhängig von der Rechtsform
Emissionsvolumen	mindestens 200 Mio. €	ab 20 Mio. €
Rating	Externes Rating erforderlich	Internes Rating über die arrangierende Bank
Schuldurkunde	Wertpapier, Übertragung durch Einigung und Übergabe	Kein Wertpapier, nur beweiserleichterndes Dokument, Übertragung durch Zession
Dokumentation	Verkaufsprospekt	Kreditvertrag mit Abtretungserklärung
Fungibilität	Hoch, da Zulassung zum Börsenhandel	Begrenzt, da nur im außerbörslichen Handel übertragbar
Kreditgeber	Anonymer Kapitalmarkt mit institutionellen und privaten Investoren auch in kleinen Beträgen	Ausschließlich begrenzter Kreis institutioneller Investoren (z.B. Banken, Versicherungen, Kapitalsammelstellen)
Zeitrahmen der Platzierung	3 bis 6 Monate	2 bis 3 Monate
Publizität	Publizitäts- und Börsenprospektpflicht des Schuldners	Keine öffentliche Publizitätspflicht; Berichtspflicht nur gegenüber Schuldscheingläubiger
Investor Relations	Intensive Kapitalmarktkommunikation insbesondere bei großvolumigen Anleihen	Lediglich bilateraler Informationsaustausch mit Arrangeur des Schuldscheindarlehens
Kosten	Zinsen abhängig von Rating und Kapitalmarktlage, in der Regel hohe Nebenkosten (2,5 bis 3,5% des Nominalwertes)	Zinsen abhängig von Bonität und Kapitalmarktlage, in der Regel niedrigere Nebenkosten (ca. 1% des Nominalwertes)

Abbildung 47: Unterschiede zwischen Schuldscheindarlehen und Unternehmensanleihe

2.3.1.2.3.4 Außenhandelsdarlehen

Außenhandelsdarlehen können bei bestimmten Geschäften in Anspruch genommen werden. Bei Geschäften von inländischen Unternehmen mit Entwicklungsländern stellt die Ausfuhrkredit-Gesellschaft mbH (AKA) mittel- bis langfristige Exportkredite zur Verfügung. Neben der AKA kommt in Deutschland der Kreditanstalt für Wiederaufbau (KfW) die größte Bedeutung zu. Diese beschränkt sich nicht auf die Bereitstellung von langfristigen Außenhandelskrediten, sondern finanziert u.a. auch Geschäfte, die im Zuge der Wiedervereinigung durchgeführt werden.

2.3.1.2.4 Kurzfristige Kreditformen[42]

Kurzfristige Kreditfinanzierung bedeutet die Aufnahme von Fremdkapital mit einer Laufzeit bis zu einem Jahr. Sie lassen sich in Handelskredite, (kurzfristige) Bankkredite und in die Kreditleihe untergliedern. Kurzfristige Kredite spielen im Geschäftsleben eine sehr große Rolle. Sie stellen die häufigste Kreditart dar und werden oft zur Begleichung von Verbindlichkeiten aus Lieferungen und Leistungen in Anspruch genommen. Ferner kommen sie häufig ohne schriftliche Vereinbarung zustande, so bspw. beim Kontokorrentkredit oder beim Lieferantenkredit. Insgesamt bietet sich für die kurzfristige Fremdfinanzierung folgende Gruppierung an:

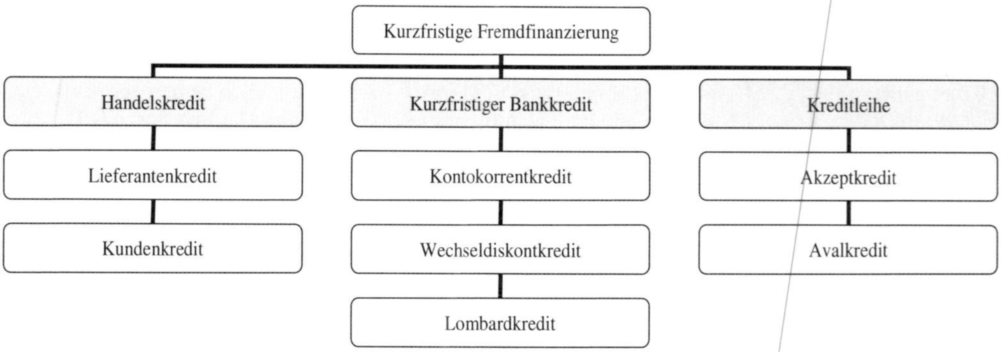

Abbildung 48: Formen der kurzfristigen Fremdfinanzierung

[42] Vgl. Rösler P. 1993, S. 401ff.

2.3.1.2.4.1 Handelskredit

Handelskredite werden im Bereich der Industrie und des Handels von Geschäftspartnern gewährt und beruhen auf Warenlieferungen, wobei das Ausfallrisiko der Kredite üblicherweise ausschließlich über die Ware durch Vereinbarung eines Eigentumsvorbehaltes abgesichert wird. Unterschieden werden Lieferantenkredit und Kundenkredit.

2.3.1.2.4.1.1 Lieferantenkredit

Beim Lieferantenkredit wird der Kaufpreis für den erworbenen Gegenstand nicht sofort bei der Lieferung der Ware, sondern erst später gezahlt. Dem Kreditnehmer wird somit ein Zahlungsziel (häufig 30 Tage) gewährt. Der Lieferantenkredit kann vereinbart oder – bei entsprechender Marktstellung – erzwungen sein und kann als Buch- oder Wechselkredit gewährt werden.

Erfolgt die Stundung des Kaufpreises durch einen **Buchkredit**, wird beim Lieferanten (Kreditgeber) das entsprechende Debitorenkonto des Kreditnehmers und umgekehrt beim Kreditnehmer das entsprechende Kreditorenkonto des Lieferanten bebucht.

Beim **Wechselkredit** nimmt der Lieferant statt des Rechnungsbetrages einen Wechsel an, in dem sich der Bezogene verpflichtet, die Wechselsumme bei Fälligkeit zu zahlen.

Das **Zinselement** stellt beim Lieferantenkredit der **Skontosatz** (prozentualer Abzug vom vereinbarten Kaufpreis) dar. In der Praxis ist der Lieferantenkredit eine sehr häufig genutzte Form der kurzfristigen Fremdfinanzierung, aber auch eine sehr kostspielige.

Wird dem Unternehmen ein Lieferantenkredit gewährt, besitzt es folgende Entscheidungsalternativen, die zu unterschiedlichen Zahlungshöhen führen:

- **Nutzung des eingeräumten Zahlungszieles**, wodurch der Zielpreis dem Rechnungspreis entspricht,
- **Prolongation** (Verlängerung) des eingeräumten Kredits durch Verzögerung oder Absprachen. Zusätzlich zum Zielpreis sind somit die entstehenden Zinsen für die Zielverlängerung zu zahlen oder
- **Skontoausnutzung**, indem vom Zielpreis Skonto abgezogen wird. Dies ergibt den Barpreis.

Auf einem Zeitstrahl sieht der Lieferantenkredit wie folgt aus:

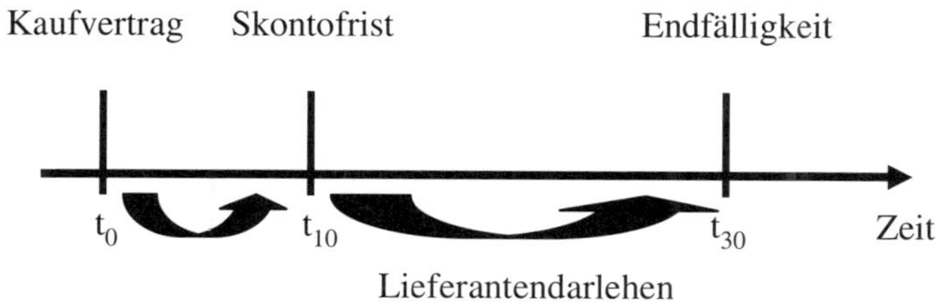

Abbildung 49: Lieferantenkredit

In t_0 wurde der Kaufvertrag abgeschlossen, der die Klausel enthielt: „Zahlbar innerhalb 10 Tagen unter Abzug von Skonto (bspw. 2%), nach 30 Tagen rein netto Kasse".

Zahlt der Kunde (hier der Unternehmer) also nach spätestens 10 Tagen (in t_{10}), so kann er von der Rechnungssumme Skonto abziehen (hier 2%), danach nimmt er den Lieferantenkredit in Anspruch und muss den vollen Rechnungsbetrag zum endfälligen Termin (hier am 30. Tag t_{30}) zahlen. Der Lieferant gewährt somit das Lieferantendarlehen für die Zeitspanne zwischen der Skontofrist (t_{10}) und der Endfälligkeit (t_{30}) und somit für t = 20 Tage.

Beispiel:

Ein Lieferant räumt ein Zahlungsziel von 30 Tagen ein. Wenn der Kunde innerhalb der ersten 8 Tage zahlt, darf er 2% Skonto abziehen. Welchem Jahreszinssatz entspricht der Skonto?

Aus der obigen Abbildung geht hervor, dass der Lieferantenkredit für die Zeitspanne nach Ablauf der Skontofrist (hier t_8) und dem Zahlungsziel (hier t_{30}) gewährt wird. Folglich sind die 2% Skonto auf den Zeitraum von 22 Tagen zu beziehen. Da im Geschäftsleben das Jahr 360 Tage hat, ergibt sich der Jahreszinssatz wie folgt:

$$x = \frac{2 * 360}{22} = 32{,}73\%$$

Wenn der Unternehmer folglich den Skontotermin verstreichen lässt, entstehen ihm durch den Verzicht auf die Skontoausnutzung Opportunitätskosten im Sinne eines entgangenen Skontoabzuges in Höhe von 32,73% p.a.

Das Beispiel macht deutlich, dass der Lieferantenkredit einer der teuersten Kredite überhaupt ist![43]

2.3.1.2.4.1.2 Kundenkredit

Der Kundenkredit dreht die Konstellation des Lieferantenkredits um. Auf Basis einer vertraglichen Vereinbarung tritt der Kunde für eine zukünftig zu erbringende Leistung in Vorlage, er leistet folglich eine oder mehrere **Anzahlungen** (auch Kundenanzahlung, Abnehmerkredit oder Vorauszahlungskredit).

Der Kundenkredit kommt häufig dort zur Anwendung, wo zwischen dem Vertragsabschluss (oder auch der Planungsphase) und der Fertigstellung (Leistungserbringung) ein großer Zeitraum verstreicht, in dem das Unternehmen ohne eine Anzahlung in Vorleistung treten müsste.

Durch die Anzahlung des Kunden verringert sich für den Produzenten das Nichtabnahmerisiko oder das Risiko der Nichtzahlung. Anwendung findet der Kundenkredit insbesondere im Schiffs-/Flugzeugbau, Großanlagenbau, Großmaschinenbau und im Wohnungsbau.

Je nach Marktmacht oder aber auch Verhandlungsgeschick kann der Kundenkredit dazu führen, dass der Abnehmer durch die frühzeitigen Zahlungen einen Nachlass auf den ursprünglichen Preis erhält. Vorstellbar sind hierbei verschiedene Varianten. Einmal können im Zeitablauf unterschiedlich hohe Teilanzahlungen geleistet werden, oder es können in gleichen Zeitabständen immer wiederkehrende gleich hohe Teilanzahlungen erfolgen.

<u>Beispiel 1</u>:

Die Anfertigung einer Spezialmaschine beansprucht drei Monate Zeit. Deshalb vereinbart der Hersteller mit dem Abnehmer für die Spezialmaschine, deren Marktpreis 100.000,- € beträgt, folgende Zahlungskonditionen:[44]

Zahlung nach einem Monat:	40.000,- €
Zahlung nach zwei Monaten:	40.000,- €
Zahlung bei Lieferung (nach drei Monaten):	18.000,- €

Gegenüber dem Marktpreis zahlt der Kunde folglich 2.000,- weniger. Diese Differenz bezogen auf die unterschiedlichen Zeitintervalle führen beim Hersteller zu Zinskosten (Kapitalkosten), die sich folgendermaßen berechnen lassen:

---

[43] Siehe Fallstudie 14.

[44] Vgl. Reichling P./Beinert C./Henne A. 2005, S. 137.

$$100.000 = 40.000 * \left(1 + i * \frac{2}{12}\right) + 40.000 * \left(1 + i * \frac{1}{12}\right) + 18.000$$

D.h., der Marktpreis (Barwert) ergibt sich als Summe der mit dem Zinssatz i aufgezinsten Ratenzahlungen. Lösen wir die Gleichung nach i auf, ergibt sich ein Zinssatz von

$i = 20\%$.

Somit muss der Produzent/Hersteller eines Produktes die möglichen Kosten, die im Rahmen einer Anzahlung durch Preisnachlässe entstehen, mit dem Nutzen, bspw. hervorgerufen durch größere Liquiditätsspielräume, vergleichen, um die Vorteilhaftigkeit von Kundenanzahlungen beurteilen zu können.[45]

Beispiel 2:

Eine Großanlage wird innerhalb von vier Jahren erstellt. Die Kalkulation ergibt, dass sie nach Fertigstellung am Ende des 4. Jahres mit 10 Mio. € in Rechnung zu stellen wäre. Produzent und Kunde vereinbaren jedoch die Zahlung von vier gleichen Raten jeweils zum Jahresende, wobei ein Kalkulationszinsfuß von 8% vereinbart wird. Wie hoch werden die Zahlungen?

Zur Lösung dieser Aufgabenstellung bedienen wir uns der Formel der geometrischen Reihe:

$$S_n = a_1 * \frac{(q^n - 1)}{(q - 1)}$$

Dabei bedeuten:

a_1 = jeweils zum Ende einer Periode einzuzahlender Betrag

S_n = Summe aller aufgezinsten Beträge am Ende der n-ten Periode

n = Anzahl der Perioden

$q = 1 + \frac{i}{100}$, wobei i der Zinssatz ist.

Da in der Aufgabenstellung nach dem jeweils zum Ende der Periode einzuzahlenden Betrag gefragt ist, wird die Formel der geometrischen Reihe nach a_1 aufgelöst:

$$a_1 = S_n * \frac{(q - 1)}{(q^n - 1)}$$

[45] Siehe Fallstudie 15.

Wir erhalten:

$$a_1 = 10.000.000 * \frac{(1{,}08-1)}{(1{,}08^4-1)} = 2.219.208,-\ €$$

Somit zahlt der Kunde jeweils am Ende der Jahre eins bis vier 2.219.208,- € an den Produzenten. Dass diese Überlegungen stimmen, verdeutlicht nachstehende aufgezinste Reihe:

Einzahlung	**Wertentwicklung in €**			
	t_1	t_2	t_3	t_4
t_1	2.219.208,00	2.396.744,70	2.588.484,30	2.795.563,00
t_2		2.219.208,00	2.396.744,70	2.588.484,30
t_3			2.219.208,00	2.396.744,70
t_4				2.219.208,00
Endwert[46]				**10.000.000,00**

Tabelle 9: Wertentwicklung von Anzahlungen

Die Tabelle zeigt die Wertentwicklung der eingezahlten Beträge. So entwickelt sich bspw. der in t_1 eingezahlte Betrag über die Jahre bei der unterstellten Verzinsung von 8% bis zum Endwert von 2.795.563,- €. Letztlich ist es aus Rentabilitätsaspekten heraus für den Produzenten egal, ob er am Ende der Periode t_4 den vollen Betrag von 10 Mio. € erhält, oder vier gleiche Tranchen von jeweils 2.219.208,- €.[47]

2.3.1.2.4.2 Kurzfristiger Bankkredit

2.3.1.2.4.2.1 Kontokorrentkredit

Bei den kurzfristigen Bankkrediten spielt der Kontokorrentkredit die größte Rolle. Das Kreditinstitut räumt hierbei der Unternehmung eine **Kreditlinie** ein. Der Kreditnehmer erhält dadurch das Recht, das extra dafür eingerichtete Kontokorrentkonto bis zur Höhe der eingeräumten Kreditlinie zu überziehen. Die Kredithöhe schwankt also mit der tatsächlichen Inanspruchnahme.

Auch ein Überschreiten der Kreditlinie ist möglich, wodurch ein **Überziehungskredit** mit noch höheren Zinsen entsteht. Neben der Kreditwürdigkeitsprüfung verlangen Kreditinstitute als Besicherung häufig Bürgschaften, Pfandrechte und vergleichbare Absicherungen.

---

[46] Beim Aufzinsen ergeben sich leichte Rundungsdifferenzen.

[47] Siehe Fallstudie 16.

Die **Vorteile** des Kontokorrentkredits liegen klar auf der Hand. Er dient zur Absicherung kurzfristiger Zahlungsmittelengpässe, weil bspw. erwartete Zahlungseingänge ausgeblieben sind, die Zahlungsausgänge aber unaufschiebbar waren. Zudem erweitert er den Handlungsspielraum des Unternehmens, ist flexibel in der Handhabung und hat (im Vergleich zu einigen anderen kurz- und langfristigen Kreditformen) eine hohe Transparenz, da auf Kontoauszügen jederzeit die tatsächliche Inanspruchnahme bzw. die tatsächliche Verschuldung dokumentiert wird. Buchhalterisch gesehen führt die Inanspruchnahme des Kredits dazu, dass aus einem ursprünglichen Bankguthaben eine Bankverbindlichkeit wurde, wie nachfolgendes kleines Beispiel zeigt.

Ausgangsbilanz

AKTIVA			PASSIVA
Anlagevermögen	80	Eigenkapital	100
Bankguthaben	20		
Bilanzsumme	**100**	**Bilanzsumme**	**100**

Neue Bilanz

AKTIVA			PASSIVA
Anlagevermögen	80	Eigenkapital	100
Vorräte	50	Bankverbindlichkeiten	30
Bilanzsumme	**130**	**Bilanzsumme**	**130**

Abbildung 50: Bilanz nach Inanspruchnahme des Kontokorrentkredits

Das Unternehmen hatte bei einer ursprünglichen Bilanzsumme von 100 TEUR ein Bankguthaben in Höhe von 20 TEUR. Der notwendige Kauf von Vorräten ging dann einher mit einem kurzfristigen Liquiditätsengpass, d.h., der Vorratskauf wurde bei einem Gesamtvolumen von 50 TEUR über das Bankguthaben (20 TEUR) sowie der Aufnahme des Kontokorrentkredits (30 TEUR) finanziert. Aus einem aktivischen Bestandskonto (Bankguthaben) wurde ein passivisches Bestandskonto (Bankverbindlichkeit).

Den Vorteilen des Kontokorrentkredits stehen natürlich auch eine Reihe von **Nachteilen** gegenüber. Unternehmen „gewöhnen" sich meist sehr schnell an diese komfortable Möglichkeit der Finanzierung und lassen dabei häufig das Risiko außer Acht, das darin besteht, dass der Kontokorrentkredit seitens der Bank kurzfristig gekündigt werden kann. Zudem wird oft übersehen, dass die Kreditform als langfristige Finanzierungsmaßnahme ungeeignet ist, d.h., er wird u.a. für die Finanzierung von Anlagevermögen eingesetzt, was vor allem aus Kostenaspekten heraus nicht sinnvoll ist. Der Kontokorrentkredit sollte unbedingt nur für die kurzfristige Zwischenfinanzierung eingesetzt werden, also bspw. für die Beschaffung von Vorräten (Roh-, Hilfs- und Betriebsstoffe). Zudem eignet er sich trotz der hohen Kosten i.d.R. als Instrumentarium, um den Lieferantenkredit zu vermeiden und somit Skonto ausnutzen zu können.

Da der Kontokorrentkredit eine Reihe von Kosten beinhaltet und dessen Inanspruchnahme eine hohe Praxisrelevanz besitzt, soll nun etwas näher auf die Systematik eingegangen werden.

Die Kostenkomponenten des Kontokorrentkredits entstehen durch:

- Sollzinsen für die tatsächliche Inanspruchnahme des Kredits (i.d.R. 3-5% p.a. über dem Diskontsatz),
- Bereitstellungsprovisionen, bezogen auf die Kreditlinie,
- Überziehungsprovisionen auf einen möglichen Überziehungsbetrag (i.d.R. 2,5-4,5% p.a. des über die Kreditlinie hinaus beanspruchten Betrages),
- Kontoführungsgebühren bzw. Umsatzprovision und
- Barauslagen der Bank (Gebühren, Porti, fremde Spesen).

Die Beziehung zwischen Kreditinanspruchnahme, Kreditlinie und (geduldeter) Überziehung kann am besten anhand einer kleinen Graphik verdeutlicht werden:

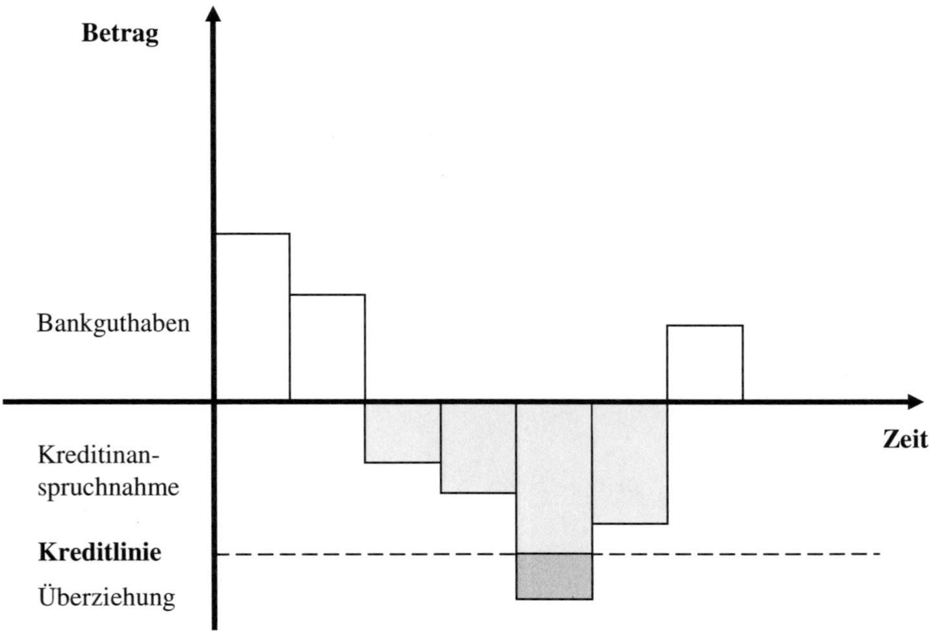

Abbildung 51: Komponenten des Kontokorrentkredits

Folgende Buchungsvorgänge stehen auf einem Kontokorrentkonto und sollen zum 31.12. abgeschlossen werden. Dabei sind 10,5% Sollzinsen und 0,5% Habenzinsen sowie Auslagen in Höhe von 5,80 € zu berücksichtigen:

Buchungsdatum	Text	Wert	Betrag
03.07.	Saldovortrag Haben	30.06.	1.500,- €
28.08.	Lastschrift	28.08.	2.320,- €
25.09.	Lastschrift	26.09.	1.470,- €
17.12.	Gutschrift	20.12.	3.480,- €

Tabelle 10: Entwicklung eines Kontokorrentkontos I

Die Banken haben fest definierte Vorgehensweisen zur Berechnung des Kontokorrentkontos ihres Kunden:

Schritt 1: Schema für die Zinstafel wird erstellt

Schritt 2: Vorgänge werden in eine zeitliche Reihenfolge mit Wertdaten und Beträgen eingetragen

Schritt 3: Vorgänge werden nach Soll und Haben unterschieden

Schritt 4: Beträge werden jeweils saldiert und nach Soll und Haben unterschieden

Schritt 5: Ermittlung der zu verzinsenden Tage[48]

Schritt 6: Berechnung der Soll- und Habendiskontzahlen mit der Formel:

$$Diskontzahl = \frac{Betrag * Tage}{100}$$

[48] Dabei wird das Jahr mit 360 Tagen und jeder Monat mit jeweils 30 Tagen angesetzt.

Schritt 7: Berechnung der Zinsen mit der Formel:

$$Zinsen = \frac{Diskontzahl * Zinssatz}{360}$$

Schritt 8: Ermittlung des Endsaldos und Kontenabschlusses

				Diskontzahl	
Wert	**S/H**	**Betrag**	**Tage**	**Soll**	**Haben**
30.06.	H	1.500,00	58		870
28.08.	S	2.320,00			
	S	820,00	28	230	
26.09.	S	1.470,00			
	S	2.290,00	84	1.924	
20.12.	H	3.480,00			
31.12.	H	1.190,00	10		119
			180	2.154	989
	S	62,83	10,5% Sollzinsen		
	H	1,37	0,5% Habenzinsen		
	S	5,80	Auslagen		
31.12.	**H**	**1.122,74**	**Saldo**		

Tabelle 11: Entwicklung eines Kontokorrentkontos II

Am Jahresende besitzt das Unternehmen durch die Berücksichtigung aller buchungsrelevanten Vorgänge (Zinsen und Auslagen) ein Bankguthaben in Höhe von 1.122,74 €.[49]

2.3.1.2.4.2.2 Wechseldiskontkredit

Der Wechseldiskontkredit gehört zu den kurzfristigen Bankkrediten, den Banken den Verkäufern von Wechseln vor deren Fälligkeit im Rahmen einer eingeräumten so genannten Diskontlinie gewähren.

Der Wechseldiskontkredit beinhaltet aufeinander aufbauende Schritte:

[49] Siehe Fallstudie 17.

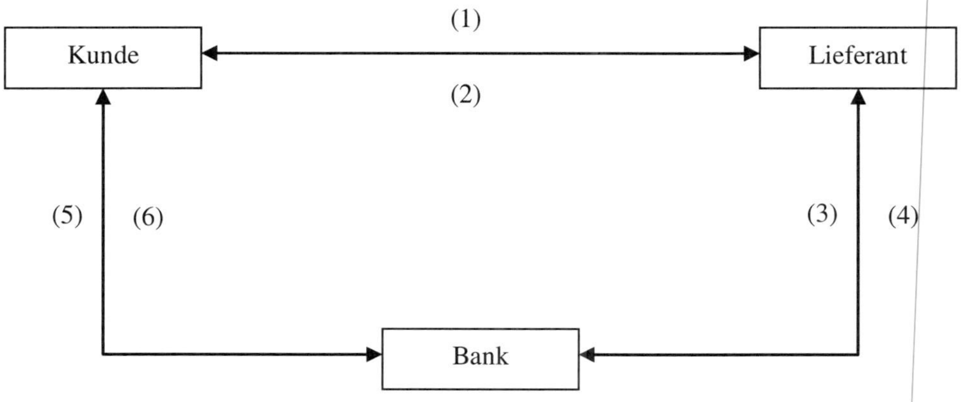

Abbildung 52: Ablauf des Wechseldiskontkredits

Nachdem der Lieferant die Ware geliefert hat (1), zieht er einen Wechsel in Höhe des Rechnungsbetrages auf den Kunden (2). Auf dieser so genannten Tratte verpflichtet sich der Empfänger der Ware durch Akzept zu der zukünftigen Zahlung an den Wechselbesitzer zu einem vereinbarten Zeitpunkt.

Der Lieferant seinerseits verkauft nun diesen Wechsel an sein Kreditinstitut (3), das den Wechsel vor Fälligkeit mit dem Diskontsatz abzinst und die entstehende abgezinste Wechselsumme an den Lieferanten auszahlt (4). Wirtschaftlich gesehen stellt der Vorgang somit einen Forderungsverkauf dar, da nur der Gläubiger wechselt.

Am Verfalltag legt die Bank den Wechsel dem Kunden vor (5), der den Wechsel einlöst, d.h. die ursprüngliche Rechnungssumme zahlt (6).

Als **Besicherung** dienen Eigentumsvorbehalte und die Wechselstrenge. Sie führt durch den Protest eines nicht eingelösten Wechsels zu einer Beurkundung der Zahlungsverweigerung des Wechselbezogenen und garantiert damit in einem Wechselprozess die beschleunigte Abwicklung aufgrund der einfachen Beweisführung.

Die **Kosten** eines Diskontkredits setzen sich zusammen aus dem Diskontzins und den Diskontspesen (für das Einholen von Einkünften und das Wechselinkasso).

Mit dem Übergang der Zuständigkeit der Geld- und Zinspolitik von der Deutschen Bundesbank auf die Europäische Zentralbank legt auch diese die Diskontsätze fest. Seit dieser Zeit verwenden Kreditinstitute, die Wechsel ankaufen, für die Zinsbestimmung laufzeitkongruente Interbankensätze des Geldmarktes, bspw. den EURIBOR, auf den kundenindividuelle Margen aufgeschlagen werden. Der Diskont errechnet sich nach der Formel:

$$\text{Diskont} = \frac{\text{Wechselbetrag} * \text{Diskontsatz} * \text{Restlaufzeit}}{360 * 100}$$

Entscheidend ist hierbei, dass im Unterschied zu den herkömmlichen Bankenmethoden (bspw. dem Kontokorrentkredit) die Zinstage taggenau berechnet werden und dann auf das 360 Tage lautende Bankenjahr bezogen werden. Der Diskont wird dabei vom Ankaufstag bis zum Zahltag des Wechsels berechnet.

Beispiel:

Am 25.02. eines Jahres wird ein Wechsel bei der Bank zum Diskont eingereicht. Ausstellungs- und Akzeptdatum sind der 04.02. Die Wechselsumme beläuft sich auf 9.500 €, Verfalltag ist der 16.04. des gleichen Jahres. Der Diskontsatz der Bank liegt bei 5,2%. Diskontspesen werden in Höhe von pauschal 6,- € in Rechnung gestellt. Welcher Betrag wird dem Einreichenden gutgeschrieben?

Der Wechsel hat eine Restlaufzeit von 50 Tagen (3 Tage im Februar, 31 Tage im März und 16 Tage im April). Somit ergibt sich der Diskont in Höhe von

$$\text{Diskont} = \frac{9.500 * 5{,}2 * 50}{360 * 100} = 68{,}61\ €$$

Gutgeschrieben werden dem Kreditnehmer somit 9.425,39 € (9.500,- € abzüglich 68,61 € Diskont und 6,- € Spesen).

Am 16.04. legt die Bank ihrerseits den Wechsel dem Bezogenen vor und fordert die Wechselsumme über 9.500,- € ein.

Der Wechseldiskontkredit ist zwar wesentlich günstiger als andere kurzfristige Kredite, verliert jedoch mit dem Übergang der Geldpolitik von der Bundesbank auf die Europäische Zentralbank zunehmend an Bedeutung.[50]

2.3.1.2.4.2.3 Lombardkredit

Der Lombardkredit ist ein Beleihungskredit. Dem Schuldner wird ein kurzfristiges Darlehen gegen die Verpfändung (Lombardierung) beweglicher, marktgängiger Vermögensobjekte gewährt. Er lautet auf einen festen Betrag und hat eine kurze Laufzeit. In der Praxis kommen als Pfandobjekte in Frage:

[50] Siehe Fallstudie 18.

- bewegliche Sachen, insbesondere Schmuck und Edelmetall (Edelmetalllombard),
- Wertpapiere (Effektenlombard),
- Wechsel (Wechsellombard),
- oder Waren und/oder Warendokumente (Warenlombard).

Der Warenlombard ist allerdings eher die Ausnahme, da das Pfand i.d.R. sicherungsübereignet wird.

Der Beleihungswert liegt je nach Risiko und Pfandobjekt zwischen 50 und 80% des Gesamtwertes.

Die **Kosten** des Lombardkredits setzen sich zusammen aus dem Lombardzins und etwaigen Nebenkosten, die im Zuge der Bewertung, Verwahrung und Verwaltung der gepfändeten Gegenstände entstehen. Der Lombardsatz wurde bis zum Jahr 1998 neben dem Diskontsatz als zweiter Leitzinssatz von der Deutschen Bundesbank festgelegt. Ab 1999 löste ihn der „Zinssatz für Spitzenrefinanzierungsfazilitäten" (SRF) ab, der nun von der Europäischen Zentralbank festgelegt wird.

Die gesamten Kapitalkosten des Lombardkredites liegen meist zwischen den Kosten eines Wechseldiskontkredits und den Kosten des Kontokorrentkredits.

2.3.1.2.4.3 Kreditleihe

Bei der Kreditleihe wird dem Unternehmen kein Geld zur Verfügung gestellt (Geldleihe), sondern das Unternehmen leiht sich die Kreditwürdigkeit einer Bank, d.h., die Bank steht mit ihrem Namen für die Verbindlichkeiten des Unternehmens ein. Übliche Formen sind der **Akzeptkredit** und der **Avalkredit**.

2.3.1.2.4.3.1 Akzeptkredit

Beim Akzeptkredit „akzeptiert" die Bank gegen Provision einen vom Kunden auf sie gezogenen Wechsel und verpflichtet sich damit wechselrechtlich, dem jeweiligen Wechselinhaber bei Fälligkeit die Wechselsumme zu zahlen. Im Gegenzug verpflichtet sich der Kunde gegenüber der bezogenen Bank, dieser die Wechselsumme bei Fälligkeit des Wechsels wieder zur Verfügung zu stellen. Zwischenzeitlich kann der Kunde mit dem Wechsel entweder seine Verbindlichkeiten abdecken, indem er ihn an einen seiner Gläubiger weitergibt, oder er kann den Wechsel diskontieren lassen, wodurch der Kunde die Wechselsumme abzüglich der Akzeptprovision erhält und dadurch seine Liquidität verbessert.

Akzeptkredite spielen im Binnenverkehr eine untergeordnete Rolle, vielmehr haben sie den Hauptfokus im Rahmen von Import-Exportgeschäften. Die Erhältlichkeit ist stark eingeschränkt, da Kreditinstitute Akzeptkredite nur an Bankkunden mit höchster Bonität ausstellen.

2.3.1.2.4.3.2 Avalkredit

Beim Avalkredit übernimmt die Bank eine Bürgschaft oder eine Garantie und steht damit für die gegenwärtigen oder zukünftigen Verbindlichkeiten ihres Kunden gegenüber einem Dritten ein. Die Bank wird dabei nur dann in Anspruch genommen, wenn der Avalkreditnehmer selbst nicht zahlt bzw. in Zahlungsschwierigkeiten kommt.

Bankavale werden kreditnehmenden Unternehmen bei Außenhandelsfinanzierungen, im Baugewerbe als Sicherheit für Garantieleistungen oder im Rahmen von Steuerstundungen gegenüber der Finanzverwaltung zur Verfügung gestellt. Da es Unternehmen mit sehr guter Bonität sein müssen, die einen Avalkredit mit ihrer Bank vereinbaren können, scheiden die meisten Unternehmen bereits aus.

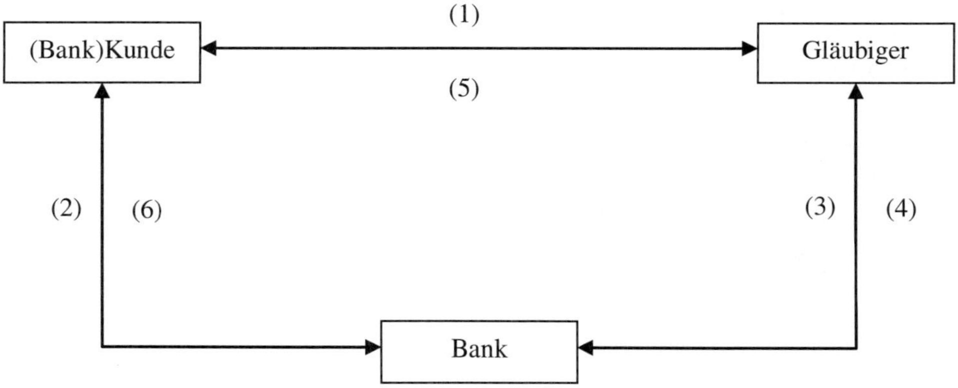

Abbildung 53: Ablauf des Avalkredites

Die ursprüngliche vertragliche Verpflichtung besteht in der Verbindlichkeit des Kunden gegenüber dem Gläubiger (1). Hierbei handelt es sich um die so genannte Grundbeziehung. Nun begibt die Bank gegenüber ihrem Bankkunden den Avalkredit (2). Dies ist neben der Grundbeziehung das zweite Rechtsverhältnis. Die dritte Rechtsbeziehung besteht aufgrund der entstandenen Bürgschaft zwischen der Bank und dem Gläubiger. Zunächst übergibt die Bank an den Gläubiger die Bankbürgschaft (3), die der Gläubiger in Anspruch nimmt (4). Daraufhin erlischt die Verbindlichkeit des Kunden gegenüber dem Gläubiger (5), während nach Ablauf des Avalkreditzeitraumes die Bank ihrerseits die Rückforderung gegenüber dem Kunden geltend macht (6).

Die Kapitalkosten des Avalkredites sind abhängig vom Volumen, der Art und der Laufzeit der Bürgschaft oder der Garantie. Sie ergeben sich in Form einer Avalprovision, während Zinsen nicht anfallen, da dem Kreditnehmer kein Geld zur Verfügung gestellt wird.

2.3.2 Innenfinanzierung

Der Beteiligungs- und Kreditfinanzierung als Außenfinanzierung steht die Innenfinanzierung in ihren verschiedenen Ausprägungen gegenüber. Die Formen der Innenfinanzierung beruhen auf dem betrieblichen Umsatzprozess. Insofern werden die erforderlichen Gelder für Investitionen nicht von den Finanzmärkten – wie bei der Außenfinanzierung – sondern von den Absatzmärkten beschafft.

Ein weiteres gravierendes Unterscheidungsmerkmal liegt in der Tatsache begründet, dass die Formen der Innenfinanzierung grundsätzlich allen Unternehmungen zur Verfügung stehen. Entscheidend ist dabei allerdings eine entsprechende Ertragskraft des Unternehmens, denn im Falle von Verlusten versagen die Instrumentarien, wie nachfolgendes stark vereinfachtes Kalkulationsschema für ein Produkt anhand eines kleinen Zahlenbeispiels verdeutlichen soll:

	in €	**Folgen für die Finanzierung**
Materialkosten	200,-	nicht verwendbar, da auszahlungswirksam
+ Lohnkosten	150,-	nicht verwendbar, da auszahlungswirksam
+ Abschreibungen	30,-	Gegenwert zur Finanzierung verwendbar
+ Rückstellungen	20,-	Gegenwert zur Finanzierung verwendbar
+ sonstige Kosten	80,-	nicht verwendbar, da auszahlungswirksam
+ Gewinnaufschlag	120,-	Gegenwert zur Finanzierung verwendbar
= Angebotspreis	600,-	

Abbildung 54: Innenfinanzierungsmöglichkeiten

In obigem Schema wurde für ein zu verkaufendes Produkt ein Angebotspreis von 600,- € errechnet. Dabei wurden – neben den Material-, Lohn- und den sonstigen Kosten – auch die Abschreibungen[51], die Rückstellungen[52] sowie ein Gewinnaufschlag mit einkalkuliert.

---

[51] Die Abschreibungen spiegeln den Werteverzehr von erforderlichen maschinellen Anlagen wider, die im Angebotspreis über den Verkauf der Produkte zurückverdient werden sollen.

[52] Rückstellungen sind Aufwendungen, deren Höhe und genauer auszahlungswirksamer Zeitpunkt bei der Bildung noch nicht feststehen, die aber aufgrund des kaufmännischen Vorsichtsprinzips gebildet werden (müssen) und die ebenfalls den Angebotspreis der Produkte erhöhen.

Im Gegensatz zu den Material-, Lohn- und den sonstigen Kosten führen diese drei Komponenten aber nicht zu einer Auszahlung[53] und sind somit in Höhe des kalkulierten Wertes als Finanzierungsmittel verwendbar.

Dies setzt allerdings voraus, dass der Angebotspreis am Markt durchsetzbar ist und zu einer entsprechenden Einzahlung führt. Ist das der Fall, führt er zu folgenden Innenfinanzierungsformen und Innenfinanzierungsbeträgen:

Finanzierung aus Abschreibungen	30,- €
Finanzierung aus Rückstellungen	20,- €
Finanzierung aus Gewinnen	120,- €

Das gesamte Innenfinanzierungspotenzial aus dem Verkauf des Produktes beträgt also 170,- €, die Differenz zum Verkaufspreis in Höhe von 430,- € stellen auszahlungswirksame Kostenkomponenten dar und sind damit nicht für die Finanzierung verfügbar.

Mit der Abschreibungs- und Rückstellungsfinanzierung sowie der Finanzierung aus (nicht ausgeschütteten) Gewinnen sind damit bereits die Hauptinstrumentarien genannt. Nachfolgendes Schema erweitert bzw. modifiziert diese Innenfinanzierungsmöglichkeiten, die im Anschluss genauer erläutert werden sollen.[54]

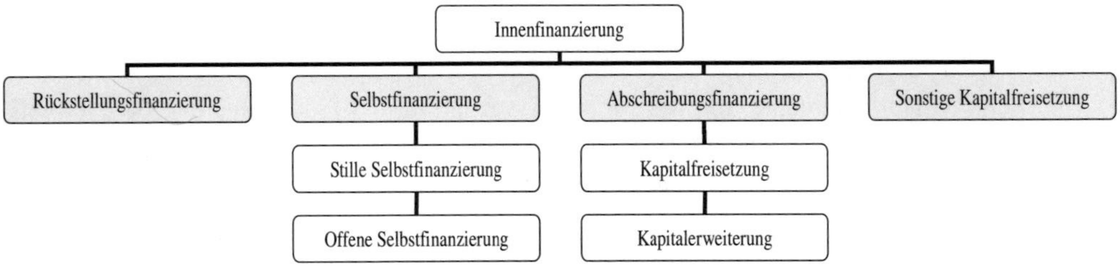

Abbildung 55: Formen der Innenfinanzierung

---

[53] Während die Rückstellungen zu einem späteren Zeitpunkt wahrscheinlich auszahlungswirksam werden, trifft dies auf die Abschreibungen nicht zu. Die hierzu gehörende auszahlungswirksame Komponente war die originäre Investition in die maschinelle Anlage.

[54] Vgl. Adelberger O. 1993, S. 197ff und Drukarczyk J. 1993, S. 229.

2.3.2.1 Selbstfinanzierung

Diese Finanzierungsform, bei der also die im Angebotspreis der Produkte enthaltenen Gewinnaufschläge realisierbar sein müssen, gleichzeitig zu einer entsprechenden Einzahlung führen und darüber hinaus auch nicht später an die Anteilseigner auszuzahlen sind, sondern in der Unternehmung verbleiben, nennt man (offene) **Selbstfinanzierung** oder auch **Gewinnthesaurierung**.

Die Selbstfinanzierung hat für die Unternehmenspraxis eine große Bedeutung und ist für nicht emissionsfähige Unternehmen häufig die einzige Möglichkeit, an neues Eigenkapital heranzukommen. Die Höhe ergibt sich, rein bilanziell betrachtet, als positive Differenz zwischen dem betriebswirtschaftlichen Gewinn und dem ausgeschütteten Betrag. Die einbehaltenen Gewinne werden dann, in Abhängigkeit von der jeweiligen Gesellschaftsform, zur Bildung von Rücklagen verwendet. Es dürfen also keine anderweitigen Gewinnverwendungsbeschlüsse gefasst worden sein.

Gegenüber der Beteiligungs- und Kreditfinanzierung hat die Selbstfinanzierung eine Reihe von Vor- und Nachteilen. Als **Vorteile** können genannt werden:

- Die Selbstfinanzierung erhöht die Unabhängigkeit des Unternehmens vom Kapitalmarkt bzw. von Fremdkapitalgebern.
- Es fallen keine laufenden Liquiditätsbelastungen an, wie sie bspw. bei der Kreditfinanzierung in Form von Zins- und Tilgungszahlungen oder bei der Beteiligungsfinanzierung in Form von Dividendenzahlungen zu erwarten sind.
- Die Eigenkapitalbasis wird gestärkt, damit gleichzeitig die Krisenanfälligkeit verringert und die Kreditwürdigkeit erhöht.
- Die Mitspracherechte und die Mehrheitsverhältnisse werden im Zuge der Selbstfinanzierung im Allgemeinen nicht verändert, wodurch die Konstanz in der Geschäftsführung gewahrt bleibt.
- Die Selbstfinanzierung erfolgt formlos und ist mit keinen Kosten verbunden, wie sie z.B. im Zuge der Kapitalerhöhung von Kapitalgesellschaften in Form der Emissionskosten anfallen.

Dem stehen zwei wesentliche **Nachteile** gegenüber:

- Eine mittel- bis langfristige Planungssicherheit in Bezug auf das mögliche Finanzierungsvolumen besteht nicht, da die dafür notwendigen wirtschaftlichen Gewinne nicht prognostizierbar sind.
- Mit der Höhe des Selbstfinanzierungsvolumens steigt möglicherweise die Gefahr von Fehlinvestitionen, da externe Instanzen (wie bspw. Banken) nicht in die Entscheidungsfindung der Unternehmung einzubinden sind und Investitionsvorhaben damit nicht neutral bewertet werden.

Wenn die einbehaltenen Gewinne offen in der Bilanz ausgewiesen werden, spricht man von offener Selbstfinanzierung, wenn die erzielten Gewinne in der Bilanz nicht sichtbar gemacht werden, handelt es sich um eine Form der stillen Selbstfinanzierung.

2.3.2.1.1 Stille Selbstfinanzierung

Die stille Selbstfinanzierung geschieht durch eine Unterbewertung der Aktiva (Vermögen) oder eine Überbewertung der Passiva (Schulden). Auslöser der stillen Selbstfinanzierung sind also Bilanzierungsmaßnahmen oder Bewertungsmaßnahmen, die liquide Mittel im Unternehmen binden, ohne zuvor als Gewinn zu erscheinen.

Insbesondere nicht emissionsfähige Unternehmen sind in erheblichem Maße auf diese Form der Finanzierung angewiesen.

Bilanz	
Aktiva	**Passiva**
Unterbewertung von Vermögensgegenständen Unterlassung von Aktivierungen Unterlassung der Wertzuschreibung von Vermögensteilen	Ansatz zu hoher Rückstellungen

Abbildung 56: Möglichkeiten der stillen Selbstfinanzierung

Unterbewertungen von Vermögensgegenständen erzwingen oft die Bewertungsvorschriften des HGB. So bilden bspw. die Anschaffungskosten eines Grundstückes nach dem kaufmännischen Vorsichtsprinzip die Wertobergrenze für den Ausweis in der Bilanz. Wurde z.B. im Jahr 1960 ein Grundstück für umgerechnet 20 TEUR gekauft, so erfolgt in der Bilanz dieser Wertansatz, auch wenn das Grundstück zwischenzeitlich bei einem Verkauf einen Erlös von 2 Mio. € erzielen würde. Die Differenz zwischen dem Tageswert und dem ausgewiesenen Buchwert in der Bilanz stellt die stille Reserve dar. Auch **überhöhte Abschreibungen** können stille Reserven bilden, wenn z.B. steuerlich zulässige Sonderabschreibungen den bilanziellen Vermögensausweis niedriger werden lassen, als es dem tatsächlichen Vermögenswert entspricht.

Das **Unterlassen von Aktivierungen**, also die Nichtaktivierung von aktivierungsfähigen Gütern und das **Unterlassen der Zuschreibung** von Vermögensgegenteilen stellen die beiden anderen Formen der Unterbewertung von Vermögen dar. Werden beispielhaft im Rahmen der bilanziellen handelsrechtlichen Möglichkeiten erworbene immaterielle Vermögensgegenstände wie Patente nicht aktiviert, sondern direkt als Aufwand in der entsprechenden Abrechnungsperiode verbucht, so entsteht in dieser Höhe ebenfalls eine stille Reserve.

Werden im Rahmen der handels- und steuerrechtlichen Vorschriften **überhöhte Rückstellungen** gebildet, so führt dies zu einer Überbewertung der Schulden und damit ebenfalls zur Bildung von stillen Reserven.

Die sich aus den stillen Reserven ergebenden Effekte sind:

- eine **Steuerstundung**, da die gebildeten stillen Reserven erst bei Ihrer Auflösung zu versteuern sind. So erhöhen bspw. aufgelöste „zu hohe" Rückstellungen in der Periode der Auflösung dort den Erlös und damit tendenziell den zu versteuernden Gewinn,
- ein **Liquiditätseffekt**, da die Steuerzahlungen aufgeschoben werden und solange die Liquidität entlasten,
- ein **Zinsgewinn**, sofern das gestundete Geld zwischenzeitlich gewinnbringend angelegt werden konnte.

2.3.2.1.2 Offene Selbstfinanzierung

Im Falle der offenen Selbstfinanzierung wird der in der Abrechnungsperiode erwirtschaftete Gewinn als Jahresüberschuss im Jahresabschluss des Unternehmens ausgewiesen und nicht an die Gesellschafter ausgeschüttet.

Der Gegenwert des nicht ausgeschütteten Gewinnes findet sich auf der Aktivseite der Bilanz wieder und zwar entweder als Guthaben, soweit der Gewinn als liquides Mittel ausgewiesen ist und noch keine Investitionen stattgefunden haben, oder als Investitionen in das (sonstige) Umlauf- oder Anlagevermögen.

Die offene Selbstfinanzierung stellt sich bei den einzelnen Rechtsformen mitunter sehr unterschiedlich dar, wobei wir folgende Rechtsformen betrachten wollen:

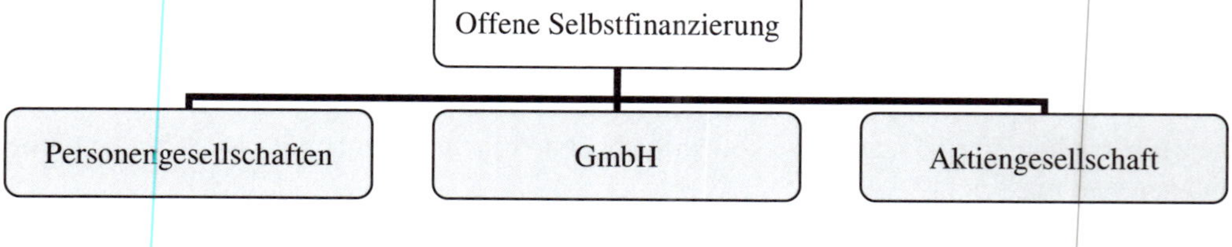

Abbildung 57: Offene Selbstfinanzierung nach Gesellschaftsformen

2.3.2.1.2.1 Offene Selbstfinanzierung bei Personengesellschaften

Rechtsgrundlagen der offenen Selbstfinanzierung bei Personengesellschaften sind die Vorschriften des BGB und des HGB, ferner aber auch die individuellen jeweiligen Gesellschaftsverträge.

Bei der **OHG** verzinst sich der Kapitalanteil aller Gesellschafter mit 4% (sofern nicht anders im Gesellschaftsvertrag geregelt), der verbleibende Gewinn wird nach Köpfen verteilt. Da die Gewinne den Kapitalkonten der Gesellschafter gutgeschrieben werden, entscheiden die Gesellschafter deshalb selbst über die Höhe der Selbstfinanzierung.

Bei der **KG** ist die Behandlung der Komplementäre und Kommanditisten im Zuge der Gewinnverteilung zu unterscheiden. Für die Komplementäre gelten die gleichen Bestimmungen wie für die Gesellschafter der OHG. Die Kommanditisten erhalten eine 4%ige Verzinsung ihrer Kapitalanteile, welche ausgeschüttet werden. Der verbleibende Gewinn wird „angemessen“, d.h. gemäß Gesellschaftervertrag, verteilt.

Nur die Komplementäre haben die Möglichkeit der Selbstfinanzierung, während Gewinne von Kommanditisten, die im Unternehmen verbleiben, als Verbindlichkeiten in der Bilanz auszuweisen sind. Insofern sind die Thesaurierungsmöglichkeiten, also der Ausweis von Eigenkapital im Zuge der Innenfinanzierung, bei der KG eingeschränkt.

Über **Stille Gesellschafter** hat man nicht die Möglichkeit der Selbstfinanzierung, da ihre Gewinnanteile auszuschütten sind.

2.3.2.1.2.2 Offene Selbstfinanzierung bei der GmbH

Die Gewinnregelung bei der **GmbH** ist in den jeweiligen Gesellschaftsverträgen geregelt. Generell haben die Gesellschafter einen Anspruch auf den Reingewinn im Verhältnis zu ihren GmbH-Anteilen. Dieser Reingewinn ergibt sich nach Abzug von möglichen Verlustvorträgen und der vereinbarten Rücklagenbildung.

2.3.2.1.2.3 Offene Selbstfinanzierung bei der AG

Bei der **AG** erfolgt die Selbstfinanzierung durch die Bildung von Rücklagen, wobei verschiedene Rücklagenformen unterschieden werden müssen:

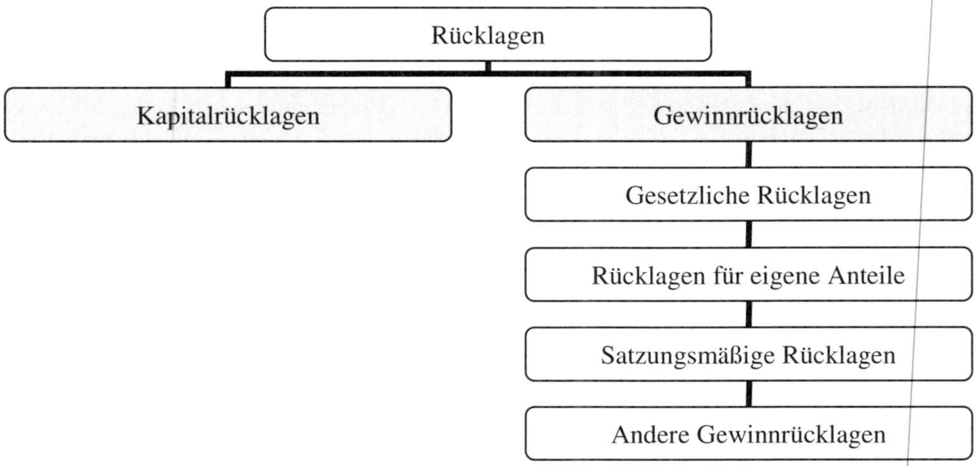

Abbildung 58: Rücklagenstruktur bei der offenen Selbstfinanzierung einer AG

Rücklagen gehören ebenso wie das gezeichnete Kapital und der aktuelle Bilanzgewinn/-verlust zum Eigenkapital.

Gezeichnetes Kapital
+ Kapitalrücklage
+ Gewinnrücklage
+/– Bilanzgewinn/Bilanzverlust der Abrechnungsperiode

= **Eigenkapital**

Die **Kapitalrücklagen** entstehen durch eine Kapitalzufuhr von außen, etwa indem Aktien über pari (über dem Nennwert) ausgegeben werden. Sie gehören also nicht zu den Formen der Innenfinanzierung.

Im Gegensatz zu den Kapitalrücklagen werden die **Gewinnrücklagen** der Unternehmung nicht von außen zugeführt, sondern aus dem Jahresüberschuss und zählen damit zu den Innenfinanzierungsmöglichkeiten.

Die **gesetzliche Rücklage** ist streng für die AG und die KGaA vorgesehen (AktG § 150 (1)). In diese Rücklage sind 5% des um einen etwaigen Verlustvortrag aus dem Vorjahr geminderten Jahresüberschusses einzustellen und zwar so lange, bis die gesetzliche Rücklage und die Kapitalrücklage zusammen 10% oder den in der Satzung bestimmten höheren Teil des Grundkapitals (gezeichnete Kapital) erreicht hat.

Die **Rücklagen für eigene Anteile** sind in § 272 (4) HGB geregelt und dieser gilt für die AG und die GmbH. Zweck dieser Rücklage ist eine Ausschüttungssperre. Damit soll sichergestellt werden, dass der Erwerb eigener Anteile nicht zur Rückzahlung von Grund- oder Stammkapital führt. Aus diesem Grund darf die Rücklage nur dann aufgelöst werden, wenn eigene Anteile ausgegeben, verkauft oder eingezogen werden. Die Höhe der Rücklage für eigene Anteile bestimmt sich durch die Bewertung auf der Aktivseite der Bilanz, bspw. durch die Anschaffungskosten.

Satzungsmäßige Rücklagen sind Gewinnrücklagen, die aufgrund der Satzung oder des Gesellschaftsvertrages festgelegt wurden. Sie können zweckgebunden sein, bspw. für Rationalisierungsmaßnahmen oder für bestimmte Werbemaßnahmen oder aber zweckfrei festgelegt werden.

Die **anderen Rücklagen** beinhalten alle sonstigen Rücklagen, die nicht konkret und gesondert in den anderen Gewinnrücklagen enthalten sind.

2.3.2.2 Finanzierung aus Abschreibungen

Abschreibungen sind der Aufwand einer Abrechnungsperiode, der die Wertminderungen für materielle und immaterielle Gegenstände darstellt. Wertminderungen können hervorgerufen werden durch technischen oder natürlichen Verschleiß, Entwertung aufgrund des technischen Fortschritts oder durch Katastrophen.

Das Unternehmen kalkuliert die Wertminderung in seinen Angebotspreis ein. Durch den Verkauf der Güter fließen Einnahmen in das Unternehmen zurück, die auch die kalkulierten Abschreibungen des Unternehmens enthalten. Diese zurückgeflossenen Abschreibungen sind für Finanzierungszwecke nutzbar.

Die nachfolgend beschriebenen Finanzierungseffekte sind also von einer Reihe von Voraussetzungen abhängig, die unbedingt erfüllt sein müssen, sollen die Finanzierungsmechanismen greifen:

- Die kalkulatorischen Abschreibungen müssen in den Absatzpreisen berücksichtigt sein.
- Die Absatzpreise müssen am Markt realisierbar sein und auch über den Umsatzprozess in liquider Form, also über Einzahlungen wieder in das Unternehmen zurückfließen (**Liquiditätseffekt**).
- Gleichzeitig müssen die bilanziellen Abschreibungen in gleicher Höhe wie die kalkulatorischen Abschreibungen den Periodengewinn reduzieren, um die zugeflossenen Mittel dem Fiskus und den Ansprüchen der Anteilseigner zu entziehen (**Steuerstundungseffekt**).

Obigen Effekt beschreibt man auch als den **Kapazitätsfreisetzungseffekt**. Der Werteverschleiß des Anlagevermögens wirkt sich über die bilanzielle Abschreibung steuermindernd aus und führt über die Berücksichtigung der kalkulatorischen Abschreibung in den Angebotspreisen zu einem Rückfluss bei den liquiden Mitteln. In Höhe der Abschreibung kommt es also zu einer Reduzierung des Anlagevermögens und zu einer Erhöhung des Umlaufvermögens. Es hat ein reiner Aktivtausch stattgefunden.

Demgegenüber unterscheidet man den **Kapazitätserweiterungseffekt**. Dieser ergibt sich, wenn die freigesetzten Abschreibungsgegenwerte sofort wieder reinvestiert werden. Man bezeichnet ihn auch als den Lohmann-Ruchti-Effekt.

Beide Effekte werden anhand des folgenden Beispiels erläutert:

Eine Unternehmung beschafft sich zu Beginn des ersten Jahres sechs Maschinen zu Anschaffungskosten in Höhe von jeweils 4.000 €, die linear über 4 Jahre abgeschrieben werden.

Jahr	**1**	**2**	**3**	**4**	**5**	**6**	**7**	**8**
Anzahl Maschinen	6	7	9	11	8	9	9	9
Jahresabschreibung	6.000	7.000	9.000	11.000	8.000	9.000	9.000	9.000
Kapazitätsfreisetzung (kumuliert in €)	6.000	13.000	22.000	33.000	41.000	50.000	59.000	68.000
Kapazitätserweiterung (Stückzahl)	1	2	2	3	2	2	2	3
Freie Liquidität	2.000	1.000	2.000	1.000	1.000	2.000	3.000	0
Abgang Maschinen	-	-	-	6	1	2	2	3

Tabelle 12: Kapazitätsfreisetzungs- und Kapazitätserweiterungseffekt

Am Ende des ersten Jahres werden durch die Abschreibung der sechs Maschinen insgesamt 6.000 € freigesetzt. Für das Geld kann eine Maschine beschafft werden (4.000 € Anschaffungskosten), die verbleibenden 2.000 € sind noch als freie Liquidität verfügbar und werden auf das nächste Jahr vorgetragen.

Das zweiten Jahr startet mit sieben Maschinen, die ein Jahresabschreibungsvolumen von 7.000 € erwirtschaften, so dass mit diesem Geld inklusive der freien Liquidität in Höhe von 2.000 € aus dem Vorjahr zwei neue Maschinen (8.000 €) beschafft werden können. Es verbleiben 1.000 € in der freien Liquidität.

Die Kapazität baut sich bis zu Beginn des vierten Jahres bis auf 11 Maschinen auf. Am Ende des vierten Jahres sind die ursprünglich angeschafften sechs Maschinen buchhalterisch abgeschrieben und liefern damit zukünftig keine Abschreibungsgegenwerte mehr. Die übrigen Jahre verlaufen alternativ.

Was sind nun die Effekte aus diesen Abschreibungen?

- Zunächst bleibt festzuhalten, dass auf die ersten acht Jahre gesehen insgesamt 68.000 € an Kapazitäten freigesetzt wurden. In dieser Höhe wurde das Anlagevermögen reduziert und das Umlaufvermögen erhöht.
- Diese frei werdende Liquidität aus dem **Kapazitätsfreisetzungseffekt** wurde dazu benutzt, um in den ersten acht Jahren insgesamt 17 neue Maschinen zu kaufen (17 x 4.000 € = 68.000 €).
- Der **Kapazitätserweiterungseffekt** ergibt sich insgesamt aus der Aufrechnung der Maschinenzu- und -abgänge. In den ersten acht Jahren sind insgesamt 17 Maschinen zugegangen und 14 Maschinen abgegangen, so dass sich der Anfangsbestand von sechs Maschinen nach acht Jahren auf neun Maschinen erhöht hat.
- Diesen Kapazitätserweiterungseffekt kann man mittels des Kapazitätsmultiplikators (K) berechnen

$$K = \frac{2}{(1+\frac{1}{n})} \quad \text{mit n = Nutzungsdauer in Jahren}$$

Im Beispiel ergibt sich bei einer unterstellten Nutzungsdauer von vier Jahren ein Kapazitätsmultiplikator in Höhe von

$$K = \frac{2}{(1+\frac{1}{4})} = 1{,}6$$

d.h., die ursprünglich angeschafften sechs Maschinen vermehren sich langfristig gesehen in Folge der Wiederanlage um den Faktor 1,6 auf 9 – 10 Maschinen.

- Somit dürfte klar sein, dass der Kapazitätserweiterungseffekt nicht zu einem unendlichen Maschinenpark führt, sondern dass sich die Maschinenanzahl einem bestimmten Wert annähert und sich dann auf diesem Niveau aufgrund der einander annähernden Maschinenzu- und -abgänge einpendelt.

Die Finanzierung aus Abschreibung ist die vorherrschende Innenfinanzierungsform für Investitionen bei Unternehmen. Falls die bilanziellen Abschreibungen höher als die kalkulatorischen sind, führt dies darüber hinaus zu stillen Reserven.

Zum Kapazitätserweiterungseffekt ist zu sagen, dass er sich aufgrund von verschiedenen Faktoren nicht vollständig auswirkt, da

- Preissteigerungen oder generell Preisveränderungen der Maschinen im Zeitablauf nicht berücksichtigt sind, diese aber die Abschreibungsgegenwerte zumindest teilweise aufzehren können,
- die Abschreibungsgegenwerte nicht zwingend immer sofort reinvestiert werden können, weil es bspw. zu Lieferengpässen kommt und
- man unterstellt, dass für den erweiterten Maschinenpark immer genügend Produktionsbedarf besteht, dies aber aufgrund von bspw. einer sich verschlechternden Konjunktur nicht zwingend ist.[55]

2.3.2.3 Finanzierung aus Rückstellungen[56]

Rückstellungen sind Fremdkapital, das nach dem Grund, der Höhe und der Fälligkeit ungewiss ist und dessen wirtschaftliche Verursachung in der abgelaufenen Rechnungsperiode vorliegt. Gründe für die Bildung von Rückstellungen können sein:

- ungewisse Verbindlichkeiten aus schwebenden Geschäften,
- unterlassene Aufwendungen für Instandhaltungen (die innerhalb von drei Monaten im nächsten Geschäftsjahr nachgeholt werden) oder
- Pensionen und Anwartschaften auf Pensionen.

Rückstellungen werden entsprechend der kaufmännischen Vorsicht gebildet und auch entsprechend der kaufmännischen Vernunft dem Betrage nach in ausreichender Höhe eingestellt. Löst sich der Grund für die Rückstellungsbildung auf, sind auch die Rückstellungen aufzulösen.[57]

Die Finanzierungswirkung von Rückstellungen erfolgt dadurch, dass einem sofortigen bilanziellen Aufwand eine Auszahlung in späteren Perioden gegenübersteht. Hierdurch entsteht ein Zeitraum, in dem dieses Kapital dem Unternehmen zu anderweitigen Finanzierungszwecken zur Verfügung steht. Es kommt wie bei der Abschreibungsfinanzierung zum **Steuerstundungseffekt**.

Voraussetzung bleibt, ebenso wie bei den Innenfinanzierungen aus Umsatzerlösen und Abschreibungen, dass dem Unternehmen mit dem Verkaufserlös die kalkulierten Rückstellungen wieder zufließen, so dass ein **Liquiditätseffekt** entsteht.

---

[55] Siehe Fallstudie 19.

[56] Vgl. Drukarczyk J. 1993, S. 229ff.

[57] Da in den seltensten Fällen exakt der richtige Betrag prognostiziert wurde, führt die Rückstellungsauflösung i.d.R. zu einem außerordentliche Aufwand bzw. Ertrag. Siehe Fallstudie 20.

Das Ausmaß des Finanzierungseffektes ist sowohl von der absoluten Höhe der zurückfließenden Rückstellungsgegenwerte als auch von der Fristigkeit des Mittelverbleibs der Rückstellungen abhängig. Man unterscheidet Rückstellungen nach der Dauer ihres Verbleibs.

- Kurzfristige Rückstellungen, die sehr schnell, d.h. bereits im ersten Quartal nach der Bildung, wieder aufgelöst werden. Ein Beispiel hierzu sind die Rückstellungen für unterlassene Instandhaltung.
- Mittelfristige Rückstellungen, die für gewöhnlich innerhalb eines Jahres nach ihrer Bildung wieder aufgelöst werden. Garantierückstellungen sind typischerweise mittelfristige Rückstellungen.
- Langfristige Rückstellungen haben eine Verweildauer von mehreren Jahren und können demzufolge lange in der Unternehmung „arbeiten“. Die klassische langfristige Rückstellungsform ist die Pensionsrückstellung.

Vor allem die letztgenannten langfristigen Rückstellungen in Form der Pensionsverpflichtungen sind bei dieser Finanzierungsart von Interesse und sollen deshalb näher untersucht werden.

Die Finanzierungswirkung der Pensionsrückstellungen ist abhängig von

- dem Rückstellungsbestand,
- den jährlich neu gebildeten Rückstellungen und
- den jährlich entnommenen Rückstellungen, die aufgrund von Zahlungsverpflichtungen an die ausgeschiedenen Pensionäre zu entsprechenden Auszahlungen führen.

Pensionsrückstellungen sind bzgl. ihrer finanziellen Bedeutung mit Beteiligungs- und langfristigen Kreditfinanzierungen zu vergleichen. In vielen Kapitalgesellschaften übersteigt das Volumen der Pensionsverpflichtungen die Höhe des gezeichneten Kapitals.

Nicht verschwiegen werden darf, dass Pensionsrückstellungen auch Nachteile mit sich bringen können:

- Arbeiten Unternehmen mit Verlusten, entfällt der Steuerstundungseffekt der Rückstellungen.
- Haben Unternehmen einen beträchtlichen Teil ihres Personalbestandes abgebaut, verschlechtert sich die Relation von Arbeitnehmer und Ruheständler mit der Konsequenz, dass die Auszahlungen die Einstellung in die Rückstellungen übersteigen können. Es würde sich dann sogar ein negativer Finanzierungseffekt einstellen.

Wurden die Rückstellungsgegenwerte nicht rentabel investiert, gibt es im Versorgungsfall möglicherweise Liquiditätsprobleme.

Die Bildung von Pensionsrückstellungen als klassischen Fall der Rückstellungsfinanzierung ist nicht trivial, wie nachfolgendes kleines Beispiel verdeutlicht.[58]

Die Mitarbeiter eines Unternehmens erhalten nach einer Betriebszugehörigkeit von drei Jahren eine Betriebsrente. Einem am 01.01.2005 eingestellten Mitarbeiter wird am 01.01.2008 zugesagt, dass er ab dem 01.01.2012 fünf Jahre eine Rentenzahlung in Höhe von 10.000 € am jeweiligen Jahresende erhalten wird. Die Unternehmung kalkuliert mit einem internen Zinssatz von 6%. Aufgabe des Rechnungswesens ist es, die entsprechenden Pensionsrückstellungen zu ermitteln.[59]

Die Berechnung der zu bilanzierenden Rückstellungen läuft in mehreren Schritten ab. Zunächst einmal muss derjenige Betrag errechnet werden, der zum Zeitpunkt des Versorgungsfalls (01.01.2012) eingestellt sein muss, damit die Zahlung der Betriebsrente reibungslos verlaufen kann. Es handelt sich hierbei um den Rentenbarwert (1. Schritt). Im Anschluss gilt es, diejenigen Beträge zu ermitteln, die in den Jahren 2008 bis einschließlich 2011 in die Rückstellungen einzubuchen sind (Schritt 2):

<u>1. Schritt</u>: Ermittlung des Barwertes der Betriebsrente auf das Eintrittsdatum des Versorgungsfalls (V) am 01.01.2012

Da die Rentenzahlung für fünf Jahre berechnet wird, ergibt sich der Rentenbarwert[60] durch das Produkt der gewährten Rente und dem so genannten Rentenbarwertfaktor[61]:

$$\text{Rentenbarwert}_V = \text{Rente} * \text{Rentenbarwertfaktor}$$

$$\text{Rentenbarwert}_V = \text{Rente} * \frac{(q^n - 1)}{q^n * (q-1)} = 10.000 * \frac{(1{,}06^5 - 1)}{1{,}06^5 * (1{,}06 - 1)} = 42.123{,}64\ €$$

Folglich müsste am 01.01.2012 der Betrag (Rentenbarwert) von 42.123,64 € zur Verfügung stehen, um in den nächsten fünf Jahren (beginnend am 31.12.2012) jeweils 10.000,- € an Rente auszahlen zu können. Unterjährig wird der Restbetrag mit 6% (entsprechend der obi-

---

[58] Ein ähnliches Beispiel findet sich bei Prätsch J./Schikorra U./Ludwig E. 2003, S. 180f.

[59] In der Praxis, insbesondere für große Unternehmen, werden Pensionsrückstellungen von finanzmathematischen Abteilungen berechnet. Dabei werden bspw. die zu zahlenden Pensionsbeträge anhand von Sterbetafeln ermittelt.

[60] Der Rentenbarwert ist derjenige Anfangsbetrag, der benötigt wird, um bei gegebener Verzinsung (hier 6%) eine zukünftige gleichbleibende Geldleistung (hier 10.000,- €) über einen bestimmten Zeitraum (hier 5 Jahre) zu gewährleisten.

[61] Der Rentenbarwertfaktor ist der Kehrwert des Wiedergewinnungsfaktors einer Annuität (vgl. hierzu auch das Kapitel zum Annuitätendarlehen).

gen Annahme) verzinst. Folgende Tabelle zeigt die Entwicklung des Rentenbarwertes und damit der Pensionsrückstellung in den Jahren 2012 bis 2016 (Beträge jeweils in €):

Jahr	Wert 01.01.	Zinsen	Tilgung	Wert 31.12.
2012	42.123,64	2.527,42	10.000,00	34.651,06
2013	34.651,06	2.079,06	10.000,00	26.730,12
2014	26.730,12	1.603,81	10.000,00	18.333,93
2015	18.333,93	1.100,04	10.000,00	9.433,96
2016	9.433,96	566,04	10.000,00	0,00

Tabelle 13: Entwicklung einer Pensionsrückstellung I

2. Schritt: Ermittlung der einzustellenden Rückstellungen für die Jahre 2008 bis 2011

Hierbei ist in mehreren Teilschritten vorzugehen. Zunächst einmal muss festgestellt werden, dass für das Jahr 2008 rückwirkend für die Jahre 2005 bis 2008 Rückstellungen gebildet werden müssen, da eine Anwartschaft auf Betriebsrente ab dem Jahr 2005 besteht, für die Jahre 2005 bis einschließlich 2007 aber noch keine entsprechenden Rückstellungen gebildet wurden. Dann sind für die verbleibenden Jahre 2009 bis 2011 die Zuführungen der neuen Anwartschaften zu berechnen. Beide Aufgabenstellungen können in den gleichen Arbeitsschritten erledigt werden.

Zunächst wird der Rentenbarwert auf den Zeitpunkt des Eintritts (01.01.2005) abgezinst (n = 7 Jahre), um im Anschluss die Annuitäten auszurechnen, die vom Eintritt in das Unternehmen die Ansammlung des Barwertes der Pensionsleistungen bezogen auf den Versorgungsfall zulassen:

$$\text{Barwert}_E = \text{Barwert}_V * \text{Abzinsungsfaktor}$$

$$\text{Rentenbarwert}_E = \text{Rentenbarwert}_V * q^{-n} = 42.123{,}64 * (1{,}06)^{-7} = 28.014{,}62$$

$$\text{Annuität} = \text{Rentenbarwert}_E * \text{Wiedergewinnungsfaktor}$$

$$\text{Annuität} = \text{Rentenbarwert}_E * \frac{q^n * (q-1)}{(q^n - 1)} = 28.014{,}62 * \frac{1{,}06^7 * (1{,}06-1)}{(1{,}06^7 - 1)} = 5.018{,}40$$

Der Rentenbarwert zum Zeitpunkt des Eintritts in Höhe von 28.014,62 symbolisiert dabei den Betrag, der zinseszinslich zu 6% angelegt, zum Zeitpunkt des Versorgungsfalls 42.123,64 € erbringt. Die Annuität ist derjenige Betrag, der jährlich zu Jahresbeginn angelegt und zu 6% verzinst wird, um dann kumuliert zum Zeitpunkt des Versorgungsfalls 42.123,64 € zu ergeben.[62] Folgende Tabelle zeigt diese Entwicklung:[63]

Jahr	2005	2006	2007	2008	2009	2010	2011
2005	5.018,40	5.319,50	5.638,67	5.976,99	6.335,61	6.715,75	7.118,70
2006		5.018,40	5.319,50	5.638,67	5.976,99	6.335,61	6.715,75
2007			5.018,40	5.319,50	5.638,67	5.976,99	6.335,61
2008				5.018,40	5.319,50	5.638,67	5.976,99
2009					5.018,40	5.319,50	5.638,67
2010						5.018,40	5.319,50
2011							5.018,40
∑	**5.018,40**	**10.337,90**	**15.976,58**	**21.953,57**	**28.289,19**	**35.004,94**	**42.123,63**

Tabelle 14: Entwicklung einer Pensionsrückstellung II

Aus dieser Datenreihe erhalten wir nun diejenigen Beträge, die in den Jahren zwischen 2008 und 2011 an Rückstellungen zu bilanzieren sind.

Im Jahr 2008 ist zum 31.12. der kumulierte Betrag in Höhe von 21.953,57 € einzustellen, da in den Jahren zuvor noch keine Rückstellung gebildet wurde. In den Jahren von 2009 bis 2011 ist es lediglich die Differenz zum jeweiligen Vorjahr. Somit sind einzustellen:

Zum 31.12.2009: 6.335,62 € (28.289,19 abzgl. 21.953,57)

Zum 31.12.2010: 6.715,75 € (35.004,94 abzgl. 28.289,19)

Zum 31.12.2011: 7.118,69 € (42.123,63 abzgl. 35.004,94)

2.3.2.4 Finanzierung aus sonstiger Kapitalfreisetzung

Die Finanzierung aus sonstigen Kapitalfreisetzungen kann auf zwei Arten erfolgen. Einmal unterscheidet man die Finanzierung aus Rationalisierung und zum zweiten die aus Vermögensumschichtung.

Die **Finanzierung aus Rationalisierung** erfolgt insbesondere durch die Verringerung des Kapitaleinsatzes bei gleichbleibendem Umsatz- und Produktionsvolumen. Beispiele sind

---

[62] Alternativ hätte man auch mit der Formel der geometrischen Reihe rechnen können. Hier hätte 42.123,64* $(1,06-1)/(1,06^7-1)$ ebenfalls 5.018,40 € und damit den immer wieder gleichbleibenden anzulegenden Betrag (Annuität) ergeben.

[63] Es kommt zu kleinen Rundungsdifferenzen.

- geringere Lagerbestände aufgrund einer verbesserten Materialdisposition,
- Liquidierung von nicht mehr benötigten Materialien bzw. Maschinen sowie
- beschleunigte Forderungseintreibung und verbesserte Überwachung offener Forderungen.

Bei der **Finanzierung aus Vermögensumschichtungen** ändert sich der Liquiditätszustand von Vermögensteilen, indem materielle Vermögensteile (insbesondere Anlagevermögen) in eine liquide Form überführt werden. Die Finanzierung aus Vermögensumschichtungen wird auch **Substitutionsfinanzierung** genannt. Beispiele sind

- der Verkauf von nicht betriebsnotwendigen Grundstücken und Gebäuden,
- der Verkauf von Wertpapieren und
- der Verkauf von Beteiligungen.

Nur als Notmaßnahme denkbar ist die Veräußerung anderer Vermögensgegenstände, welche den Geschäftsbetrieb aufrechterhalten.

Kritisch beim Verkauf von Vermögensgegenständen ist, dass stille Reserven aufgedeckt werden, was zu einer nicht unbeträchtlichen steuerlichen Belastung der Unternehmung führen kann.

Im Rahmen der Vermögensumschichtung wird deshalb häufig das Sale-and-lease-back-Verfahren diskutiert. Hier wird zunächst der Vermögensgegenstand an eine Leasinggesellschaft verkauft, was sich unmittelbar positiv auf die Liquidität der Unternehmung auswirkt und gleichzeitig wieder zurückgeleast. Das Leasing bewirkt zwar nun seinerseits wiederum einen Liquiditätsabfluss, jedoch ist dieser zeitlich auf mehrere Jahre verteilt, so dass das Verfahren insgesamt positiv im Hinblick auf die Liquiditätssituation zu beurteilen ist.

2.4 Darstellung der „KMU-spezifischen“ Einteilung

Grundsätzlich haben KMU die gleichen Möglichkeiten der Finanzierung wie Großunternehmen. Studien zufolge aber ist die Bedeutung der Innenfinanzierungsmaßnahmen sowie der lang- und kurzfristigen Bankkredite ungebrochen, während lediglich Leasing unter den alternativen Finanzierungsinstrumentarien etwas auf dem Vormarsch zu sein scheint.[64]

---

[64] Vgl. zur weiteren Darstellung auch KfW (Hrsg.) 2005, S. 47ff, Bretz M. 1998, S. 263ff, Burchert H./Hering T./Hoffjan A. 1998, S. 241ff und Koch W./Wegmann J. 1998, S. 289ff.

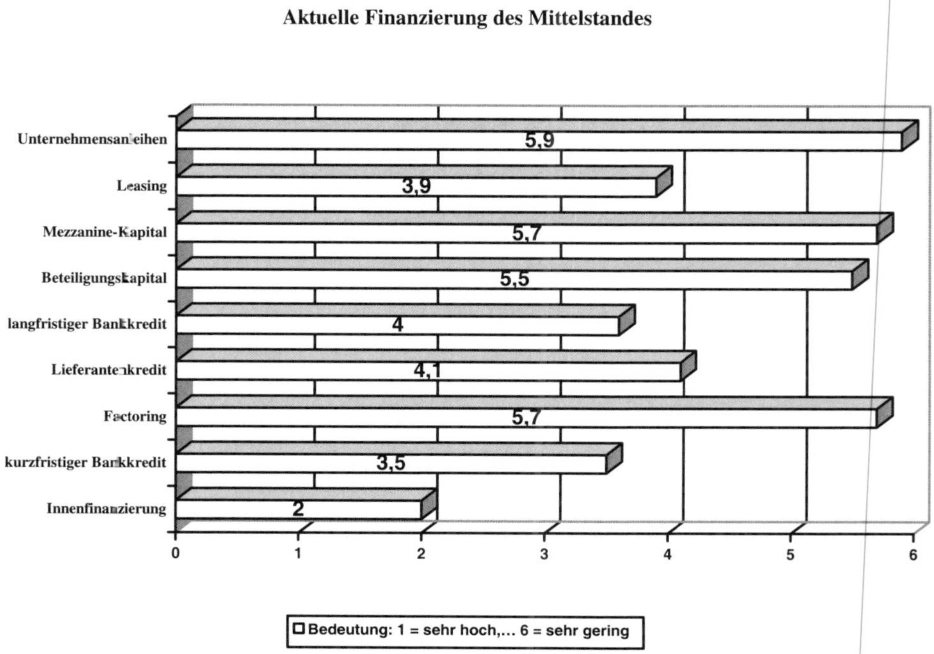

Abbildung 59: Bedeutung von Finanzierungsformen für den Mittelstand

Aus obiger Graphik ist direkt die Problematik der Unternehmen ableitbar:

- Es besteht eine hohe Abhängigkeit gegenüber den Banken. Häufig aber sind die Vermögenswerte zur Besicherung begrenzt, so dass weitere Bankendarlehen als (langfristige) Finanzierungsmöglichkeiten ausscheiden.
- Die Kreditlinien sind nicht selten bereits ausgereizt, so dass auch kurzfristige Bankkredite nicht mehr in Anspruch genommen werden können. Zudem sind diese sehr teuer.
- Auch die geringe Eigenkapitalausstattung des Deutschen Mittelstandes verhindert aus Risikoaspekten heraus eine weitere Fremdfinanzierungsmaßnahme.
- Selbstfinanzierung als Finanzierungsinstrument funktioniert nur im Falle von erwirtschafteten Gewinnen (Gewinnthesaurierung) bzw. sofern die Rückstellungs- und Abschreibungsgegenwerte in den Angebotspreisen weitergegeben werden können (Rückstellungs- und Abschreibungsfinanzierung).

Folglich werden zunehmend Stimmen laut, die nach neuen oder modifizierten herkömmlichen Finanzierungsalternativen rufen. In diesem Kontext hat sich eine Vielzahl von KMU-spezifischen Finanzierungsinstrumentarien gebildet, die nun diskutiert werden.[65]

Es sind zum einen Maßnahmen, die das Eigenkapital erhöhen, zweitens Instrumentarien aus dem Bereich der Fremdfinanzierung und drittens mezannine Finanzierungsalternativen und somit Maßnahmen, die eine Zwischenstellung zwischen Eigen- und Fremdkapital einnehmen.

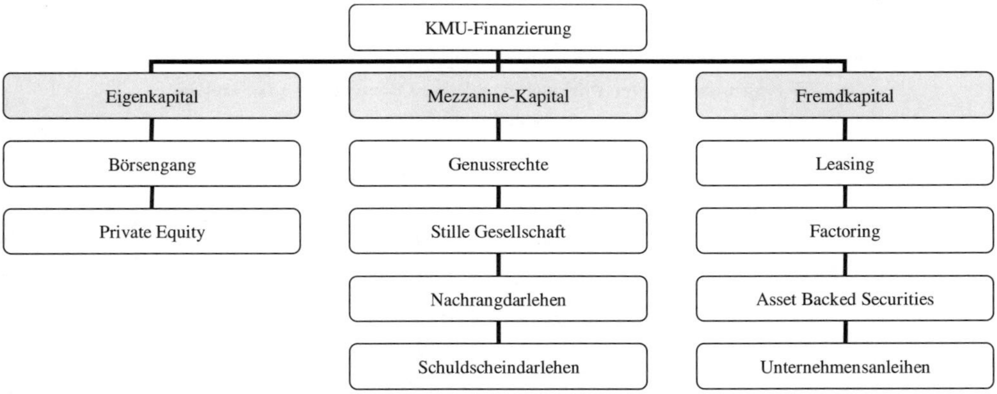

Abbildung 60: Finanzierungsformen für den Mittelstand

2.4.1 Eigenfinanzierung

2.4.1.1 Börsengang

Bei dieser Art der Eigenfinanzierung, die auch häufig unter dem so genannten „Public Equity" subsumiert wird, finanziert sich die Unternehmung über den freien Kapitalmarkt, sie besorgt sich Geld über die Börse. War es im Jahr 1999 insbesondere der SMAX, der es als ehemaliges Marktsegment der Deutsche Börse AG kleinen und mittelständischen Unternehmen (Small Caps) ermöglichen sollte, sich über den damaligen Amtlichen Handel oder den geregelten Markt Geld zu beschaffen, so wird heute insbesondere der Open Market mit dessen Teilsegment, dem Entry Standard, als Mittelbeschaffungsquelle diskutiert.

Mit dem 1999 gegründeten SMAX hatte die Deutsche Börse ein Segment geschaffen, das sich an kleinere Unternehmen aus mittelständischen Branchen richtete. Allerdings war als-

[65] Detaillierte Aufführungen finden sich auch bei Bösl K./Sommer M. 2006, S. 6ff sowie Brezski E./Böge H./Lübbehüsen T./Rohde T./Tomat O. 2006, S. 5ff.

bald ein eindeutiger Trend zu erkennen, diese Finanzierungsmöglichkeit nicht zu nutzen bzw. diese nicht nutzen zu können. Es waren wohl im Wesentlichen zwei Hauptgründe, die sich für die Misere verantwortlich zeichneten. Zum einen das fehlende Vertrauen der Anleger, wahrscheinlich auch hervorgerufen durch die starke Übertreibung am Aktienmarkt gegen Ende der 1990er Jahre und der anschließenden eintretenden Ernüchterung, zum anderen auch diverse Bilanzskandale, in die nicht nur kleine Unternehmen am Neuen Markt (z.B. Comroad) sondern auch große Konzerne (z.B. Enron) verwickelt waren.

Als weitere Gründe, sich gegen ein „Going Public" als Unternehmensfinanzierungsform auszusprechen, wurden von Gesellschaftern kleiner und mittelständischer Unternehmen um die Jahrtausendwende genannt:

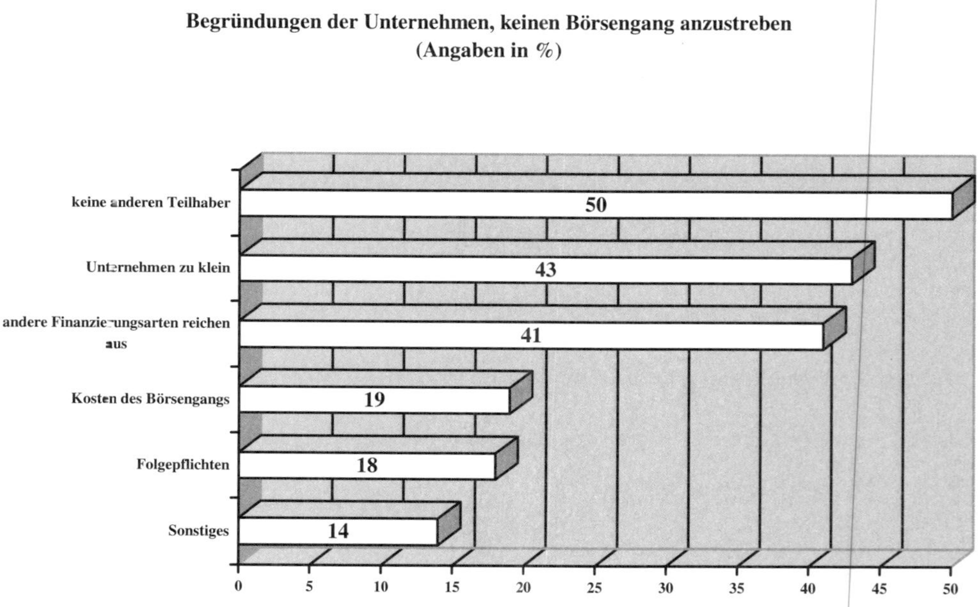

Abbildung 61: Gründe gegen einen Börsengang bei KMU

In jüngster Vergangenheit hat sich mit dem Open Market und dessen Teilbereich, dem Entry Standard eine Möglichkeit etabliert, wie auch kleine und mittelständische Unternehmen zunehmend mit relativ wenig Aufwand an frisches Kapital durch Aktienemissionen kommen können.

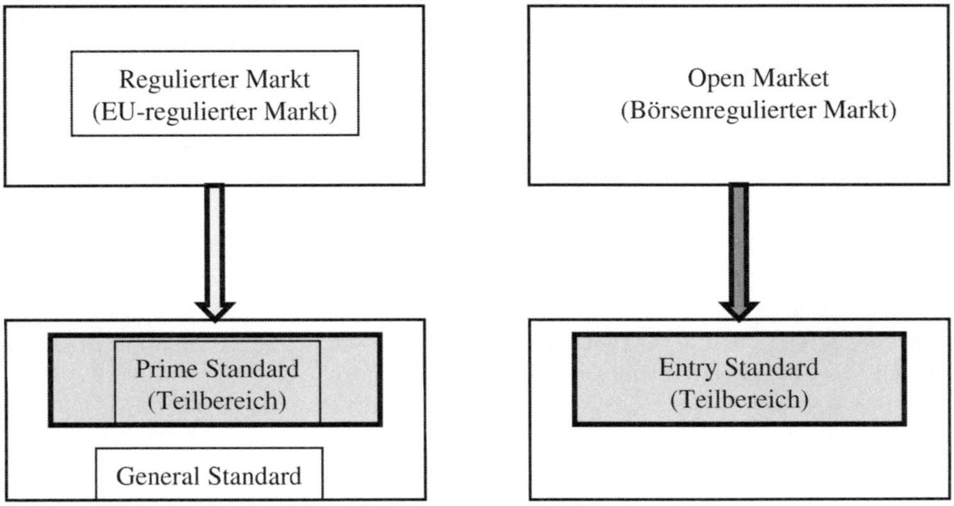

Abbildung 62: Der Open Market

Obiges Schaubild zeigt, dass im Gegensatz zum General Standard der Open Market nicht von der EU reguliert wird, sondern unter der Obhut der Frankfurter Börse steht.[66] Kleine und mittelständische Unternehmen, die sich innerhalb des Open Market differenzieren und gut sichtbar positionieren wollen, nutzen den Teilbereich des Entry Standards. Er ist das Einstiegssegment für eine mögliche spätere Notierung im General Standard oder Prime Standard. Die Börsennotierung im Entry Standard kann wie folgt zusammengefasst werden:

- Gehandelt werden die Aktien auf den bereits etablierten Plattformen der Deutschen Börse; dem Parkett in Frankfurt und dem vollelektronischen Handel Xetra.
- Für kleine und mittelständische Unternehmen ist der Zugang schnell und kosteneffizient. Die Frankfurter Wertpapierbörse benötigt für die Einbeziehung der Aktien in den Handel maximal 5 Tage, das jährliche Notierungsentgelt liegt bei 5.000,- €.
- Gesetzliche Regelungen auf europäischer und nationaler Ebene erlauben die Emission mit und ohne Börsenprospekt. Wurde seitens der Unternehmung auf die Erstellung eines Börsenprospektes verzichtet, liegt das einmalige Einbeziehungsentgelt bei 1.500,- €, wurde ein Börsenprospekt erstellt, reduziert sich der Betrag auf 750,- €.
- Gegenüber dem General Standard sind die Transparenzanforderungen beim Open Market deutlich geringer. Hier wird auf die Ad-hoc-Publizitätspflicht und auf Mel-

[66] Neben dem Open Market als Börsensegment der Frankfurter Börse versuchen auch zunehmend Regionalbörsen, kleinen und mittelständischen Unternehmen den Zugang zum Aktienmarkt zu erleichtern. Als Beispiele können hier die Börse Stuttgart mit ihrem Mittelstandssegment „Gate-M" oder die Börse München mit dem Handelsplatz „M:access" dienen.

dungen bei Erreichen von Schwellenwerten (im wesentlichen Umsatz- oder Gewinnwerte) verzichtet.

- Aktien im Entry Standard werden im Hinblick auf Regeln zur Insidergesetzgebung und Marktmissbrauch von der Bundesanstalt für Finanzdienstleistungsaufsicht (BaFin) kontrolliert. Die Überwachung der Preisfindung liegt bei der Handelsüberwachungsstelle.

Offensichtlich hat die Implementierung des Open Market bzw. des Entry Standards erste positive Effekte gebracht. So betrug der Anteil der Neuzugänge von gelisteten Unternehmen im Open Market und des Entry Standards an allen Neuemissionen im Jahr 2006 77% und im Jahr 2007 sogar 84%. Seit der Aktienmarktneusegmentierung im März 2003 hat der Open Market und Entry Standard beständig an Bedeutung gewonnen.[67]

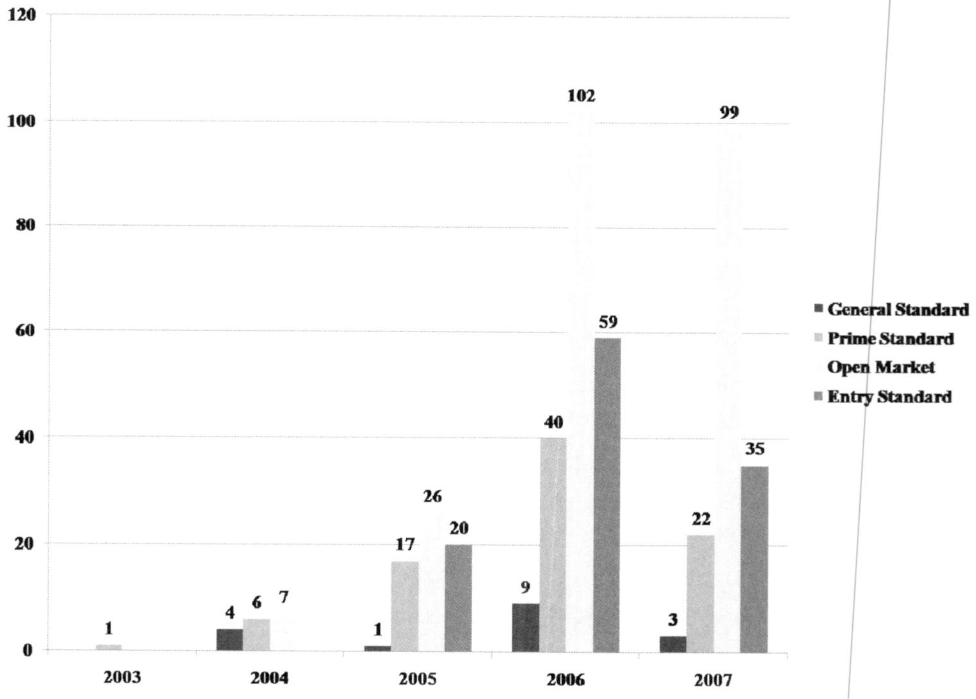

Abbildung 63: Börsenneulinge der einzelnen Marktsegmente

[67] Vgl. Fey G./Kuhn N. 1/2008, S. 114ff sowie Fey G./Kuhn N. 2/2008, S. 215ff.

2.4.1.2 Private Equity-Finanzierung[68]

Für den Ausdruck Private Equity existiert in der einschlägigen Literatur keine einheitliche Definition. Finanzwirtschaftlich gesehen bedeutet „Private“ die Kapitalbereitstellung außerhalb der Börse, während „Equity“ für Eigenkapital steht. Somit ist Private Equity zunächst einmal ein Sammelbegriff für alle außerbörslichen Möglichkeiten der Finanzierung mit Eigenkapital. Gelegentlich findet man auch eigenkapitalverwandte Mischfinanzierungen unter dieser Rubrik vor. Im Kontext dieses Buches werden diese jedoch unter den Mezannine Finanzierungen diskutiert.

Geben Unternehmen Private Equity den Vorzug vor Aktienemissionen, kann das eine Reihe von Ursachen haben. Vorherrschende Gründe sind dabei die (vermeintlich) zu geringen Volumina, die einen Börsengang als sinnvoll erscheinen lassen, aber auch die mit dem Going Public verbundene Publizitätspflicht.

Die Varianten des Private Equity lassen sich nach ganz unterschiedlichen Kriterien gliedern. Die häufigste und möglicherweise auch sinnvollste Einteilung ist die in die typischen Phasen der Unternehmensentwicklung.

- Stellen Private Equity Gesellschaften in Frühphasen der Unternehmensentwicklung Kapital zur Verfügung, wird dieses als **Venture Capital** (VC) bezeichnet.
- Erfolgt die Frühphasen- insbesondere aber die Expansionsphasenfinanzierung durch private Investoren, die häufig neben finanziellen Mitteln auch ihr Know-how zur Verfügung stellen, handelt es sich um so genannte **Business Angels**.
- Die dritte Gruppierung des Private Equity ist sehr heterogen und findet ihre Daseinsberechtigung in „bedeutenden“ finanziellen Umstellungsphasen der unternehmerischen Entwicklung. So existiert bspw. eine Reihe von Unternehmensbeteiligungen, die ausschließlich **Wachstums**-, **Restrukturierungs**- oder aber auch **Sanierungs**phasen finanzieren.

Ganz grundsätzlich ist Private Equity eine Finanzierungsart, bei welcher Unternehmen in einer entscheidenden Phase ihrer Entwicklung ohne ausreichende Sicherheiten Kapital (zeitlich befristet) und bei Bedarf Managementunterstützung zur Verfügung gestellt wird.

---

[68] Vgl. dazu auch Leopold G. 1993, S. 345ff und Kaiser D./Lauterbach R. 2008, S. 118ff.

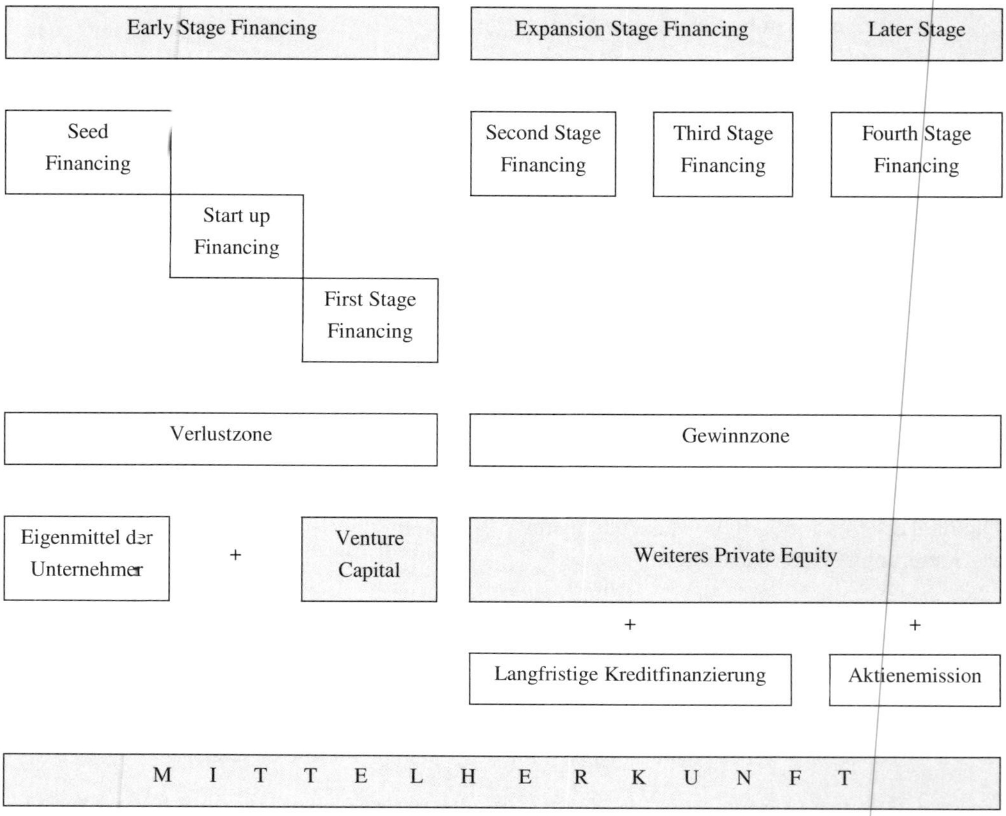

Abbildung 64: Finanzierungsphasen einer Unternehmung aus Sicht des Private Equity

Die **Seed Financing Phase** ist dadurch gekennzeichnet, dass die Kapitalaufbringung fast ausschließlich durch den Existenzgründer in Form von Eigenmitteln erfolgt. Gelegentlich wird die Finanzierung bereits in diesem frühen Stadium durch Bankkredite unterstützt. Die Phase ist gekennzeichnet durch Marktorientierung, Wettbewerbsanalyse, Produktinnovationen und ist demzufolge sehr risikobehaftet.

In der Phase des **Start up Financing** werden umfassende Unternehmenskonzepte in den Bereichen Beschaffung, Produktion und Absatz erstellt. Verspricht das Unternehmenskonzept potenziellen VC-Gesellschaften Erfolg, so werden erste Kontakte geknüpft und Venture-Capital-Finanzierungen besprochen.[69]

[69] Vgl. Prätsch J./Schikorra U./Ludwig E. 2003, S. 90ff, Amit R./Glosten L. 1990, S. 102ff, Elango B. 1995, S. 157ff und Gifford S. 1997, S. 459ff. Zur Kapitalstrukturentwicklung in den einzelnen Finanzierungsphasen insbesondere aber auch Schulte R. 2007, S. 217ff.

In der **First Stage Financing** Phase beginnt die Produktion. Lagerbestände werden aufgebaut und erfordern einen hohen Kapitalbedarf. Hier setzt die Venture Capital Finanzierung ein.

Die Seed-, Start up- und First Stage Financing-Phase ist durch (hohe) Anlaufverluste charakterisiert. Diese drei Phasen werden als die Early Stage Financing-Phase beschrieben.

In der **Second Stage Financing**-Phase beginnt der Unternehmenserfolg. Der Umsatz entwickelt sich überdurchschnittlich, die Gewinnschwelle wird überschritten und zunehmend weiteres Private Equity zur Verfügung gestellt. Je nach Kapitalbedarf erfolgt zusätzlich die erste Kreditfinanzierung. Auf dieses Marktsegment des Second Stage zielen Beteiligungsgesellschaften in Deutschland vorwiegend ab, aber auch Business Angels sehen hier ihr Hauptbetätigungsfeld. Es handelt sich bei ihnen um Privatpersonen, die jungen wachstumsorientierten Unternehmen Kapital, aber auch Know-how zur Verfügung stellen. Obwohl es in Deutschland geschätzte 27.000 Business Angels gibt, sind diese für Existenzgründer kaum erreichbar.

In der **Third Stage Financing**-Phase steigen die Gewinne und die Unternehmen beginnen mit der Entwicklung neuer Wettbewerbsstrategien. Marktpotenziale werden ausgeschöpft und zusätzlich benötigtes Kapital wird durch langfristige Kredite beschafft.

Mit dem Beginn der **Fourth Stage Financing**-Phase planen die VC-Gesellschaften den Ausstieg aus der Unternehmung. Sie versuchen ihre Unternehmensanteile, die idealerweise durch das unternehmerische Wachstum und den damit verbundenen Gewinn einen Wertzuwachs erfahren haben, zu veräußern. Dabei kommen folgende Exit-Strategien in Betracht:

- Buy Back: Rückkauf der Beteiligungen durch die alten Gesellschafter.
- Trade Sale: Verkauf der Beteiligung an ein drittes Unternehmen (i.d.R. an einen industriellen Investor).
- Secondary Purchase: Verkauf der Unternehmensanteile an eine andere Unternehmensbeteiligungsgesellschaft oder einen anderen Investor.
- Initial Public Offering (IPO): Einführung des Unternehmens an der Börse.

Gliedert man das Beteiligungsvolumen der Private Equity-Gesellschaften auf die einzelnen Phasen auf, so erkennt man eine deutliche Tendenz zur Later Stage-Phase:

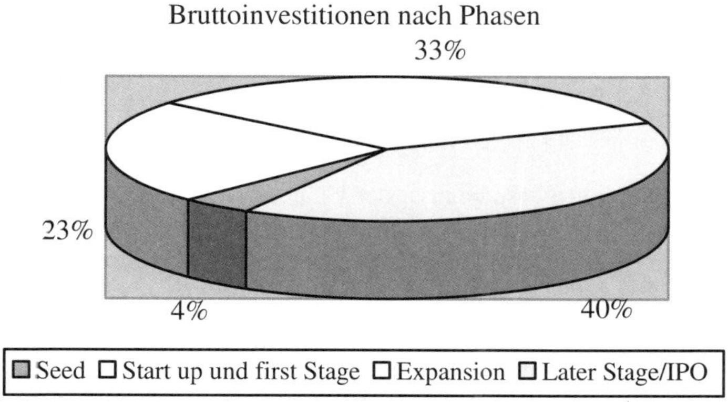

Abbildung 65: Bruttoinvestitionen der VC-Gesellschaften nach Phasen

Bei den Exitstrategien ist auffallend, dass aufgrund der schwierigen Börsensituation ein IPO kaum durchführbar war (knapp 1%), und dass ein sehr großer Teil des Venture Capitals aufgrund von Totalverlust abgeschrieben werden musste (44% des Investitionsengagements).

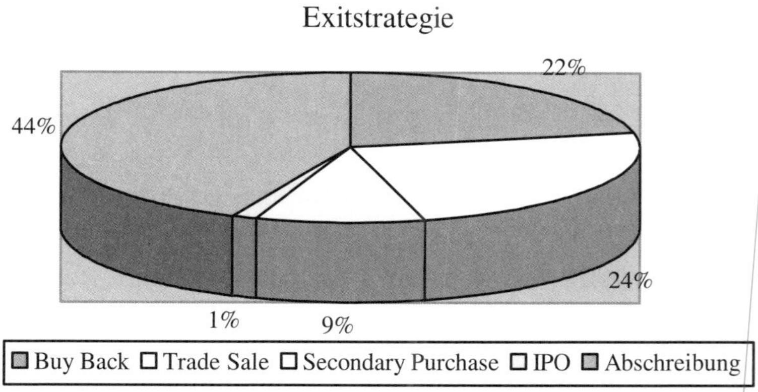

Abbildung 66: Exitstrategien im Rahmen des Private Equity

2.4.2 Fremdfinanzierung

2.4.2.1 Leasing[70]

Leasing ist die entgeltliche, pacht- oder mietähnliche Überlassung von Wirtschaftsgütern zur Nutzung oder zum Gebrauch auf Zeit. Es kann nach verschiedenen Arten und Merkmalen unterschieden werden. Leasing ist eine immer mehr in Anspruch genommene Finanzierungsform von KMU mit dem Effekt, dass weniger Geld gebunden und damit die Kreditlinie der Unternehmung geschont wird. Zwischen 1999 und 2002 hat Leasing als Finanzierungsmöglichkeit von KMU um mehr als 70% zugenommen und ein Abbruch dieses Trends ist noch nicht in Sicht. Der Leasinganteil an den gesamtwirtschaftlichen Investitionen betrug 2006 etwa 23%, wobei sich mehr als 50% auf die Anlageinvestitionen bezogen. Dem Leasing wird in Deutschland, obgleich es eine recht teure Finanzierungsform ist, eine weiterhin steigende Bedeutung beigemessen.

Untergliedert man Leasing nach der Art der Leasinggeber, den vertraglichen Verpflichtungen und der Vertragsform, lassen sich unterschiedliche Leasingausprägungen differenzieren:

[70] Natürlich wird Leasing auch von großen Gesellschaften in Anspruch genommen, dennoch wurde es im Rahmen der Finanzierungsinstrumentarien hier aufgeführt, da es unter den KMU besonders an Bedeutung gewinnt. Vgl. auch Büschgen E. 1993, S. 495ff.

Kriterien	**Leasingformen**
unterschiedliche Leasinggeber	direktes Leasing; Hersteller des Leasing-Gutes ist auch gleichzeitig Leasing-Geber indirektes Leasing; es wird eine Leasinggesellschaft eingeschaltet, die zwischen dem Hersteller des Leasing-Gutes und dem Leasing-Nehmer als Leasing-Geber tritt
nach den vertraglichen Verpflichtungen	Operate Leasing (= unechtes Leasing); kurzfristige Nutzungsüberlassung von der Laufzeit des Leasingvertrages unabhängige Leasingrate Laufzeit kürzer als die betriebsgewöhnliche Teilweise kurzfristige Kündigung des Vertrages möglich Eigentum verbleibt beim Leasinggeber Bilanzierung beim Leasinggeber hohe Kosten beim Leasingnehmer dafür kein Investitionsrisiko Finance-Leasing (= echtes Leasing); langfristige Nutzungsüberlassung des Leasing-Objektes keine Möglichkeit der Kündigung während der Grundmietzeit von der Länge der Mietzeit abhängige Gebühr Grundmietzeit i.d.R. 50-70% der betrieblichen Nutzungsdauer verbleiben des Eigentumsrisikos beim Leasinggeber Bilanzierung je nach Grundmietzeit beim Leasingnehmer oder Leasinggeber (> 90% der Grundmietzeit – Leasingnehmer)
nach Vertragsformen	Leasing ohne Optionsrecht; es werden keine Abreden für die Zeit nach dem Leasingvertrag getroffen Leasingvertrag mit Kaufoption; es besteht vertraglich die Möglichkeit des Erwerbs nach der Grundmietzeit durch den Leasinggeber Leasingvertrag mit Mietverlängerungsoption; es besteht die vertragliche Möglichkeit, das Leasingobjekt nach der gewöhnlichen Mietzeit i.d.R. gegen geringere Gebühren zu nutzen

Abbildung 67: Formen des Leasings

Alle Formen des Leasings besitzen eine praktische Relevanz und können wie folgt zusammenfassend beurteilt werden:

- Leasing ermöglicht vor allem kleineren und mittleren Unternehmen die **Finanzierung von Anlagegütern**, die durch Eigenkapital- oder Fremdkapitaleinsatz in diesem Umfang nicht möglich wären, weil Sicherheiten fehlen.
- Möglich gemacht wird die **Ausdehnung des Kreditspielraumes**, weil Leasinggesellschaften Leasinggüter oftmals zu 100% als Sicherheit akzeptieren.

- Leasing geht einher mit einer **positiven Beeinflussung der Liquidität**, da sich Ausgaben im Vergleich zu einem Barkauf über einen längeren Zeitraum verteilen.
- Bei hohem technischem Fortschritt bewirkt Leasing eine **Risikominimierung** im Vergleich zum Investitionserwerb, jedoch um den Preis einer hohen Leasingrate.
- Leasing bedeutet aber normalerweise **höhere Kosten im Vergleich zu langfristigen Kreditfinanzierungen**, da der Leasinggeber neben den Finanzierungszinsen noch seine Verwaltungskosten sowie seine kalkulatorischen Wagnisse und Gewinne abzudecken hat.

Leasingangebote können gerade bei größeren Objekten sehr individuell ausgestattet sein und sind insbesondere vom Umfang der einbezogenen Dienstleistungen abhängig. Je nach Grundmietzeit differieren i.d.R. monatlich zu erbringenden Raten ganz erheblich, wie folgendes Beispiel zeigt:

Grundmietzeit	Monatsmiete während der Grundmietzeit	Gesamtbetrag der Leasingrate	Entspricht Effektivverzinsung auf Jahresbasis
2 Jahre	4,80 - 4,90%	115,2 - 117,6%	10,0 - 11,5%
3 Jahre	3,35 - 3,55%	120,6 - 127,8%	10,0 - 13,4%
4 Jahre	2,70 - 2,90%	129,6 - 139,2%	11,3 - 14,7%
5 Jahre	2,30 - 2,50%	138,0 - 150,0%	11,8 - 15,3%
6 Jahre	2,05 - 2,15%	147,6 - 154,8%	12,4 - 14,1%

Tabelle 15: Effektivverzinsung unterschiedlicher Leasingangebote

Eine Leasinggesellschaft bietet einem Unternehmer die Vermietung einer Maschine über 48 Monate zu einer monatlichen Rate in Höhe von 2,7436% an. Die Maschine hat einen Wert von 50.000 €. Daraus ergibt sich eine monatliche Rate in Höhe von 1.371,80 €, die jährliche Belastung beträgt 16.461,60 €, auf die gesamte Laufzeit bezogen zahlt der Unternehmer 65.846,40 € und damit 131,693% zurück.

Da sich die Leasingrate aus der Abschreibung der Leasinggesellschaft sowie einer Verzinsung zusammensetzt, die insbesondere auch das unternehmerische Risiko beinhaltet, ist sie wie eine Annuität zu betrachten. Die Formel der Annuität lautete:[71]

$$A = K_0 * q^n * \frac{(q-1)}{(q^n - 1)}$$

[71] Vgl. das Kapitel zum langfristigen Bankkredit.

Hier beträgt die Annuität (A) 16.461,60 €, der Barwert (K_0) 50.000 €. Daraus ergibt sich ein effektiver Zinssatz (i) in Höhe von 12%, der allerdings aufgrund der obigen Formelkonstruktion nicht berechnet, sondern nur iterativ ermittelt werden kann. Man überzeuge sich aber durch sukzessives Einsetzen von i = 0,12 in q = (1 + i/100) und anschließend in die Annuitätenformel:

$$A = 50.000 * 1{,}12^4 * \frac{(1{,}12 - 1)}{(1{,}12^4 - 1)} = 16.461{,}60$$

von der Richtigkeit der Aussage.[72]

2.4.2.2 Factoring

Als Factoring bezeichnet man den Ankauf von Forderungen aus Lieferungen und Leistungen eines Unternehmens durch ein Factoringinstitut. Dieses stellt dem Unternehmen bereits vor der Fälligkeit der Forderung finanzielle Liquidität zur Verfügung, natürlich vermindert um die anfallenden Gebühren. Bislang spielt Factoring als alternative Finanzierungsquelle für den deutschen Mittelstand noch eine untergeordnete Rolle, was möglicherweise an dem hohen Mindestumsatz liegt, den Factoringinstitute als Ankaufsvolumen voraussetzen. Liegt dies in den übrigen europäischen Ländern zwischen 25.000 € und 500.000 €, so beträgt es in Deutschland mehr als 2,5 Mio. €. Gründe hierfür liegen möglicherweise darin, dass man von den Unternehmen einen stabilen Forderungsfluss von der gleichen Kundenbasis erwartet oder aber eine breite und diversifizierte Kundenstruktur. Beides ist aber vom Mittelstand nicht unbedingt zu erfüllen. Dennoch gehen Untersuchungen davon aus, dass Factoring auch in Deutschland als Finanzierungsform bedeutsamer wird. Dies wird aus der durchschnittlichen Wachstumsrate zwischen 2001 und 2005 geschlossen, die beim Factoring-Volumen bei über 17% lag.[73]

---

[72] Siehe Fallstudie 21.

[73] Vgl. zum Factoring auch Hahn O. 1993, S. 519ff, Friege C./Stauss B. 2007, S. 554ff, Mochel T./Stolte B. 2006, S. 229ff, Wassermann H. 2007, S. 70ff, Lövenich M. 2007, S. 200ff und Goebel L. 2005, S. 155ff.

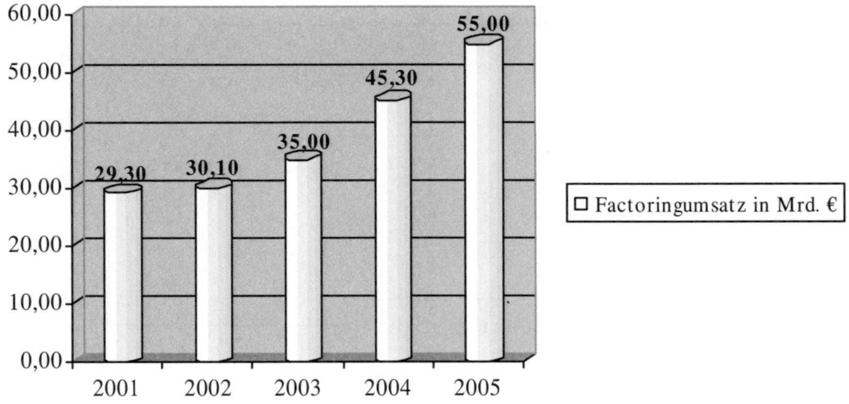

Abbildung 68: Factoringvolumen in Deutschland

Ähnlich dem Leasing lässt sich das Factoring nach verschiedenen Kriterien klassifizieren.

Nach dem Kriterium des **Ausfallrisikos** unterscheidet man das „echte" und „unechte" Factoring.

- Beim **echten** Factoring übernimmt das Factoringinstitut das Ausfallrisiko (Delcredererisiko), so dass beim Forderungsausfall kein Rückgriffsrecht auf den Forderungsverkäufer besteht. Für die Übernahme des Delcredererisikos verlangt das Factoringinstitut Gebühren in Höhe von 0,2 bis 1,2% des Umsatzes.
- Beim **unechten** Factoring verbleibt das Ausfallrisiko beim Forderungsverkäufer. Sollten die Forderungen also uneinbringlich werden, wird der Forderungsverkauf zwischen Institut und Verkäufer wieder rückabgewickelt. Somit stellt diese Form des Factorings lediglich eine Kreditierung der Forderungen durch das Factoringinstitut dar.

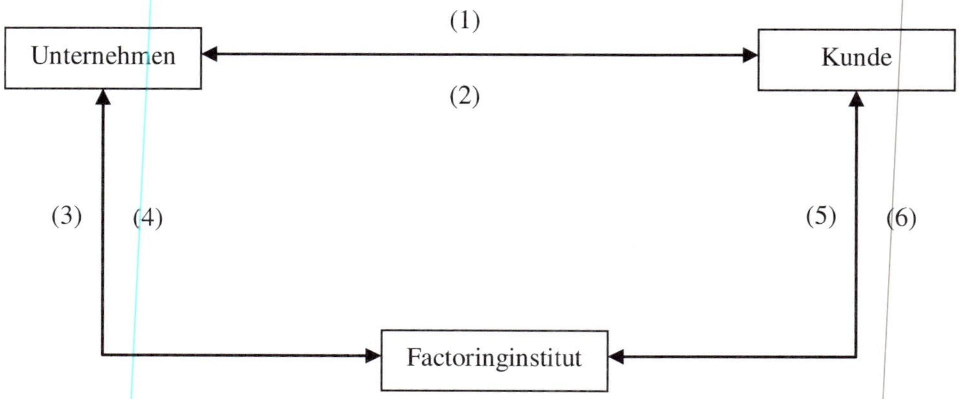

Abbildung 69: Ablauf des Factorings

Unabhängig von der Übernahme des Ausfallrisikos kommt es zunächst zum Waren- oder Dienstleistungsverkauf, d.h. der Kunde des Unternehmens erhält Waren auf Ziel (1), was gleichzeitig zur Einbuchung von Forderungen beim Unternehmen führt (2). Diese werden dann an das Factoringinstitut verkauft (3) und führen zu einem um Gebühren verminderten Liquiditätszufluss beim Unternehmen (4). Im Idealfall erhält das Factoringinstitut nach Ablauf der Forderungsfrist gegen Vorlage des Titels (5) das Geld (Forderungsbruttobetrag) vom Kunden (6).

Sind die Forderungen hingegen nicht werthaltig, so wird im Falle des echten Factorings der Forderungsbetrag beim Factoringinstitut eingeklagt bzw. wertberichtigt, im Falle des unechten Factorings werden die Schritte (3) bis (6) rückabgewickelt, so dass das Risiko des Forderungsverlustes wieder beim Unternehmen liegt.

Nach dem Kriterium der **Finanzierungsfunktion** unterscheidet man das Standardfactoring und das Maturityfactoring.

- Beim **Standardfactoring** kauft der Factor die beim Unternehmen entstehenden Forderungen im Moment des Ausgangs der Rechnungsbeträge an und bevorschusst damit das Unternehmen ab dem Zeitpunkt des Ankaufs.
- Beim **Maturityfactoring** erfolgt der Ankauf der Forderungen zu einem errechneten durchschnittlichen Fälligkeitstag, der sich durch die bündelweise anzukaufenden Rechnungsbeträge ergibt. Dem Unternehmen werden 80% bis 90% der Rechnungsbeträge sofort auf seinem Kontokorrentkonto gutgeschrieben. Das restliche Forderungsvolumen wird auf einem Sperrkonto für mögliche Rechnungskürzungen, z.B. aufgrund von Mängelrügen und Warenrückgaben, zurückgehalten.[74]

[74] Siehe Fallstudie 22.

Wie kann Factoring als Finanzierungsalternative beurteilt werden?

- Die **Kosten** für die Finanzierungsfunktion sind denen des Kontokorrentkredits vergleichbar, d.h., es handelt sich um einen sehr teuren Kredit. Ihnen sind mögliche Kosteneinsparungen entgegenzustellen, z.B. Kosten für die Eintreibung von Forderungen oder der erfolgte Liquiditätszufluss.
- Die **Sicherheit** wird erhöht, sofern das Ausfallrisiko auf den Factor übertragen wird, wenn also echtes Factoring betrieben wird.
- Die **Liquidität** wird gefördert, sofern durch die Finanzierungsfunktion eine Bevorschussung des Unternehmens geschieht. Zufließende Liquidität ersetzt Bankkredite, indem Kontokorrentlinien geschont oder auf mittel- und langfristige Kredite verzichtet werden kann.
- Die **Unabhängigkeit** der Unternehmung wird zweifach gestärkt. Zum einen werden, wie oben beschrieben, Kreditlinien geschont, zum anderen kann durch das Factoring die Bilanzoptik „geschönt“ und damit die Kreditwürdigkeit des Unternehmens erhöht werden.[75]

2.4.2.3 Asset-Backed-Securities

Asset-Backed-Securities („durch Aktiva gedeckte Wertpapiere“) bedeutet wie Factoring auch den Verkauf von Forderungen. Im Gegensatz zum Factoring werden die Forderungen jedoch nicht direkt an einen Forderungskäufer, sondern an eine Zweckgesellschaft verkauft. Diese emittiert Wertpapiere (Asset-Backed-Securities = ABS) an eine Vielzahl von Investoren, denen als Haftungsmasse das Forderungsbündel zur Verfügung steht.[76]

Eine ABS-Transaktion kann durch folgendes Schaubild erläutert werden:

[75] Siehe Fallstudie 23.

[76] Vgl. auch Langer S. 2002, S. 656ff und Bigus J. 2000, S. 465ff.

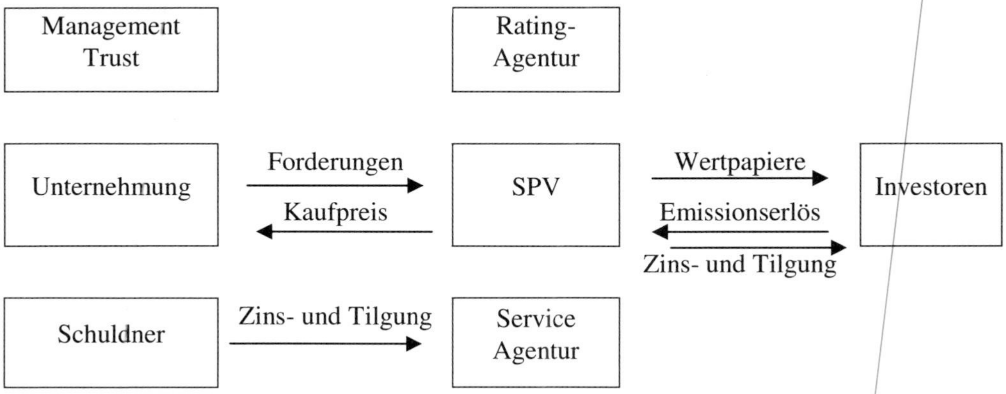

Abbildung 70: Ablauf der Asset-Backed-Securities

Die ursprüngliche Geschäftsbeziehung besteht zwischen der Unternehmung und dem/den Schuldner(n), aus denen die Forderungseinbuchung resultiert. Die Debitorenbuchhaltung übernimmt üblicherweise die Service-Agentur, ebenso die Kreditüberwachung, den Forderungseinzug sowie die Abführung der eingegangenen Zahlungsbeträge an die Unternehmung. Die „Special-Purposes-Vehicle" (SPV) tritt als Käufer der Forderungen auf. Die SPV ist eine konkurssicher ausgestaltete Gesellschaft, bei der der alleinige Gesellschafter eine gemeinnützige Stiftung (Trust) ist. Der Geschäftsgegenstand der SPV besteht ausschließlich im Ankauf der Forderungen und deren Refinanzierung durch Ausgabe der Wertpapiere (Asset-Backed-Securities). Sind die Forderungen an die SPV übergegangen, erhält der Unternehmer im Gegenzug den Kaufpreis (Forderungssumme abzgl. Kosten).

Nun begibt die SPV die ABS an die Investoren (Käufer der ABS) und verteilt den Emissionserlös auf einzelne Wertpapiertranchen. Diese werden von externen Ratingagenturen analysiert und mit einem Rating versehen.

Zahlt der Schuldner nun seine Verbindlichkeiten, geht der Zahlungsstrom über die Service-Agentur und die SPV nach Ablauf der Laufzeit der ABS an die Investoren. Wird der Schuldner zahlungsunfähig oder -unwillig, trägt normalerweise die Unternehmung selbst das Ausfallrisiko, muss also folglich für den entstandenen Schaden aufkommen. Wahlweise trägt das Ausfallrisiko ein externer Sicherungsgeber.

Vergleicht man die beiden Unternehmensfinanzierungsformen der ABS mit dem (echten) Factoring, so kann man sowohl Unterschiede als auch Gemeinsamkeiten erkennen:

Kriterien	**ABS**	**Factoring**
Finanzierungsfunktion	vor Fälligkeit der Forderungen fließen dem Unternehmen 80-90% des Forderungsbetrages zu	vor Fälligkeit der Forderungen fließen dem Unternehmen 80-90% des Forderungsbetrages zu
Delcrederefunktion	Das Ausfallrisiko bleibt beim Unternehmen bzw. einem externen Sicherungsgeber	Das Ausfallrisiko geht vom Unternehmen an den Factor über
Dienstleistungsfunktion	Forderungsverwaltung, Debitorenbuchhaltung, Mahn- und Inkassowesen bleiben beim Unternehmen bzw. der Service-Agentur	Forderungsverwaltung, Debitorenbuchhaltung, Mahn- und Inkassowesen werden vom Factor übernommen
Höhe des Forderungsbündels	Aufgrund der hohen ABS-Emissionskosten üblicherweise nicht unter 50 Mio. €	Nicht exakt spezifiziert, jedoch erheblich niedriger als bei ABS
Art der Forderungsabtretung	Keine fortlaufende Übertragung	Typischerweise fortlaufende Übertragung der kurzfristigen Forderungen
Forderungsarten	Forderungen aus Lieferungen und Leistungen, Leasingvereinbarungen, Konsumentenkrediten, Lizenz- und Franchisegeschäften und Kreditkartenforderungen	Üblicherweise nur Forderungen aus Lieferungen und Leistungen

Abbildung 71: Vergleich von ABS und Factoring

2.4.2.4 Unternehmensanleihen

Die zunehmende Bedeutung der europäischen Kapitalmärkte findet auch ihren Niederschlag bei den Unternehmensanleihen. Wie bereits oben dargestellt handelt es sich hierbei um Beschaffung von Fremdkapital, bei denen die Unternehmen verbriefte Inhaberschuldverschreibungen herausgeben. Die Laufzeit beträgt in der Regel zwei bis zehn Jahre, das Emissionsvolumen liegt bei einer Begebung über die Börse meist zwischen 100 Mio. und einer Milliarde Euro. Damit wird deutlich, dass die Ausgabe von Unternehmensanleihen dem Deutschen Mittelstand nur bedingt als Finanzierungsalternative zur Verfügung steht, sich also auf die wirklich „großen" mittelständischen Unternehmen fokussiert.[77] Für diese jedoch bieten Anleihen im Vergleich zu Bankkrediten eine Reihe von Vorteilen:

- Zunächst einmal erfüllen sie durch die Tilgung am Ende der Laufzeit eine wichtige liquiditätssichernde Funktion.
- Dann werden Anleihen i.d.R. ohne Sicherheiten begeben, wodurch Spielräume bei der Inanspruchnahme von Krediten offen bleiben.
- Durch eine breite Streuung wird der Gläubigerkreis weit über den herkömmlichen Rahmen hinaus ausgedehnt, die Abhängigkeit von wenigen großen Gläubigern geht dadurch zurück.
- Letztlich wird durch die Begebung einer Unternehmensanleihe die Kapitalmarktfähigkeit des Unternehmens dokumentiert.

Ist die Anleihenemission über die Börse für den Deutschen Mittelstand auch nach wie vor aufgrund der hohen Kosten noch wenig attraktiv, so kann eine außerbörsliche Emission von Anleihen bereits im einstelligen Millionenbereich wirtschaftlich erfolgen. Ein solches „Private Placement" kann im Bereich der größeren Mittelständler durchaus eine interessante Finanzierungsalternative sein, der zukünftig mehr Bedeutung zukommen wird. Entscheidend ist in diesem Zusammenhang sicher auch die Verzinsung. Ist diese im Vergleich zu klassischen Spareinlagen attraktiv, bzw. geht das Vertrauen der Kapitalanleger in den Aktienmarkt in Phasen der Kursübertreibungen zurück, gewinnt die Anleihe zunehmend an Bedeutung.

2.4.3 Mezzanine-Finanzierung

Eine der zentralen Probleme im Rahmen der Mittelstandsfinanzierung besteht in der geringen Eigenkapitalausstattung und in der beschränkten Möglichkeit vieler mittelständischer Unternehmen, an Fremdkapital zu kommen. Zudem sind viele dieser Finanzierungsinstrumentarien mit Offenlegungs- und Publikationspflichten sowie Mitspracherechten verbunden. Eine Möglichkeit, diese Schwierigkeiten zu beseitigen, besteht in der Aufnahme von **Mezzanine**-Kapital, mit dem die „Lücke" zwischen Eigen- und Fremdkapital bezeichnet und geschlossen wird.

Die Ausgestaltung mezzaniner Finanzierungsinstrumente kann dabei sowohl eigenkapitalnah erfolgen (Equity Mezzanine) als auch fremdkapitalnah ausgeprägt sein (Debt Mezzanine). Während Debt Mezzanine wirtschaftlich eigenkapitalähnlich ist, bilanziell aber Fremdkapital darstellt, handelt es sich bei Equity Mezzanine auch bilanziell um Eigenkapital bzw. Eigenkapitalersatz.[78]

---

[77] So vereinnahmte Porsche zu Beginn des Jahres 2006 über die Ausgabe einer Anleihe Kapital in Höhe von einer Mrd. Dollar. Ebenso hatte sich die Schokoladenfabrik Halloren im Oktober 2004 mit einer Anleihenemission zehn Mio. € an Finanzmitteln beschafft.

[78] Vgl. Nelles M./Klusemann M. 2003, S. 1ff und Bigus J. 2007, S. 7ff.

AKTIVA	PASSIVA
Anlagevermögen	Eigenkapital
	Equity Mezzanine
Umlaufvermögen	Debt Mezzanine
	Fremdkapital

Abbildung 72: Mezzanine-Kapital im Rahmen der Bilanzierung

Um bilanziell den Eigenkapitalcharakter zu gewährleisten, müssen kumulativ folgende Kriterien erfüllt sein:

- Nachrangigkeit gegenüber Fremdkapital, d.h., im Konkursfall werden zuerst die Fremdkapitalgeber befriedigt, bevor das Mezzanine-Kapital aus der Konkursmasse bedient wird.
- Erfolgsabhängigkeit der Vergütung, so dass im Verlustfall, im Gegensatz zum reinen Fremdkapital, keine Auszahlungen erfolgen.
- Teilnahme am Verlust bis zur vollen Höhe und
- Längerfristigkeit der Kapitalüberlassung.

Werden all diese Voraussetzung erfüllt, bezeichnet man das Mezzanine-Kapital als bilanzielles Eigenkapital. Dieses lässt sich als rein schuldrechtliches Verhältnis in Gestalt von Genussrechten oder als gesellschaftsrechtlich ausgestaltete Beteiligung in Form einer stillen Beteiligung strukturieren.

Kommt eine Bilanzierung des Mezzanine-Kapitals im Eigenkapital nicht in Betracht, wird es dem Fremdkapital als Debt Mezzanine zugeordnet. Bedeutende Formen sind hier Nachrang- und Schuldscheindarlehen.

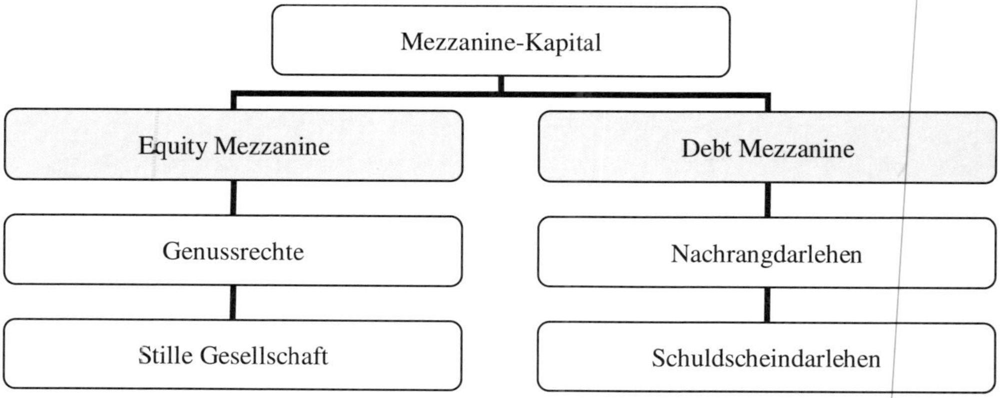

Abbildung 73: Die Instrumentarien der Mezzanine-Finanzierung

Die Abbildung hat auch zur Konsequenz, dass Equity Mezzanine bei einer niedrigen Eigenkapitalquote anzuraten ist, während Debt Mezzanine bei einem geringen Verschuldungsgrad eine interessante Finanzierungsform für Wachstumsvorhaben darstellt.

Bei den **Genussrechten** handelt es sich um schuldrechtliche Ansprüche gegen die Gesellschaft auf Teilnahme am Gewinn und/oder Liquidationserlös, ohne dass der Inhaber des Genussrechts Gesellschafter wird. Das Rechtsverhältnis zwischen dem Unternehmen und dem Genussrechtsinhaber konzentriert sich dabei insbesondere auf die Regelungen in Bezug auf den Rang, die Kündigungsmodalitäten, die Fälligkeit und Rückzahlungsbedingungen sowie die Genussrechtslaufzeit. Letztere liegt zwischen 5 und 10 Jahren. Wenn auch selten vereinbart, können Genussrechte auch eine Verlustbeteiligung beinhalten. Obwohl die Genussrechte dem Eigenkapital zugeordnet werden, haben die Inhaber vergleichsweise geringe Einflussmöglichkeiten auf die zu finanzierende Gesellschaft. Einer der hervorzuhebenden Vorteile der Genussrechte, die häufig in Genussscheinen verbrieft sind, ist die Unabhängigkeit von Rechtsformen, d.h., jede Rechtsform kann Genussrechte ausgeben. Somit ist die Finanzierung nicht an die Gesellschaftsformen der Kapitalgesellschaften (AG und GmbH) gebunden. Auch Personengesellschaften können diese Mezzanine-Finanzierungsvariante wählen.[79]

Das Engagement eines Kapitalgebers im Rahmen einer **stillen Gesellschaft** ist eine weitere Möglichkeit der Mezzanine-Finanzierung. Danach beteiligt sich der stille Gesellschafter mit einer Vermögenseinlage am Handelsgewerbe eines anderen. Die Stellung des stillen Gesellschafters kann dabei – je nach Vertragsgestaltung – eher der eines Darlehensgebers (typische stille Gesellschaft) oder der eines Gesellschafters (atypische stille Gesellschaft) ähneln. Die stille Gesellschaft ist eine reine Innengesellschaft, so dass deren Implementierung nach außen hin nicht sichtbar wird. Der typisch stille Gesellschafter hat grundsätzlich weder Vertretungsbefugnisse noch Mitspracherechte. Vielmehr beschränkt sich sein Engagement auf die

[79] Vgl. Schöning S./Rojek S. 2007, S. 527ff.

Finanzierungsfunktion. Alle weiteren maßgeblichen Bestandteile des typisch stillen Gesellschaftervertrages können individuell gestaltet werden, so dass es keine festen vertraglichen Regelungen gibt. Der atypisch stille Gesellschafter ist nicht nur am Gewinn, sondern auch am Verlust sowie am Vermögen und den stillen Reserven der Unternehmung beteiligt. Ähnlich zu den Genussrechten liegt die gewöhnliche Laufzeit der stillen Gesellschaft über 5 Jahre. Ganz eindeutig ist die Bilanzierungsregelung bei der atypisch stillen Gesellschaft. Diese ist eindeutig dem Eigenkapital zuzuweisen. Da die Gestaltungsmöglichkeiten der typisch stillen Gesellschaft sehr heterogen sind, ist deren Bilanzierung nicht ganz eindeutig. Es gibt Konzeptionen, bei denen der Fremdkapitalcharakter überwiegt. Insofern könnte obiges Schaubild im Rahmen des Fremdkapitals eine Erweiterung erfahren.

Das **Nachrangdarlehen** bezeichnet ein Darlehen, bei dem der Rückzahlungsanspruch gegenüber bestimmten oder allen anderen Verbindlichkeiten des Unternehmens nachrangig ist. Diese Nachrangigkeit beruht generell auf einer vertraglichen Vereinbarung über den Nachrang, der sog. Nachrangabrede. Das Nachrangdarlehen wird grundsätzlich als fremdkapitalnahe Gestaltungsform von Mezzanine-Kapital angesehen, da die rechtliche Stellung des Kapitalgebers mit der Stellung eines Drittgläubigers zu vergleichen ist. Da das Nachrangdarlehen zumeist unbesichert ist, besteht für den Darlehensgeber ein höheres Ausfallrisiko, was durch einen entsprechenden Zinsaufschlag kompensiert wird. Die Laufzeit liegt zwischen 5 und 10 Jahren, wobei vorrangige Darlehen zurückzuzahlen sind.

Schuldscheindarlehen schließlich werden dem Mezzanine-Kapital zugeordnet, wenn auf eine Besicherung des Darlehens ganz oder teilweise verzichtet wird. Ansonsten würde es zum klassischen Fremdkapital zählen. Beim Schuldscheindarlehen nehmen Unternehmen über ein Kreditinstitut ein mittel- bis langfristiges Darlehen auf, über das ein Schuldschein ausgestellt wird. Von Schuldscheindarlehen profitieren allerdings nur bonitätsstarke Unternehmen.

Aufgrund der Flexibilität bietet sich Mezzanine-Kapital nicht nur zur Vorbereitung von Börsengängen an, sondern auch bei Unternehmensnachfolgeregelungen und für den Erwerb von Unternehmensanteilen. Allerdings ist der Markt für Mezzanine-Kapital in Deutschland bisweilen noch sehr unterentwickelt.[80]

[80] Siehe Fallstudie 24.

3 Finanzmanagement

3.1 Einführung in das Finanzmanagement

Lag in Kapitel 2 der Fokus auf dem Management der Kapitalbeschaffung, so geht es jetzt im Rahmen des Finanzmanagements um folgende wesentlichen Entscheidungen und deren Instrumentarien:

Entscheidungen	**Instrumente**
Finanzstrukturrelevante Entscheidungen	Finanzanalyse Langfristige Finanzplanung Optimale Finanz- und Kapitalstruktur
Finanzdispositionsrelevante Entscheidungen	Kurzfristige Finanzplanung Optimale Kassenhaltung Cash-Management
Finanzrisikorelevante Entscheidungen	Risk Maps Risikosimulationen
Wertorientierte Entscheidungen	Unternehmensbewertungsverfahren

Abbildung 74: Instrumente des Finanzmanagements

Damit kann man Finanzmanagement definieren als Bereich, in dem alle finanzstruktur-, finanzdispositions- und finanzrisikorelevante Entscheidungen anstehen, und wo es nachhaltig darum geht, werterhaltende bzw. werterhöhende Maßnahmen zu treffen.

So ist es auch möglich, anhand der Funktionen und Instrumentarien die Hauptziele des Finanzmanagements zu definieren. Kurz- bis mittelfristig steht das operative Ziel der Liquiditätssicherung im Mittelpunkt, während mittel- bis langfristig das operative Ziel der „ausreichenden“ Ertragskraft und das strategische Ziel der Unternehmenswertsteigerung dominieren. Gesichert werden sollen die Ziele mittels eines adäquaten Risikomanagements.

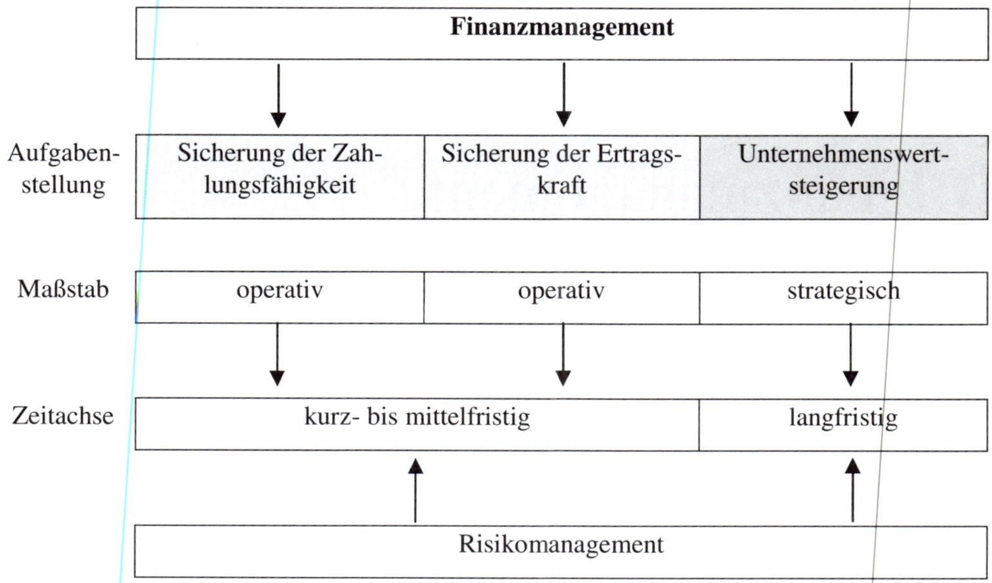

Abbildung 75: Aufgaben des Finanzmanagements

In Anlehnung an die Zielsetzung lassen sich demzufolge auch die externen und internen Adressaten des Finanzmanagements identifizieren.

Die **externen Interessenten** wiederum lassen sich danach klassifizieren, ob sie tendenziell eher das Ziel der finanziellen Stabilität (Liquiditätssicherung) oder das Ziel der Ertragskraft im Sinne von nachhaltig steigenden oder zumindest konstanten Erträgen und damit Unternehmenswerten verfolgen. Zu diesen externen Adressatenkreisen gehören:

- die **liquiditätsorientierten** Gläubiger, Kunden, Lieferanten sowie die Arbeitnehmer und
- die **ertragsorientierten** Aktionäre (Anteilseigner), Führungskräfte, Gewerkschaften sowie die Konkurrenz.

Interne Interessenten verfolgen im Rahmen des strategischen und operativen Controllings sowohl liquiditätssichernde als auch ertragsorientierte Ziele. Sie sind mit den Geschäftsführern, Gesellschaftern, Vorständen oder auch Aufsichtsräten die Unternehmensverantwortlichen.

Hauptmedium, um all diese Ziele zu erfassen, zu bewerten und bei Bedarf gegensteuernde Maßnahmen einleiten zu können, sind die Jahresabschlüsse der Unternehmung, somit insbesondere die **Bilanz** und **Gewinn- und Verlustrechnung** möglicherweise erweitert um Anhang und Lagebericht.

3.2 Finanzanalyse/Kennzahlenanalyse

3.2.1 Der Jahresabschluss als Informationsbasis

3.2.1.1 Die Bilanzarten

Jede Finanzanalyse steht und fällt mit der Genauigkeit und Interpretation des zugrunde liegenden Jahresabschlusses, im Wesentlichen also der Bilanz und GuV. Folglich ist es zunächst einmal sinnvoll, sich mit den verschiedenen Bilanzarten vertraut zu machen, die generell für eine Analyse in Frage kommen.[81]

<table>
<tr><th>Kriterien</th><th colspan="4">Bilanzarten</th></tr>
<tr><td>Informationsziel</td><td>Erfolgsbilanz</td><td>Vermögensbilanz</td><td>Liquiditätsbilanz</td><td>Bewegungsbilanz</td></tr>
<tr><td rowspan="3">Norm</td><td colspan="3">National</td><td>International</td></tr>
<tr><td rowspan="2">Handelsrecht</td><td colspan="2">Steuerrecht</td><td rowspan="2">Bilanzen nach IAS/FRS oder US-GAAP</td></tr>
<tr><td>Ertragssteuerbilanz</td><td>Vermögensaufstellung</td></tr>
<tr><td>Stellung des Bilanzempfängers</td><td colspan="2">Interne Bilanz</td><td colspan="2">Externe Bilanz</td></tr>
<tr><td>Zahl der einbezogenen selbstständigen Unternehmen</td><td colspan="2">Einzelbilanz</td><td colspan="2">Konzernbilanz</td></tr>
<tr><td>Häufigkeit der Bilanzerstellung</td><td colspan="2">Laufende Bilanz</td><td colspan="2">Sonderbilanz</td></tr>
</table>

Abbildung 76: Bilanzarten

Bezüglich des **Informationszieles** zeigt die **Erfolgsbilanz** alle wirtschaftlichen Vorgänge, die zu einer Periode gehören und damit die Wirtschaftlichkeit einer Unternehmung auf.

Eng verwandt hierzu ist die **Vermögensbilanz**, da jeder Erfolg bzw. Misserfolg gleichzeitig eine **Vermögensänderung** bewirkt. Im Gegensatz zur Erfolgsbilanz werden jedoch in der Vermögensbilanz wirtschaftliche Vorgänge, die anderen Perioden zuzuordnen sind, nicht abgegrenzt.

[81] Vgl. Coenenberg A.G. 2003, S. 4ff und Wüstemann J./Kierzek S. 2007, S. 358ff.

Die **Liquiditätsbilanz** ist eine Vermögensbilanz, bei der die Vermögenswerte mit den Liquidationswerten angesetzt sind. Ferner gliedert man die Schulden nach der Fälligkeit und das Vermögen nach der Liquidierbarkeit.

Die **Bewegungsbilanz** zeigt gegenüber obigen aufgeführten Bilanzen keine stichtagsbezogenen Beträge, sondern die Veränderung der einzelnen Bestandskonten zwischen zwei Bilanzstichtagen. Häufig wird sie auch als Kapitalflussrechnung bezeichnet, da sie keine Bestands-, sondern Bewegungsgrößen zeigt.

Die zugrunde liegende **Norm** differenziert zunächst danach, ob die Bilanz nach **nationalem** oder **internationalem** Standard aufgestellt wird. National unterscheidet man in Deutschland die Handels- und Steuerbilanz, die also entweder nach den **handelsrechtlichen** oder aber nach den **steuerlichen** Vorschriften aufzustellen sind.

Muss eine Unternehmung nach internationalen Standards Rechenschaft ablegen, so geschieht dies häufig nach den International Accounting Standards (IAS) bzw. International Financial Reporting Standards (IFRS) oder aber nach den US-amerikanischen Normen, den Generally Accepted Accounting Principles (US-GAAP).

Bilanzempfänger können auch Personen aus dem Kreis der Unternehmensführung sein, weshalb man dann von einer **internen** Bilanz spricht, während es sich bei externen Adressaten folglich auch um **externe** Bilanzen handelt. Für diese gelten alle relevanten handels- und steuerrechtlichen Bestimmungen, während man bei internen Bilanzen an keine Normen gebunden ist. Sie dienen ausschließlich der Information der Unternehmensleitung und können nach deren Vorstellungen und Wünschen aufgebaut werden.

Die Zahl der **rechtlich selbstständig einbezogenen Unternehmen** kennt die **Einzelbilanz**, bei der lediglich ein rechtlich selbstständiges Unternehmen berücksichtigt wird, während bei der **Konzernbilanz** mehrere Unternehmungen nach den rechtlichen und gesetzlichen Bestimmungen zusammengefasst werden, wobei die Geschäftsbeziehungen zwischen den einzelnen Gesellschaften in der Bilanzdarstellung eliminiert werden, d.h., es findet eine Konsolidierung statt.

Bei der **Häufigkeit der Bilanzerstellung** unterscheidet man die **laufende Bilanz**, die jährlich, teilweise aber auch monatlich oder sogar wöchentlich erstellt wird, und die **Sonderbilanzen**, die aufgrund von bestimmten Begebenheiten zu erstellen sind. Zu erwähnen sind hier Gründungs-, Umwandlungs-, Fusions-, Sanierungs-, Vergleichs- oder Konkursbilanz.

Je nach Erkenntnisziel und -wert kommen die unterschiedlichsten Bilanzen zum Einsatz, weshalb für die weitere Betrachtungsweise nicht von vornherein auf einen bestimmten Bilanztyp abgestellt werden kann.

3.2.1.2 Die Grundstruktur des Jahresabschlusses

Der Jahresabschluss besteht generell aus den vier Bestandteilen Bilanz, Gewinn- und Verlustrechnung, dem Anhang und dem Lagebericht. Für die Belange der Finanz- und Kennzahlenanalyse sind allerdings nur die ersten beiden Bestandteile, die Bilanz und die GuV, relevant.

Die gesetzlichen Vorschriften sind in den folgenden Paragraphen des Handelsgesetzbuches (HGB) zu finden:

§§ 238-263 regeln die allgemeinen Vorschriften für alle Kaufleute.

§§ 264-289 enthalten ergänzende Vorschriften, insbesondere für Kapitalgesellschaften.

Für Kapitalgesellschaften (AGs, KGaAs und GmbHs) gelten somit mehr Vorschriften als für alle Kaufleute wie z.B. eine Einzelunternehmung. Weitere Regelungen finden sich in verschiedenen Steuergesetzen, so dem Einkommen- und Umsatzsteuergesetz (EStG bzw. UStG) oder der Abgabenordnung (AO), die die Bestimmungen der handels- und steuerrechtlichen Buchführungspflichten miteinander verbindet.

Die bilanzielle Anordnung der Vermögensgegenstände und der Schulden ist gesetzlich vorgeschrieben, wobei folgende Grundstruktur zu beachten ist:

Bilanz

AKTIVA	**PASSIVA**
I. Immaterielle Vermögensgegenstände	I. Eigenkapital
II. Sachanlagen	
III. Finanzanlagen	
A. Anlagevermögen	**A. Eigenkapital**
I. Vorräte	I. langfristige Schulden
II. Forderungen und sonstige Vermögensgegenstände	II. kurzfristige Schulden
III. Wertpapiere	
Liquide Mittel	
B. Umlaufvermögen	**B. Fremdkapital**
Bilanzsumme	**Bilanzsumme**

Abbildung 77: Bilanzgrundstruktur

Die Gliederung der Aktivseite erfolgt grundsätzlich nach der Liquidierbarkeit, also danach, wie schnell die einzelnen Positionen in liquide Mittel umwandelbar sind. Je weiter oben die Position eines Vermögensgegenstandes auf der Aktivseite ist, desto länger dauert es, bis er zu Geld wird.

Die Passivseite ist nach der Fristigkeit des Kapitals gegliedert. Je weiter oben die Position auf der Passivseite angesiedelt ist, umso längerfristig steht das Kapital der Unternehmung zur Verfügung.

In der ebenfalls gesetzlich vorgeschriebenen Gewinn- und Verlustrechnung werden die Erfolgskomponenten in die regelmäßig und die unregelmäßig anfallenden Komponenten zerlegt. Aus didaktischen Gründen wird das Ergebnis meist in Kontoform gezeigt, das HGB schreibt hingegen die Staffelform vor.

Gewinn- und Verlustrechnung

Aufwand	**Ertrag**
Betriebsbedingter Aufwand	Betriebsbedingter Ertrag
Ordentliches Ergebnis	
Neutrales Ergebnis	Neutraler Ertrag
Neutraler Aufwand	
Saldo	**Saldo**

Abbildung 78. GuV-Grundstruktur

Bei der Feststellung des Erfolges bzw. des Misserfolges aus dem betriebsbedingten operativen Geschäft werden also die neutralen Erträge und Aufwendungen separiert. Es handelt sich hierbei um betriebsfremde, periodenfremde oder außerordentliche Erfolgsgrößen, wobei nachfolgende Übersicht beispielhaft ist:

Ordentliches Ergebnis	
Betriebsbedingte Aufwendungen	**Betriebsbedingte Erträge**
Personalaufwand Wareneinsatz Zinsaufwand Mietaufwand etc.	Umsatzerlös Warenverkäufe Zinserträge etc.
Neutrales Ergebnis	
Neutrale Aufwendungen	**Neutrale Erträge**
Betriebsfremd: Spekulationsverlust Verlust aus Beteiligungsverkäufen	**Betriebsfremd**: Spekulationsgewinn Gewinn aus Beteiligungsverkäufen
Periodenfremd: Gewerbesteuernachzahlung Verkauf von Maschinen unter Buchwert	**Periodenfremd**: Gewerbesteuerrückerstattung Verkauf von Maschinen über Buchwert
Außerordentlich: Brandschaden Unterschlagung Enteignung ohne Entschädigung	**Außerordentlich**: Schadensersatz durch Versicherung Entschädigung nach Prozessgewinn

Abbildung 79: Ordentliches und neutrales Unternehmensergebnis

Die Unterscheidung in ordentliches und neutrales Ergebnis ist deshalb wichtig, um die Herkunft des Ergebnisses genau bestimmen zu können.[82]

3.2.1.3 Historische Entwicklung der Rechnungslegung

Um den Sinn und Zweck des Jahresabschlusses und der darauf aufbauenden Kennzahlenanalyse besser verstehen zu können, soll nun ein kleiner Abriss über die historische Entwicklung der Rechnungslegung in Deutschland und der diese beinhaltenden Ziele erfolgen.[83]

Erstmalig wurde im 16. Jahrhundert durch die Augsburger Fugger das noch heute übliche System der Doppelten Buchführung installiert. Damals war man bereits der Ansicht, dass ein international tätiges Unternehmen nicht ohne Steuerungsmechanismen auskommen kann. Rechnungswesen verstand man also damals vor allem als **Controllinginstrument**, diente folglich dem Zweck der Selbstinformation und der Unternehmenssteuerung.

Eine gänzlich andere Zielsetzung stand im Vordergrund, als 1861 das erste Deutsche Handelsgesetzbuch Allgemeingültigkeit für Unternehmen bekam. Das aus dem französischen

[82] Siehe Fallstudie 25.

[83] Vgl. auch Coenenberg A. 2003, S. 10ff.

Ordonnance de Commerce abgeleitete Werk hatte vor allem den **Gläubigerschutz** zum Inhalt. So sollten insbesondere für den Konkursfall ordnungsgemäß geführte Bücher zur Verfügung stehen, die die Schadensermittlung und Gläubigerbefriedigung sicherstellen sollten.[84]

Ausgeweitet bzw. verfeinert wurde dann der Gläubigerschutz durch das im Jahre 1931 ins Leben gerufene Aktiengesetz, das eine der Folgen der Weltwirtschaftskrise war. Die Grundidee bestand darin, die Haftungsbeschränkung der Aktiengesellschaft durch zwei Gläubigersicherungsmaßnahmen zumindest teilweise zu neutralisieren. Zum einen durch die Begrenzung der Ausschüttung an die Aktionäre und zum anderen durch eine öffentliche Rechnungslegungspflicht.

Der nächste Meilenstein im Rahmen der historischen Entwicklung der Rechnungslegung ist im 1969 verabschiedeten Publizitätsgesetz zu sehen. Dieses sah eines der Hauptziele – neben den Informationen von Gläubigern und Aktionären – in der **Information der Öffentlichkeit** über wesentliche unternehmerische Eckdaten von Großunternehmen und zwar unabhängig von der Rechtsform.

Mit dem gegen Ende 1985 installierten Bilanzrichtliniengesetz wurde dem Ziel der **Harmonisierungsbestrebungen** innerhalb und außerhalb Europas Rechnung getragen. Einschlägige europäische Richtlinien zur Rechnungslegung wurden in deutsches Recht transformiert. Dies war eine wichtige Voraussetzung für die Internationalisierung börsennotierter deutscher Unternehmen. Trotzdem dauerte es noch bis Oktober 1993, als erstmalig mit Daimler Benz ein deutsches Unternehmen an der New Yorker Stock Exchange gelistet wurde.

Im Frühjahr 1998 wurden mit dem Gesetz zur Kontrolle und Transparenz im Unternehmensbereich (KonTraG) und dem Kapitalaufnahmeerleichterungsgesetz (KapAEG) zwei weitere Eckpfeiler gesetzt. Das KonTraG schaffte die rechtliche Grundlage zur Implementierung eines **Risikomanagement**systems in Unternehmen. Mit dem KapAEG wird deutschen börsennotierten Konzernunternehmen eine einheitliche Rechnungslegung als Instrument der **Kommunikation mit internationalen Kapitalmärkten** ermöglicht. Konkret ist es die Möglichkeit, nach internationalen Rechnungslegungsstandards zu bilanzieren.

Schließlich haben kapitalmarktorientierte Unternehmen aufgrund einer im Jahr 2002 erlassenen EU-Verordnung die Pflicht, ab 2005 (in bestimmten Ausnahmefällen ab 2007) ihre konsolidierten Abschlüsse nach IAS/IFRS zu erstellen. Dies rundet derzeit die **Harmonisierung**sbestrebungen bzw. **Internationalisierung**sbemühungen der Rechnungslegung ab.

---

[84] Wenig später, ab 1874, folgten die Gesetze zur Einkommensbesteuerung, bei denen die Handelsbilanz maßgeblich für die einkommenssteuerliche Gewinnermittlung war.

Bedeutsame Jahresdaten

1511-1579	**Fugger** Buchhaltung und Bilanz als Controllinginstrument
1673	**Ordonnance de Commerce** Buchhaltung und Bilanzierung als Gläubigersicherungsinstrument durch Dokumentation und Selbstinformation
1861	**Allgemeines Deutsches HGB** Ziele siehe „Ordonnance de Commerce"
ab 1874	**Gesetz zur Einkommensbesteuerung** Maßgeblichkeit der Handelsbilanz für die einkommensteuerliche Gewinnermittlung
1931/1937	**Aktiengesetz** Bilanzierung als Instrument der Gläubigersicherung durch Ausschüttungsbegrenzung und Information nach außen
1965	**Reform des Aktiengesetzes** Bilanzierung als Instrument der Gläubigersicherung und Aktionärssicherung durch Verbesserung der Information und Wahrung von Ausschüttungsinteressen
1969	**Publizitätsgesetz** Bilanzierung als Instrument der Sicherung von Interessen der Öffentlichkeit durch verbesserte Unternehmenspublizität
1985	**Bilanzrichtliniengesetz** Bilanzierung als Instrument verstärkter Sicherung von Gläubiger- und Eigentümerinteressen
1998	**Kapitalaufnahmeerleichterungsgesetz** Befreiender Konzernabschluss nach US-GAAP bzw. IAS für börsennotierte Unternehmen als Instrument der Kommunikation mit dem internationalen Kapitalmarkt
2005	**EU-Verordnung von 2002** Verpflichtung zur Erstellung des Konzernabschlusses börsennotierter Unternehmen in der EU nach IAS/IFRS

3.2.1.4 Die Aufbereitung des Jahresabschlusses

Unabhängig von Bilanzart und Rechtsform basiert die Finanz- und Kennzahlenanalyse ganz grundsätzlich auf den Werten, die sich aus der jeweiligen Bilanz und Erfolgsrechnung ergeben. Um aussagefähige Analysen zu erhalten, ist zu Beginn häufig eine Umstrukturierung, also eine spezielle Aufbereitung, der Jahresabschlusskomponenten erforderlich. Man unterscheidet generell folgende Schritte im Rahmen einer Finanz- und Kennzahlenanalyse:

1. Aufbereitung des Jahresabschlusses

- bilanzielles Eigenkapital
- korrigiertes Eigenkapital
- Rechnungsabgrenzungsposten
- Monetäres Umlaufvermögen
- Warenforderungen und Warenschulden

2. Bildung von Kennzahlen

- Absolute Kennzahlen
- Verhältniszahlen
- Statistische Maßgrößen

3. Durchführen von Vergleichen

- Zeitvergleich
- Betriebsvergleich
- Branchenvergleich

4. Durchführung von Sensitivitätsanalysen

- Statische Simulation
- Dynamische Simulation (z.B. Monte Carlo-Studie)

Abbildung 80: Ablauf der Finanz- und Kennzahlenanalyse

Zum **bilanziellen** (buchmäßigen) **Eigenkapital** gehören das gezeichnete Kapital (also das Stammkapital bei der GmbH und das Grundkapital bei der AG), die Kapital- und Gewinnrücklagen, der Bilanzgewinn bzw. -verlust und das Eigenkapital des Sonderpostens mit Rücklageanteil. Vermindert wird es durch den gemäß Gewinnverwendungsbeschluss festgesetzten Ausschüttungsbetrag und die eigenen Anteile.

Bilanzielles Eigenkapital

	Gezeichnetes Kapital
+	Kapitalrücklage
+	Gewinnrücklage
+	Bilanzgewinn
–	Bilanzverlust
–	Ausschüttungsbetrag
–	Eigene Anteile
+	Eigenkapitalanteil des Sonderpostens mit Rücklagenanteil
=	**Bilanzielles Eigenkapital**

Das **korrigierte** (bereinigte) **Eigenkapital** soll einen geeigneten Maßstab zur Einschätzung des Vermögens der Gesellschaft geben. Deshalb werden dem bilanziellen Eigenkapital die Eigenkapitalanteile der außerplanmäßigen Abschreibungen hinzugefügt, um dadurch die bei einem Verkauf aufgedeckten stillen Reserven zu erfassen und einen Überblick über das realisierbare Liquiditätspotenzial zu erhalten.

Korrigiertes Eigenkapital

	Bilanzielles Eigenkapital
+	Eigenkapitalanteil der außerplanmäßigen Abschreibungen
=	**Korrigiertes Eigenkapital**

Die **aktiven Rechnungsabgrenzungen** können als Vorleistungen für künftige Vorteile interpretiert werden und wären demzufolge dem Umlaufvermögen zuzurechnen, wodurch sich ein korrigiertes Umlaufvermögen ergäbe.

Die **passiven Rechnungsabgrenzungen** hingegen können als Leistungsverpflichtungen angesehen werden, für die bereits Vorleistungen vereinnahmt worden sind, und wären dann dem kurzfristigen Fremdkapital zuzuordnen.

Korrigiertes Umlaufvermögen

	Umlaufvermögen
+	Aktive Rechnungsabgrenzungen
=	**Korrigiertes Umlaufvermögen**

Korrigiertes kurzfristiges Fremdkapital

	Kurzfristiges Fremdkapital
+	Passive Rechnungsabgrenzungen
=	**Korrigiertes kurzfristiges Fremdkapital**

Das **monetäre Umlaufvermögen** zielt auf die schnelle Liquidierbarkeit der Vermögensgegenstände ab, weswegen die Vorräte aufgrund ihres relativ großen „Geldwerdungsabstandes" auszugrenzen sind. Es werden also nur die Forderungen, Wertpapiere und die flüssigen Mittel berücksichtigt. Das monetäre Umlaufvermögen findet bei verschiedenen Liquiditätsgraden und der Effektivverschuldung Berücksichtigung.

Monetäres Umlaufvermögen

	Forderungen und sonstige Vermögensgegenstände
+	Wertpapiere
+	Flüssige Mittel
(+)	(Aktive Rechnungsabgrenzungen)
=	**Monetäres Umlaufvermögen**

Bei den **Warenforderungen** und **-schulden** sind auch diejenigen Leistungsbeziehungen zu berücksichtigen, die im Innenverhältnis bestehen. Damit sind verbundene Unternehmen und beteiligte Unternehmen angesprochen.

Warenforderungen

	Forderungen aus Lieferungen und Leistungen
+	Forderungen gegen verbundene Unternehmen
+	Forderungen gegen beteiligte Unternehmen
=	**Warenforderungen**

Warenschulden

	Verbindlichkeiten aus Lieferungen und Leistungen
+	Verbindlichkeiten gegen verbundene Unternehmen
+	Verbindlichkeiten gegen beteiligte Unternehmen
=	**Warenverbindlichkeiten**

Hat die erforderliche Korrektur des Jahresabschlusses stattgefunden – wobei deutlich gesagt werden muss, dass es keine allgemeingültige Vorgehensweise gibt –, so werden im 2. Schritt Kennzahlen gebildet. Sinn und Zweck der Analyse ist es, diese Kennzahlen im 3. Schritt vergleichen zu können, wobei man mit Zeit-, Betriebs- und Branchenvergleichen unterschiedliche Instrumentarien hat und daran anschließend im 4. Schritt ggf. eine Sensitivitätsanalyse durchführt, um zu sehen, wie reagibel die ein- oder mehrwertigen Kennzahlen auf sich verändernde Umweltsituationen ansprechen.

Auf die Schritte 2 bis 4 wird nun näher eingegangen.

3.2.2 Grundlagen der Finanz- und Kennzahlenanalyse

Das vorrangige Ziel der Finanz- und Kennzahlenanalyse besteht darin, die (zukünftige) Finanz- und Ertragslage einer Unternehmung einzuschätzen. Untersuchungsgegenstand ist dabei neben der derzeitigen und erwarteten Ertragslage auch die stichtagsbezogene Liquiditätssituation der Unternehmung.

Die Interessenten einer Analyse sind einmal die mehr an der Finanzlage interessierten Gläubiger, Lieferanten, Kunden und Arbeitnehmer der Unternehmung, während hingegen Aktionäre, Gewerkschaften und Konkurrenten eher an der absoluten Ertragskraft interessiert sind.

Es gibt eine Reihe von Gründen, die für die Sinnhaftigkeit einer Kennzahlenanalyse sprechen:

- Kennzahlen helfen dabei, Sachverhalte zu objektivieren, d.h. rechenbar zu machen.
- Durch Abweichungsanalysen (Abweichungen der Istwerte von den Planwerten) können Schwächen und Stärken der Unternehmung aufgedeckt werden, so dass bei Zielunterschreitungen Gegensteuerungsmaßnahmen eingeleitet werden können.
- Schließlich erhält man durch Kennzahlen Auskünfte über die finanzielle Stabilität und die Ertragslage einer Unternehmung.

Wie aber soll eine Kennzahlenanalyse erfolgen?

Kennzahlen sollen grundsätzlich streng nach Analysebereichen getrennt werden, damit etwaige negative Entwicklungen in der Unternehmung eindeutig einem Bereich zuordenbar sind.

Mit folgender Systematik lassen sich Kennzahlen so verdichten, dass eine getrennte Aussage in Bezug auf die finanzielle Stabilität und die Ertragslage erfolgen kann:

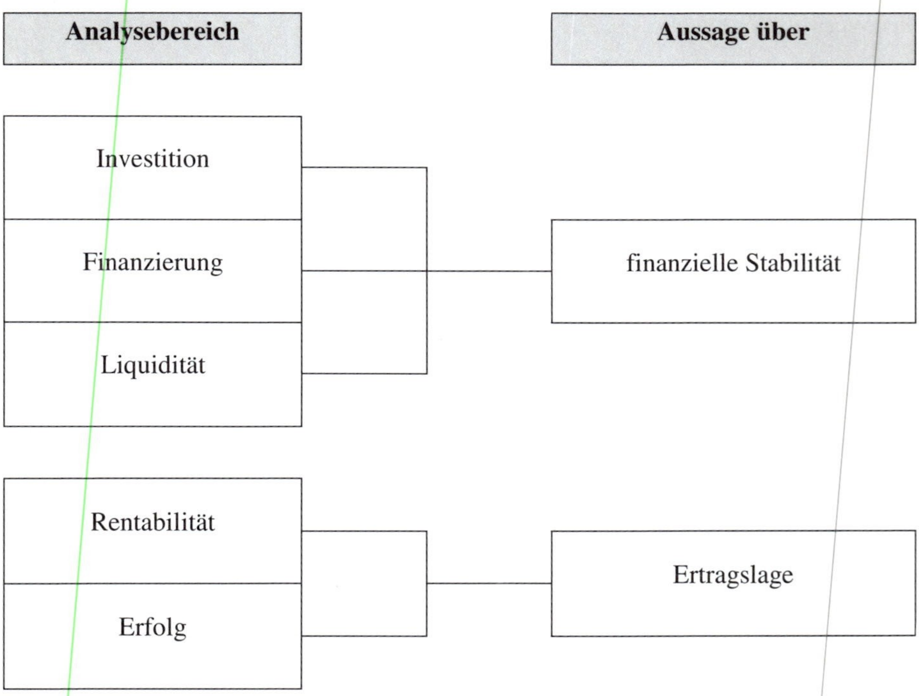

Abbildung 81: Kennzahlenbereiche

Es werden somit insgesamt fünf Analysebereiche unterschieden, wobei die Bereiche der Investition, der Finanzierung und der Liquidität Aussagen zur finanziellen Stabilität einer Unternehmung zulassen, während die Bereiche Rentabilität und Erfolg Aussagen zur Ertragssituation gestatten.

Oftmals diskutiert wird auch die Frage, wann eine Kennzahlenanalyse durchgeführt werden sollte.

Grundsätzlich empfiehlt sich ein Kennzahlencheck mindestens einmal jährlich, und zwar nachdem der endgültige Jahresabschluss fertig gestellt wurde.

In der Praxis kann sich allerdings ein jährlicher Kennzahlencheck als zu wenig herausstellen, insbesondere dann, wenn die Unternehmung einem ständigen Wandel und starker Konkurrenz ausgesetzt ist. Als etwas problematisch kann sich jedoch bei unterjährigen Betrachtungsweisen die periodengerechte Abgrenzung von Erträgen und Aufwendungen oder aber die „korrekte" Vorratsbestandsbewertung bei Produktionsunternehmen herausstellen.

Im Zuge der zunehmenden softwaretechnischen Unterstützung können auch immer häufiger kleine und mittelständische Unternehmen gewissermaßen täglich auf aktualisierte Kennzahlen zurückgreifen.

Trotz etwaiger Bewertungsprobleme sollte versucht werden, zumindest vierteljährlich eine (überschlägige) Kennzahlenanalyse durchzuführen, denn nach dieser recht kurzfristigen Betrachtungsweise kann noch relativ schnell auf sich verändernde Umweltfaktoren reagiert werden.

3.2.3 Einstieg in die Kennzahlenanalyse – der Quick-Test

Wie der Name vermuten lässt, handelt es sich beim „Quick-Test" um einen Kennzahlencheck, der sehr schnell und ohne großen Aufwand durchführbar ist. Bei diesem Test werden lediglich vier Kennzahlen herangezogen, mit denen aus den obigen Analysebereichen – mit Ausnahme der Investition – alle abgedeckt werden.[85]

Wenn allerdings nur vier Kennzahlen Aufschluss über die Güte und Qualität der Unternehmung liefern sollen, so müssen diese Kennzahlen

- soviel wie möglich des gesamten Informationspotenzials des Jahresabschlusses abdecken
- und dürfen vor allem nicht sonderlich störanfällig auf sich verändernde Umweltsituationen reagieren, d.h. müssen in ihrem Aussagengehalt relativ robust sein.

Folgende Kennzahlen bezieht der Quick-Test in die Analyse mit ein:

- Eigenkapitalquote,
- Schuldentilgungsdauer,
- Gesamtkapitalrentabilität und die
- Cashflow rate.

---

[85] In der Praxis hat sich gezeigt, dass auch die Hinzuziehung weiterer Kennzahlen (10, 20 oder mehr) keine grundsätzlich anderen Ergebnisse ergeben. Die nachfolgenden Ausführungen beruhen auf Kralicek P. 2001, S. 62ff.

Eigenkapitalquote und **Schuldentilgungsdauer** zeigen eindeutig, ob das Unternehmen absolut (Eigenkapitalquote) oder relativ (Schuldentilgungsdauer) zu viele Schulden hat oder nicht.

Die **Gesamtkapitalrentabilität** zeigt die Verzinsung des eingesetzten Gesamtkapitals und erhält beim Quicktest den Vorzug vor der Eigenkapitalrentabilität (der Verzinsung des eingesetzten Eigenkapitals), weil sie weniger störanfällig ist.[86]

Die **Cashflow rate** ist die vierte Kennzahl des Quicktests und setzt den Cashflow in Relation zum Umsatzerlös. Die Definition von Cashflow wird sehr kontrovers diskutiert. In der einfachsten Version versteht er sich als Gewinn inklusive der Abschreibungen als nicht auszahlungswirksamen Aufwand. Durch die Berücksichtigung der Abschreibung ist die Kennzahl weniger störanfällig als etwa die Umsatzrendite (= Gewinn in % des Umsatzes), da die Abschreibungen häufig von steuer- oder finanztaktischen Faktoren abhängen.

Die Zuordnung der Analysebereiche zu der entsprechenden Kennzahl ist wie folgt:

Analysebereich	Kennzahl	Aussage über
Finanzierung	Eigenkapitalquote	Finanzielle Stabilität
Liquidität	Schuldentilgungsdauer	Finanzielle Stabilität
Rentabilität	Gesamtkapitalrentabilität	Ertragslage
Erfolg	Cashflow rate	Ertragslage

Abbildung 82: Kennzahlen des Quicktests

Die **Eigenkapitalquote** drückt das Eigenkapital in % zur Bilanzsumme aus und gibt an, ob die Unternehmung absolut zu viele Schulden (Fremdkapital) hat. Die Eigenkapitalquote drückt die Kapitalkraft einer Unternehmung aus.

Die **Schuldentilgungsdauer** informiert, ob das Unternehmen relativ (im Verhältnis zum Jahrescashflow) zu viele Schulden hat oder nicht. Sie ist keine prozentuale Größe, sondern gibt die Zeiteinheit an, nach der die Unternehmung in der Lage ist, ihre Schulden zurückzuzahlen.

Während die Eigenkapitalquote aus dem Bereich der Finanzierung kommt, entstammt die Schuldentilgungsdauer dem Bereich der Liquidität. Beide Kennzahlen erlauben eine Aussage zur finanziellen Stabilität einer Unternehmung und sind damit ganz maßgebliche Kennzahlen für externe Interessengruppen einer Unternehmung, wie bspw. Kapitalgeber, Kunden oder Lieferanten.

---

[86] Die Eigenkapitalrentabilität ist die Relation von Gewinn zu Eigenkapital. Da insbesondere kleine und mittelständische Unternehmen zunehmend eine sehr niedrige Eigenkapitalbasis aufweisen und Gewinne sehr starken Schwankungen unterliegen können, ist die Eigenkapitalrentabilität sehr störanfällig, weil stark schwankend.

Die **Gesamtkapitalrentabilität** drückt die Verzinsung des eingesetzten (Gesamt)Kapitals aus und veranschaulicht so die Leistungsfähigkeit des Unternehmens unter Einbezug von Eigen- und Fremdkapital. Ähnlich zur später zu diskutierenden Größe der Eigenkapitalrentabilität gibt es zwei Fragestellungen, die es dabei zu klären gilt. Zum einen die Frage, ob der **Gewinn vor oder nach Steuern** maßgebend ist, zum anderen, ob bei der Bezugsgröße des **Gesamtkapitals** das **Kapital zu Beginn**, **zum Ende oder** eine **Durchschnittsgröße** der Berichtsperiode als relevante Kenngröße genommen wird. Beide Fragen sind nicht einfach zu beantworten.[87]

- Bei einer **Rentabilitätsbetrachtung** interessiert grundsätzlich der Betrag (hier der Gewinn), der nach Abzug aller Aufwendungen netto verbleibt. Folglich wäre in diesem Kontext der Gewinn nach Steuern die maßgebliche Größe. Dies wiederum hat den Nachteil, dass bspw. Rentabilitätsvergleiche von Unternehmen unterschiedlicher Gesellschaftsformen nicht möglich bzw. nicht sinnvoll sind, da die Besteuerung entscheidenden Einfluss auf den verbleibenden Nettogewinn hat. Demzufolge wäre bei Unternehmensvergleichen der Gewinn vor Steuern sicherlich vorzuziehen. Im Rahmen dieses einführenden Lehrbuches wird, sofern es nicht ausdrücklich anders erwähnt wird, der **Gewinn vor Steuern** benutzt, weil dadurch die Unterschiede der Gesellschaftsformen vernachlässigt werden können. Wesentliches Ziel der Kennzahlenanalyse hier ist, dem Leser erst einmal einen Überblick über die Kennzahlen zu verschaffen, damit er diese sinnvoll nutzen und interpretieren kann.

- Ob bei der Bezugsgröße des **Gesamtkapitals** der Anfangsbestand, der Endbestand oder ein Durchschnittswert (bspw. der Mittelwert zwischen Anfangs- und Endbestand) genommen wird, ist besonders dann von Bedeutung, wenn die Kapitalwerte im Zeitablauf großen Schwankungen unterliegen. Sollte sich die Unternehmung hingegen „im eingeschwungenen Zustand“ befinden, kann auf die Unterscheidung verzichtet werden, da die Beträge in diesem Fall nicht groß differieren. Etwas anders verhält es sich bei der später zu behandelnden Eigenkapitalrentabilität, bei der im Nenner das eingesetzte Eigenkapital steht. Hier referenziert der Gewinn immer auf das Eigenkapital zum Jahresanfang. Der Hauptgrund ist ein sehr einfacher: Bei fast allen Gesellschaftsformen werden die kumulierten Positionen des Eigenkapitals nur einmal im Jahr verändert, nämlich im Rahmen der Jahresabschlussarbeiten durch die Gewinn- bzw. Verlustübertragungen. Somit verändert sich das **Eigenkapital**, sieht man einmal von unterjährigen Kapitalerhöhungsmaßnahmen ab, innerhalb eines Jahres i.d.R. nicht, so dass man sehr gut die Verzinsung des eingesetzten **Anfangskapitals** berechnen kann, was ja durch die Eigenkapitalrentabilität geschieht. Im Kontext dieses Buches wird somit im Rahmen der Eigenkapitalrentabilität als Bezugsgröße das Anfangskapital des Eigenkapitals genommen, während bei der hier zu diskutierenden **Gesamtkapitalrentabilität** mangels Informationen aus

[87] Möglicherweise ist das auch der Grund dafür, dass diese Fragestellungen in der einschlägigen Literatur häufig ausgespart werden.

dem Vorjahr das **Gesamtkapital zum Jahresende** – also nach Bilanzerstellung – genommen wird.[88]

Die **Cashflow rate** drückt die Selbstfinanzierungskraft einer Unternehmung und damit deren finanzielle Leistungsfähigkeit aus.

Kennzahl	**Formel**	**Aussage über**
Eigenkapitalquote	$\frac{\text{Eigenkapital}}{\text{Gesamtkapital}} * 100$	Kapitalkraft
Schuldentilgungsdauer	$\frac{(\text{Fremdkapital} - \text{flüssige Mittel})}{\text{Cashflow}}$	Verschuldung
Gesamtkapitalrentabilität	$\frac{(\text{Gewinn} + \text{Fremdkapitalzinsen})}{\text{Bilanzsumme}} * 100$	Rendite
Cashflow rate	$\frac{\text{Cashflow}}{\text{Umsatzerlös}} * 100$	Finanzielle Leistungsfähigkeit

Abbildung 83: Formeln der Quicktestkennzahlen

Allgemein, d.h. ohne auf branchenspezifische Besonderheiten einzugehen, hat sich in der Praxis folgende Skala als treffsichere Beurteilung einer Unternehmung herauskristallisiert:

Kennzahl	**Beurteilungsskala**				
	Sehr gut (1)	Gut (2)	Mittel (3)	Schlecht (4)	Insolvent (5)
Eigenkapitalquote	> 30%	> 20%	> 10%	< 10%	< 0%
Schuldentilgungsdauer	< 3 Jahre	< 5 Jahre	< 12 Jahre	> 12 Jahre	> 30 Jahre
Gesamtkapitalrentabilität	> 15%	> 12%	> 8%	< 8%	< 0%
Cashflow rate	> 10%	> 8%	> 5%	< 5%	< 0%

Abbildung 84: Beurteilungsskala des Quicktests I

Gute Durchschnittswerte für einzelne Unternehmenszweige sind:

[88] Hätte man das Gesamtkapital des vergangenen Jahresabschlusses vorliegen, wäre ein Durchschnittswert (Summe des Gesamtkapitals des Vorjahres und des Gesamtkapital des aktuellen Jahres dividiert durch 2) sinnvoll.

Bereich	**gute Durchschnittswerte**			
	EKQ	STD	GKR	CF
Industrie	20%	5J	12%	9%
Handwerk	15%	5J	15%	9%
Handel	12%	6-7J	13%	5-6%
NPO´s[89]	25%	3-5J	20%	10%

Abbildung 85: Beurteilungsskala des Quicktests II

Die obigen Erkenntnisse sollen nun anhand eines kleinen praktischen Beispiels getestet und überprüft werden.

Damit die vier Quicktestkennzahlen ermittelt werden können, benötigt man jeweils vier Positionen aus Bilanz sowie der Gewinn- und Verlustrechnung:

Aus der Bilanz

- das Eigenkapital,
- die Bilanzsumme (Gesamtkapital),
- die flüssigen Mittel
- sowie das Fremdkapital.

Aus der Gewinn- und Verlustrechnung

- die Umsatzerlöse,
- die Abschreibungen,
- das Betriebsergebnis (Gewinn)
- und die Fremdkapitalzinsen.

Das Beispielunternehmen hat nachfolgenden Jahresabschluss, aus dem sich die Quicktestkennzahlen ableiten:

[89] Non-Profit-Organisationen.

Bilanz in TEUR

AKTIVA			PASSIVA
Grundstücke und Bauten	700	Gezeichnetes Kapital	300
Technische Anlagen	600	Jahresüberschuss/-fehlbetrag	469
Andere Anlagen	80		
Anlagevermögen	**1.380**	**Eigenkapital**	**769**
Vorräte	50	Kurzfristige Rückstellungen	124
Kundenforderungen	550	Langfristige Bankverbindlichkeiten	1.300
Sonstige Vermögensgegenstände	40	Lieferantenverbindlichkeiten	150
Liquide Mittel	423	Sonst. kurzfristige Verbindlichkeiten	100
Umlaufvermögen	**1.063**	**Fremdkapital**	**1.674**
Bilanzsumme	**2.443**	**Bilanzsumme**	**2.443**

Gewinn- und Verlustrechnung in TEUR

SOLL			HABEN
Materialaufwand	300	Umsatzerlöse	5.000
Personalaufwand	2.550		
Abschreibungen	276		
Sonst. betriebliche Aufwendungen	1.250		
Zinsaufwand	155		
Gewinn	**469**		
Saldo	**5.000**	**Saldo**	**5.000**

Abbildung 86: Jahresabschluss zur Kennzahlenanalyse

Kennzahl	Wert	Note
Eigenkapitalquote	$\frac{769}{2.443} * 100 = 31{,}48\%$	1
Schuldentilgungsdauer	$\frac{(1.674 - 423)}{(469 + 276)} = 1{,}68$ Jahre	1
Gesamtkapitalrentabilität	$\frac{(469 + 155)}{2.443} * 100 = 25{,}54\%$	1
Cashflow rate	$\frac{(469 + 276)}{5.000} * 100 = 14{,}9\%$	1

Tabelle 16: Der Quicktest anhand eines Beispiels

Wie lassen sich die Kennzahlen interpretieren?

- Es handelt sich um ein Unternehmen mit hervorragenden Kennzahlen, alle haben die Note „sehr gut".
- Die Kapitalkraft (Eigenkapitalquote) ist sehr gut.
- Die Schuldentilgungsdauer besagt, dass bereits nach weniger als zwei Jahren die Unternehmung ihre Gesamtschulden durch die Innenfinanzierungskraft zurückzahlen könnte.
- Die Verzinsung des eingesetzten Kapitals (Gesamtkapitalrentabilität) ist mit knapp 26% überdurchschnittlich (die Verzinsung liegt deutlich über dem Durchschnitt der Verzinsung von Aktien/Aktienfonds).
- Die Selbstfinanzierungskraft (Cashflow rate) ist ebenfalls als sehr gut zu bezeichnen.

Worin liegen möglicherweise die Schwachpunkte des Quicktests?

Die Beurteilung der Unternehmenssituation erfolgt anhand des Durchschnittswertes. Es könnte sein, dass die Kennzahlen untereinander sehr große Spannweiten aufweisen, was die Gesamtinterpretation sehr schwierig macht.

Beispielhaft wäre eine schlechte Eigenkapitalquote sowie aufgrund eines negativen Betriebsergebnisses eine mangelhafte Gesamtkapitalrentabilität. Die beiden übrigen Kennzahlen jedoch sind aufgrund von hohen Sonderabschreibungen, die den Cashflow positiv beeinflussen, gut bzw. sehr gut.

Im Gesamtergebnis würde die Unternehmung mit befriedigend bewertet werden, obwohl zwei Kennzahlen als mangelhaft anzusehen sind. Die Gesamtinterpretation wäre dann zumindest kritisch zu hinterfragen.[90]

3.2.4 Die „klassischen“ Kennzahlen

Der Quick-Test ist ein erster bedeutender Kennzahlentest, der Rückschlüsse auf die Ertragslage und die finanzielle Stabilität einer Unternehmung zulässt.

Im Folgenden werden weitere wichtige Kennzahlen aus den Analysebereichen Investition, Finanzierung, Liquidität, Rentabilität und Erfolg vorgestellt, wobei die anschließende Abbildung für Industrie (IND), Gewerbe (GEW), Großhandel (GH) und Einzelhandel (EH) gute Durchschnittswerte vorgibt. Es wird also den unterschiedlichen Branchen Rechnung getragen.

Bereich	**Kennzahl**	**Gute Durchschnittswerte**			
		IND	GEW	GH	EH
Investition	Anlagenintensität	35%	25%	15%	18%
	Anlageabnutzungsgrad	15%	18%	20%	20%
Finanzierung	Eigenkapitalquote	20%	15%	15%	10%
	Anlagendeckung A	60%	50%	100%	80%
	Anlagendeckung B	130%	120%	200%	150%
	Working Capital[91]	50%	50%	50%	50%
	Debitorenziel	2fache	2fache	2fache	2fache
	Kreditorenziel	3fache	3fache	3fache	3fache
Liquidität	Liquidität 1. Grades	30%	30%	30%	30%
	Liquidität 2. Grades	100%	100%	100%	100%
	Liquidität 3. Grades	150%	150%	150%	150%
	Schuldentilgungsdauer	5 Jahre	5 Jahre	6 Jahre	7 Jahre
Rentabilität	Eigenkapitalrentabilität	25%	30%	35%	18%
	Gesamtkapitalrentabilität	12%	15%	12%	14%
	Return on Investment	8%	12%	7,5%	10%
Erfolg	Material-/Personalintensität	75%	72%	78%	80%
	Fremdkapitalintensität	2,4%	2,2%	2%	2,2%
	Abschreibungsintensität	4,5%	3%	1,3%	1,6%
	Cashflow rate	9%	9%	5%	6%

Abbildung 87: „Gute“ Branchenkennzahlen

[90] Siehe Fallstudie 26.

[91] In % des Umlaufvermögens.

In den folgenden Kapiteln sollen nun diese Kennzahlen anhand des im Rahmen des Quicktestes dargestellten Jahresabschlusses diskutiert werden.

3.2.4.1 Investitionsanalyse

3.2.4.1.1 Anlageintensität

Die Anlageintensität drückt das Anlagevermögen in einem Prozentsatz zum Gesamtvermögen (Bilanzsumme) aus.

$$\text{Anlageintensität} = \frac{\text{Anlagevermögen}}{\text{Bilanzsumme}} * 100$$

Im Beispiel ergibt sich:

$$\text{Anlageintensität} = \frac{1.380}{2.443} * 100 = 56{,}49\%$$

Für die Anlageintensität gelten die Aussagen:

- Je niedriger das Anlagevermögen, desto flexibler ist das Unternehmen bei Anpassungen an unterschiedliche Beschäftigungsgrade.
- Ein niedriges Anlagevermögen kann darauf hindeuten, dass durch jahrelange Investitionsstopps das Anlagevermögen ausgezehrt wurde.
- Ein niedriges Anlagevermögen kann auf ein hohes Leasingengagement hindeuten, denn Leasinggüter werden meist nicht beim Leasingnehmer, sondern beim Leasinggeber bilanziert und erhöhen beim Leasingnehmer direkt den Periodenaufwand.
- Ein hohes Anlagevermögen kann durch Fehlinvestitionen entstanden sein, so dass es nicht in einer vernünftigen Relation zu den realisierten Umsätzen steht und eine Überdimensionierung bewirkt.
- Ein hohes Anlagevermögen kann durch Rationalisierungsinvestitionen entstanden sein und führt somit zu einer hohen Anlagenintensität.

Es kann also bzgl. der Anlageintensität keine generelle Aussage getroffen werden, ob eine höhere Anlageintensität günstiger/besser ist als eine niedrige (oder umgekehrt). **Allgemein gilt**: bei Industriebetrieben sollte die Anlageintensität tendenziell eher hoch, im Gewerbe (Handwerk), Groß- und Einzelhandel tendenziell eher niedrig sein.

3.2.4.1.2 Anlageabnutzungsgrad

Der Anlageabnutzungsgrad drückt das Verhältnis der kumulierten Abschreibungen auf Sachanlagen zum historischen Anschaffungswert des Sachanlagevermögens aus und gibt damit Aufschluss auf das Durchschnittsalter der Sachanlagen.

$$\text{Anlageabnutzungsgrad} = \frac{\text{kumulierte Abschreibungen}}{\text{Anschaffungswert des Anlagevermögens}} * 100$$

Aus dem vorliegenden Jahresabschluss können wir nicht unmittelbar die kumulierte Abschreibung sowie die Werte des historischen Anlagevermögens ablesen. Diese Informationen ergeben sich aus dem Anlagespiegel. An dieser Stelle sei eine kumulierte Abschreibung in Höhe von 750 TEUR bei einem historischen Anlagevermögen von 3.750 TEUR unterstellt.

$$\text{Anlageabnutzungsgrad} = \frac{750}{3.750} * 100 = 20\%$$

Für den Anlageabnutzungsgrad gelten die Aussagen:

- Ein hoher Anlageabnutzungsgrad indiziert ein hohes Durchschnittsalter der Maschinen, so dass der zukünftige Investitionsbedarf als hoch einzuschätzen ist.
- Ein hoher Anlageabnutzungsgrad deutet auf einen Investitionsrückstau hin und lässt für die Zukunft möglicherweise Liquiditätsengpässe im Unternehmen erwarten.

Grundsätzlich ist ein hoher Anlageabnutzungsgrad sehr kritisch zu beurteilen.

3.2.4.2 Finanzierungsanalyse

3.2.4.2.1 Eigenkapitalquote

Die Eigenkapitalquote ist die erste maßgebliche Kennzahl im Rahmen des Quicktestes. Sie gibt das Verhältnis des Eigenkapitals zum Gesamtkapital (Bilanzsumme) an, drückt damit die Kapitalkraft der Unternehmung aus und gibt Auskunft darüber, ob das Unternehmen absolut zu viele Schulden hat.

$$\text{Eigenkapitalquote} = \frac{\text{Eigenkapital}}{\text{Bilanzsumme}} * 100$$

Im Beispiel ergibt sich:

$$\text{Eigenkapitalquote} = \frac{769}{2.443} * 100 = 31{,}48\%$$

Für die Eigenkapitalquote gelten die Aussagen:

- Je niedriger die Eigenkapitalquote, desto konkursanfälliger ist das Unternehmen.
- Eine niedrige Eigenkapitalquote kann darauf hindeuten, dass der Einfluss der Fremdkapitalgeber auf die unternehmerischen Entscheidungen sehr groß ist.
- Eine hohe Eigenkapitalquote bedeutet im Hinblick auf Basel II, dass das Rating der Unternehmung tendenziell gut ausfallen wird und diese demzufolge zinsgünstige Darlehen aufnehmen kann.
- Eine sehr hohe Eigenkapitalquote kann bewirken, dass die Verzinsung des eingesetzten Eigenkapitals niedrig ausfällt (Zielkonflikt zwischen Rentabilität und Verschuldungsgrad).

Trotz teilweise kontrovers geführter Diskussionen sollte die Eigenkapitalquote „angemessen", also eher hoch sein.

3.2.4.2.2 Anlagendeckung A und B

Die Anlagendeckungszahlen drücken aus, zu wie viel Prozent das Anlagevermögen durch Eigenkapital (= Anlagendeckung A) bzw. durch Eigenkapital und langfristiges Fremdkapital (= Anlagendeckung B) finanziert ist.

$$\text{Anlagendeckung A} = \frac{\text{Eigenkapital}}{\text{Anlagevermögen}} * 100$$

$$\text{Anlagendeckung B} = \frac{(\text{Eigenkapital} + \text{langfristiges Fremdkapital})}{\text{Anlagevermögen}} * 100$$

Im Beispiel ergeben sich:

$$\text{Anlagendeckung A} = \frac{769}{1.380} * 100 = 55{,}72\%$$

$$\text{Anlagendeckung B} = \frac{(769 + 1.300)}{1.380} * 100 = 149{,}93\%$$

Für die Anlagendeckungsgrade gelten die Aussagen:

- Die Anlagendeckungsgrade geben Hinweise auf die Kapitalverwendung der Unternehmung.
- Ist der Anlagendeckungsgrad A größer als 100%, so sind auch Teile des Umlaufvermögens mit Eigenkapital finanziert.
- Ist die Anlagendeckung B kleiner als 100%, bedeutet dies, dass ein Teil des Anlagevermögens durch kurzfristiges Fremdkapital finanziert wird, was im Falle der Kredittilgung eine Liquiditätsunterdeckung bedeutet (kurzfristiges FK > Umlaufvermögen).

Die Anlagendeckungsgrade sollten möglichst hoch sein, zumindest muss der Anlagendeckungsgrad B immer > 100% sein. Hier besteht eine direkte Verbindung zur nächsten darzustellenden Kennzahl, dem Working Capital in % des Umlaufvermögens.

3.2.4.2.3 Working Capital in % des Umlaufvermögens

Das Working Capital ist die Differenz des Umlaufvermögens zum kurzfristigen Fremdkapital und gibt an, ob nach der Zurückzahlung des kurzfristigen Fremdkapitals noch Liquidität im Unternehmen verbleibt, mit der innerbetrieblich gearbeitet werden kann.

$$\text{Working Capital} = \frac{(\text{Umlaufvermögen} - \text{kurzfristiges Fremdkapital})}{\text{Umlaufvermögen}} * 100$$

Im Beispiel ergibt sich:

$$\text{Working Capital} = \frac{(1.063 - 124 - 150 - 100)}{1.063} * 100 = 64{,}82\%$$

Für das Working Capital gelten die Aussagen:

- Das Working Capital sollte unbedingt positiv sein (das Umlaufvermögen muss also das kurzfristige Fremdkapital abdecken) und 30-50% des Umlaufvermögens betragen.
- Das Working Capital gibt Auskunft über die Liquiditätsveränderung in der Unternehmung.
- Ist das Working Capital negativ (Umlaufvermögen < kurzfristiges FK), so ist die Anlagendeckung B automatisch kleiner als 100% (Anlagevermögen > Eigenkapital + langfristiges FK).

Das Working Capital soll also möglichst hoch sein, damit die liquiden Mittel ausreichen, um die kurzfristigen Schulden jederzeit zurückzahlen zu können.

Dieser Sachverhalt und die Querverbindungen zu den Anlagedeckungsgraden sollen anhand der beiden nachfolgenden Bilanzstrukturen verdeutlicht werden.

Bilanzstruktur 1 (der positive Fall):

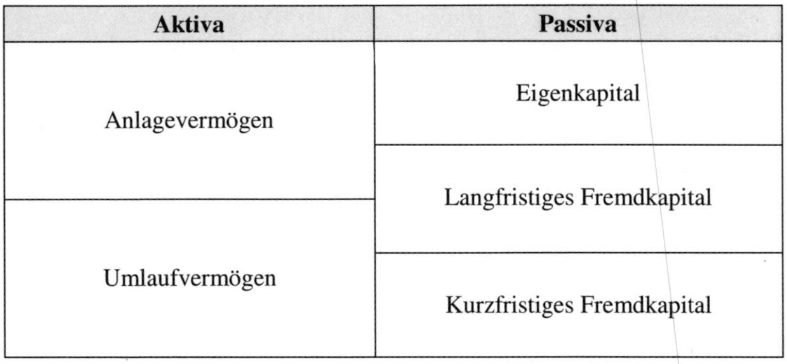

Abbildung 88: Bilanzstruktur bei Erfüllung der „goldenen“ Bilanzregel

In obiger Bilanz übersteigt die Summe aus Eigenkapital und langfristigem Fremdkapital das Anlagevermögen, der Anlagendeckungsgrad B ist also größer als 100%. Dies bewirkt gleichzeitig aufgrund der Gleichheit von Aktiva und Passiva, dass das Working Capital positiv ist, das Umlaufvermögen also das kurzfristige Fremdkapital übersteigt. Somit können das kurzfristige Fremdkapital, bspw. kurzfristige Schulden gegenüber Lieferanten und Banken, aufgrund der schnellen Liquidierbarkeit des Umlaufvermögens jederzeit bedient, d.h. zurückgezahlt werden. Die so genannte „goldene" Bilanzregel ist erfüllt.

Bilanzstruktur 2 (der negative Fall):

Aktiva	Passiva
Anlagevermögen	Eigenkapital
	Langfristiges Fremdkapital
Umlaufvermögen	Kurzfristiges Fremdkapital

Abbildung 89: Bilanzstruktur bei Verfehlung der „goldenen" Bilanzregel

In obiger Bilanz reicht die Summe aus Eigenkapital und langfristigem Fremdkapital nicht aus, um das Anlagevermögen zu decken, der Anlagendeckungsgrad B ist also kleiner als 100%. Damit übersteigt gleichzeitig das kurzfristige Fremdkapital das Umlaufvermögen. Das Working Capital ist negativ, das Umlaufvermögen würde also im Ernstfall nicht ausreichen, um die kurzfristigen Schulden bezahlen zu können. Um den Zahlungsverpflichtungen nachkommen zu können, müsste die Unternehmung also möglicherweise Anlagevermögen verkaufen, was aufgrund der schwierigen Liquidierbarkeit und der Notwendigkeit, dass das Anlagevermögen in aller Regel für das operative Geschäft gebraucht wird, als sehr negativ zu bewerten ist. Die „goldene" Bilanzregel ist verfehlt.

3.2.4.2.4 Debitoren- und Kreditorenziel

Die beiden Relationen zeigen auf, wie schnell die einzelnen Geldströme durch das Unternehmen fließen. Von der Durchsatzgeschwindigkeit werden Liquidität und Ertragslage stark beeinflusst.

$$\text{Debitorenziel} = \frac{\text{Kundenforderung}}{\text{Monatsumsatz}}$$

$$\text{Kreditorenziel} = \frac{\text{Lieferantenverbindlichkeiten}}{\text{Monatsmaterialeinsatz}}$$

Im Beispiel ergeben sich die Werte:

$$\text{Debitorenziel} = \frac{550}{5000/12} = 1{,}32 \text{ Monate}$$

$$\text{Kreditorenziel} = \frac{150}{300/12} = 6 \text{ Monate}$$

Für die Debitoren- und Kreditorenziele gelten folgende Aussagen:

- Das Debitorenziel gibt Aufschluss über die Zahlungsmoral der Kunden bzw. das Mahnwesen des Unternehmens. Im Beispiel zahlen die Kunden durchschnittlich nach 1,3 Monaten ihre offenen Rechnungen. Das durchschnittliche Zahlungsziel beträgt also etwa 40 Tage.
- Das Kreditorenziel gibt Aufschluss über die Zahlungsmoral der Unternehmung. Im Beispiel zahlt die Unternehmung ihre Verbindlichkeiten nach 180 Tagen (6 Monaten) zurück.
- Je höher die Relationen, desto schlechter wird es um die Liquiditätssituation der Kunden (Debitorenziel) bzw. des Unternehmens (Kreditorenziel) bestellt sein.

Generell kann gesagt werden, dass bei hohen Debitorenzielen untersucht werden muss, ob das Mahnwesen der Unternehmung funktionstüchtig ist und ob die Liefer- und Zahlungskonditionen nicht einer Überarbeitung bedürfen, und zwar dahingehend, dass Zahlungsfristen reduziert werden.

Hohe Kreditorenziele können bedeuten, dass die Unternehmung gegenüber ihren Lieferanten eine hohe Marktmacht besitzt, da sie eingehende Rechnungen erst nach einer großen Zeitspanne begleichen muss, sie können aber auch darauf hindeuten, dass man (regelmäßig) versäumt, Skonto auszunutzen, und so den sehr teuren Lieferantenkredit in Anspruch nimmt.

3.2.4.3 Liquiditätsanalyse

3.2.4.3.1 Liquidität 1., 2. und 3. Grades

Die Liquiditätsgrade geben an, inwieweit das kurzfristige Fremdkapital durch das Umlaufvermögen oder Teile davon gedeckt ist.

$$\text{Liquidität 1. Grades} = \frac{\text{liquide Mittel}}{\text{kurzfristiges Fremdkapital}} * 100$$

$$\text{Liquidität 2. Grades} = \frac{(\text{liquide Mittel} + \text{Forderungen})}{\text{kurzfristiges Fremdkapital}} * 100$$

$$\text{Liquidität 3. Grades} = \frac{\text{Umlaufvermögen}}{\text{kurzfristiges Fremdkapital}} * 100$$

Im Beispiel ergeben sich die Werte:

$$\text{Liquidität 1. Grades} = \frac{423}{(124 + 150 + 100)} * 100 = 113{,}10\%$$

$$\text{Liquidität 2. Grades} = \frac{(423 + 550)}{(124 + 150 + 100)} * 100 = 260{,}16\%$$

$$\text{Liquidität 3. Grades} = \frac{1.063}{(124 + 150 + 100)} * 100 = 284{,}22\%$$

Für die Liquiditätsgrade gelten die Aussagen:

- Die Liquiditätsgrade geben immer Relationen vom Umlaufvermögen oder von Teilen des Umlaufvermögens zu den kurzfristigen Verbindlichkeiten an und sind damit deutlich manipulierbarer als das Working Capital, das eine absolute Kennzahl darstellt.
- Die Liquidität 1. Grades, auch Kassaliquidität, Barliquidität oder „Absolute liquidity ratio“ genannt, ist ein erster Indikator, wie es um die Zahlungsfähigkeit der Unternehmung bestellt ist.
- Die Liquidität 2. Grades bezieht neben den eigentlichen liquiden Mitteln auch die Forderungen in die Betrachtung mit ein und ist damit aussagefähiger als die Liquidität 1. Grades, da zum einen die Grenzen zwischen „reiner“ Liquidität und Forde-

rungen fließend sind und zum anderen Forderungen schnell in liquide Mittel umgewandelt werden können. Die Liquidität 2. Grades, auch „Net quick ratio" oder „Acid Test" genannt, sollte immer größer als 100% sein, damit die Zahlungsfähigkeit der Unternehmung als ausreichend angesehen werden kann.

- Die Liquidität 3. Grades, auch Gesamtliquidität, Mobilität oder „Current ratio" genannt, gibt das Verhältnis des gesamten Umlaufvermögens zum kurzfristigen Fremdkapital an. Die Mobilität gilt dann als ausreichend, wenn die Kennzahl 150% übersteigt.

- Ist die Liquidität 3. Grades größer als 100%, ist das Working Capital positiv und es verbleibt nach Abzug aller kurzfristigen Verbindlichkeiten noch Liquidität in der Unternehmung, die für das operative Geschäft zur Verfügung steht. Gleichzeitig ist dadurch die Anlagendeckung B zwingend größer als 100%.

Generell gilt, dass die Liquiditätsgrade die Zahlungsbereitschaft bzw. die Zahlungsfähigkeit der Unternehmung angeben. Die Liquidität 2. Grades sollte 100%, die Liquidität 3. Grades 150% übersteigen. Unwirtschaftlich sind Liquiditätsgrade, die jenseits der 300% sind, denn das bedeutet, dass die (zu hohe) Kassenhaltung zu Lasten der Wirtschaftlichkeit/Rentabilität geht.[92]

3.2.4.3.2 Schuldentilgungsdauer

Die Schuldentilgungsdauer ist die zweite Kennzahl im Rahmen des Quicktests und gibt den Zeitraum an, in dem die Unternehmung ihre Schulden durch den Selbstfinanzierungsprozess zurückzahlen kann.

Die Schuldentilgungsdauer subtrahiert vom gesamten Fremdkapital die flüssigen Mittel und setzt das Ergebnis in Relation zum Cashflow.[93]

$$\text{Schuldentilgungsdauer} = \frac{(\text{Fremdkapital} - \text{flüssige Mittel})}{\text{Cashflow}}$$

Im Beispiel ergibt sich der Wert:

[92] Da es sich jedoch auch bei den Liquiditätskennzahlen um stichtagsbezogene Kennzahlen handelt, muss die Nachhaltigkeit immer kritisch hinterfragt werden.

[93] Schwierig ist bei allen Untersuchungen immer die Definition des Cashflow. Hier wird er verstanden als Jahresüberschuss (Gewinn) erweitert um alle nicht auszahlungswirksamen Aufwendungen (hier die Abschreibungen). Eine weitere Position, die den Cashflow erweitern würde, wären langfristige Rückstellungen, die sich im Aufwand niederschlagen, aber kurzfristig nicht zu Auszahlungen führen. Die Beispielbilanz enthält allerdings lediglich kurzfristige Rückstellungen (124 TEUR), so dass der Cashflow hiervon nicht tangiert wird.

$$\text{Schuldentilgungsdauer} = \frac{(1674 - 423)}{(469 + 276)} = 1{,}68 \text{ Jahre}$$

Folgende Aussagen gelten für die Schuldentilgungsdauer:

- Je größer die Schuldentilgungsdauer (in Jahren), desto länger dauert es, bis die Unternehmung ihre Schulden durch den Innenfinanzierungsprozess, d.h. aus dem Cashflow, bezahlen kann.
- Je höher die Schuldentilgungsdauer, desto größer ist die Abhängigkeit der Unternehmung von den Fremdkapitalgebern.
- Nur eine positiv definierte Schuldentilgungsdauer ist sinnvoll. Ein negativer Wert bedeutet, dass die flüssigen Mittel die Schulden übersteigen und man damit bereits jetzt in der Lage wäre, alle Schulden zurückzuzahlen.

Die Schuldentilgungsdauer ist ein hervorragender Indikator für die Frage, ob die Unternehmung „zu viel" Schulden hat. Eine Schuldentilgungsdauer, die 10 Jahre übersteigt, gilt als „zu hoch", so dass eine Verstärkung der Eigenkapitalbasis und/oder eine Verbesserung der Ertragssituation erforderlich wäre.[94]

3.2.4.4 Rentabilitätsanalyse

3.2.4.4.1 Eigenkapitalrentabilität/Gesamtkapitalrentabilität

Beide Relationen geben Auskunft darüber, wie sich das eingesetzte Kapital verzinst hat. Bei der Eigenkapitalrentabilität betrachtet man die Relation des Gewinnes zum eingesetzten Eigenkapital (zu Jahresbeginn), während die Gesamtkapitalrentabilität zusätzlich zum Gewinn auch die erwirtschafteten Fremdkapitalzinsen mit einbezieht und beide in Relation zum durchschnittlich gebundenen Gesamtkapital setzt. Die Gesamtkapitalrentabilität ist die dritte Kennzahl im Rahmen des Quicktests.

$$\text{Eigenkapitalrentabilität} = \frac{\text{Gewinn}}{\text{Eigenkapital}} * 100$$

$$\text{Gesamtkapitalrentabilität} = \frac{(\text{Gewinn} + \text{Fremdkapitalzinsen})}{\text{Gesamtkapital}} * 100$$

---

[94] Siehe Fallstudie 27.

Im Beispiel ergeben sich die Werte:

$$\text{Eigenkapitalrentabilität} = \frac{469}{300} * 100 = 156{,}33\%$$

$$\text{Gesamtkapitalrentabilität} = \frac{(469 + 155)}{2443} * 100 = 25{,}54\%$$ [95]

Folgende Aussagen gelten für die Rentabilitätskennzahlen:

- Die Eigenkapitalrentabilität zeigt durch das Verhältnis von Gewinn zu Eigenkapital, wie sich das eingesetzte Eigenkapital verzinst hat. Ein ansteigender Wert kann auf einen verbesserten Gewinn oder ein gesunkenes Eigenkapital hindeuten und umgekehrt.
- Die Gesamtkapitalrentabilität spiegelt wider, mit welcher Effizienz das im Unternehmen eingesetzte Kapital, unabhängig von seiner Finanzierung, arbeitet. Es spielt also zunächst einmal keine Rolle, ob die Unternehmung die Finanzierung überwiegend über eigene oder fremde Mittel durchgeführt hat.

Es bleibt festzuhalten, dass hohe Renditen, d.h. hohe Werte der beiden Rentabilitätskennzahlen, als positiv zu bewerten sind. Dennoch gilt es, auf eine sehr bedeutsame Hebelwirkung hinzuweisen, die sich durch die Differenz der Gesamtkapitalrentabilität und der Fremdkapitalzinsen ergibt. Diese Hebelwirkung, auch Leverage-Effekt genannt, gilt es nun darzustellen und kritisch zu würdigen.

3.2.4.4.2 Der Leverage-Effekt[96]

Im vorangegangenen Kapitel wurde beschrieben, dass die Kapitalgeber an einer möglichst hohen Verzinsung ihres eingesetzten Kapitals interessiert sind. D.h., die Eigenkapitalgeber sind an einer Maximierung der Eigenkapitalrentabilität, die Fremdkapitalgeber an der Maximierung der Gesamtkapitalrentabilität interessiert. Dies kann erreicht werden, indem der

---

[95] Im Beispiel wurde der Gewinn der Abrechnungsperiode um die vorher eliminierten Fremdkapitalzinsen erweitert, da diese ja mit dem Gesamtkapital erwirtschaftet wurden und somit für die Betrachtung wieder hinzugerechnet werden müssen. Kritisch ist in diesem Zusammenhang die Höhe des Nenners (hier 2.443 TEUR) zu hinterfragen. Diese Summe beinhaltet bereits den thesaurierten Gewinn, der eigentlich abgezogen werden müsste. Wir gehen hier aber davon aus, dass die Bilanzsumme dem durchschnittlich gebundenen Kapital entspricht.

[96] Vgl. hierzu auch Modigliani F./Miller M.H. 1958, S. 261ff.

Gewinn als Zählergröße möglichst groß und/oder das eingesetzte Kapital als Nennergröße möglichst gering gehalten wird.

Am Beispiel der Eigenkapitalrentabilität festgemacht, ergibt sich also das Problem, dass aus Bonitäts- und Kreditwürdigkeitsgesichtspunkten das Eigenkapital und damit die Eigenkapitalquote möglichst hoch und aus Rentabilitätsaspekten heraus das Eigenkapital möglichst gering und damit die Eigenkapitalverzinsung (die Eigenkapitalrentabilität) entsprechend hoch sein sollte.

Diesen Zielkonflikt versucht der **Leverage-Effekt** zu beschreiben und zu lösen, indem er die Frage beantworten möchte, wie hoch der „**optimale**“ **Verschuldungsgrad**, verstanden als ideales Verhältnis von eingesetztem Fremd- zu Eigenkapital, in einer Unternehmung sein sollte.

Dabei beschreibt der Leverage-Effekt eine Beziehung im Sinne einer Hebelwirkung zwischen Eigenkapital- und Gesamtkapitalrentabilität und gibt an, wie sich die Eigenkapitalrentabilität bei Änderung des Verschuldungsgrades, auch Fremdkapitalquote genannt, und/oder des Fremdkapitalzinssatzes verändert.

Die Hebelwirkung des Leverage-Effektes wird bestimmt durch die Höhe von Fremdkapitalzinssatz und Gesamtkapitalrentabilität (auch Investitionsrendite):

- Ist der Fremdkapitalzinssatz niedriger als die Gesamtkapitalrentabilität, so steigt die Eigenkapitalrentabilität bei Zuführung von Fremdkapital (also mit Erhöhung des Verschuldungsgrades) = **positiver Leverage-Effekt**.
- Ist hingegen der Fremdkapitalzinssatz höher als die Gesamtkapitalrentabilität, so bewirkt eine Erhöhung des Verschuldungsgrades nun eine Verschlechterung der Eigenkapitalrentabilität = **negativer Leverage-Effekt**.

Um die Funktionsweise des Leverage-Effektes zu verstehen, soll zunächst folgende Notation eingeführt werden:

Kürzel	Bezeichnung
GK	Gesamtkapital
EK	Eigenkapital
FK	Fremdkapital
GKR	Gesamtkapitalrentabilität
EKR	Eigenkapitalrentabilität
G_{br}	Bruttogewinn
G_n	Nettogewinn
i_f	Fremdkapitalzinssatz

Betrachten wir zunächst die Gesamtkapitalrentabilität, die ja definiert ist als:

$$(1)\ \ GKR = \frac{G_{br}}{GK}$$

wobei der Bruttogewinn als Gewinn inklusive der Fremdkapitalzinsen zu verstehen ist. Durch Auflösen nach dem Bruttogewinn wird aus (1)

$$(1a)\ \ G_{br} = GK * GKR$$

Da das Gesamtkapital nichts anderes ist als die Summe von Eigen- und Fremdkapital, wird aus (1a)

$$(2)\ \ G_{br} = (EK + FK) * GKR \ \ \text{bzw.}$$

$$(2a)\ \ G_{br} = EK * GKR + FK * GKR$$

Der Bruttogewinn verkürzt um die Fremdkapitalzinsen ergibt den Nettogewinn:

$$(3)\ \ G_n = EK * GKR + FK * GKR - FK * i_f$$

Bezieht man den Nettogewinn auf das eingesetzte Eigenkapital, erhält man die Eigenkapitalrentabilität:

$$(4)\ \ EKR = \frac{G_n}{EK} = \frac{EK * GKR + FK * (GKR - i_f)}{EK}$$

und damit letztlich:

$$(5)\ \text{EKR} = \text{GKR} + \frac{\text{FK}}{\text{EK}} * (\text{GKR} - i_f)$$

Aus Gleichung (5) wird deutlich:

- Bei einer positiven Differenz von Gesamtkapitalrentabilität und Fremdkapitalzinssatz (GKR > i_f) bewirkt eine Erhöhung des Verschuldungsgrades, also der Relation von Fremd- zu Eigenkapital, eine Erhöhung der Eigenkapitalrentabilität = positiver Leverage-Effekt.
- Übersteigt der Fremdkapitalszinssatz aber die Gesamtkapitalrentabilität (GKR < i_f), bewirkt eine Erhöhung des Verschuldungsgrades eine Verschlechterung der Eigenkapitalrentabilität = negativer Leverage-Effekt.
- Somit bleibt zunächst einmal festzuhalten, dass eine Unternehmung – aus Überlegungen bzgl. der Maximierung der Eigenkapitalrentabilität heraus – in der Konstellation GKR > i_f eine möglichst hohe Verschuldung eingehen und bei der umgekehrten Konstellation GKR < i_f möglichst viel Eigenkapital besitzen sollte.

Das nachstehende Beispiel soll die Problematik verdeutlichen:

GKR **FK/EK**	**GKR = 15%** **i_f = 10%**	**GKR = 10%** **i_f = 10%**	**GKR = 7%** **i_f = 10%**
1:1	EKR = 20%	EKR = 10%	EKR = 4%
2:1	EKR = 25%	EKR = 10%	EKR = 1%
3:1	EKR = 30%	EKR = 10%	EKR = -2%
4:1	EKR = 35%	EKR = 10%	EKR = -5%
	Positiver Leverage	Neutraler Leverage	Negativer Leverage

Tabelle 17: Der Leverage-Effekt

Im Falle des positiven Leverage-Effektes steigt mit zunehmendem Verschuldungsgrad, zuletzt bei einer Fremd- zu Eigenkapitalrelation von 4:1, die Eigenkapitalrentabilität auf 35%.

Sind Gesamtkapitalrentabilität und Fremdkapitalzinssatz identisch (hier jeweils 10%), so hat die Veränderung des Verschuldungsgrades keinerlei Auswirkungen auf die Verzinsung des eingesetzten Eigenkapitals, es ist also weder ein positiver noch negativer Effekt feststellbar.

Übersteigt der Fremdkapitalzinssatz die Gesamtkapitalrentabilität, so bewirkt jetzt eine steigende Verschuldung eine sich ständig verschlechternde Eigenkapitalrentabilität. Die negative

Hebelwirkung verursacht am Ende bei einem Verschuldungsgrad von 4:1 eine negative Eigenkapitalrentabilität von -5%.

Nach der Darstellung des Leverage-Effektes ist nun zu fragen, wie dieser im Hinblick auf seine Praktikabilität hin zu beurteilen ist, könnte man doch zunächst vermuten, dass mit seiner Konstruktion eine eindeutige Antwort im Hinblick auf den „optimalen“ Verschuldungsgrad gefunden ist, die da lautet: Bei einem vermuteten positiven Hebel sollte die Verschuldung möglichst groß, bei einem vermuteten negativen Hebel hingegen möglichst klein sein.[97]

Der Leverage-Effekt ist in der oben beschriebenen „naiven“ Form praxisfremd, denn er geht von folgenden Konstellationen aus:

- Es wird von einem konstanten Fremdkapitalzinssatz und einer konstanten Gesamtkapitalrentabilität ausgegangen unabhängig davon, wie viel der Betrieb investiert.
- Es wird also unterstellt, dass jeder investierte Geldbetrag die gleiche Rendite bringt und dass der durchschnittliche Fremdkapitalzinssatz auch mit einer zunehmenden Verschuldung nicht ansteigt.
- Es wird ferner unterstellt, dass die Verschuldung beliebig erhöht werden, die Unternehmung also quasi auch ohne Eigenkapital arbeiten kann, was aber aufgrund einiger gesetzlicher Bestimmungen (z.B. festgelegte Eigenkapitalhöhe bei Kapitalgesellschaften) unmöglich ist.

Es gilt also, den Leverage-Effekt in seiner naiven Form durch etwas praxisnähere Annahmen zu ersetzen, was durch das so genannte **Kapitalbudget** ermöglicht wird.

Zwei praxisnahe Annahmen beschreiben das Kapitalbudget:

- Investitionen erwirtschaften in einer Unternehmung unterschiedliche Renditen. Man wird gemäß dem wirtschaftlichen Prinzip versuchen, zunächst die Investition mit der höchsten Rendite zu realisieren, dann die mit der zweithöchsten usw.
- Fremdkapital ist am Markt zu ganz unterschiedlichen Zinskonditionen zu beziehen. Man wird zunächst versuchen, das günstigste Fremdmittel (z.B. staatliche Kredite), dann das zweitgünstigste (z.B. Darlehen bei der Hausbank) und dann sukzessive die weniger attraktiven Fremdmittel aufzunehmen.

Diese Annahmen lassen sich nun durch die Gegenüberstellung von Investitions- und Finanzierungsmöglichkeiten, dem Kapitalbudget, beschreiben: Dabei werden

[97] Siehe Fallstudie 28.

- die Investitionsmöglichkeiten nach sinkenden Renditen geordnet, d.h., dass die Gesamtkapitalrentabilität mit steigendem Mitteleinsatz und damit steigendem Verschuldungsgrad abnimmt.
- die Finanzierungsmöglichkeiten nach steigender Zinsbelastung geordnet, d.h., dass der (durchschnittliche) Fremdkapitalzinssatz mit steigendem Verschuldungsgrad ebenfalls ansteigt.

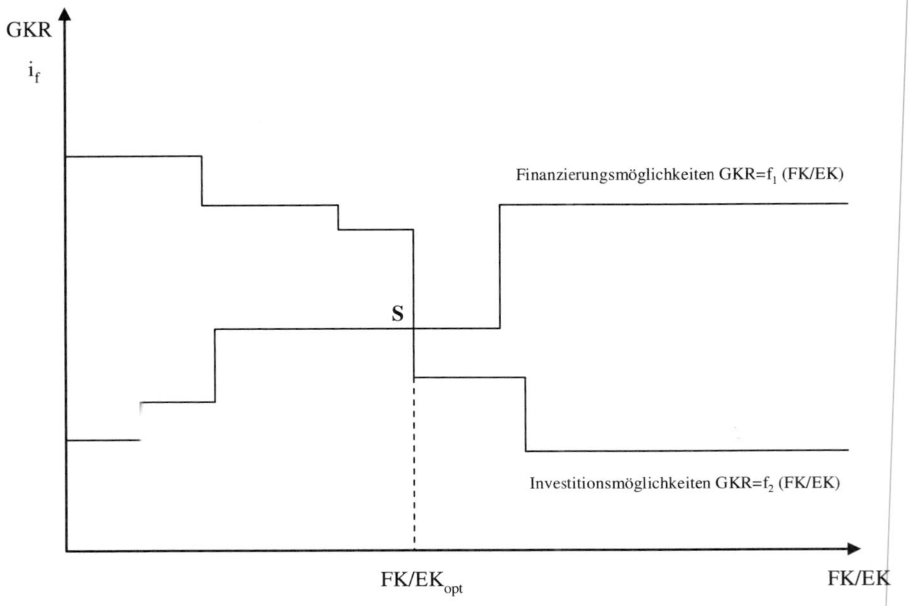

Abbildung 90: Das Kapitalbudget

Im Schnittpunkt S der Finanzierungs- und Investitionsmöglichkeitenkurve ist das Maximum der Eigenkapitalrentabilität erreicht. Dort gilt die Beziehung GKR = i_f, wobei der „optimale" Verschuldungsgrad erreicht ist.

Links des Schnittpunktes lohnt es sich, weiter Fremdkapital aufzunehmen, dort gilt die Beziehung GKR > i_f, während rechts vom Schnittpunkt die umgekehrte Konstellation gilt, dort gilt GKR < i_f, so dass der Punkt der optimalen Verschuldung bereits überschritten ist.[98]

Damit wird aus den Überlegungen aus Leverage-Effekt und Kapitalbudget folgendes deutlich:

---

[98] Siehe Fallstudie 29.

- Der Leverage-Effekt erlaubt eine eingeschränkte Aussage auf die Frage, wie hoch der optimale Verschuldungsgrad im Hinblick auf das Ziel der Renditemaximierung des eingesetzten Eigenkapitals (EKR) sein sollte.
- Etwas konkreter wird das Kapitalbudget, welches eine Aussage auf das optimale Finanzvolumen und die Höhe der durchzuführenden Investitionen zulässt.

Um in der Praxis eine halbwegs eindeutige Antwort auf Fragen der Investition und der Finanzierung zu erhalten, müssen Unternehmen unabhängig von der Größe **simultan** eine **Investitions**- und **Finanzierungsplanung** erstellen.

3.2.4.4.3 Return on Investment

Der Return on Investment (ROI) ist eine wichtige Kennzahl, die aufzeigt, ob zwischen Umsatz, Umsatzrendite (Gewinn in % vom Umsatz) und bereitgestelltem Kapital (Bilanzsumme) ein gesundes Verhältnis besteht.

Der ROI ist das Produkt von Umsatzrendite (Gewinn/Umsatz) und Kapitalumschlag (Umsatz/Bilanzsumme).

$$\text{Return on Investment} = \frac{\text{Gewinn}}{\text{Umsatz}} * \frac{\text{Umsatz}}{\text{Bilanzsumme}} * 100$$

Im Beispiel ergibt sich:

$$\text{Return on Investment} = \frac{469}{5000} * \frac{5000}{2443} * 100 = 19{,}20\%$$

- Der Grundgedanke des ROI geht auf das heute noch bekannte „DuPont-System of Financial Control" zurück. Der Chemiekonzern DuPont de Nemours and Co. entwickelte dieses System bereits 1919.
- Es stellt in erster Linie ein Kontrollinstrument dar, welches Schwachstellen systematisch einkreist und die Einleitung von Gegenmaßnahmen unterstützt. Schwachstellen können anhand des folgenden DuPont-Schemas gut identifiziert werden.

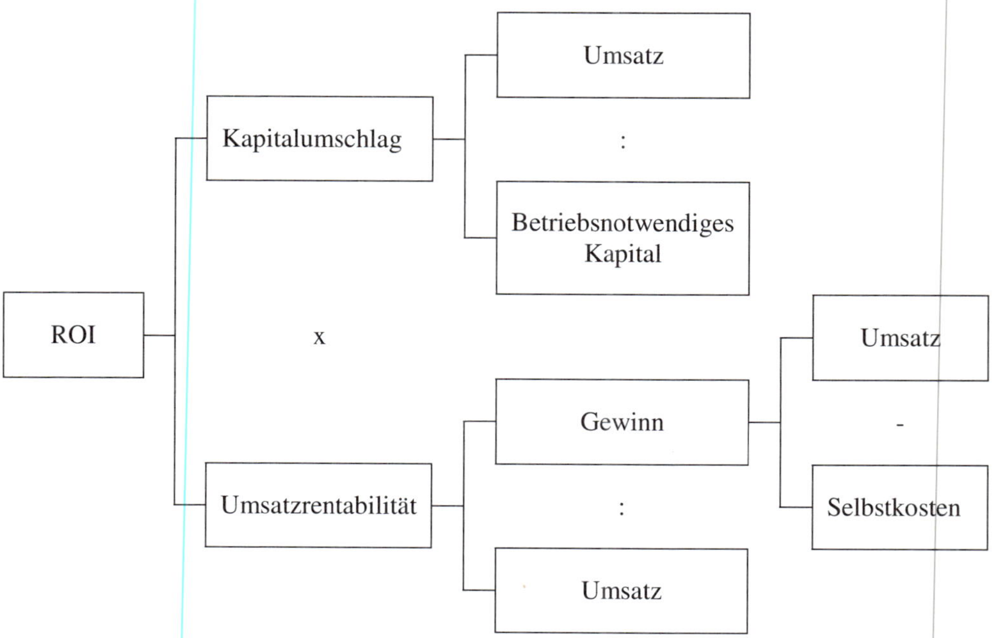

Abbildung 91: Kennzahl „Return on Investment"

Banken erwarten, je nach Betriebsgröße, eine Umsatzrendite zwischen 2 und 6%. Bei kleinen Unternehmen ist der ROI i.d.R. höher als bei großen Unternehmen.

3.2.4.5 Erfolgsanalyse

3.2.4.5.1 Material- und Personalintensität

Die Material- und Personalkosten ergeben kumuliert in aller Regel den Hauptkostenblock einer Unternehmung. Setzt man diese in Relation zum Umsatzerlös, so erhält man die Material- bzw. Personalintensität

$$\text{Material- und Personalintensität} = \frac{(\text{Materialaufwand} + \text{Personalaufwand})}{\text{Umsatzerlös}} * 100$$

Im Beispiel ergibt sich:

$$\text{Material- und Personalintensität} = \frac{(300+2550)}{5000} * 100 = 57{,}0\%$$

Folgende Aussagen gelten zur Material- und Personalintensität:

- Während bei Industriebetrieben tendenziell beide Kostenblöcke gleiches Gewicht haben bzw. der Materialaufwand etwas größer ist als der Personalkostenblock, zeichnen sich Dienstleistungs- und Handelsunternehmen durch eine sehr hohe Personalintensität und niedrige Materialeinsätze aus.
- Änderungen (Reduktionen) der Materialintensität können zurückzuführen sein:
    - auf wesentliche Änderungen des Produktionsprogramms,
    - auf erfolgreich durchgeführte Wertanalysen,
    - auf günstigere Einkaufsquellen,
    - auf neue Produktionsverfahren,
    - **aber auch auf Bewertungsfehler bei der Inventur!**
- Permanent sinkende Materialintensitäten sind deshalb immer genau zu hinterfragen!
- Personalkosten und Personalnebenkosten sind wie die Materialkosten relativ rasch beeinflussbar, d.h. bei sich ändernden Absatzmengen abbaubar.
- Aufgrund der unterschiedlichen Bedeutung der Material- und Personalaufwendungen werden beide kumuliert in Relation zum Umsatzerlös betrachtet.

3.2.4.5.2 Fremdkapitalintensität

Die Fremdkapitalintensität gibt an, wie viel Prozent des Umsatzerlöses für aufgenommene Kredite an die Fremdkapitalgeber zurückzuzahlen sind.

$$\text{Fremdkapitalintensität} = \frac{\text{Fremdkapitalzinsen}}{\text{Umsatzerlös}} * 100$$

Im Beispiel ergibt sich:

$$\text{Fremdkapitalintensität} = \frac{155}{5000} * 100 = 3{,}10\%$$

Folgende Aussagen gelten für die Fremdkapitalintensität:

- Ein hoher Wert deutet auf eine schlechte Eigenkapitalausstattung der Unternehmung hin, demzufolge die durchschnittlichen Kreditzinsen bedingt durch die hohe Verschuldung ansteigen.
- Ist die Eigenkapitalausstattung, ermittelt durch die Eigenkapitalquote, jedoch ausreichend, sind bei hohen Fremdkapitalzinsrelationen die Kreditkonditionen zu überprüfen.
- Für die meisten Unternehmen gilt als gute Fremdkapitalintensität ein Wert zwischen 0 und 2%, bei 2 bis 4% spricht man von einer mittelmäßigen und bei einem Wert größer als 4% von einer schlechten Fremdkapitalintensität.

3.2.4.5.3 Abschreibungsintensität

Die Abschreibungsintensität gibt an, wie viel Prozent der Umsatzerlöse durch den Werteverzehr des Anlagevermögens aufgebraucht werden. Gleichzeitig ist die Kennzahl Ausdruck für die Reinvestitionen, die in das Unternehmen zurückfließen, aber nur für den Fall, dass der Werteverzehr im Zuge der kalkulatorischen Abschreibung in den Absatzpreisen enthalten ist.

$$\text{Abschreibungsintensität} = \frac{\text{Abschreibungen}}{\text{Umsatzerlös}} * 100$$

Im Beispiel ergibt sich:

$$\text{Abschreibungsintensität} = \frac{276}{5000} * 100 = 5{,}52\%$$

Zur Abschreibungsintensität können verschiedene Aussagen getroffen werden:

- Die Kennzahl sollte bei Einzelhandels- und Großhandelsbetrieben zwischen 1% und 1,6% liegen, bei Gewerbe- und Produktionsbetrieben zwischen 3% und 4,5%.
- Sollten die Prozentsätze stark unterschritten werden, kann es darauf hindeuten, dass die Unternehmung von ihrer Substanz lebt, was als kritisch zu beurteilen ist. Sie hätte dann einen hohen Investitionsnachholbedarf, was in der Folgezeit zu einem starken Liquiditätsabbau führen kann.
- Ein verstärktes Leasing kann ebenfalls Ursache zurückgehender Abschreibungsvolumina sein.

Eine sehr hohe Abschreibungsquote deutet auf eine sehr schlechte Anlagenauslastung hin, man spricht dann von einer Überdimensionierung der unternehmerischen Anlagen.

3.2.4.5.4 Cashflow rate

Als vierte Kennzahl im Rahmen des Quicktests nimmt die Kennzahl Cashflow rate eine wichtige Stellung ein. Sie drückt die finanzielle Leistungsfähigkeit des Betriebes aus.

$$\text{Cashflow rate} = \frac{\text{Cashflow}}{\text{Umsatzerlös}} * 100$$

Im Beispiel ergibt sich:

$$\text{Cashflow rate} = \frac{(469 + 276)}{5000} * 100 = 14{,}90\%$$

- Mit dem Cashflow können Investitionen getätigt, Warenlager aufgebaut, Schulden getilgt und/oder Ausschüttungen vorgenommen werden.
- Problematisch ist immer die Frage, was sich hinter dem Cashflow verbirgt, da dieser keine eindeutig definierte Größe ist.
- Zur Verbesserung des intertemporalen und zwischenbetrieblichen Ergebnisvergleichs hat die Kommission für Methodik der Finanzanalyse der Deutschen Vereinigung für Finanzanalyse und Anlageberatung e.V. (**DVFA**) und der Arbeitskreis „Externe Unternehmensrechnung" der Schmalenbach-Gesellschaft, Deutsche Gesellschaft für Betriebswirtschaft (**SG**), eine gemeinsame Empfehlung vorgelegt, wonach der Cashflow wie folgt definiert ist: „Der Cashflow gibt den aus den laufenden erfolgswirksamen geschäftlichen Aktivitäten resultierende finanzielle Überschuss an. Er ist Ausdruck für die Innenfinanzierungskraft, die einem Unternehmen für Investitionen, Schuldentil-

gung und Dividendenzahlungen sowie für die Speisung des Finanzmittelbestandes zur Verfügung steht."

Danach ergibt sich folgende „korrekte" Definition des Cashflows:

Jahresergebnis

+ Aufwendungen, die keine Auszahlungen darstellen (z.B. Abschreibungen)

– Erträge, die keine Einzahlungen bringen (z.B. Erhöhung des Fertigwarenlagers)

– Auszahlungen, die kein Aufwand sind (z.B. geleistete Anzahlungen)

+ Einzahlungen, die kein Ertrag sind (z.B. erhaltene Anzahlungen)

= **Cashflow** (betriebliche Nettoeinnahmen)

3.2.5 Die Bonität der Unternehmung – Frühwarnindikatoren

3.2.5.1 Allgemeines

Fasst man die unter den obigen Gliederungspunkten ermittelten Kennzahlenwerte zusammen und vergleicht diese mit „guten" Durchschnittswerten, so gelangt man zu folgender Gegenüberstellung:

Bereich	Kennzahl	Beispiel	Guter Durchschnitt	Beurteilung
Investition	Anlagenintensität	56,49%	35%	?
	Anlageabnutzungsgrad	20,00%	15%	schlechter
Finanzierung	Eigenkapitalquote	31,48%	20%	besser
	Anlagendeckung A	55,72%	60%	schlechter
	Anlagendeckung B	149,93%	130%	besser
	Working Capital	64,82%	50%	besser
	Debitorenziel	1,32	2	besser
	Kreditorenziel	6,00	3	schlechter
Liquidität	Liquidität 1. Grades	113,10%	30%	besser
	Liquidität 2. Grades	260,16%	100%	besser
	Liquidität 3. Grades	284,22%	150%	besser
	Schuldentilgungsdauer	1,68 Jahre	5 Jahre	besser
Rentabilität	Eigenkapitalrentabilität	156,33%	25%	besser
	Gesamtkapitalrentabilität	25,54%	12%	besser
	Return on Investment	19,20%	8%	besser
Erfolg	Material-/Personalintensität	57,00%	75%	besser
	Fremdkapitalzinsintensität	3,10%	2,4%	schlechter
	Abschreibungsintensität	5,52%	4,5%	?
	Cashflow rate	14,90%	9%	besser

Abbildung 92: Vergleich der Beispielskennzahlen mit „guten" Durchschnittswerten

Aus der Gegenüberstellung wird deutlich, dass unser Unternehmen von insgesamt 19 Kennzahlen

- 13-mal besser ist als der gute Durchschnitt,
- 4-mal schlechter und
- 2-mal indifferent, weil hier konkrete Aussagen nicht getroffen werden können.

Kann man aufgrund dieser Ergebnisse Aussagen bzgl. der Güte der Unternehmung machen?

- Zunächst einmal stellt sich die Problematik bei der Gewichtung der Kennzahlen. Gibt es Kennzahlen, die eine größere/niedrigere Gewichtung haben sollen als andere? So gilt die jederzeitige Zahlungsbereitschaft einer Unternehmung, die Liquidität, als grundlegende Voraussetzung für den Fortbestand einer Unternehmung. Bedeutet dies, dass die Liquiditätskennzahlen besondere Beachtung verdienen?
- Dann stellt sich die Frage, ob die weniger günstigen Kennzahlen – hier vier an der Zahl – entweder bereits jede für sich genommen oder in ihrer Gesamtheit dazu führen können, dass die Unternehmung bereits existenziell gefährdet ist? Ab welchem Wert stellt eine einzelne Kennzahl eine Unternehmung vor Existenzprobleme?

Fragen, auf die einzelne Kennzahlen schwerlich Antwort geben, auf die aber verschiedene Analyseinstrumentarien eine solche finden. Diese Instrumentarien verknüpfen die einzelnen Kennzahlen aufgrund von statistischen Parametertests auf geeignete Art und Weise miteinander zu einer einwertigen Zahl, die dann eine zentrale Aussage zur bestehenden Bonität einer Unternehmung zulässt.

Mögliche und in der Literatur häufig diskutierte Analyseinstrumentarien sind:

- die Scoring-Methode („Benchmarking"),
- die Diskriminanzanalyse und
- die Faktorenanalyse.

Unter Zugrundelegung des obigen Beispiels wird nun die Bonität anhand der einzelnen Analyseinstrumentarien überprüft.

3.2.5.2 Die Scoring-Methode („Benchmarking")

Die Scoring-Methode benutzt einen Großteil der bereits erarbeiteten Kennzahlen aus den Analysebereichen

- Investition,
- Finanzierung,
- Liquidität,
- Rentabilität und
- Erfolg

und bringt die errechneten Kennzahlenwerte in eine Scoringtabelle mit folgendem Beurteilungsschema:[99]

Beurteilungsskala

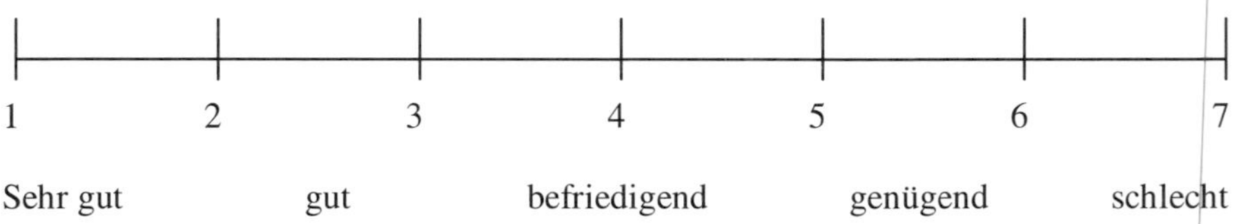

Abbildung 93: Beurteilungsskala der Scoringmethode

[99] Es fehlen lediglich der Anlageabnutzungsgrad und die Liquidität 1. Grades, die keine Berücksichtigung im Scoringverfahren finden.

Die zum Unternehmen ermittelten Kennzahlenwerte werden anschließend in ein Raster gemäß dem Scoringverfahren eingeteilt:

Kennzahl	**Wert**	**Scores**							**Σ**
		1	**2**	**3**	**4**	**5**	**6**	**7**	
			55%		40%		25%		
AI[100]	56,49%	X							1
			30%		10%		-10%		
EKQ	31,48%	X							1
			80%		20%		0%		
ADA	55,72%			X					3
			150%		110%		80%		
ADB	149,93%		X						2
			50%		30%		10%		
WC	64,82%	X							1
			1		1,8		2,4		
DZ	1,32			X					3
			1,8		3,3		5		
KZ	6							X	7
			100%		75%		55%		
LI2	270,86%	X							1
			150%		100%		80%		
LI3	284,22%	X							1
			4J		7J		15J		
STD	1,68	X							1
			30%		5%		0%		
EKR	156,33%	X							1
			15%		8%		3%		
GKR	25,54%	X							1
			10%		3%		-2%		
ROI	19,20%	X							1
			55%		70%		90%		
MPI	57,0%			X					3
			2%		3%		5%		
FKZ	3,10%					X			5
			8%		5%		3%		
AFA	5,52%			X					3
			13%		7%		1%		
CFR	14,90%	X							1
Summe Scores									36
Scoredurchschnitt									**2,12**

Tabelle 18: Beurteilungsschema und Kennzahlenwerte der Scoringmethode

[100] Die Abkürzungen leiten sich aus der letzten Tabelle ab.

Mit der Scoringmethode, die alle Kennzahlen gleich gewichtet, kommen wir gemäß der Skala auf eine **gute** Beurteilung der Unternehmung.

3.2.5.3 Die multiple Diskriminanzanalyse

Die multiple Diskriminanzanalyse hat in der Praxis von den hier dargestellten Verfahren wohl den größten Verbreitungsgrad. Dies mag daran liegen, dass lediglich sechs einfach zu bestimmende Kennzahlen mit Gewichtungsfaktoren multipliziert werden, deren Summe dann den Wert der Diskriminanzfunktion ergibt.

- Die Methode orientiert sich sehr stark am Ertrag (Gewinn und Cashflow).
- Grundsätzlich gilt: je höher der (positive) Wert der Diskriminanzfunktion, desto besser ist das Unternehmen.
- Der kritische Trennwert (Cut off point) liegt bei einem Wert von Null, ab +1 kann ein Unternehmen als mittelmäßig, ab +2 als sehr gut klassifiziert werden. Der Cut off point kennzeichnet den Punkt, ab dem ein Unternehmen in die Insolvenz abdriftet.
- Ist die Diskriminanzfunktion negativ, dann ist das Unternehmen also insolvenzgefährdet, insbesondere, wenn der Wert –1 übersteigt.

Beurteilungsskala

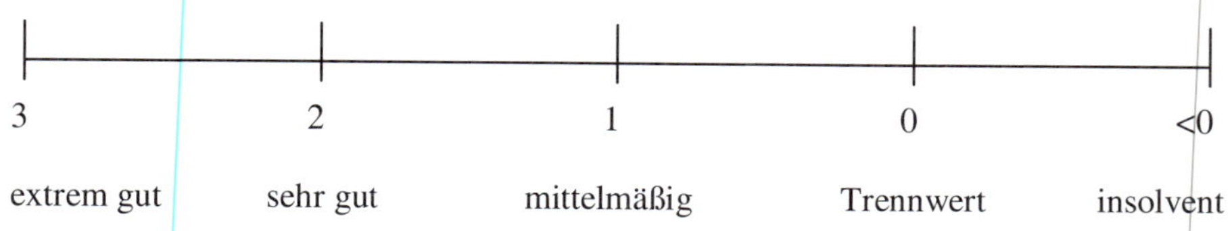

Abbildung 94: Beurteilungsskala der Diskriminanzfunktion

Kennzahl	Wert	Gewichtungsfaktor	Scores
Cashflow/Verbindlichkeiten[101]	0,4806	* 1,5	0,7209
Bilanzsumme/Verbindlichkeiten	1,5761	* 0,08	0,1261
Gewinn vor Steuern/Bilanzsumme	0,1920	* 10	1,9200
Gewinn vor Steuern/Umsatzerlös	0,0938	* 5	0,4690
Vorräte/Umsatzerlös	0,0100	* 0,3	0,0030
Umsatzerlös/Bilanzsumme	2,0467	* 0,1	0,2047
Diskriminanzfunktion			**3,4437**

Tabelle 19: Beurteilungsschema und Kennzahlenwerte der Diskriminanzanalyse

Die Diskriminanzfunktion ergibt für das Beispielunternehmen eine „**extrem gute**" Beurteilung der Unternehmung.

3.2.5.4 Die Faktorenanalyse

Die Faktorenanalyse ist ein Punktebewertungsschema, bei dem Kennzahlen analysiert werden, die nach folgenden Gesichtspunkten ausgewählt werden:

- Die Kennzahlen sollen unabhängig voneinander sein.
- Die Kennzahlen müssen das komplette Informationsmaterial der Bilanz und GuV weitestgehend ausschöpfen.

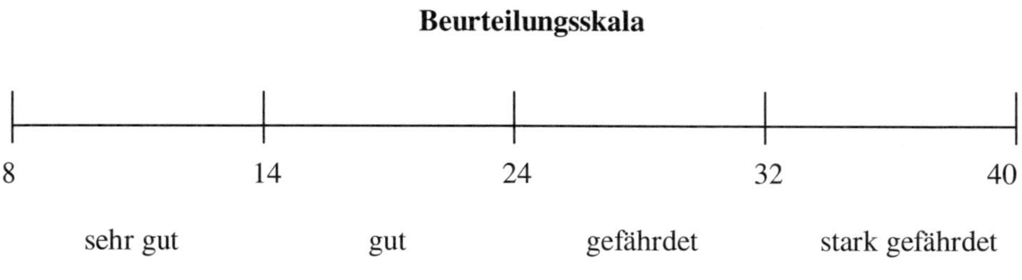

Abbildung 95: Beurteilungsskala der Faktorenanalyse

[101] Zu den Verbindlichkeiten zählt das ausgewiesene Fremdkapital mit Ausnahme der Rückstellungen.

Bei der Faktorenanalyse werden für jede Kennzahl Punkte zwischen 1 (sehr gut) und 5 (sehr schlecht) vergeben, je nachdem, in welchem Intervall der Kennzahlenwert liegt (die Faktorenanalyse kommt also der Scoring-Methode sehr nahe). Daraus ergibt sich, dass die günstigste Gesamtpunktezahl 8 und die ungünstigste 40 ist.

Nr.	1	2	3	4	5
1	> 43,3	43,3 bis12,1	12,0 bis 8,5	8,4 bis –4,7	< –4,7
2	> 7,5	7,5 bis 2,0	1,9 bis 0,9	0,8 bis 0,2	< 0,2
3	> –8,8	–8,8 bis –29,3	– 29,4 bis –46,2	–46,3 bis –89,9	< –89,9
4	> 21,3	21,3 bis 7,2	7,1 bis 4,3	4,2 bis 0,9	< 0,9
5	> 257,4	257,4 bis 200,7	200,6 bis 90,7	90,6 bis 62,1	< 62,1
6	< 284,9	284,9 bis 1210,3	1210,4 bis 1451,7	1451,8 bis 9989,9	> 9989,9
7	< 165,3	165,3 bis 1168,3	1168,4 bis 1231,2	1231,3 bis 9989,9	> 9989,9
8	< 9,7	9,7 bis 27,8	27,9 bis 47,9	48,0 bis 79,9	> 79,9

Tabelle 20: Beurteilungsschema der Faktorenanalyse

Es ergibt sich ein Bonitätsindikator, der das Unternehmen als **sehr gut** ausweist:

Nr.	Kennzahl	Wert	Scores
1	Eigenkapital/Fremdkapital	45,94%	1
2	Liquide Mittel/Gesamtkapital	17,31%	1
3	(Umlaufvermögen – kurzfristiges Fremdkapital)/ Aufwand vor Abschreibungen	16,19%	1
4	(Gewinn + Fremdkapitalzinsen) / Gesamtkapital	25,54%	1
5	Umsatz/Gesamtkapital	204,67%	2
6	Fremdkapital/Cashflow	224,70%	1
7	(Fremdkapital – Umlaufvermögen) / Cashflow	82,01%	1
8	(Lieferanten- + Wechselverbindlichkeiten) / Wareneinkauf	50,00%[102]	4
Bonitätsindikator			**12**

Tabelle 21: Kennzahlenwerte der Faktorenanalyse

[102] Es wurden in der Beispielbilanz keine Wechselverbindlichkeiten ausgewiesen.

3.2.5.5 Schlussfolgerungen aus der Bonitätsbetrachtung und Ausblick

Vergleicht man die drei Analyseinstrumentarien hinsichtlich ihrer Ergebnisse, so ergibt sich ein ähnliches Bild:

- Die **Scoring-Methode** beurteilt die Unternehmung mit **gut**.
- Ein besseres Resultat kommt deshalb nicht zustande, weil das Kreditorenziel und die Fremdkapitalintensität mit vergleichsweise schlechten Noten abschließen.
- Die **multiple Diskriminanzanalyse** beurteilt das Unternehmen als „**extrem gut**". Ausschlag hierfür gibt die sehr von dem Gewinn abhängige Diskriminanzfunktion.
- Die **Faktorenanalyse** ergibt eine **sehr gute** Beurteilung der Gesellschaft.

Die Ergebnisse lassen diese Schlussfolgerungen zu:

- **Positiv** anzumerken ist, dass es keine gravierenden Ausreißer gegeben hat, d.h., dass alle Instrumentarien zumindest in die gleiche Richtung weisen und das Unternehmen als positiv beurteilen.
- **Negativ** anzumerken ist die Tatsache, dass die Analyseinstrumentarien den Erfolgsfaktoren unterschiedliches Gewicht beimessen und deshalb abweichende Resultate erzeugen können.
- Während die Scoringmethode und Faktorenanalyse sehr die Liquidität im Auge haben, ist die Diskriminanzfunktion sehr stark von der Ergebnissituation geprägt.
- Es bleibt festzuhalten, dass in Folge der mittlerweile sehr guten Softwareunterstützung Unternehmungen alle drei Analyseverfahren parallel betrachten sollten, um die jeweiligen Vorteile/Besonderheiten für ihre Belange nutzen zu können.
- Die Analyseinstrumentarien sollen aber nicht darüber hinwegtäuschen, dass die Betrachtungsweise immer eine rückwärtsgerichtete ist, d.h., dass bereits zum Zeitpunkt der Analyse sich verändernde Bedingungen diese Betrachtung obsolet machen können.

Deshalb soll nun die Fragestellung aufgeworfen werden, inwieweit die Instrumentarien störanfällig sind, d.h., wie sensitiv sie auf sich ändernde Umweltfaktoren (Umsatzeinbrüche, Forderungsausfälle etc.) reagieren.

3.2.6 Sensitivitätsanalysen

Sensitivitätsanalysen gehen immer von einer bestimmten Ausgangssituation aus und beantworten die Frage, wie sich Zielvariablen bei Änderung von Inputfaktoren verändern. Auf das Beispiel der Bonitätsindikatoren bezogen sind die oben beschriebenen drei Indikatoren die Zielvariablen, während potenzielle sich ändernde Inputfaktoren Umsatzerlöse, Gewinne, Bilanzwerte etc. sein können. Grundsätzlich geht man immer von der so genannten ceteris paribus Annahme (c.p.) aus[103], d.h., es wird ein Inputfaktor (mathematisch: eine unabhängige Variable) verändert, während alle anderen potenziellen Inputfaktoren konstant gehalten werden.

Für die nun folgenden Sensitivitätsanalysen bilden Bilanz sowie Gewinn- und Verlustrechnung aus dem letzten Kapitel die Ausgangsbasis. Es soll die Wirkung eines:

- Umsatzeinbruches,
- eines Forderungsausfalles und
- eines Investitionsrückstaus

auf die Bonitätsindikatoren untersucht werden.

Bilanz in TEUR

AKTIVA			PASSIVA
Grundstücke und Bauten	700	Gezeichnetes Kapital	300
Technische Anlagen	600	Jahresüberschuss/-fehlbetrag	469
Andere Anlagen	80		
Anlagevermögen	**1.380**	**Eigenkapital**	**769**
Vorräte	50	Kurzfristige Rückstellungen	124
Kundenforderungen	550	Langfristige Bankverbindlichkeiten	1.300
Sonstige Vermögensgegenstände	40	Lieferantenverbindlichkeiten	150
Liquide Mittel	423	Sonst. kurzfristige Verbindlichkeiten	100
Umlaufvermögen	**1.063**	**Fremdkapital**	**1.674**
Bilanzsumme	**2.443**	**Bilanzsumme**	**2.443**

[103] Ceteris paribus = unter sonst gleichen Bedingungen.

Gewinn- und Verlustrechnung in TEUR

SOLL			**HABEN**
Materialaufwand	300	Umsatzerlöse	5.000
Personalaufwand	2.550		
Abschreibungen	276		
Sonst. betriebliche Aufwendungen	1.250		
Zinsaufwand	155		
Gewinn	**469**		
Saldo	**5.000**	**Saldo**	**5.000**

Abbildung 96: Ausgangsjahresabschluss vor Sensitivitätsanalyse

Grundsätzlich müssen vor Sensitivitätstests immer die Modellannahmen festgelegt werden. Diese im Vorfeld fest definierten Parameter sollen/müssen die Wirklichkeit möglichst getreu abbilden. Für obigen Jahresabschluss mögen folgende Annahmen gelten:

- Die Bilanzpositionen der Aktivseite sind mit Ausnahme der Position „Flüssige Mittel“ vorgegeben, letztere „reagiert“ auf sich ändernde Umwelteinflüsse.
- Die Positionen der Passivseite sind mit Ausnahme des „Jahresüberschusses/Fehlbetrages vorgegeben. Der Jahresüberschuss/Fehlbetrag wird aus der Gewinn- und Verlustrechnung übernommen.
- Der Umsatzerlös wird (exogen) vorgegeben.
- Der Materialaufwand ist variabel und beträgt 6% des Umsatzerlöses.
- Der Personalaufwand ist teilweise fix und teilweise variabel (700 TEUR sind fix, der Rest variiert mit dem Umsatzerlös in Höhe von 37%).
- Die Abschreibungen sind abhängig vom Anlagevermögen und betragen 20%.
- Die sonstigen betrieblichen Aufwendungen sind teilweise fix und teilweise variabel (250 TEUR sind fix, der Rest variiert mit dem Umsatzerlös in Höhe von 20%).
- Der Zinsaufwand ist eine Funktion der Verbindlichkeiten (Fremdkapital mit Ausnahme der Rückstellungen) und beträgt 10%.

Unsere Bonitätsmaße hatten für obigen Jahresabschluss die Ausgangswerte:

Analysemethode	**Wert**	**Bewertung**
Scoringmethode	2,12	gut
Diskriminanzanalyse	3,44	extrem gut
Faktorenanalyse	12	sehr gut

Abbildung 97: Ausgangsbewertung vor Sensitivitätsanalyse

3.2.6.1 Umsatzeinbruch von 20%

Ein erstes Szenario soll darstellen, wie sich ein möglicher Umsatzeinbruch auf die Bonitätsindikatoren auswirken kann. Ein unterstellter Umsatzeinbruch von 20% hat unter Zugrundelegung der obigen Modellannahmen folgende Reaktionen:

Umsatz ↓ (um 1.000 TEUR von 5.000 TEUR auf 4.000 TEUR) → Jahresüberschuss ↓ (um 370 TEUR von 469 TEUR auf 99 TEUR) → Eigenkapital ↓ (um 370 TEUR von 769 TEUR auf 399 TEUR) → flüssige Mittel ↓ (um 370 TEUR von 423 TEUR auf 53 TEUR)

Der Jahresabschluss verändert sich wie folgt:

Bilanz in TEUR

AKTIVA			**PASSIVA**
Grundstücke und Bauten	700	Gezeichnetes Kapital	300
Technische Anlagen	600	Jahresüberschuss/-fehlbetrag	99
Andere Anlagen	80		
Anlagevermögen	**1.380**	**Eigenkapital**	**399**
Vorräte	50	Kurzfristige Rückstellungen	124
Kundenforderungen	550	Langfristige Bankverbindlichkeiten	1.300
Sonstige Vermögensgegenstände	40	Lieferantenverbindlichkeiten	150
Liquide Mittel	53	Sonst. kurzfristige Verbindlichkeiten	100
Umlaufvermögen	**693**	**Fremdkapital**	**1.674**
Bilanzsumme	**2.073**	**Bilanzsumme**	**2.073**

Gewinn- und Verlustrechnung in TEUR

SOLL			**HABEN**
Materialaufwand	240	Umsatzerlöse	4.000
Personalaufwand	2.180		
Abschreibungen	276		
Sonst. betriebliche Aufwendungen	1.050		
Zinsaufwand	155		
Gewinn	**99**		
Saldo	**4.000**	**Saldo**	**4.000**

Abbildung 98: Sensitivitätsanalyse nach 20%igem Umsatzeinbruch

Betrachten wir unsere Analysemethoden, so hat sich folgende Veränderung gegenüber der Ausgangssituation ergeben:[104]

Analysemethode	Bewertung vorher	Bewertung nachher
Scoringmethode	gut	gut (2,88)
Diskriminanzanalyse	extrem gut	mittelmäßig (1,27)
Faktorenanalyse	sehr gut	gut (18)

Abbildung 99: Bewertung nach 20%igem Umsatzeinbruch

3.2.6.2 Umsatzeinbruch von 40%

Führt, wie im ersten Szenario dargestellt, ein unterstellter Umsatzeinbruch von 20% bereits zu Bonitätsabstufungen, so soll nun im zweiten Szenario die Auswirkung eines 40%igen Umsatzeinbruches untersucht werden. Unter Zugrundelegung der obigen Modellannahmen treten folgende Reaktionen ein:

Umsatz ↓ (um 2.000 TEUR von 5.000 TEUR auf 3.000 TEUR) → Jahresüberschuss ↓ (um 740 TEUR von 469 TEUR auf -271 TEUR) → Eigenkapital ↓ (um 740 TEUR von 769 TEUR auf 29 TEUR) → flüssige Mittel ↓ (um 740 TEUR von 423 TEUR auf -317 TEUR)

Der Jahresabschluss verändert sich wie folgt:

---

[104] Siehe Fallstudie 30.

Bilanz in TEUR

AKTIVA			PASSIVA
Grundstücke und Bauten	700	Gezeichnetes Kapital	300
Technische Anlagen	600	Jahresüberschuss/-fehlbetrag	-271
Andere Anlagen	80		
Anlagevermögen	**1.380**	**Eigenkapital**	**29**
Vorräte	50	Kurzfristige Rückstellungen	124
Kundenforderungen	550	Langfristige Bankverbindlichkeiten	1.300
Sonstige Vermögensgegenstände	40	Lieferantenverbindlichkeiten	150
Liquide Mittel[105]	-317	Sonst. kurzfristige Verbindlichkeiten	100
Umlaufvermögen	**323**	**Fremdkapital**	**1.674**
Bilanzsumme	**1.703**	**Bilanzsumme**	**1.703**

Gewinn- und Verlustrechnung in TEUR

SOLL			HABEN
Materialaufwand	180	Umsatzerlöse	3.000
Personalaufwand	1.810		
Abschreibungen	276		
Sonst. betriebliche Aufwendungen	850		
Zinsaufwand	155		
Gewinn	**-271**		
Saldo	**3.000**	**Saldo**	**3.000**

Abbildung 100: Sensitivitätsanalyse nach 40%igem Umsatzeinbruch

105 Die negativen liquiden Mittel von 317 TEUR bedeuten die Aufnahme eines Kontokorrentkredites, d.h., das Unternehmen hat gegenüber der Bank in dieser Höhe eine Verbindlichkeit. In der Praxis wird diese Situation durch den Ausweis von (kurzfristigen) Bankverbindlichkeiten gezeigt, der Betrag erscheint folglich auf der Passivseite der Bilanz im kurzfristigen Fremdkapital. Aus didaktischen Gründen verbleibt hier der Saldo auf der Aktivseite.

Betrachten wir unsere Analysemethoden, so hat sich folgende Veränderung gegenüber der Ausgangssituation ergeben:

Analysemethode	Bewertung vorher	Bewertung nachher
Scoringmethode	gut	genügend (5,35)
Diskriminanzanalyse	extrem gut	insolvent (-1,77)
Faktorenanalyse	sehr gut	stark gefährdet (33)

Abbildung 101: Bewertung nach 40%igem Umsatzeinbruch

3.2.6.3 Forderungsausfall

Wurden in den ersten beiden Szenarien Umsatzerlöseinbrüche unterstellt, so soll nun im dritten Szenario die Auswirkung eines Forderungsausfalls auf die Bonitätsmaße untersucht werden, denn nicht nur schlechtere Ergebnisse im Bereich der Gewinn- und Verlustrechnung lassen negative Konsequenzen auf die Bonität einer Unternehmung wahrscheinlich werden, sondern auch die mit Forderungsausfällen einhergehenden Liquiditätseinbußen. Im obigen Modell hat ein unterstellter Forderungsausfall in Höhe von 300 TEUR zunächst aber einmal negative Auswirkungen auf den Gewinn, hervorgerufen durch die notwenig gewordene Wertberichtigung:

Kundenforderungen ↓ (um 300 TEUR von 590 TEUR auf 290 TEUR) → Sonstige betriebliche Aufwendungen (Wertberichtigung) ↑ (um 300 TEUR von 1.250 TEUR auf 1.550 TEUR) → Jahresüberschuss ↓ (um 300 TEUR von 469 TEUR auf 169 TEUR)

Die beiden Jahresabschlussbereiche Bilanz sowie Gewinn- und Verlustrechnung stellen sich nach dem Forderungsausfall wie folgt dar:

Bilanz in TEUR

AKTIVA			PASSIVA
Grundstücke und Bauten	700	Gezeichnetes Kapital	300
Technische Anlagen	600	Jahresüberschuss/-fehlbetrag	169
Andere Anlagen	80		
Anlagevermögen	**1.380**	**Eigenkapital**	**469**
Vorräte	50	Kurzfristige Rückstellungen	124
Kundenforderungen	250	Langfristige Bankverbindlichkeiten	1.300
Sonstige Vermögensgegenstände	40	Lieferantenverbindlichkeiten	150
Liquide Mittel	423	Sonst. kurzfristige Verbindlichkeiten	100
Umlaufvermögen	**763**	**Fremdkapital**	**1.674**
Bilanzsumme	**2.143**	**Bilanzsumme**	**2.143**

Gewinn- und Verlustrechnung in TEUR

SOLL			HABEN
Materialaufwand	300	Umsatzerlöse	5.000
Personalaufwand	2.550		
Abschreibungen	276		
Sonst. betriebliche Aufwendungen	1.550		
Zinsaufwand	155		
Gewinn	**169**		
Saldo	**5.000**	**Saldo**	**5.000**

Abbildung 102: Sensitivitätsanalyse nach Forderungsausfall

Bei der Betrachtung der Bonitätsindikatoren führt auch ein Forderungsausfall zu einer Bonitätsabstufung:

Analysemethode	Bewertung vorher	Bewertung nachher
Scoringmethode	gut	gut (2,41)
Diskriminanzanalyse	extrem gut	sehr gut (1,74)
Faktorenanalyse	sehr gut	gut (16)

Abbildung 103: Bewertung nach Forderungsausfall

3.2.6.4 Investitionsrückstau

Viertens schließlich untersucht nun ein Szenario die Auswirkungen eines Investitionsrückstaus. Häufig kommt es in ertrags- und liquiditätsschwachen Unternehmen zu Situationen, in denen lagebedingt auf (Anlage)Investitionen verzichtet wird bzw. in denen es zu zeitlichen Verschiebungen von Investitionsmaßnahmen kommt. Der dadurch ausgelöste Investitionsrückstau führt in späteren Perioden letztlich zu immensen Liquiditätsbelastungen, sofern Investitionen nachgeholt werden. Hier sei ein Investitionsrückstau von 400 TEUR unterstellt:

Technische Anlagen und Maschinen $\uparrow$ (um 400 TEUR von 600 TEUR auf 1.000 TEUR) $\rightarrow$ Abschreibungen sind im Jahr gleich geblieben, da Anlage annahmegemäß zum Jahresende angeschafft $\rightarrow$ flüssige Mittel $\downarrow$ (um 400 TEUR von 423 TEUR auf 23 TEUR)

Die Bilanz sowie Gewinn- und Verlustrechnung stellen sich nach der Anlageinvestition wie folgt dar:

Bilanz in TEUR

AKTIVA			PASSIVA
Grundstücke und Bauten	700	Gezeichnetes Kapital	300
Technische Anlagen	1.000	Jahresüberschuss/-fehlbetrag	469
Andere Anlagen	80		
Anlagevermögen	**1.780**	**Eigenkapital**	**769**
Vorräte	50	Kurzfristige Rückstellungen	124
Kundenforderungen	550	Langfristige Bankverbindlichkeiten	1.300
Sonstige Vermögensgegenstände	40	Lieferantenverbindlichkeiten	150
Liquide Mittel	23	Sonst. kurzfristige Verbindlichkeiten	100
Umlaufvermögen	**663**	**Fremdkapital**	**1.674**
Bilanzsumme	**2.443**	**Bilanzsumme**	**2.443**

Gewinn- und Verlustrechnung in TEUR

SOLL			**HABEN**
Materialaufwand	300	Umsatzerlöse	5.000
Personalaufwand	2.550		
Abschreibungen	276		
Sonst. betriebliche Aufwendungen	1.250		
Zinsaufwand	155		
Gewinn	**469**		
Saldo	**5.000**	**Saldo**	**5.000**

Abbildung 104: Sensitivitätsanalyse nach Investitionsrückstau

Betrachten man die Analysemethoden, so hat sich folgende Veränderung gegenüber der Ausgangssituation ergeben:

Analysemethode	Bewertung vorher	Bewertung nachher
Scoringmethode	gut	gut (2,29)
Diskriminanzanalyse	extrem gut	extrem gut (3,44)
Faktorenanalyse	sehr gut	sehr gut (14)

Abbildung 105: Bewertung nach Investitionsrückstau

3.2.6.5 Bewertung der Kennzahlen und der Sensitivitätsanalysen

In den vorangegangenen Kapiteln wurde natürlich nur beispielhaft die Wirkungsweise von exogenen Schocks, hervorgerufen durch Umsatzerlöseinbrüche, Forderungsausfällen oder Investitionsrückstaus dargestellt. Weitere und umfassendere Analysen könnten die Sensitivitätsberechnungen sicher noch untermauern.[106] Zusammenfassend ergaben die obigen durchgeführten Sensitivitätsanalysen folgende Resultate:

[106] An späterer Stelle wird mittels der Monte-Carlo Simulation eine Möglichkeit dargestellt, mit deren Hilfe man komplexe Modelle simulieren kann. Es würde an dieser Stelle aber den Rahmen der Kennzahlenbetrachtung sprengen. Vgl. hierzu das Kapitel zur statistischen Risikobehandlung.

(1) = Normalfall, also vor Änderung der Rahmenbedingungen

(2) = Umsatzeinbruch um 20%

(3) = Umsatzeinbruch um 40%

(4) = Forderungsausfall

(5) = Investitionsrückstau

Analysemethode	Bewertung				
	(1)	(2)	(3)	(4)	(5)
Scoringmethode	gut	gut	genügend	gut	gut
Diskriminanzanalyse	extrem gut	mittelmäßig	insolvent	sehr gut	extrem gut
Faktorenanalyse	sehr gut	gut	stark gefährdet	gut	sehr gut

Abbildung 106: Zusammenfassung der Sensitivitätsanalyse I

Diese Resultate lassen folgende Zusammenhänge vermuten:

- Die Scoringmethode ist relativ wenig reagibel, d.h., sie reagiert nicht sonderlich sensibel (sensitiv) auf Umweltänderungen. Selbst bei einem 40%igen Umsatzrückgang wird die Bonität noch als genügend klassifiziert.
- Die Diskriminanzanalyse(-funktion) ist sehr reagibel (sensitiv) bei Umsatz- und Ergebniseinbrüchen. Bereits bei einem Umsatzeinbruch von 20% wird aus einem als extrem gut beurteilten Unternehmen ein „mittelmäßiges“ Unternehmen.
- Die Faktorenanalyse ist ebenfalls sehr reagibel bei Umsatz- und Ergebniseinbrüchen und den entsprechenden (negativen) Konsequenzen für die Liquidität.

Als Fazit ergeben sich dadurch eine Reihe von Vor- und Nachteilen der dargestellten Bonitätsmaße:

	Vorteil	Nachteil
Scoringmethode	wenig störanfällig	gravierende Umweltveränderungen werden nicht hinreichend beachtet
Diskriminanz-/ Faktorenanalyse	reagiert sehr schnell bei Umsatz- und Liquiditätsproblemen	eine gemachte Aussage muss ggf. sehr schnell revidiert werden

Abbildung 107: Zusammenfassung der Sensitivitätsanalyse II

3.2.7 Spezifische Finanz- und Kennzahlenanalyse bei KMU

Kleine und mittelständische Unternehmen werden von Institutionen, die eine Bonitätsbetrachtung bzw. ein Rating durchführen, häufig durch ein gesondertes Ratingverfahren beurteilt.

Diese Ratingverfahren werden mit Finanzierungsmodellen verknüpft, man untersucht also, wie sich unterschiedliche Finanzierungskonzepte auf das Rating des KMU auswirken. Diese beiden Wege, nämlich unterschiedliche Finanzierungskonzepte auf der einen Seite und daran anknüpfend die Ratingsituation „vorher/nachher“, sollen nun einer genaueren Betrachtung unterzogen werden.

In erster Linie werden in der KMU-Finanzierung im Fremdkapitalbereich (Banken)Darlehen verwendet und im Bereich der klassischen Eigenkapitalbeteiligung neben den Einlagen bei Personengesellschaften und der GmbH Aktienzeichnungen bei den AGs. Diese weitgehend standardisierten klassischen Finanzierungsinstrumente sind Gründe für die Probleme der KMU bei der Erschließung des Kapitalmarktes. Da man aber einerseits die KMU über fehlende Finanzierungsmöglichkeiten und auf der anderen Seite die Investoren über ungenügende Anlage- und Risikodiversifikationsmöglichkeiten klagen hört, fehlt es offensichtlich an Finanzierungsmodellen, die auf die unterschiedlichen Bedürfnisse der einzelnen Akteure zugeschnitten sind. Es gibt durchaus Anleger, die einen Teil ihres Kapitals mit etwas höherem Risiko und entsprechender Renditeerwartung anlegen wollen, und es gibt KMU, die als Nachfrager dieses Kapital benötigen.

Diese Problematik soll anhand eines kleinen Beispiels verdeutlicht werden. Ausgangspunkt ist eine Bilanz, aus der sich KMU-spezifische Kennzahlen für ein Rating ableiten lassen:

Bilanz in TEUR

AKTIVA			**PASSIVA**
Grundstücke und Bauten	550	Gezeichnetes Kapital	600
Technische Anlagen	1.100		
Andere Anlagen	340		
Anlagevermögen	**1.990**	**Eigenkapital**	**600**
Vorräte	260	Langfristige Rückstellungen	23
Kundenforderungen	330	Kurzfristige Rückstellungen	13
Sonstige Vermögensgegenstände	65	Langfristige Bankverbindlichkeiten	900
Liquide Mittel	83	Kurzfristige Bankverbindlichkeiten	842
		Lieferantenverbindlichkeiten	350
Umlaufvermögen	**738**	**Fremdkapital**	**2.128**
Bilanzsumme	**2.728**	**Bilanzsumme**	**2.728**

Abbildung 108: Ausgangsbilanz einer KMU-spezifischen Kennzahlenanalyse

Kennzahl	Formel	Wert
Eigenkapitalquote	$\frac{\text{Eigenkapital}}{\text{Gesamtkapital}} * 100$	21,99%
Fremdkapitalquote	$\frac{\text{Fremdkapital}}{\text{Gesamtkapital}} * 100$	78,01%
Verschuldungsgrad	$\frac{\text{Fremdkapital}}{\text{Eigenkapital}} * 100$	354,67%
Anlagendeckung A	$\frac{\text{Eigenkapital}}{\text{Anlagevermögen}} * 100$	30,15%
Anlagendeckung B	$\frac{(\text{Eigenkapital} + \text{langfr. Fremdkapital})}{\text{Anlagevermögen}} * 100$	76,53%
Liquidität I	$\frac{\text{flüssige Mittel}}{\text{kurzfr. Fremdkapital}} * 100$	6,89%
Liquidität II	$\frac{(\text{flüssige Mittel} + \text{kurzfr. Forderungen})}{\text{kurzfr. Fremdkapital}} * 100$	34,27%
Liquidität III	$\frac{\text{Umlaufvermögen}}{\text{kurzfr. Fremdkapital}} * 100$	61,24%
Anlagenquote	$\frac{\text{Anlagevermögen}}{\text{Bilanzsumme}} * 100$	72,95%
Vorratsquote	$\frac{\text{Vorräte}}{\text{Bilanzsumme}} * 100$	9,53%

Tabelle 22: Spezifische Kennzahlenanalyse eines KMU

Im Rahmen von Bonitätsanalysen und im Zuge des später noch eingehend zu behandelnden „Basel II“ finden obige Kennzahlen bei Bankenratings besondere Beachtung. Unschwer erkennbar ist dabei, dass zum einen der Schwerpunkt auf der Kapitalstruktur liegt, mit der das **Finanzierungsrisiko** erfasst wird, und zum anderen auf der Liquidität, die die kurzfristige potenzielle **Insolvenzgefahr** beleuchten soll.

Bereits der erste Blick zeigt eine gravierende Bilanzschieflage. Die Anlagendeckung B liegt deutlich unterhalb der geforderten 100%, so dass in der Konsequenz die Liquidität 3. Grades ebenfalls ungenügend ist, da das kurzfristige Fremdkapital das Umlaufvermögen übersteigt.

Welche Möglichkeiten KMU haben, ihre Bonität zu verbessern, soll nun anhand dreier Finanzierungsmodelle untersucht werden:

- Finanzierungsmodell mit Eigenkapital
- Finanzierungsmodell mit Mezzanine-Kapital

- Finanzierungsmodell mit Fremdkapital

3.2.7.1 Finanzierungsmodell mit Eigenkapital

Das vorgestellte Finanzierungsmodell soll in zwei Schritten entwickelt werden. Zunächst stellt ein Investor zusätzliches Eigenkapital in Höhe von 600.000 € zur Verfügung, von denen 200.000 € in technische Anlagen und Maschinen investiert werden und 400.000 € in Form von liquiden Mitteln Verwendung finden. In einem zweiten Schritt erfolgt dann ein IPO (Börsengang). Dabei wird das Eigenkapital in 1.200.000 Aktien gestückelt, von denen 800.000 Aktien gestreut, d.h. über eine Bank emittiert werden. Der Emissionskurs beträgt 1,20 €/Stück.

Die Veränderungen auf Bilanz und Kennzahlen sind ganz erheblich:

Bilanz	vorher		nach Equity		nach IPO	
	€	%	€	%	€	%
AKTIVA						
Grundstücke und Bauten	550.000,0	20,2	550.000,0	16,5	550.000,0	15,8
Technische Anlagen	1.100.000,0	40,3	1.300.000,0	39,1	1.300.000,0	37,3
Andere Anlagen	340.000,0	12,3	340.000,0	10,3	340.000,0	9,7
Anlagevermögen	1.990.000,0	72,9	2.190.000,0	65,8	2.190.000,0	62,8
Vorräte	260.000,0	9,5	260.000,0	7,8	260.000,0	7,5
Kundenforderungen	330.000,0	12,1	330.000,0	9,9	330.000,0	9,5
Sonstige Vermögensgegenstände	65.000,0	2,4	65.000,0	2,0	65.000,0	1,9
Flüssige Mittel	83.000,0	3,0	483.000,0	14,5	643.000,0	18,4
Umlaufvermögen	738.000,0	27,1	1.138.000,0	34,2	1.298.000,0	37,2
Bilanzsumme	2.728.000,0	100,0	3.328.000,0	100,0	3.488.000,0	100,0
PASSIVA						
gezeichnetes Kapital	600.000,0	22,0	600.000,0	18,0	1.200.000,0	34,4
Private Equity	0,0	0,0	600.000,0	18,0	0,0	0,0
Kapitalrücklage	0,0	0,0	0,0	0,0	160.000,0	4,6
Eigenkapital	600.000,0	22,0	1.200.000,0	36,0	1.360.000,0	39,0
Langfristige Rückstellungen	23.000,0	0,8	23.000,0	0,7	23.000,0	0,7
Kurzfristige Rückstellungen	13.000,0	0,5	13.000,0	0,4	13.000,0	0,4
Rückstellungen	36.000,0	1,3	36.000,0	1,1	36.000,0	1,0
Langfristige Bankverbindlichkeiten	900.000,0	33,0	900.000,0	27,0	900.000,0	25,8
Kurzfristige Bankverbindlichkeiten	842.000,0	30,9	842.000,0	25,3	842.000,0	24,1
Lieferantenverbindlichkeiten	350.000,0	12,8	350.000,0	10,5	350.000,0	10,0
Verbindlichkeiten	2.092.000,0	76,7	2.092.000,0	62,9	2.092.000,0	60,0
Bilanzsumme	2.728.000,0	100,0	3.328.000,0	100,0	3.488.000,0	100,0

Abbildung 109: Bilanzentwicklung eines Finanzierungsmodells mit Eigenkapital

Kennzahl	Werte in %		
	vorher	nach PE	nach IPO
Eigenkapitalquote	21,99	36,06	38,99
Fremdkapitalquote	78,01	63,94	61,01
Verschuldungsgrad	354,64	177,33	156,47
Anlagendeckungsgrad A	30,15	54,79	62,10
Anlagendeckungsgrad B	76,53	96,94	104,25
Liquidität I	6,89	40,08	53,36
Liquidität II	34,27	67,47	80,75
Liquidität III	61,24	94,44	107,72
Anlagenquote	72,95	65,81	62,79
Vorratsquote	9,53	7,81	7,45

Tabelle 23: Kennzahlen eines Finanzierungsmodells bei Eigenfinanzierung

Das zur Verfügung gestellte Private Equity hat im ersten Schritt zu einer Verbesserung der Kennzahlen, insbesondere der Anlagendeckungs- und Liquiditätsgrade geführt. Der Börsengang sorgte dann im zweiten Schritt für eine weitere Verbesserung. Erstmalig kann nun das Anlagevermögen durch das langfristige Kapital gedeckt werden, so dass das Umlaufvermögen ausreichend ist, um die kurzfristigen Schulden bedienen zu können. Zudem hat sich mit der Eigenkapitalquote eine für Banken sehr wichtige Kenngröße von etwa 22% auf nun 39% nahezu verdoppelt, mit der Konsequenz, dass der Verschuldungsgrad ebenfalls deutlich gesunken ist. Zusammenfassend zeigt sich nun eine Bilanz, bei der sich die Bonität deutlich verbessert hat.

3.2.7.2 Finanzierungsmodell mit Mezzanine-Kapital

Da die Liquiditätssituation in der Ausgangssituation sehr angespannt und die Verschuldung aus Sicht der Banken zu hoch ist, plant die Gesellschaft die Aufnahme eines atypisch stillen Gesellschafters, der 1.000.000 € einbringen soll. Bei dieser Form des Mezzanine-Kapitals handelt es sich um quasi Eigenkapital. Das neue Kapital wird im Beispiel zu 80% den liquiden Mitteln und zu 20% den Vorräten zugerechnet. Unter diesen Annahmen (vor/nach den Finanzierungsmaßnahmen) ergibt sich ein neues Bild:

Bilanz	vorher		nach Mezzanine	
	€	%	€	%
AKTIVA				
Grundstücke und Bauten	550.000,0	20,2	550.000,0	14,8
Technische Anlagen	1.100.000,0	40,3	1.100.000,0	29,5
Andere Anlagen	340.000,0	12,3	340.000,0	9,1
Anlagevermögen	1.990.000,0	72,9	1.990.000,0	53,4
Vorräte	260.000,0	9,5	460.000,0	12,3
Kundenforderungen	330.000,0	12,1	330.000,0	8,9
Sonst. Vermögensgegenstände	65.000,0	2,4	65.000,0	1,7
Flüssige Mittel	83.000,0	3,0	883.000,0	23,7
Umlaufvermögen	738.000,0	27,1	1.733.000,0	46,6
Bilanzsumme	2.728.000,0	100,0	3.728.000,0	100,0
PASSIVA				
gezeichnetes Kapital	600.000,0	22,0	600.000,0	16,1
Mezzanine	0,0	0,0	1.000.000,0	26,8
Eigenkapital	600.000,0	22,0	1.600.000,0	42,9
Langfristige Rückstellungen	23.000,0	0,8	23.000,0	0,6
Kurzfristige Rückstellungen	13.000,0	0,5	13.000,0	0,3
Rückstellungen	36.000,0	1,3	36.000,0	1,0
Langfristige Bankverbindlichkeiten	900.000,0	33,0	900.000,0	24,1
Kurzfristige Bankverbindlichkeiten	842.000,0	30,9	842.000,0	22,6
Lieferantenverbindlichkeiten	350.000,0	12,8	350.000,0	9,4
Verbindlichkeiten	2.092.000,0	76,7	2.092.000,0	56,1
Bilanzsumme	2.728.000,0	100,0	3.728.000,0	100,0

Abbildung 110: Bilanzentwicklung eines Finanzierungsmodells mit Mezzanine-Kapital

Kennzahl	**Werte in %**	
	vorher	nach Mezzanine
Eigenkapitalquote	21,99	42,92
Fremdkapitalquote	78,01	57,08
Verschuldungsgrad	354,64	133,0
Anlagendeckungsgrad A	30,15	80,40
Anlagendeckungsgrad B	76,53	126,78
Liquidität I	6,89	73,28
Liquidität II	34,27	100,66
Liquidität III	61,24	144,23
Anlagenquote	72,95	53,38
Vorratsquote	9,53	12,34

Tabelle 24: Kennzahlen eines Finanzierungsmodells bei Mezzanine-Finanzierung

Da es sich im Rahmen des hier zur Verfügung gestellten Mezzanine-Kapitals um eine atypisch stille Gesellschaft und damit um quasi Eigenkapital handelt, hat sich die Eigenkapitalquote deutlich erhöht, was gleichbedeutend ist mit einem sinkenden Verschuldungsgrad. Das zusätzliche langfristige Kapital sorgte darüber hinaus zu erheblich verbesserten Anlagedeckungs- und Liquiditätsgraden. Bereits die Liquidität 2. Grades reicht aus, um das kurzfristige Fremdkapital zu decken. Auch dieses Finanzierungsmodell verbessert die Bonität der Unternehmung drastisch.[107]

3.2.7.3 Finanzierungsmodell mit Fremdkapital

Bei der Analyse des Fremdkapitals fällt auf, dass fast ein Drittel der Bilanzsumme mit kurzfristigen Bankendarlehen finanziert ist. Dieses birgt nicht nur hohe Liquiditätsrisiken, sondern verursacht auch hohe Zinskosten. Zudem sind fast drei Viertel der Bilanzsumme langfristig investiert. In der Summe führt dies zu der bereits oben beschriebenen „Bilanzschieflage". Um diese zu beseitigen, plant die Unternehmung zwei Maßnahmen. Zunächst werden durch Verhandlungen mit der Bank kurzfristige in langfristige Darlehen umgeschuldet. Dies ist in einer Höhe von 500.000 € notwendig, damit Fristenkongruenz zwischen langfristig gebundenem Anlagevermögen und langfristig investiertem Kapital hergestellt ist. In einem zweiten Schritt plant die Gesellschaft, sukzessive Investitionen in Anlagevermögen durch Leasing zu ersetzen. Diese Maßnahme greift allerdings erst mittelfristig. Es sei unterstellt, dass das freiwerdende Geld aus dem abgeschriebenen Anlagevermögen nicht wieder in solches reinvestiert, sondern in Leasinggüter investiert wird. Dies führt dazu, dass sukzessive finanzielle Mittel (Positionen der Passiva) entbehrlich werden. Zwar erhöhen die Leasingengagements die Leasingaufwendungen, die sicherlich die Abschreibungsaufwendungen etwas übersteigen werden, es sei aber

[107] Siehe Fallstudie 31.

unterstellt, dass dies (fast) ergebnisneutral erfolgen kann. Die erforderliche Liquidität für das Leasing soll aus dem Umsatzerlösprozess erfolgen. Es kann dann davon ausgegangen werden, dass Schritt für Schritt das Bilanzvolumen in Höhe der Abschreibungen verringert werden kann. Unterstellen wir bei obiger Bilanz einmal eine jährliche Abschreibung von 200 TEUR, was einer durchschnittlichen Nutzungsdauer von 7-8 Jahren des abschreibbaren Anlagevermögens entspricht ((1.100 TEUR + 340 TEUR) / 200 = 7,2 Jahre), so kann das Bilanzvolumen nach 5 Jahren um 1 Mio. € verkürzt werden. Auf der Aktivseite geschehe dies in Form der Reduktion der technischen Anlagen, auf der Passivseite durch Zurückführung der langfristigen Bankendarlehen. Diese beiden Maßnahmen haben dann die folgenden Auswirkungen auf die Bilanzentwicklung:

Bilanz	vorher		nach Umschuldung		nach 5 Jahren Leasing	
	€	%	€	%	€	%
AKTIVA						
Grundstücke und Bauten	550.000,0	20,2	550.000,0	20,2	550.000,0	31,8
Technische Anlagen	1.100.000,0	40,3	1.100.000,0	40,3	100.000,0	5,8
Andere Anlagen	340.000,0	12,3	340.000,0	12,3	340.000,0	19,7
Anlagevermögen	1.990.000,0	72,9	1.990.000,0	72,9	990.000,0	57,3
Vorräte	260.000,0	9,5	260.000,0	9,5	260.000,0	15,0
Kundenforderungen	330.000,0	12,1	330.000,0	12,1	330.000,0	19,1
Sonstige Vermögensgegenstände	65.000,0	2,4	65.000,0	2,4	65.000,0	3,8
Flüssige Mittel	83.000,0	3,0	83.000,0	3,0	83.000,0	4,8
Umlaufvermögen	738.000,0	27,1	738.000,0	27,1	738.000,0	42,7
Bilanzsumme	2.728.000,0	100,0	2.728.000,0	100,0	1.728.000,0	100,0
PASSIVA						
gezeichnetes Kapital	600.000,0	22,0	600.000,0	22,0	600.000,0	34,7
Eigenkapital	600.000,0	22,0	600.000,0	22,0	600.000,0	34,7
Langfristige Rückstellungen	23.000,0	0,8	23.000,0	0,8	23.000,0	1,3
Kurzfristige Rückstellungen	13.000,0	0,5	13.000,0	0,5	13.000,0	0,8
Rückstellungen	36.000,0	1,3	36.000,0	1,3	36.000,0	2,1
Langfristige Bankverbindlichkeiten	900.000,0	33,0	1.400.000,0	51,3	400.000,0	23,1
Kurzfristige Bankverbindlichkeiten	842.000,0	30,9	342.000,0	12,5	342.000,0	19,8
Lieferantenverbindlichkeiten	350.000,0	12,8	350.000,0	12,8	350.000,0	20,3
Verbindlichkeiten	2.092.000,0	76,7	2.092.000,0	76,7	1.092.000,0	63,2
Bilanzsumme	2.728.000,0	100,0	2.728.000,0	100,0	1.728.000,0	100,0

Abbildung 111: Bilanzentwicklung eines Finanzierungsmodells mit Fremdkapital

Kennzahl	**Werte in %**		
	vorher	nach Umschuldung	nach Leasing
Eigenkapitalquote	21,99	21,99	34,72
Fremdkapitalquote	78,01	78,01	65,28
Verschuldungsgrad	354,64	354,64	188,0
Anlagendeckungsgrad A	30,15	30,15	60,61
Anlagendeckungsgrad B	76,53	101,66	103,33
Liquidität I	6,89	11,77	11,77
Liquidität II	34,27	58,58	58,58
Liquidität III	61,24	104,68	104,68
Anlagenquote	72,95	72,95	57,29
Vorratsquote	9,53	9,53	15,05

Tabelle 25: Kennzahlen eines Finanzierungsmodells bei Fremdfinanzierung

Aus der Kennzahlenentwicklung ist unschwer erkennbar, dass nach erfolgter Umschuldung ein Großteil der Kennzahlen unverändert geblieben ist, jedoch haben sich mit der Anlagendeckung B sowie der Liquidität III die entscheidenden Kennziffern verändert und zwar im Sinne einer Verbesserung. Nach weiteren 5 Jahren führte im Anschluss das Leasingengagement über die Bilanzverkürzung zu einer deutlich besseren Eigenkapitalquote und damit zu einem sinkenden Verschuldungsgrad. Weitere Verbesserungen der Anlagendeckungs- und Liquiditätskennziffern wären möglich gewesen, hätte man bei der Verkürzung der Passiva auch das kurzfristige Bankendarlehen berücksichtigt.

Aus den drei vorangestellten Beispielen wird deutlich, dass Kennzahlen- und damit Bonitätsverbesserungen durch unterschiedliche Finanzierungsmodelle herbeigeführt werden können. Es gibt grundsätzlich nicht das richtige oder falsche Finanzierungsmodell, vielmehr sollte immer fallweise entschieden werden, ob eher Eigenfinanzierungs-, Fremdfinanzierungs- oder sogar Mezzanine-Finanzierungsmodelle angezeigt sind.[108]

[108] Vgl. auch Jacobs J./Weinrich G. 2002, S. 343ff.

3.2.8 Bilanzpolitische Instrumentarien

3.2.8.1 Grenzen und Risiken der Finanz- und Kennzahlenanalyse

Die vorangegangenen Kapitel beleuchteten ausgiebig den Themenkomplex der Kennzahlenanalyse. Ausgehend von der eher traditionellen Kennzahlenanalyse erfolgte im Anschluss der Brückenschlag zu den neueren Ansätzen der Bilanzanalyse, zu der insbesondere das in der Praxis weit verbreitete Verfahren der multiplen Diskriminanzanalyse zählt. Dieses Analyseinstrument findet unter anderem Anwendung in der Krisen- bzw. Insolvenzdiagnose. Dabei werden mit Hilfe mathematisch-statistischer Verfahren Kennzahlen zu einer so genannten Diskriminanzfunktion verdichtet, mit der ein Unternehmen als „gut" oder „schlecht" im Sinne seiner nachhaltigen Ertragskraft klassifiziert werden kann.[109] Ungeachtet der Tatsache, welches Verfahren letztlich zum Einsatz kommt, bergen alle grundsätzlich eine Reihe von Risiken:

- Sie sind ausschließlich quantitativ orientiert und berücksichtigen nicht oder nur unzureichend qualitative Elemente, die aber ebenso über den Erfolg bzw. Misserfolg einer Unternehmung entscheiden können.
- Alle Methoden der Kennzahlenanalyse sind vergangenheitsorientiert und lassen neuere Entwicklungen, die bspw. die Umsätze, die Kostenstrukturen oder die Bilanzrelationen gravierend verändern können, völlig außer Acht. Im Rahmen der oben dargestellten Sensitivitätsanalysen wurde bereits auf diese Gefahren hingewiesen.
- Bilanzpolitische Möglichkeiten, die in entscheidendem Maße Kennzahlen beeinflussen und beeinträchtigen können, werden durch eine „gewöhnliche" Bilanz- und Kennzahlenanalyse nicht erfasst. Zu nennen sind hier die beiden bilanzpolitischen Instrumente der **Sachverhaltsgestaltung** und **Sachverhaltsabbildung**, die nun näher erörtert werden sollen.

3.2.8.2 Sachverhaltsgestaltung und Sachverhaltsabbildung

Die Bilanzpolitik im Zuge der Jahresabschlusserstellung ist in nicht unerheblichem Maße davon abhängig, in welcher Phase sich eine Unternehmung befindet. Wird in wirtschaftlich guten Zeiten häufig das Ziel verfolgt, durch Ausschöpfung von handels- und steuerrechtlichen Bilanzierungswahlmöglichkeiten den zu versteuernden Gewinn zu schmälern, greifen die unternehmerischen Entscheidungsträger in angespannten wirtschaftlichen Lagen nicht selten bei der Jahresabschlusserstellung zu ertragssteigernden Gestaltungsmaßnahmen. Da-

---

[109] Vgl. auch Baetge J. 2002, S. 2281ff, Kütting K.H. 2005, S. 223ff, Baetge J./Stellbrink J. 2005, S. 213ff, Graw H./Keller C. 2004, S. 27ff sowie Muche T. 2007, S. 376ff.

mit verfolgen die Unternehmen in erster Linie das Ziel des Erhalts der Kreditwürdigkeit. Für die Gläubiger sind solche Maßnahmen, sofern sie dann erkannt werden, Frühindikatoren einer sich anbahnenden Unternehmenskrise, die schlimmstenfalls in der Insolvenz endet.

Die beiden bilanzpolitischen Instrumentarien, die im Rahmen der Bilanzierungswahlrechte zur Diskussion stehen, sind die Sachverhaltsgestaltung und die Sachverhaltsabbildung. Sachverhaltsgestaltende Maßnahmen werden **vor**, sachverhaltsabbildende Maßnahmen **nach** dem Bilanzstichtag durchgeführt.

Sachverhaltsgestaltung wird im Zuge der vorbereitenden Jahresabschlussarbeiten durchgeführt, um den Jahresabschluss positiver darzustellen. Zu diesen auch als „Window Dressing" bezeichneten Einflussmöglichkeiten gehören mögliche ergebnisbe- oder -entlastende Geschäftsvorfälle. Diese sind für den Bilanzleser nicht oder nur sehr schwer erkennbar. Dabei haben sich verschiedene Gestaltungsmöglichkeiten herauskristallisiert.

- **Zeitliche Einflussmaßnahmen** wie bspw. das Verschieben von sehr aufwandsintensiven Marketingbemühungen zum Ende des laufenden Geschäftsjahres, wodurch das Jahresergebnis der aufzustellenden Bilanz nicht belastet wird.
- **Leasing statt Kauf**, bei dem das Anlagevermögen beim Leasinggeber aktiviert wird. In der Folge sinkt im Vergleich zum fremdfinanzierten Anlagenkauf die Bilanzsumme, so dass die Eigenkapitalquote steigt.
- **Sale-and-lease-back-Geschäfte**, durch die stille Reserven aufgedeckt werden können. Bei diesen Transaktionen wird Anlagevermögen an eine Leasinggesellschaft verkauft und anschließend wieder zurückgeleast. Beim Verkauf wirken sich die aufgelösten stillen Reserven ergebnisverbessernd aus. Da die Vermögensgegenstände nach dem Verkauf im Normalfall beim Leasinggeber bilanziert werden, erfolgt auch hier eine Verbesserung der Eigenkapitalquote.

Mit **Sachverhaltsabbildungen** kann ein Jahresabschluss auch nach dem Bilanzstichtag noch verändert werden, denn das Bilanzrecht hat ungeregelte Bereiche und lässt bestimmte Gestaltungsoptionen ausdrücklich zu. Diese Wahlrechte lassen sich in die **Ansatz**- und die **Bewertungswahlrechte** untergliedern, wobei letztere sich noch in die Wertansatz- sowie die Methodenwahlrechte einteilen lassen. Die bedeutsamsten Sachverhaltsabbildungen sowie deren Auslegungen im Rahmen einer konservativen Bilanzpolitik einerseits und einer progressiven Bilanzpolitik andererseits sind:

Bilanzposition	Konservative Bilanzpolitik	Progressive Bilanzpolitik
Ingangsetzungs- und Erweiterungsaufwendungen	nicht aktiviert, sondern aufwandswirksam verbucht	Aktivierung, Abschreibung nicht unter 4 Jahren
Pensionsverpflichtungen	Passivierung in voller Höhe der Zusage, Verzinsung zwischen 3 und 6 %	keine oder nur teilweise Passivierung, Verzinsung mit 6%
Sonstige Rückstellungen	Bildung	kein Ansatz
Erhaltene Anzahlungen auf Bestellungen	Passivierung von Verbindlichkeiten	Abzug von den Vorräten
Herstellungskosten	Ansatz zu Einzelkosten	Ansatz inkl. Gemeinkosten
Abschreibungen auf bewegliche Wirtschaftsgüter	nach „gewöhnlicher" Nutzungsdauer	Verwendung ungewöhnlich hoher Nutzungsdauer
geringwertige Wirtschaftsgüter	sofortige Abschreibung	keine Sofortabschreibung

Abbildung 112: Bilanzpolitische Maßnahmen – Sachverhaltsabbildung

Um die Unterschiede zwischen einer konservativen Bilanzpolitik, die dem kaufmännischen Vorsichtsprinzip genügt und tendenziell bei florierenden Unternehmen eingesetzt wird, und einer progressiven Bilanzpolitik, die in Fällen ertrags- und ergebnisschwacher Unternehmen zum Einsatz kommt, herauszuarbeiten, sei zunächst ein Jahresabschluss dargestellt, der im Zuge einer konservativen Bilanzpolitik erstellt wurde.

Bilanz in TEUR

AKTIVA			PASSIVA
Betriebsausstattungen	100	Gezeichnetes Kapital	100
Technische Anlagen	400	Jahresüberschuss/-fehlbetrag	5
Anlagevermögen	**500**	**Eigenkapital**	**105**
Vorräte	100	Langfristige Rückstellungen	130
Kundenforderungen	200	Kurzfristige Rückstellungen	140
Sonstige Vermögensgegenstände	60	Langfristige Bankverbindlichkeiten	300
Liquide Mittel	40	Lieferantenverbindlichkeiten	155
		Anzahlungen auf Bestellungen	70
Umlaufvermögen	**400**	**Fremdkapital**	**795**
Bilanzsumme	**900**	**Bilanzsumme**	**900**

Gewinn- und Verlustrechnung in TEUR

SOLL			HABEN
Materialaufwand	700	Umsatzerlöse	2.000
Personalaufwand	900		
Abschreibungen	100		
Rückstellungsaufwand	270		
Zinsaufwand	25		
Gewinn	**5**		
Saldo	**2.000**	**Saldo**	**2.000**

Abbildung 113: Jahresabschluss bei einer konservativen Bilanzpolitik

Obiger konservativer Jahresabschluss enthält einige Besonderheiten, die eine Reihe von Ansatz- und Bewertungswahlrechten beinhalten:

- Die **Vorräte** wurden zu Einzelkosten bewertet. Hätte man zusätzlich Gemeinkosten einbezogen, wäre der Bilanzwert zum Stichtag höher und damit die in der Gewinn- und Verlustrechnung ausgewiesenen Materialaufwendungen niedriger gewesen.
- Die erhaltenen **Anzahlungen auf Bestellungen** wurden als Verbindlichkeiten ausgewiesen, erhöhen damit das Fremdkapital und die Bilanzsumme. Hätte man sie mit den Vorräten saldiert, wäre die Bilanzsumme deutlich niedriger mit den bekannt positiven Auswirkungen auf die Eigenkapitalquote ausgefallen.
- Die neu gebildeten **Rückstellungen** für Pensionsverpflichtungen und sonstige kurzfristige Verbindlichkeiten gehen voll zu Lasten des Ergebnisses und erhöhen die Bilanzsumme. Deren Kürzung oder Vernachlässigung hatte das Ergebnis deutlich verbessert.
- Die **Abschreibungen** wurden nach der gewöhnlichen Nutzungsdauer der Anlagegüter angesetzt.

Ein Blick auf die markantesten Kennzahlen, die im Rahmen eines Ratings bzw. einer Bonitätsanalyse durchgeführt werden, führt zu folgendem Ergebnis:[110]

[110] Die Formeln wurden bereits eingehend diskutiert.

Kennzahl	Wert
Eigenkapitalquote	$\frac{105}{900}*100=11{,}67\%$
Anlagendeckung B	$\frac{(105+130+300)}{500}*100=107\%$
Liquidität III	$\frac{400}{(140+155+70)}*100=109{,}59\%$
Eigenkapitalrentabilität	$\frac{5}{100}*100=5\%$

Tabelle 26: Spezifische Kennzahlenanalyse einer konservativen Bilanzpolitik

Auffallend sind die „sehr schlechte" Eigenkapitalquote und die sehr geringe Verzinsung des eingesetzten Eigenkapitals. Das langfristig gebundene Kapital reicht gerade aus, um das langfristig investierte Vermögen zu decken, so dass im Umkehrschluss bei einer Rückführung des kurzfristigen Fremdkapitals die im Umlaufvermögen befindliche Liquidität ausreichend ist.

Alles in allem deuten die Kennzahlen auf eine schlechte Bonität hin. Wie aber würden sich diese Kennziffern verändern (verbessern), wenn eine progressive Bilanzpolitik unter Zuhilfenahme von möglichen Ermessensspielräumen eingesetzt würde?

- Die **Vorräte** werden im Beispiel nicht mehr nur zu Einzelkosten bewertet, sondern es gehen auch Gemeinkosten mit ein. Beispielhaft sei ein Gemeinkostenansatz von 30 TEUR unterstellt, so dass sich der Vorratsbestand um diesen Betrag erhöht und der Materialaufwand entsprechend verringert.
- Die erhaltenen **Anzahlungen auf Bestellungen** werden nicht mehr als Verbindlichkeiten ausgewiesen, sondern mit den Vorräten saldiert. Dadurch verringert sich das Bilanzvolumen um 70 TEUR.
- Im Rahmen der **langfristigen Rückstellungen** werden die dort ausgewiesenen Pensionsverpflichtungen nicht mit 3%, sondern mit 6% abdiskontiert, so dass sich hier eine Ergebnisverbesserung (Rückstellungsaufwand reduziert sich um 65 TEUR) ergibt. Zusätzlich werden die kurzfristig gebildeten Rückstellungen deutlich moderater geschätzt (Rückstellungsaufwendungen reduzieren sich um weitere 70 TEUR).

Der Jahresabschluss ändert sich gravierend.

Bilanz in TEUR

AKTIVA			PASSIVA
Betriebsausstattungen	100	Gezeichnetes Kapital	100
Technische Anlagen	400	Jahresüberschuss/-fehlbetrag	220
Anlagevermögen	**500**	**Eigenkapital**	**320**
Vorräte	110	Langfristige Rückstellungen	65
Kundenforderungen	200	Kurzfristige Rückstellungen	70
Sonstige Vermögensgegenstände	60	Langfristige Bankverbindlichkeiten	300
Liquide Mittel	40	Lieferantenverbindlichkeiten	155
Umlaufvermögen	**410**	**Fremdkapital**	**590**
Bilanzsumme	**910**	**Bilanzsumme**	**910**

Gewinn- und Verlustrechnung in TEUR

SOLL			HABEN
Materialaufwand	620	Umsatzerlöse	2.000
Personalaufwand	900		
Abschreibungen	100		
Rückstellungsaufwand	135		
Zinsaufwand	25		
Gewinn	**220**		
Saldo	**2.000**	**Saldo**	**2.000**

Abbildung 114: Jahresabschluss bei einer progressiven Bilanzpolitik

Auch die Kennzahlen sind nicht mehr wieder zu erkennen:

Kennzahl	Wert
Eigenkapitalquote	$\frac{320}{910}*100 = 35{,}16\%$
Anlagendeckung B	$\frac{(320+65+300)}{500}*100 = 137\%$
Liquidität III	$\frac{410}{(70+155)}*100 = 182{,}22\%$
Eigenkapitalrentabilität	$\frac{220}{100}*100 = 220\%$

Tabelle 27: Spezifische Kennzahlenanalyse einer progressiven Bilanzpolitik

Aus einem ehemals schlecht benoteten Unternehmen werden durch schlichte legale Bilanzkosmetik sehr gute Kennzahlen. Letztlich war die gleiche Bilanz Ausgangspunkt der Untersuchungen.

Es zeigen sich sehr deutlich die Grenzen und wunden Punkte einer Kennzahlenanalyse, die Entwicklungen sowie bilanzpolitische Überlegungen außer Acht lässt. Deshalb sind zusätzlich zur reinen quantitativen Analyse immer auch qualitative Aspekte sowie die Bilanzpolitik zu berücksichtigen.[111] Nachfolgend sind mögliche Fragen, die sich diesbezüglich aus den Bereichen der Bilanzierungs- und Bewertungsmethoden ergeben könnten, aufgeführt.

Bilanzierungsrelevante Fragen

- Erläuterung zu den aktivierten Aufwendungen für die Ingangsetzung und Erweiterung des Geschäftsbetriebes.
- Erläuterungen zu den Sonderposten mit Rücklagenanteil.
- Darstellung der einzelnen Maßnahmen, für die Rückstellungen für unterlassene Instandhaltung und Aufwandsrückstellungen gebildet wurden. Sind im Vergleich zum Vorjahr Veränderungen eingetreten? Wenn ja, welche Ursachen liegen diesen Veränderungen zugrunde?

[111] Die Vergangenheit ist voll von Beispielen, wo dies offensichtlich nicht bedacht wurde. Insolvenzen von Philipp Holzmann, der Bremer Vulkan Werft oder des Strabag-Konzerns mögen hier stellvertretend stehen.

Bewertungsmethodenrelevante Fragen

- Wurden steuerliche Sonderabschreibungen durchgeführt?
- Wurden Finanzanlagen vom Umlaufvermögen in das Anlagevermögen umgegliedert, um Abschreibungen für vorübergehende Wertminderungen zu umgehen?
- Wie wurden Vorräte sowie unfertige und fertige Erzeugnisse bewertet? Wurden Gemeinkosten angesetzt? Fanden Änderungen in der Bewertungsmethode statt?

Dies sind nur überblicksartig Fragen im Rahmen einer qualitativen Bilanzanalyse.

3.3 Finanz- und Liquiditätsplanung

3.3.1 Grundlagen

3.3.1.1 Aufgaben der Finanzplanung

Finanzplanung ist die Gesamtheit von zukunftsorientierter Erfassung mit anschließender Kontrolle und Fortschreibung der finanziellen Vorgänge sowohl im Hinblick auf die kurzfristig zu erwartenden Zahlungsströme mit dem Ziel der Erhaltung des finanziellen Gleichgewichts (Liquiditätssicherung) als auch im Hinblick auf die mittel- bis langfristige Abstimmung von Kapitalbedarf und Kapitaldeckungsmöglichkeiten zur Erreichung der (strategischen) Unternehmensziele. Aufgabe der Finanzplanung ist also die **zukunftsorientierte** Erfassung, Disposition und Kontrolle der finanziellen Vorgänge in einer Unternehmung.[112]

Zunächst geht es im **kurzfristigen** Zeitraum darum, die jederzeitige Zahlungsbereitschaft der Unternehmung sicherzustellen. Deshalb werden die (kurzfristig) zu erwartenden Ein- und Auszahlungsströme in einer Finanz- und Liquiditätsplanung erfasst.

Auf **mittel**- bis **langfristige** Sicht geht es um die Abstimmung von Kapitalbedarf und Finanzierungsmöglichkeiten zur optimalen Erreichung der langfristigen Unternehmensziele. Diese bestehen zum einen in einer möglichst hohen Rentabilität im Sinne einer hohen Verzinsung des eingesetzten Kapitals sowie zum anderen in der Beibehaltung der Unabhängigkeit, also die Erhaltung von Dispositionsfreiheit und Flexibilität gegenüber Außenstehenden.

Im Gesamtkontext besteht somit die Aufgabe der Finanzplanung darin, den **Kapital**- und den **Zahlungsbereich** zu optimieren!

---

[112] Vgl. auch Busse v. Colbe W. 1993 S. 25ff und Chmielewicz K. 1993, S. 43ff.

Bei der Optimierung des Kapitalbereichs geht es um das „optimale“ Verhältnis von Fremd- zu Eigenkapital. Der hier angesprochene „ideale“ Verschuldungsgrad ist nicht ganz einfach zu bestimmen, kann man ihn doch unter ganz unterschiedlichen Zielsetzungen betrachten. Steht das **Ziel** der **Kostenminimierung** im Vordergrund, liegt der optimale Verschuldungsgrad dort, wo die gewogenen Kapitalkosten ihr Minimum erreichen. Geht es zweitens um die **Rentabilitätsmaximierung**, bestimmt der bereits oben beschriebene Leverage-Effekt die günstigste Fremdkapital-/Eigenkapitalrelation. Drittens kann das Ziel der **Liquiditätssicherung** betrachtet werden. Dann besagt die „goldene“ Bilanzregel, dass das Anlagevermögen durch langfristiges Kapital zu finanzieren ist. Schließlich kann viertens die **Risikominimierung** das unternehmerische Hauptziel darstellen. Dann besagt die „vertikale“ Bilanzregel, dass zur Krisensicherung das Eigenkapital das Fremdkapital übersteigen sollte.[113]

Eindeutiger ist die Optimierung des Zahlungsbereichs als gesamtwirtschaftliche Nebenbedingung. Sie besteht in der Sicherstellung der jederzeitigen Zahlungsbereitschaft unter Vermeidung von überflüssigen Liquiditätsreserven.

3.3.1.2 Stellung des Finanzplans im betrieblichen Gesamtsystem

Die Finanzplanung baut auf den verabschiedeten Produktions-, Absatz- und Investitionsplänen auf, ist also immer im Gesamtzusammenhang mit den anderen unternehmerischen Teilplänen zu sehen.

Die Finanzplanung ist eine globale auf das Gesamtunternehmen bezogene Planung und muss den Interdependenzen (Verknüpfungen) zwischen den einzelnen Teilplänen Rechnung tragen und bei Planungsänderungen bzw. Plan-/Istabweichungen entsprechende Korrekturmaßnahmen einleiten können.

[113] Vgl. hierzu Stiefl J./v. Westerholt K. 2007, S. 136ff.

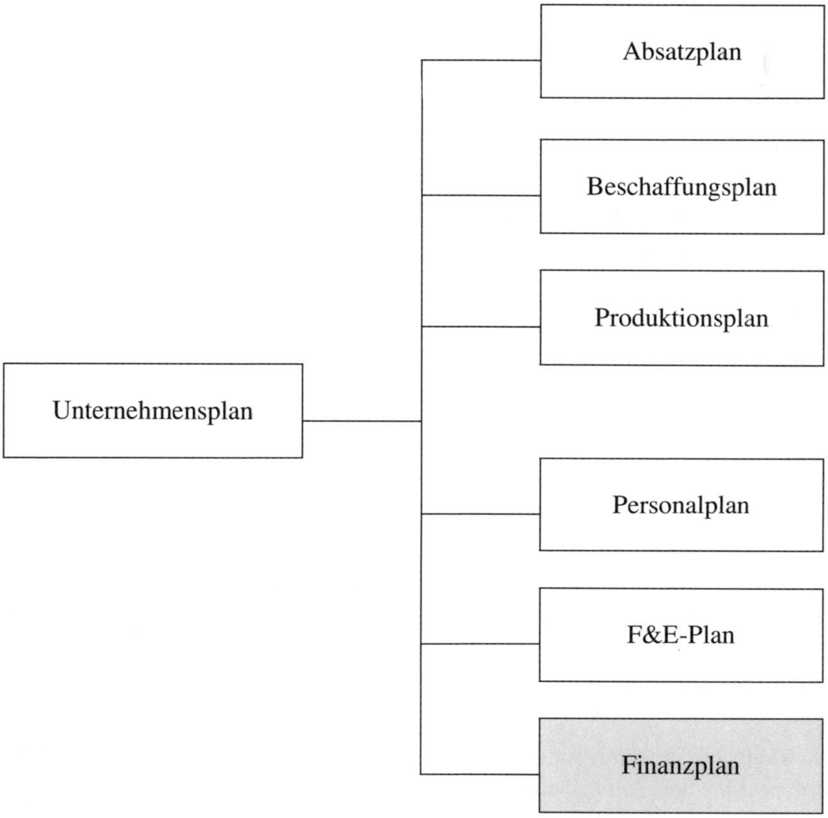

Abbildung 115: Stellung des Finanzplans im gesamtwirtschaftlichen System

Die Finanzplanung ist also ein Planungsteilsystem der Unternehmensplanung und bildet die Unternehmensaktivitäten in Geld ab. Der **Absatzplan** gibt die geplanten verkauften Stückzahlen der Produkte, Produktgruppen, Unternehmenssegmente etc. vor, die dann mit Preisen bewertet als geplante Einzahlungen in den Finanzplan aufgenommen werden. Aus dem Absatzplan leiten sich die zu beschaffenden Roh-, Hilfs- und Betriebsstoffe (**Beschaffungsplan**) sowie die dafür erforderlichen Investitionen für die benötigten Maschinen (**Produktionsplan**) ab, die sich im Zuge der Finanzplanung als auszahlungswirksame Transaktionen niederschlagen. Ebenso ergibt sich die Verknüpfung von **Personal**- und **F&E-Plan** zum vorgelagerten Absatzplan und nachgelagerten Finanzplan.

3.3.1.3 Anforderungen an den Finanzplan

Die Finanzplanung beinhaltet eine Reihe von einander nicht ausschließenden Anforderungen:

(1) **Vollständigkeit der Planungsansätze**: Alle Zahlungsströme in der gesamten Planungsperiode sind zu berücksichtigen. Geschieht dies nicht, lassen sich keine Aussagen über die voraussichtliche Liquiditätsentwicklung und den Kapitalbedarf machen.

(2) **Bruttoausweis**: Alle Zahlungsströme sind unsaldiert in den Planungsansatz einzubeziehen, damit man Kontrolle über die tatsächlichen Werttreiber hat und ggfs. Korrekturmaßnahmen einleiten kann.

(3) **Zeitpunktgenauigkeit der Planungsansätze**: Die Länge der Planungsperioden für die Finanzplanung muss so gewählt werden, dass der Eintrittszeitpunkt der Zahlungsströme hinreichend genau geschätzt werden kann.

(4) **Betragsgenauigkeit der Planungsansätze**: Die erwarteten Zahlungsströme sind möglichst genau zu schätzen. Auf sich ändernde Umweltfaktoren muss der Finanzplan durch eine revidierte Version reagieren.

(5) **Zukunftsbezogenheit der Planungsansätze**: Die Finanzplanung baut auf den vergangenen Daten auf, erstellt aber aus diesen einen in die Zukunft gerichteten Plan.

(6) **Wirtschaftlichkeit der Planungsansätze**: Die Planungsdaten müssen wirtschaftlich erhoben werden, d.h., der Zeitverbrauch für die Erstellung des Finanzplanes muss in „angemessenem" Verhältnis zu den Aussagen stehen.

3.3.1.4 Ablauf der Finanzplanung im gesamtwirtschaftlichen Kontext

Das Aufstellen von Finanzplänen kann einmal **originär** erfolgen, wobei die Ableitung aus den Basisdaten der Unternehmensplanung erfolgt, oder **derivativ,** d.h., die Finanzplanung wird aus der vorher erstellten Plan-Bilanz und Plan-GuV abgeleitet.

Die **originäre Finanzplanung** basiert auf einer Abfolge von Schritten, die dann im Gesamtkontext zu einer schlüssigen und durchführbaren Investitions- und Finanzierungsplanung führen müssen. Man kann den Ablauf der Finanzplanung in 6 Schritte zerlegen:

(1) Erstellung der Absatz-, Produktions- und Investitionspläne

(2) Ableitung des Finanzplans aus (1); tabellarische Auflistung aller Ein- und Auszahlungsströme

(3) Ermittlung der Finanzmittelüberschüsse/-fehlbeträge (Über-/Unterdeckungen) pro Periode und Planung von Maßnahmen zur Verwendung des ermittelten Überschusses bzw. zur Deckung des ermittelten Defizits

(4) Planverabschiedung

(5) Plankontrolle mittels eines Soll-Ist-Vergleichs zwischen den ursprünglich geplanten und nunmehr tatsächlich eingetretenen Zahlungsströmen

(6) falls erforderlich Planrevision, d.h. Anpassung der Planung an die neue Situation.

Beim **derivativen Finanzplan**, der auf den Planwerten der Bilanz und GuV basiert, werden im ersten Schritt alle erforderlichen Basisdaten geplant. Dazu gehören u.a. Absatz- und Produktionsmengen, Verkaufs- und Einkaufspreise, Personal- und Sachmittelkapazitäten, Betriebs- und Geschäftsausstattungen sowie deren Instandhaltungsaufwendungen.

Im zweiten Schritt werden diese Basisdaten verdichtet, in strukturierter Form als Aufwands- und Ertragskomponenten in der Plan-GuV bzw. als Aktiv- und Passivbestände in der Plan-Bilanz erfasst und erst dann im dritten Schritt in Ein- und Auszahlungsgrößen für den Finanzplan transformiert. Nachfolgende Abbildung enthält einige Beispiele für einen derivativ abgeleiteten Finanzplan:

Fall	Plan-GuV	Plan-Bilanz	Finanzplan
1	Umsatzerlöse	Zubuchung von Forderungen bzw. von liquiden Mitteln	Einzahlung aufgrund von Kundenzahlungen
2	Materialaufwand	Zubuchung von Verbindlichkeiten bzw. Abgang an liquiden Mitteln	Auszahlung aufgrund von Lieferantenverbindlichkeiten
3	-	Zubuchung aufgrund Investition in eine Maschine	Auszahlung aufgrund von Anlagezugängen
4	Abschreibung	Wertminderung bei Maschine	-
5	Leasingaufwand für Kfz	-	Auszahlung aufgrund Leasingvertrag

Abbildung 116: Derivativer Finanzplan

Im **Fall 1** führen die gemäß Absatzplanung prognostizierten Verkaufsmengen gewichtet mit den Verkaufspreisen zu Umsatzerlösen in der Plan-GuV. Es kommt entweder zu einer Forderungseinbuchung oder zu einer direkten Erhöhung der liquiden Mittel in der Plan-Bilanz und zu einer Planeinzahlung im Rahmen der Finanzplanung und zwar unabhängig davon, ob die liquiden Mittel sofort über die Kasse oder den Bankbestand oder erst mit einer gewissen zeitlichen Verzögerung über Kundenforderungen eingehen.

Im **Fall 2** bewirkt der geplante Zugang von Vorräten eine Einbuchung von Materialaufwand in der Plan-GuV, eine Zubuchung von Lieferantenverbindlichkeiten und/oder direkt einen

Abgang an liquiden Mitteln in der Plan-Bilanz sowie eine Auszahlungsbuchung in der Finanzplanung.[114]

Fall 3 beschreibt eine Investition in Sachanlagen, die sich erfolgsneutral verhält und sich in der Plan-Bilanz als Zugang im Anlagevermögen und in der Finanzplanung als Auszahlung in voller Höhe des Kaufpreises widerspiegelt.

Im **Fall 4** wird die beschaffte maschinelle Anlage gemäß dem buchhalterischen Werteverzehr abgeschrieben, also in der Plan-GuV als Aufwand und in der Planbilanz als wertmindernd auf dem Sachanlagekonto gebucht. Auswirkungen im Finanzplan ergeben sich nicht, da der Vorgang zahlungsneutral ist.

Fall 5 letztlich beschreibt eine Situation, die sich nicht bilanziell auswirkt, da das Leasingengagement direkt in die Aufwendungen gebucht wird, im Zuge der Plan-GuV also ergebnisverschlechternd wirkt und in der Finanzplanung als Auszahlung erfasst wird.

3.3.1.5 Anpassungsmaßnahmen bei Unter- oder Überdeckung

Ist man aufgrund des erstellten Finanzplanes zu der Erkenntnis gelangt, dass es zu Unter- oder Überdeckungen kommen wird, so sind Anpassungsmaßnahmen erforderlich. Unter einer Unterdeckung versteht man eine Unterversorgung mit Kapital/Geld, um die geplanten Investitionen finanzieren zu können, während man bei einer Überdeckung genügend finanzielle Mittel eingeplant hat und sich höchstens überlegen muss, dieses überschüssige Geld rentabel anzulegen.

Im Zuge des Anpassungsprozesses unterscheidet man finanzwirtschaftliche und güterwirtschaftliche Anpassungsmaßnahmen:

---

[114] Natürlich ist die Art und Weise, wie sich Materialzukäufe im Rahmen der GuV materialaufwandswirksam auswirken, von der Buchungstechnik abhängig. Bei größeren Unternehmen wird der Werkstoffverbrauch häufig nach der so genannten Skontraktionsmethode durchgeführt, d.h., die Verbuchung der Materialaufwendungen erfolgt gemäß den Materialentnahmescheinen. Zunächst wirken sich deshalb Materialzukäufe lediglich bestandserhöhend aus und tangieren den Materialaufwand noch nicht. Bei kleineren Unternehmen wird häufig die Inventurmethode angewendet. Danach wird durch physische Bestandsaufnahme am Ende der Abrechnungsperiode der Vorratsbestandswert des Lagers ermittelt. Die Differenz zum buchhalterischen Wert ergibt dann den einzubuchenden Materialaufwand der Abrechnungsperiode.

Finanzplanerische Anpassungsmaßnahmen	
Finanzwirtschaftliche Maßnahmen bei Unterdeckung	• Kreditprolongation • Eigenkapitalerhöhung durch weitere Bareinlagen • Kreditaufnahme • Verkauf von Finanzanlagen • Verkauf von Forderungen (Factoring) • Leasing
Finanzwirtschaftliche Maßnahmen bei Überdeckung	• (vorzeitige) Kredittilgung • Eigenkapitalverminderung durch Entnahmen • Erwerb von (rentablen) Finanzanlagen • Kreditvergabe auf einen festen Termin
Güterwirtschaftliche Maßnahmen bei Unterdeckung	• Verzögerung umsatzbedingter Auszahlungen • Verzicht auf Ersatz- oder Erweiterungsinvestitionen • Verkürzung der Kapitalbindungsdauer (z.B. Verminderung der Lagerbestände, Verkürzung des Zahlungsziels) • Verkauf von (nicht betriebsnotwendigem) Sachanlagevermögen • Personalfreisetzung
Güterwirtschaftliche Maßnahmen bei Überdeckung	• Beschleunigung von Auszahlungen mit dem Ziel der Skontoinanspruchnahme • Materialeinkäufe in günstigen Mengen • Einräumung von längeren Zahlungszielen bei Kunden (Ziel: Umsatzsteigerung) • Vorziehen geplanter Ersatz- und Rationalisierungsinvestitionen

Abbildung 117: Finanzplanerische Anpassungsmaßnahmen

Besonders gravierend sind längerfristige Unterdeckungen. Denn ist eine Unternehmung chronisch mit Kapital unterversorgt, so müssen im Bereich des Eigen- und/oder Fremdkapitals entsprechende kapitalerhöhende Maßnahmen eingeleitet werden.

3.3.2 Die Erstellung von Finanzplänen

Generell wird bei der Erstellung von Finanzplänen der gesamte Planungszeitraum in verschiedene (gleichgroße) Planteilperioden zerlegt. Nach der Fristigkeit gliedert man in kurz-, mittel- und langfristige Finanzpläne. Diese unterscheiden sich nicht nur hinsichtlich des Detaillierungsgrades, sondern auch bzgl. des Verantwortungsbereiches.

Fristigkeit	Detaillierungsgrad und Verantwortungsbereich
Kurzfristiger Finanzplan	Operative Planung mit hoher Genauigkeit
Mittelfristiger Finanzplan	Operative Planung als Bindeglied zwischen kurz- und langfristiger Finanzplanung
Langfristiger Finanzplan	Strategische Planung mit relativ ungenauen Wertansätzen

Abbildung 118: Arten der Finanzpläne

3.3.2.1 Kurzfristige Finanzpläne

Kurzfristige Finanzpläne sind operative Pläne, bei denen der Planungszeitraum maximal ein Jahr beträgt. Dieser wird in Tage, Wochen oder (maximal) Monate zerlegt und hat als Ergebnis die Ermittlung des unmittelbar anstehenden Zahlungsmittelfehlbetrages/-überschusses. Etwaige Anpassungsmaßnahmen müssen sofort greifen, d.h. beispielhaft, dass bei einem Liquiditätsengpass die Bank sofort ein Überbrückungskredit zur Verfügung stellen muss, um einen Konkurs zu vermeiden. Der kurzfristige Finanzplan ist aufgrund der hohen Bedeutung der Liquidität sehr detailliert.[115]

Beispielhaft ist ein kurzfristiger Finanzplan auf Wochenbasis dargestellt (Werte in TEUR):

Woche	1	2	3	4
1. Zahlungsmittelanfangsbestand				
1.1 Kassenbestand	300	660	980	–250
1.2 verfügbare Guthaben bei Kreditinstituten				
1.3 Schecks				
2. Plan-Einzahlungen				
2.1 aus dem Leistungsbereich				
2.1.1 Umsatzerlöse	1.000	1.200	1.100	1.200
2.1.2 Verkauf von Sacheinlagen				
2.1.3 erwartete Anzahlungen				
2.1.4 sonstige				

[115] Vgl. Korst H. 1993, S. 87ff und Ross S./Westerfield R./Jordan B. 2003, S. 639ff.

			Woche	1	2	3	4
	2.2 aus dem Finanzbereich						
		2.2.1 Eigenkapitalzuführung		200			
		2.2.2 Kreditaufnahmen					
			2.2.2.1 langfristige Bankkredite	100			500
			2.2.2.2 sonstige langfr. Kredite				
			2.2.2.3 kurzfr. Bankkredite				
			2.2.2.4 sonstige Kredite				
		2.2.3 Verkauf von Finanzanlagen					
			2.2.3.1 Verkauf von Beteiligungen		300		
			2.2.3.2 Verkauf von Wertpapieren				
		2.2.4 Finanzerträge					
			2.2.4.1 Zinseinzahlungen	20	20	20	20
			2.2.4.2 Dividendeneinzahlungen				
	2.3 sonstige Einzahlungen						
Summe der Planeinzahlungen				**1.320**	**1.520**	**1.120**	**1.720**
			Woche	**1**	**2**	**3**	**4**
3. Plan-Auszahlungen							
	3.1 aus dem Leistungsbereich						
		3.1.1 Personalaufwand		500	500	500	500
		3.1.2 Materialaufwand		300	500	350	350
		3.1.3 Leistungen Dritter					
		3.1.4 Steuern		160	200		
		3.1.5 sonstige					
	3.2 für Investitionen im Leistungsbereich						
		3.2.1 Grundstücke und Gebäude					
		3.2.2 Maschinen und Anlagen				1.500	
		3.2.3 Betriebs- und Geschäftsausstattungen					
	3.3 für den Finanzbereich						
		3.3.1 Eigenkapitalrückzahlungen					
		3.3.2 Kreditrückzahlungen					
		3.3.3 Investitionen im Finanzbereich					
		3.3.4 Finanzaufwendungen					
	3.4 sonstige Auszahlungen						

			Woche	1	2	3	4
Summe der Planauszahlungen				**960**	**1.200**	**2.350**	**850**
4. Saldo			Zahlungsmittelanfangsbestand	300	660	980	–250
			+ Plan-Einzahlungen	1.320	1.520	1.120	1.720
			- Planauszahlungen	-960	–1.200	–2.350	–850
			= Über-/Unterdeckung	**+660**	**+980**	**–250**	**+620**

Tabelle 28: Kurzfristiger Finanzplan

Der Finanzplan zeigt die Über- und Unterdeckungssituationen jeweils zum Wochenende/ Wochenbeginn. Bevor er verabschiedet werden kann, müssen sich die Verantwortlichen fragen, wie der voraussichtliche Liquiditätsengpass der dritten Woche (–250 TEUR) aufgefangen werden kann. Beispielsweise durch eine finanzwirtschaftliche Anpassungsmaßnahme im Zuge eines erweiterten Kontokorrentkredits. Dazu wäre dann die Zustimmung der Bank notwendig. Ebenso wäre eine güterwirtschaftliche Anpassungsmaßnahme denkbar. Ausgelöst wird der vorübergehende Engpass durch die 1,5 Mio. € betragende Investition in maschinelle Anlagen. Somit könnten sich die Verantwortlichen beispielhaft dazu entschließen, die Investition in ein Leasingengagement umzuwandeln oder die Investition zeitlich etwas zu verschieben. [116]

3.3.2.2 Mittelfristige Finanzpläne

Mittelfristige Finanzpläne sind so genannte taktische Finanzpläne, bei denen der Planungszeitraum bis zu zwei bzw. fünf Jahren beinhaltet. Im Gegensatz zum kurzfristigen Plan wird hier der Planungszeitraum in Wochen, Monate oder Jahre zerlegt. Normalerweise erfolgt dabei die Ermittlung des Kapitalbedarfs für die nächsten Monate und Jahre aufgrund von geplanten Bilanzen sowie GuV's. Etwaige Anpassungsmaßnahmen werden von langer Hand vorbereitet, um (kapital)kostengünstig zu entscheiden. Somit liegt das Hauptaugenmerk des mittelfristigen Finanzplanes nicht auf der Liquiditätssicherung, sondern auf der Kapitalkostenoptimierung verstanden als Kapitalkostenminimierung.

---

[116] Siehe Fallstudie 32.

Jahr	1	2	3	4
Übertrag		+20	+390	+510
A. Selbstfinanzierung				
I. Ausgaben				
1. Personalkosten	–2.500	–2.600	–2.700	–2.800
2. Materialkosten	–1.700	–1.800	–1.900	–2.000
3. Fremdkapitalzinsen	–200	–200	-200	–200
4. Sonstige Aufwendungen	–1.300	–1.350	–1.400	–1.450
II. Einnahmen				
1. Umsatzerlöse	7.200	7.500	7.500	7.600
2. Zinserträge	80	80	80	80
3. Sonstige Einnahmen	140	140	140	140
III. Saldo	**+1.720**	**+1.770**	**+1.520**	**+1.370**
B. Investitionen				
I. Kauf von Anlagevermögen	–1.200			–800
II. Verkauf von Anlagevermögen				
III. Saldo	**–1.200**	**0**	**0**	**–800**
C. Fremdfinanzierung				
I. Ausgaben				
1. Darlehenstilgung	–500	–500	–500	–500
2. Darlehensgewährung				
II. Einnahmen				
1. Fremdkapitalaufnahme				
2. Darlehensrückzahlungen				
III. Saldo	**–500**	**–500**	**–500**	**–500**
D. Deckungslücke	+20	+1.290	+1.410	+580
E. Finanzierungsmaßnahmen				
I. Ausgaben				
1. Gewinnausschüttung		–900	–900	–500
2. Eigenkapitalentnahme				
II. Einnahmen				
1. Eigenkapitalzuführung				
2. langfr. Fremdkapitalaufnahme				
III. Saldo	**0**	**–900**	**–900**	**–500**
F. Saldo D+E	+20	+390	+510	+80

Tabelle 29: Mittelfristiger Finanzplan

Ausgangsbasis des obigen mittelfristigen Finanzplans (Werte in TEUR) ist das Innenfinanzierungspotenzial, das durch die Selbstfinanzierungskraft zum Ausdruck kommt. Es enthält, ausgehend von der GuV, alle einzahlungswirksamen Erlöse und alle auszahlungswirksamen Aufwendungen und somit eine Form des Cash flow. Dazu kommen geplanten Investitions- und Fremdfinanzierungsmaßnahmen. Etwaige Deckungslücken werden dann durch entsprechende Gegenfinanzierungsmaßnahmen kompensiert. In obigem Fall ist zunächst keine Planrevision erforderlich, da zum einen Unterdeckungen nicht vorkommen und zum anderen die auftretenden Überdeckungen keinen eindeutigen Trend (nach oben) erkennen lassen, so dass Definanzierungsmaßnahmen nicht angezeigt sind.[117]

3.3.2.3 Langfristige Finanzpläne

Langfristige Finanzpläne werden von der obersten Führungsebene einer Unternehmung vorgegeben und gehören in den Bereich der strategischen Planung. Der Planungshorizont übersteigt für gewöhnlich fünf Jahre, so dass hier lediglich die Zerlegung des Planungszeitraumes in Jahre einen Sinn ergibt. Eine sehr einfache Möglichkeit, auf analytische Art den Finanzplan abzuleiten, ist die Bildung der prospektiven **Bewegungsbilanz**, auch Kapitalbindungsplan genannt.

Um die Bewegungsbilanz zu erstellen, entwickelt man zuerst eine einfache (prospektive) Veränderungs- oder Differenzenbilanz, die sich durch Subtraktion der Bilanzpositionen des Jahres n-1 von den Bilanzpositionen des Jahres n ergibt. Folgendes Beispiel möge dies verdeutlichen:

Bilanz in TEUR			
	Planjahr 2009	Planjahr 2010	Differenz
AKTIVA			
Anlagevermögen	1.900	2.100	+200
Vorräte	1.100	850	–250
Kurzfristige Forderungen	900	1.200	+300
Liquide Mittel	100	180	+80
Bilanzsumme	4.000	4.330	+330
PASSIVA			
Gezeichnetes Kapital	800	950	+150
Gewinnrücklagen	400	550	+150
Langfristige Verbindlichkeiten	1.500	1.380	–120
Kurzfristige Verbindlichkeiten	1.300	1.450	+150
Bilanzsumme	4.000	4.330	+330

Tabelle 30: Langfristiger Finanzplan – Veränderungsbilanz

[117] Siehe Fallstudie 33.

Die Veränderungsbilanz zeigt bereits auf den ersten Blick eine Bilanzverlängerung im Planungszeitraum um 330 TEUR. Ebenso erfährt man die Gründe für die Verlängerung bspw., weil sich u.a. die kurzfristigen Forderungen um 300 TEUR erhöht haben. Ordnet man nun diese Differenzenbilanz um, indem man auf der linken Seite die Aktiva-Erhöhungen (A^+) sowie die Passiva-Minderungen (P^-) und auf der rechten Seite die Passiva-Erhöhungen (P^+) und die Aktiva-Minderungen (A^-) aufzeichnet, wobei ein Wechsel auf die gegenüberliegende Seite zu einem Vorzeichentausch führt, so erhält man die (prospektive) Bewegungsbilanz.

Bewegungsbilanz in TEUR

Kapitalverwendung			**Kapitalherkunft**
Anlagevermögen	200	Gezeichnetes Kapital	150
Kurzfristige Forderungen	300	Gewinnrücklagen	150
Liquide Mittel	80	Kurzfristige Verbindlichkeiten	150
Langfristige Verbindlichkeiten	120	Vorräte	250
Summe	**700**	**Summe**	**700**

Tabelle 31: Langfristiger Finanzplan – Bewegungsbilanz

Aktiva-Erhöhungen sind **Investitionen** und damit Kapitalbindungen. Im Beispiel werden insgesamt 580 TEUR in Aktivpositionen investiert. Davon entfallen 200 TEUR in Anlagen, 300 TEUR in die Erhöhung der kurzfristigen Forderungen und 80 TEUR in die Liquidität.

Passiva-Minderungen stellen nach den Termini, wie sie im Laufe des Buches benutzt wurden, **negative Außenfinanzierung** und damit Kapitalentzüge dar. Langfristige Verbindlichkeiten wurden um 120 TEUR reduziert. Damit ist in dieser Höhe per Saldo Kapital entzogen worden.

Kommt es zu **Passiva-Erhöhungen**, handelt es sich um **Außenfinanzierungs**-, in einigen Fällen auch um **Innenfinanzierungsmaßnahmen**. Beides sind Kapitalzuführungen. Die Erhöhung der kurzfristigen Verbindlichkeiten (150 TEUR) sowie des gezeichneten Kapitals (150 TEUR) zählen zur Außenfinanzierung, die Erhöhung der Gewinnrücklagen im Zuge der Gewinnthesaurierung (150 TEUR) zur Innenfinanzierung.

Aktiva-Minderungen schließlich sind **Innenfinanzierungsmaßnahmen** und gleichzeitig Kapitalfreisetzungen. Vorräte wurden abgebaut (250 TEUR) und damit in den Produktionsprozess eingebunden.[118]

---

[118] Siehe Fallstudie 34.

Obiges Beispiel macht deutlich, dass die Bewegungsbilanz ein sehr einfaches und wahrscheinlich gerade deshalb ein sehr geeignetes Instrumentarium ist, um einen langfristigen Finanzplan zu erstellen. Die Kapitalbindung und der Kapitalentzug sind die beiden Möglichkeiten der Kapitalverwendung, Kapitalzuführung und -freisetzung hingegen die Alternativen der Kapitalherkunft.

Allgemeingültigkeit besitzt deshalb die folgende Abbildung einer Bewegungsbilanz:

Bewegungsbilanz in TEUR

Kapitalverwendung	**Kapitalherkunft**
A^+ = Kapitalbindung	A^- = Kapitalfreisetzung
P^- = Kapitalentzug	P^+ = Kapitalzuführung
Summe	**Summe**

Abbildung 119: Genereller Aufbau einer Bewegungsbilanz

3.3.2.4 Prognosemethoden zur Bestimmung der Finanzplanwerte

Nicht ganz leicht ist die Frage zu beantworten, wie man die einzelnen Prognosewerte im Rahmen der kurz-, mittel- und langfristigen Finanzpläne bestimmt bzw. bestimmen soll. Zunächst einmal gibt es eine Reihe von Verfahren:

- Bei den **heuristischen** Verfahren ergeben sich die Werte aus den Erfahrungen des Unternehmens oder externer Stellen (z.B. Durchschnittswerte aus Betriebsvergleichen).
- **Extrapolierende** Verfahren berücksichtigen mehrere Vergangenheitswerte, die entweder gleich gewichtet werden oder bei denen zeitnähere Daten einen höheren Gewichtungsfaktor in der Prognose erhalten.
- Die **kausalen** Verfahren versuchen anhand der Vergangenheitswerte Trends abzuleiten und prognostizieren so die zukünftige Entwicklung. Ein Beispiel wäre hier die (einfache) lineare Regressionsanalyse, bei der neben einer Konstanten das Steigungsmaß den Prognosewert bestimmt.

Sicher haben alle Verfahren eine gewisse Daseinsberechtigung. In der Praxis wird aber i.d.R. den heuristischen Verfahren der Vorzug gegeben. D.h., ausgehend von den Vergangenheitsdaten versucht man die zukünftige Entwicklung zu prognostizieren, indem man mögliche Veränderungen in der strategischen und operativen Ausrichtung in die Überlegungen mit einbezieht.[119]

3.3.3 Die Integration der Finanzpläne in das Rechnungswesen

Wurde bereits in den vorangegangenen Kapiteln dargestellt, dass Finanzpläne, unabhängig von der Fristigkeit, nie für sich alleine aufgestellt werden, sondern immer als Teil eines Ganzen zu betrachten sind, so soll dieser Zusammenhang nochmals anhand eines kleinen Schaubildes verdeutlicht werden:

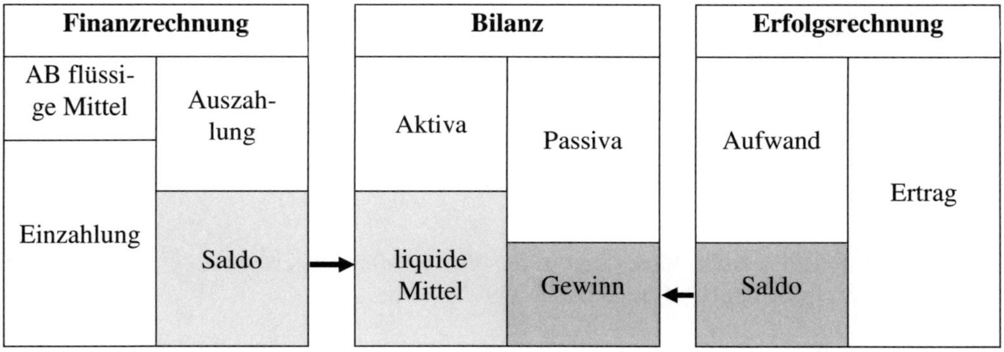

Abbildung 120: Integration des Finanzplanes in das Rechnungswesen

Die Finanzplanung (Finanzrechnung) ist immer Bestandteil des gesamten Rechnungswesens, das oben in Form des externen Rechnungswesens, bestehend aus Bilanz und Erfolgsrechnung (Gewinn- und Verlustrechnung) und der Finanzrechnung als Teilbereich des internen Rechnungswesens, dargestellt ist. Es fehlt mit der Kostenrechnung ein weiterer wichtiger Baustein, der aber für das Verständnis der Integration der Finanzpläne in das Rechnungswesen an dieser Stelle ohne Bedeutung ist.

Es wird deutlich, dass positive Zahlungsmittelüberschüsse, verstanden als Saldo zwischen Ein- und Auszahlungen, mit dem Bestand der liquiden Mittel der Bilanz übereinstimmen. Im Falle von Auszahlungsüberschüssen wandert der Saldo der Finanzrechnung auf die Passivseite der Bilanz und stellt dort einen Kontokorrentkredit dar. Ebenso wird nochmals die Verbindung innerhalb des externen Rechnungswesens deutlich. Der Gewinn erhöht, zunächst

---

119 Gelegentlich wird auch die Szenario-Technik als Planungsinstrument ins Feld geführt. Vgl. z.B. Welge M./Eulerich M. 2007, S. 69ff.

einmal unabhängig von der anschließenden Verwendung, das Eigenkapital, Verluste würden das Eigenkapital und damit die Passivseite der Bilanz verringern.[120]

3.4 Finanzwirtschaftliches Risikomanagement

3.4.1 Grundlagen des Risikomanagements

Im einleitenden Teil des Kapitels Finanzmanagement wurde bereits erwähnt, dass ein adäquates, d.h. bedarfsgerechtes Risikomanagementsystem in einer Unternehmung installiert sein muss, um das kurz- bis mittelfristige operative Ziel der Liquiditätssicherung, das mittel- bis langfristige operative Ziel der „ausreichenden" Ertragskraft und das langfristige strategische Ziel der Unternehmenswertsteigerung zu gewährleisten.[121]

Somit ist es zunächst einmal erforderlich, sich bewusst zu machen, was überhaupt Risiko und Risikomanagement bedeuten. Dazu mögen zwei Beispiele dienen:

- Im Zuge der Wettervorhersage wird das Risiko, dass es am nächsten Tag regnet, mit 20% angegeben.
- Auf einer Pressekonferenz betont der Wirtschaftsminister das hohe Risiko, das in einem starken Euro gegenüber dem US-Dollar besteht.

Handelt es sich in beiden Fällen tatsächlich um ein (unternehmerisches) Risiko?

- Im ersten Fall der Wettervorhersage wäre Regen für den Hersteller eines PKW unerheblich, während der Vertreiber von Tickets einer Open-Air-Veranstaltung sicherlich bei schlechtem Wetter weniger Karten verkaufen würde als bei Sonnenschein.
- Umgekehrt verhält es sich bei einem starken Euro. Der PKW-Hersteller fürchtet eine starken Euro insbesondere dann, wenn er einen hohen (US-)Exportanteil hat, während es für den Verkauf von Open-Air-Tickets unbedeutend ist, wie die Wechselkursrelation von € zu $ ist.

Somit ist es also offensichtlich, dass es sich bei Risiko um eine subjektive Wahrnehmung handeln muss. In der Literatur gibt es eine Vielzahl von Risikodefinitionen.

Allgemein steht **unternehmerisches Risiko** für ein Wagnis, das man mit einem bestimmten Vorhaben eingeht. Betriebswirtschaftlich gesehen stellen alle Gefahren und Unsicherheitsfaktoren, die die wirtschaftlichen Handlungen bzw. den wirtschaftlichen Erfolg gefährden, Wagnisse bzw. Risiken dar. Deshalb ist es für einen sinnvollen und effektiven Umgang mit

---

[120] Siehe Fallstudie 35.

[121] Vgl. auch Dörner D./Horvath P./Kagermann H. 2000, Gleißner W./Meier G. 2001, insbesondere S. 53ff, Bitz M. 1993, S. 641ff und Harrant H./Hemmrich A. 2004, S. 37ff.

Risiken zunächst einmal unumgänglich, die Risikolage des Unternehmens einzuschätzen und zeitnah abzubilden. Um die risikorelevanten Bereiche im Unternehmen systematisch erfassen zu können, ist die Implementierung eines Risikomanagementsystems unabdingbar.[122]

Unter **Risikomanagement** werden allgemein alle erforderlichen Aufgaben und Maßnahmen zur Risikobekämpfung verstanden. Aus unternehmerischer Sicht soll Risikomanagement die Unternehmensführung unterstützen, wesentliche Risiken, die den Unternehmenserfolg oder -bestand gefährden können, rechtzeitig zu erkennen und zu bewältigen helfen.

3.4.2 Das KonTraG als rechtliche Grundlage

Das im April 1998 verabschiedete Gesetz zur Kontrolle und Transparenz im Unternehmensbereich (KonTraG) schaffte die rechtliche Grundlage für die Implementierung von Risikomanagementsystemen in Unternehmen. Danach hat der Vorstand einer Aktiengesellschaft geeignete Maßnahmen zu treffen, insbesondere ein Überwachungssystem einzurichten, „damit den Fortbestand der Gesellschaft gefährdende Entwicklungen frühzeitig erkannt werden können“ (§ 91 (2) AktG).[123] Zudem erweitert der Gesetzgeber die Berichterstattung im Lagebericht. Danach wird die Unternehmensführung verpflichtet, bei der Darstellung des Geschäftsverlaufs und der Lage der Gesellschaft auch auf die Risiken der künftigen Entwicklung einzugehen (§ 289 (1) HGB), was vom Wirtschaftsprüfer zu testieren ist.

Das KonTraG gilt zunächst einmal für die Rechtsform der Aktiengesellschaft, in Literatur und Praxis gewinnen aber diejenigen Stimmen überhand, die für eine uneingeschränkte Ausdehnung auch auf andere Gesellschaftsformen, insbesondere auf die GmbH, plädieren. Begründet wird dies damit, dass die Implementierung eines Risikomanagementsystems zu den Sorgfaltspflichten eines jeden Geschäftsführers gehört.[124]

3.4.3 Der Risikomanagementprozess

Ausgehend von der Definition des Risikos als negative Abweichung von einer Zielgröße kann man den Risikomanagementprozess in fünf Schritte bzw. Phasen zerlegen:

---

[122] Es kann davon ausgegangen werden, dass in zunehmendem Maße die Anforderungen an ein Risikomanagementsystem in Unternehmen erhöht werden. Vgl. Lück W./Henke M. 2004, S. 1-14.

[123] Vgl. Bitz H. 2000, S. 232. Beim KonTraG handelt es sich im eigentlichen Sinne, entgegen der Terminologie, nicht um ein eigenständiges Gesetz. Vielmehr sind es einzelne Paragraphen aus unterschiedlichen Gesetzen, Verordnungen und Richtlinien, die beim Risikomanagementprozess unterstützen und anleiten sollen.

[124] Zum Risikomanagement vgl. auch Hommelhoff P./Mattheus D. 2000, S. 217ff, Lück M. 1998, S. 8ff, Gerpott T./Hoffmann A. 2008, S. 7ff, Lück W. 2000, S. 311ff, Knuppertz T./Ahlrichs F. 2007, S. 491ff und Wolf K. 2004, S. 625ff.

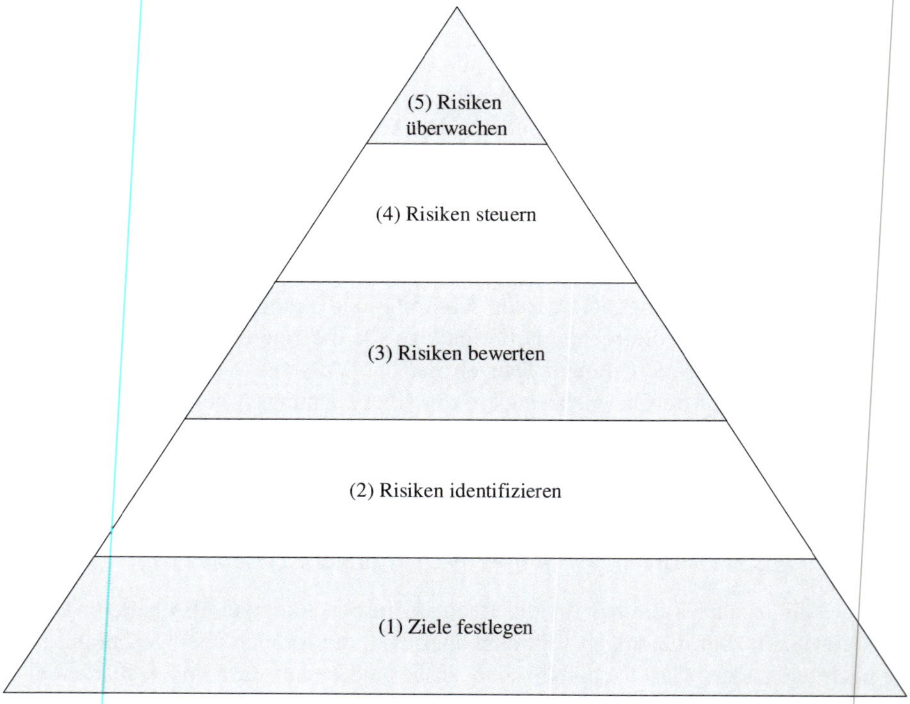

Abbildung 121: Phasen des Risikomanagementprozesses

Zunächst einmal müssen die unternehmerischen **Ziele** festgelegt werden. Diese können bspw. nach Unternehmensbereiche und/oder in die operativen und strategischen Zielbereiche unterteilt werden.

Im Rahmen der **Risikoidentifikation** werden dann entsprechend der Zielsetzung alle relevanten Risiken erfasst, d.h. identifiziert, und zwar zunächst unabhängig von dem Ausmaß des möglichen Schadens und der Eintrittswahrscheinlichkeit.

Dies erfolgt erst im dritten Schritt, in dem die identifizierten Risiken **bewertet** werden, um dann im vierten Schritt geeignete (Gegen)Steuerungsmaßnahmen ergreifen zu können.

Das Monitoring, also die **Überwachung** des Prozesses, schließt sich als fünfter und letzter Schritt an.

3.4.3.1 Zieldefinition

Aufbauend auf den Unternehmensleitlinien und den obersten strategischen Maximen einer Unternehmung werden zunächst die unternehmerischen Ziele festgelegt, wobei sich eine prozessuale oder eine funktionale Gliederung anbietet und man zusätzlich noch in die langfristigen strategischen und kurz- bis mittelfristigen operativen Ziele untergliedern kann. Beispielhaft soll dies für die Kernprozesse Beschaffung, Produktion und Absatz dargestellt werden:

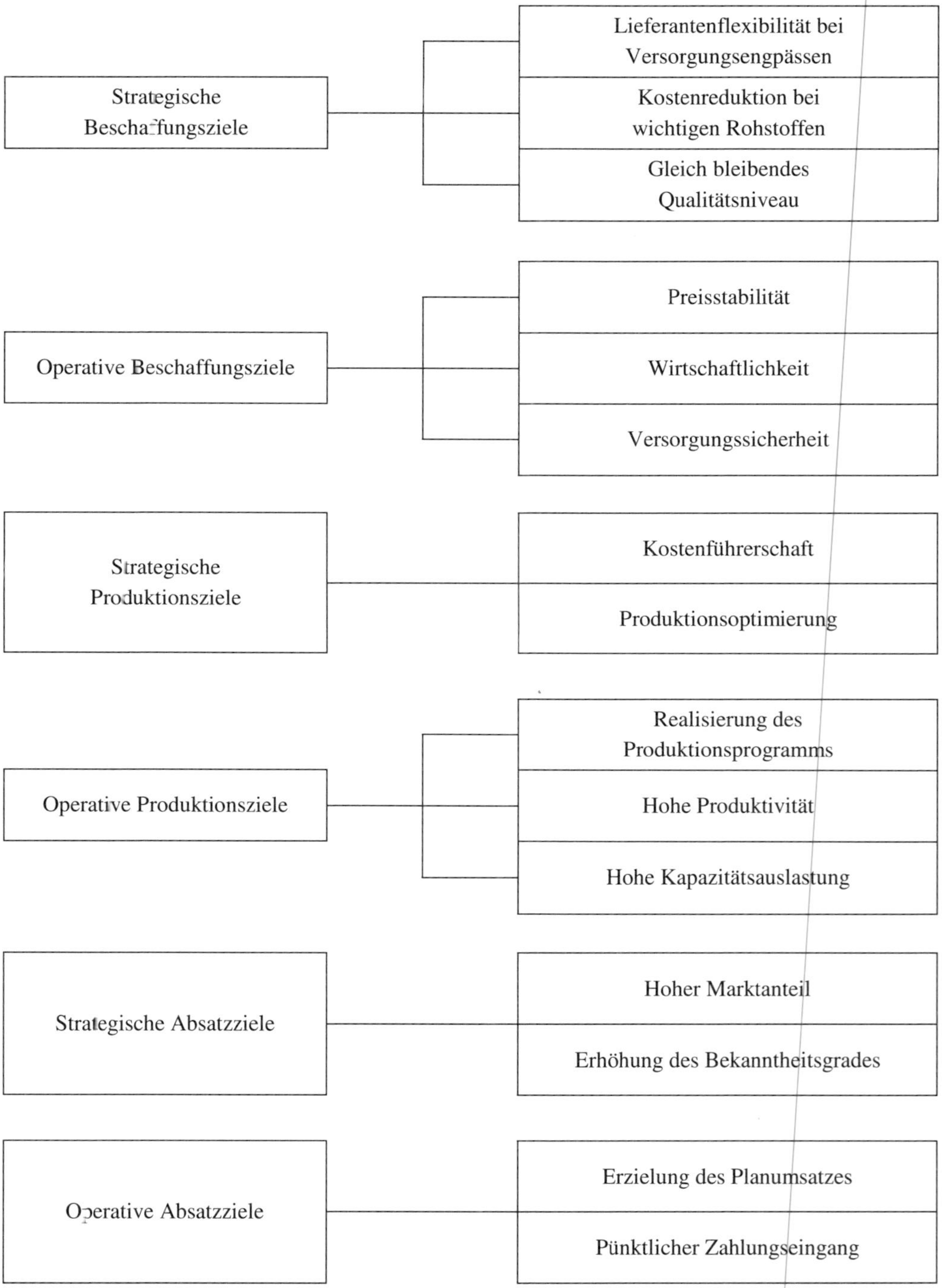

Abbildung 122: Unternehmerische Ziele

Ähnlich zur anschließenden Risikoidentifikation stellt sich bei der Zieldefinition generell die Frage, mit welchen Instrumentarien diese abgeleitet werden kann. Hierzu gibt es eine Fülle von Instrumenten, aus denen hier nur die gängigsten und vielleicht auch praktikabelsten kurz vorgestellt werden sollen.

Brainstorming: Der Grundgedanke des Brainstormings ist, einen interdisziplinären, d.h. unternehmerischen und unternehmensinternen Teilnehmerkreis zur Entwicklung von Ideen anzuregen. Der Vorteil dieser Methode liegt im geringen Zeitaufwand, den geringen Kosten und der schnellen Ideensammlung. Der Nachteil liegt eindeutig in der begrenzten Anzahl von Teilnehmern. Es existiert kein vorgeschriebener Ablauf, es sollten jedoch einige Punkte beachtet werden:

- Teilnehmerzahl: fünf bis acht Personen
- möglichst hierarchisch gleichgestellter Teilnehmerkreis
- Dauer: maximal 45 Minuten
- Ideen werden schriftlich festgehalten
- alle Ideen werden grundsätzlich festgehalten
- Ideen sollen anschließend weiterentwickelt werden können
- Ideen werden abschließend von der Gruppe bewertet und ggf. Handlungsmaßnahmen abgeleitet

Brainwriting (Methode 635): Diese Methode ist eine Abwandlung des Brainstormings. Sechs Teilnehmer einer Gruppe notieren jeweils drei Ideen auf einem Blatt. Die Teilnehmer erhalten dann das Formblatt ihres Nachbarn, um sich von dessen Ideen anregen zu lassen und dessen Gedanken weiterzuentwickeln. Dieser Prozess der Weiterentwicklung findet fünf Runden statt. Am Ende werden alle Mitglieder über sämtliche Ideen urteilen und als Gruppe Handlungsempfehlungen aussprechen.

Delphimethode: Hierbei handelt es sich um eine schriftliche Befragung von mehreren Experten zur Einschätzung über künftige qualitative und quantitative Entwicklungen. Dieses Verfahren stellt einen anonymen und iterativen Prozess dar, d.h., die Teilnehmer kennen die Zusammensetzung der Gesamtgruppe nicht. In der ersten Befragungsrunde legen die Experten die erforderlichen Prämissen für die Prognose der zukünftigen Entwicklung fest. In der zweiten Runde werden diese vom Projektleiter den Testpersonen präsentiert und gleichzeitig zur Einschätzung der Eintrittswahrscheinlichkeiten aufgefordert. In den folgenden Runden haben die Experten die aus der vorigen Runde ermittelten Gruppenurteile erneut zu bewerten und kritisch zu begründen. Durch diese wiederholte Befragung lassen sich objektivere Aussagewerte bestimmen. Nachteilig sind die starre Befragungstechnik und der hohe Zeit- und Kostenaufwand.

3.4.3.2 Risikoidentifikation und -erfassung

Für einen sinnvollen und effektiven Umgang mit Risiken ist es zunächst einmal erforderlich, die Risikolage einer Unternehmung einschätzen zu können. Jede Unternehmung, unabhängig von der Größe, der Branche und der Struktur, ist einer Vielzahl von Risiken ausgesetzt, die es zu identifizieren und zu erfassen gilt.

Aufbauend auf den unternehmerischen Zielen sollte zunächst eine möglichst grobe, allgemeingültige Risikosystematik erarbeitet werden. Nachstehende Abbildung etwa teilt das Unternehmerrisiko zunächst in vier Risikobereiche, denen dann die verschiedenen Risikoarten zugeordnet werden:

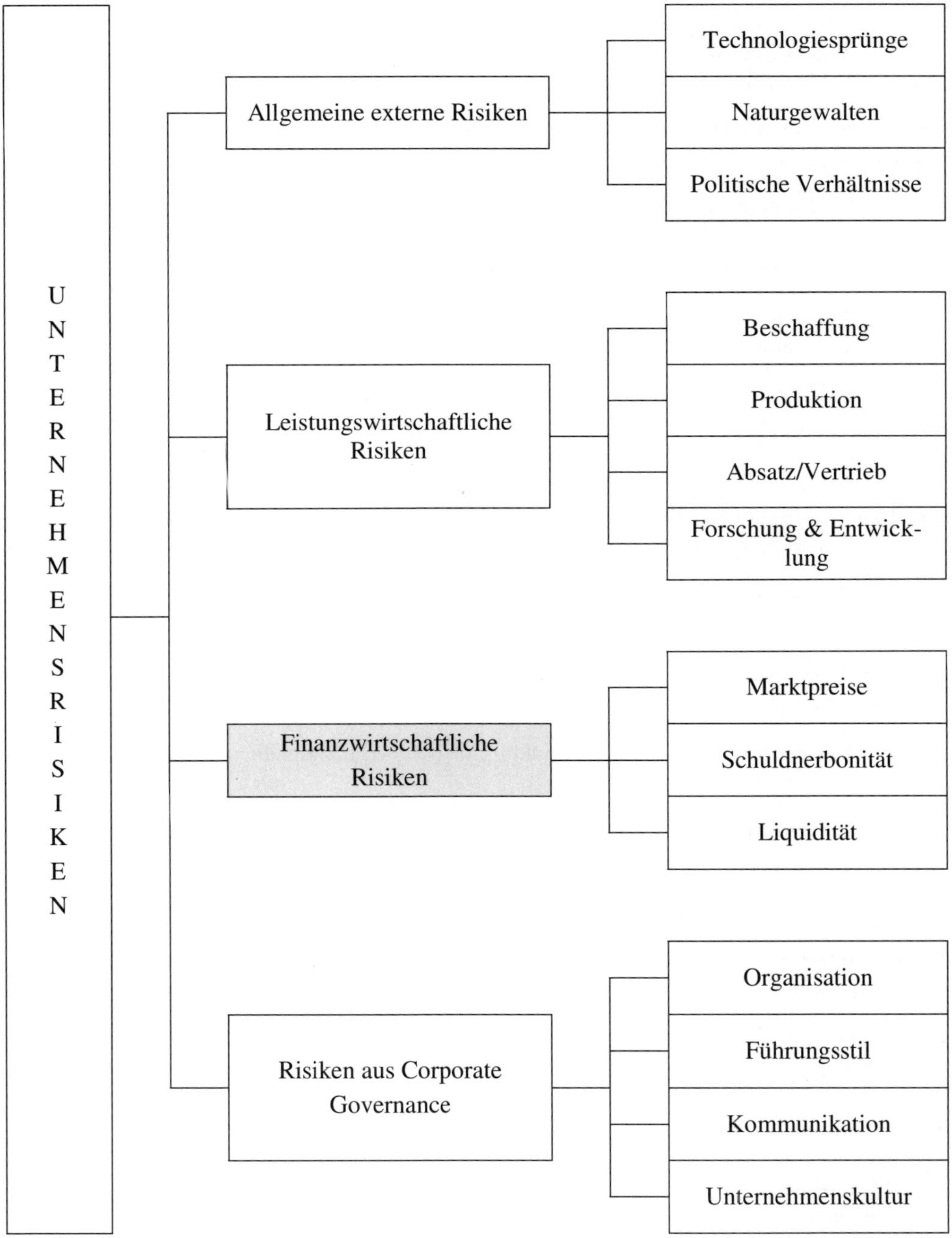

Abbildung 123: Unternehmerische Risiken

Das hier beispielhaft vorgestellte Risikoschema kann dann jederzeit in einem unternehmensindividuellen Raster weiterentwickelt werden. Wichtig ist, dass es in sich konsistent und vollständig ist, damit alle relevanten Risiken erfasst werden können.

Im Rahmen der **allgemeinen externen Risiken** befinden sich möglicherweise eine Reihe von Unwägbarkeiten, die die unternehmerische Existenz gefährden:

- **Technologiesprünge**: Ist das Unternehmen verstärkt einem zunehmenden technischen Wandel ausgesetzt, was die eigenen Produktionsverfahren und/oder Produkte sehr schnell überaltern lässt?
- **Naturgewalten**: Verarbeitet das Unternehmen bedeutende Rohstoffe, die aufgrund von Naturkatastrophen häufig Preisschwankungen ausgesetzt sind?
- **Politische Verhältnisse**: Beinhaltet das operative Geschäft der Unternehmung einen hohen Exportanteil mit Staaten, die sehr labile politische Strukturen haben?

Die **Leistungswirtschaftlichen Risiken** beinhalten alle Gefahren der unternehmerischen Bereiche innerhalb der Wertschöpfungskette:

- **Beschaffung**: Kommt es vermehrt durch Verzögerungen im Beschaffungsprozess zu Terminverschiebungen bei der Auslieferung?
- **Produktion**: Ist die Produktion in hohem Maße anfällig gegenüber Qualitätsschwankungen?
- **Vertrieb**: Lässt die Kundenstruktur auf hohe Abhängigkeiten von einigen wenigen Großkunden schließen?
- **Forschung & Entwicklung**: Ist die Unternehmung durch Produktinnovation den immer neuen Anforderungen des Marktes gewachsen?

Finanzwirtschaftliche Risiken sollen u.a. Probleme im Rahmen der Rentabilität und Liquidität aufdecken:

- **Marktpreise**: Lassen Marktpreisentwicklungen darauf zurückschließen, dass zukünftig mit stark zurückgehenden Deckungsbeiträgen gerechnet werden muss?
- **Schuldnerbonität**: Werden vereinbarte Zahlungsziele von den Kunden eingehalten?
- **Liquidität**: Sind Finanzierungsspielräume vorhanden oder ist die Finanzierungsfähigkeit weitestgehend ausgeschöpft, so dass in naher Zukunft mit Liquiditätsproblemen gerechnet werden muss?

Risiken aus dem **Corporate Governance** können ebenfalls die Existenz einer Unternehmung gefährden:

- **Organisation**: Lässt die Aufbau- und/oder Ablauforganisation Rückschlüsse darauf zu, dass strategische Entscheidungen nicht schnell genug delegiert und operativ umgesetzt werden?
- **Führungsstil**: Kommt es aufgrund des Führungsstils zu ungewöhnlich hohen Mitarbeiterfluktuationen?
- **Kommunikation**: Findet ein regelmäßiger Erfahrungsaustausch zwischen Abteilungen statt, so dass Probleme bereichsübergreifend bekannt sind?
- **Unternehmenskultur**: Identifizieren sich die Mitarbeiter genügend mit der Unternehmung und besitzen eine ausreichende Teamfähigkeit?

3.4.3.3 Analyse, Bewertung und Messung von Risiken

In diesem Schritt werden die erfassten Risiken bewertet und in Kategorien eingeordnet. Eine grobe quantitative Bewertung besteht darin, Häufigkeit und Schadensausmaß der betrachteten Gefahren abzuschätzen. Das Ergebnis lässt sich in einer so genannten Risikomatrix, bei der Schadenshöhe und Eintrittswahrscheinlichkeit dargestellt sind, sehr gut visualisieren. Zunächst jedoch müssen hierfür zur Häufigkeit und dem potenziellen Schadensausmaß geeignete Kategorien definiert werden, die folgendermaßen aussehen können:

Klassifizierung der Eintrittswahrscheinlichkeit		
Eintrittswahrscheinlichkeit (x)	Erwartung	Erfahrung
5 = sehr hoch (x > 60%)	Mehr als einmal im Jahr	In den letzten 5 Jahren jeweils mindestens einmal eingetreten
4 = hoch (35 < x ≤ 60%)	Einmal im Jahr	In den letzten 3 Jahren jeweils einmal eingetreten
3 = mittel (15 < x ≤ 35%)	Einmal in 2 Jahren	In den letzten 4 Jahren zweimal eingetreten
2 = gering (1% < x ≤ 15%)	Alle 8 Jahre	In den zurückliegenden 8 Jahren einmal eingetreten
1 = unwahrscheinlich (x ≤ 1%)	Kann nicht ausgeschlossen werden	Noch nicht vorgekommen

Abbildung 124: Risikobewertung – Schadenseintrittswahrscheinlichkeit

Klassifizierung der Schadenshöhe	
Schadensausmaß (y)	bedeutet
5 = Katastrophe (y > 10 Mio. €)	Unternehmensexistenz ist gefährdet
4 = Großrisiko (1 < y ≤ 10 Mio. €)	Eintritt würde zu einem hohen Jahresverlust und Liquiditätsproblemen führen
3 = mittleres Risiko (250 TEUR < y ≤ 1 Mio. €)	Eintritt würde den Jahresgewinn gefährden und die Liquiditätsreserven angreifen
2 = Kleinrisiko (10 TEUR < y ≤ 250 TEUR)	Eintritt kann zu einer unterdurchschnittlichen Jahresrendite führen
1 = Bagatellerisiko (y ≤ 10 TEUR)	Eintritt hat keinen Einfluss auf das Jahresergebnis und die Rendite

Abbildung 125: Risikobewertung – Schadenshöhe

Nach dieser Klassifizierung werden die einzelnen Risiken von einem kompetenten Team in einer Risikomatrix (Risk map) zusammengeführt:

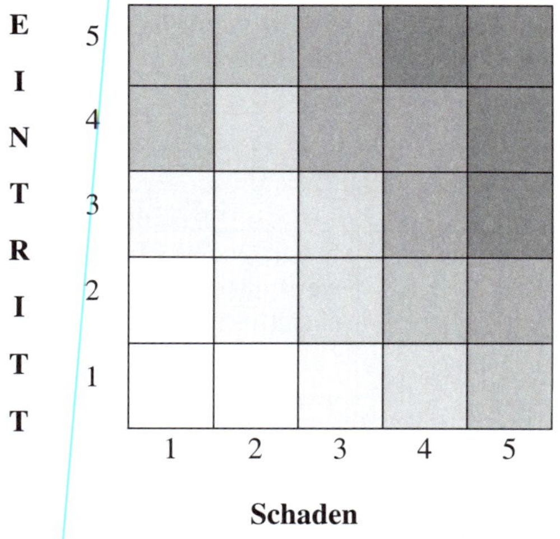

Abbildung 126: Riskmap I

Die farbliche Kennzeichnung charakterisiert die Bedeutung der Risiken, d.h., zunächst muss sich die Unternehmensführung mit den Risiken in rechten oberen (dunklen) Bereich befassen, also mit den Risiken mit hohen Eintrittswahrscheinlichkeiten und hohen Schadensausmaßen. Mit abnehmenden Eintrittswahrscheinlichkeiten und Schadenshöhen verliert folglich das Risiko an Bedeutung und kann nachrangig bearbeitet werden.

Nachfolgend soll beispielhaft die Risikomatrix des Vertriebes einer Unternehmung dargestellt werden. Im Rahmen der leistungswirtschaftlichen Risiken in dem Bereich Vertrieb wurden folgende Risiken identifiziert und bewertet.

(1) neue Wettbewerber

(2) Kundenanforderungen nicht bekannt

(3) schleppender Umgang mit Reklamationen

(4) schlechte Zahlungsmoral der Kunden

(5) zu großzügige Kundenzahlungsziele

(6) sinkende Deckungsbeiträge durch steigende Produktionskosten, die nicht an Kunden weitergegeben werden können

(7) Produktionsengpässe, die zu Vertriebsproblemen führen

(8) stark schwankende Produktqualität

(9) stark schwankende Wechselkurse

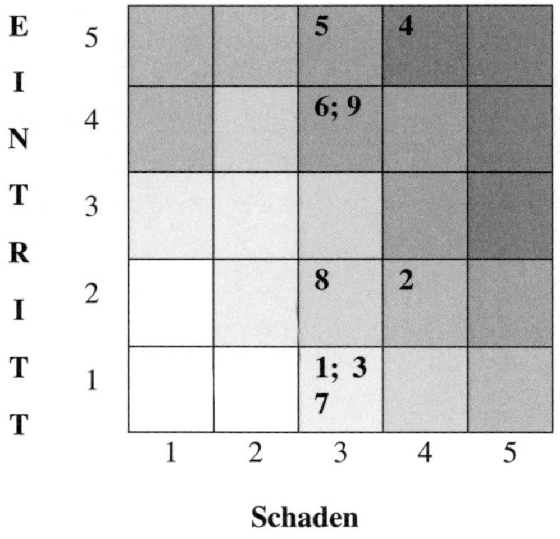

Abbildung 127: Riskmap II

Oberste Priorität genießt das **Risiko 4**, denn in der Vergangenheit wurden mit steigender Tendenz (Groß)Kunden ausfindig gemacht, die ihren Zahlungsverpflichtungen nicht oder nur sehr schleppend nachgekommen sind. Die Folge waren Liquiditätsengpässe des Unternehmens, da man selbst die Kreditlinie bereits in Anspruch genommen hatte und den Engpass durch einen kurzfristigen Bankkredit auffangen musste.

In Verbindung mit dem vierten Risiko steht das **Risiko 5**, denn die hohen Zahlungsziele führen ebenfalls zu einer Liquiditätsverknappung.

Auf das **Risiko 6** wird aufgrund der hohen Eintrittswahrscheinlichkeit und dem bedeutenden Schadensausmaß ebenfalls kurzfristig zu reagieren sein. So hat man in den letzten Jahren sukzessive eine Erhöhung des Kostendrucks mit sinkenden Deckungsbeiträgen beobachtet und erwartet dies auch zukünftig mit steigender Tendenz. Ebenso bedeuten stark schwankende Wechselkurse (**Risiko 9**), dass bei einer starken inländischen Währung das Exportgeschäft leidet und bei einer schwachen inländischen Währung die Rohstoffpreise der Importe steigen.

Die **Risiken 2** und **8** werden mittelfristig zu bearbeiten sein. Hier sind die Schadenseintrittswahrscheinlichkeiten relativ gering, wobei sich jedoch beim Risiko 2, dass Kundenanforderungen nicht erkannt werden, ein hoher Schaden einstellen würde.

Die übrigen Risiken 1, 3 und 7 werden kurz- und mittelfristig nicht bearbeitet. Alle haben sehr geringe bis geringe Eintrittswahrscheinlichkeiten und mittlere Schadenshöhen.

3.4.3.4 Risikosteuerung[125]

Nachdem der Prozess der Risikobewertung abgeschlossen ist, kann der Steuerungsprozess im Risikomanagementkreislauf beginnen. Die unterschiedlichen Strategien zur Steuerung der Risiken bilden dabei den eigentlichen Kern des Risikomanagementprozesses. Die Aufgabe der Risikosteuerung ist es, den identifizierten Risiken im Hinblick auf die Zielsetzung und die strategische Ausrichtung der Unternehmung zu begegnen.

Dabei kann man, ausgehend von Gesamtrisiko, folgende Maßnahmen zur Risikobewältigung durchführen:

[125] Vgl. Steiner M./Wittrock C. 1993, S. 669.

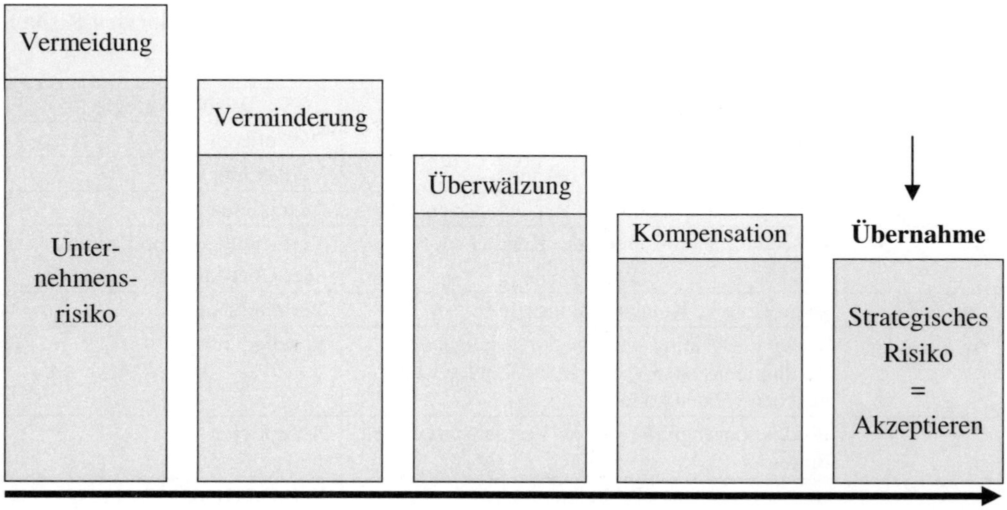

Abbildung 128: Phasen der Risikobewältigung

Risikovermeidung bedeutet, dass das Unternehmen auf risikoreiche Aktionen verzichtet. Das Risiko wurde also als nicht annehmbar bewertet und Maßnahmen zur Beherrschung des Risikos könnten nur mit einem unangemessen hohen Aufwand durchgeführt werden.

Bei der **Risikoverminderung** werden Maßnahmen durchgeführt, die die Schadenshöhe oder die Eintrittswahrscheinlichkeit auf ein annehmbares Maß reduzieren, so dass sie anschließend tolerierbar sind.

Risikoüberwälzung ist gleichbedeutend mit der Übertragung der Risiken an Dritte. Klassischerweise handelt es sich hier um Risiken, die eine sehr niedrige Eintrittswahrscheinlichkeit, aber eine sehr hohe Schadenshöhe bei Eintritt haben. Eine Möglichkeit der Überwälzung sind Versicherungen oder die Überwälzung von Risiken auf Lieferanten und/oder Kunden.

Bei der **Risikokompensation** wird das Risiko zwar grundsätzlich akzeptiert und angenommen, es werden aber gleichzeitig Gegenmaßnahmen eingeleitet, die das Risiko ausgleichen.

Übrig bleibt am Ende das **strategische Risiko**, durch welches das allgemeine unternehmerische Risiko abgebildet wird und vom Unternehmer zu tragen ist.

Betrachten wir das obige Beispiel, so ergeben sich folgende Möglichkeiten, mit den Risiken umzugehen:

Risiko-Nr.	Risiko	Risikostrategie
1	Neue Wettbewerber	Akzeptieren
2	Kundenanforderung nicht bekannt	Vermeidung
3	schleppender Umgang mit Reklamationen	Akzeptieren
4	schlechte Zahlungsmoral der Kunden	Vermeidung, Verminderung oder Übertragung
5	zu großzügige Kundenzahlungsziele	Verminderung
6	sinkende Deckungsbeiträge durch steigende Produktionskosten, die nicht an Kunden weitergegeben werden können	Verminderung
7	Produktionsengpässe, die zu Vertriebsproblemen führen	Akzeptieren
8	stark schwankende Produktqualität	Verminderung
9	stark schwankende Wechselkurse	Kompensation oder Verminderung

Abbildung 129: Risikostrategien

Risiko 4 barg das größte Risiko aufgrund der hohen Abhängigkeit von (Groß)Kunden. Eine Vermeidungsstrategie würde bedeuten, dass man auf bonitätsschwache Kunden verzichtet, ggf. auch um den Preis von sinkenden Umsatzerlösen. Eine Risikoverminderungsstrategie würde bedeuten, dass man bspw. Geschäfte mit problematischen Kunden gegen Vorkasse durchführt, eine Risikoübertragungsstrategie könnte in der Abtretung von Forderungen an ein Factoringinstitut unter Einbeziehung des Ausfallrisikos bestehen.

Einher mit Risiko 4 geht das **Risiko 5**, das in zu großzügigen Zahlungsmodalitäten der Kunden besteht. Man vermindert dieses Risiko, indem bei bestehenden und vor allem bei neuen Vertragsabschlüssen die Zahlungsmodalitäten zugunsten der Unternehmung abgeändert werden. Dadurch werden säumige Kunden schneller identifiziert und der eigene Liquiditätsspielraum tendenziell erhöht.

Steigende Produktionskosten bewirkten in der Vergangenheit sinkende Deckungsbeiträge (**Risiko 6**). Vermindern lässt sich diese (Fehl)Entwicklung, indem neue günstigere Rohstofflieferanten ausfindig gemacht oder neue wirtschaftlichere Produktionsverfahren eingeführt werden.

Mit stark schwankenden Wechselkursen hat die Unternehmung ein viertes bedeutsames Risiko (**Risiko 9**). Eine Risikoverminderungsstrategie könnte sein, die Exportquote stärker auf Länder auszurichten, mit denen man feste Wechselkursbeziehungen hat, oder die möglicherweise die gleiche Währung haben (EU). Gleichzeitig bestünde die Möglichkeit der Risikokompensation, indem man durch Devisentermingeschäfte der erwarteten Entwicklung entgegentritt.

Das **Risiko 8** beinhaltet das vorletzte Risiko, dem man noch begegnen muss. Durch verbesserte Qualitätskontrollen lassen sich hier konstante Produktqualitäten aufrechterhalten bzw. verbessern.

Risiko 2 schließlich, dass Kundenanforderungen nicht erkannt werden, soll durch permanente Marktbeobachtungen und durch Ausstellungen/Messen vermindert werden.

Alle übrigen Risiken werden bedingt durch ihre Bedeutungslosigkeit akzeptiert. Hat die Risikobehandlung stattgefunden, könnte die sich ergebende Risikomatrix folgendermaßen aussehen:

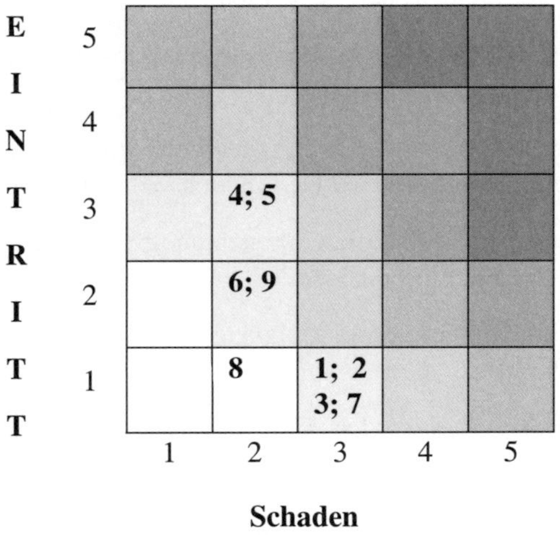

Abbildung 130: Riskmap III

Bei allen zu behandelnden Risiken ist nun eine Reduktion sowohl in der potenziellen Schadenshöhe als auch in der Eintrittswahrscheinlichkeit festzustellen.[126]

3.4.3.5 Risikoüberwachung und Risikokontrolle

Die Risikoüberwachung und die Kontrolle sind die letzten Schritte im Risikomanagementprozess. Durch das Monitoring muss die Risikobeherrschung angemessen überwacht werden. Bezogen auf obiges Beispiel kann dies durch Kennzahlen wie Debitorenziele oder durchschnittliche Forderungsausfälle sowie durch Audits und Revisionen erfolgen.

[126] Siehe Fallstudie 36.

3.4.4 Die statistische Risikobehandlung

Im Rahmen der Risikoanalyse besteht ein besonderes Problem darin, einzelne Risiken, insbesondere die, die für den unternehmerischen Fortbestand bedeutsam sind, zu quantifizieren und in ihrem Zusammenspiel zu bewerten, d.h. zu aggregieren.[127] Diese Aggregation ist das Hauptprobleme innerhalb des Risikomanagementprozesses, denn die Risiken in ihrer Summe, die einzelnen Eintrittswahrscheinlichkeiten und Schadenshöhen und damit zusammengefasst der Gesamtrisikoumfang stellt die eigentliche Herausforderung an die Unternehmensleitung dar.

Deshalb wurden Verfahren entwickelt, mittels derer man Risiken zusammenfassen, ihre Auswirkungen simulieren und letztlich zu einwertigen Größen verdichten kann.

Eines der bekannten Maße stellt der **Value at Risk** (VaR) dar, der beispielsweise folgende Aussagen erlaubt:

- Mit einer Eintrittswahrscheinlichkeit von 1% wird die Unternehmung im kommenden Jahr einen Liquiditätsengpass von mehr als 100 Mio. € erleiden.
- Mit einer Eintrittswahrscheinlichkeit von 5% wird die Unternehmung im kommenden Jahr einen Verlust von mehr als 10 Mio. € produzieren.

Diese Aussagen ermöglichen es dann der Unternehmensleitung, geeignete Gegenmaßnahmen einzuleiten oder aber schlicht, mit dem „Restrisiko" zu leben.[128]

Der VaR kann auf unterschiedlichste Arten abgeleitet werden. Findet man eine komplexe Struktur vor, wie dies in der Praxis im Tagesgeschäft einer Unternehmung normalerweise der Fall ist, so kann man den VaR simulieren, wobei sich die Monte-Carlo-Simulation anbietet, da sie relativ leicht mit herkömmlichen Tabellenkalkulationsprogrammen durchführbar ist. Die Monte-Carlo-Simulation erlaubt es dabei in besonderem Maße, die verschiedenen Risiken anhand von Wahrscheinlichkeitsverteilungen zu verdichten. Liegen bereits konkrete Parameter für eine Problemstellung vor, hat man bspw. bereits Erwartungswerte und Standardabweichungen von Gewinnen in einer Abrechnungsperiode, so kann man hier so genannte Vertrauensbereiche (Konfidenzniveaus) angeben, die die anstehenden Entscheidungen erleichtern können. Bei Letzterem unterstellt man also, dass die untersuchten Parameter einer (Standard)Normalverteilung folgen.[129]

Somit liegt es nahe, auf diese konkreten Entscheidungshilfen in Risikosituationen, nämlich den VaR in Verbindung mit vorgegebenen Parametern sowie im Anschluss auf die Monte-Carlo-Simulation, näher einzugehen.

---

[127] Vgl. Gleißner W./Meier G. 1999, S. 926ff.

[128] Der in der Praxis häufig zur Anwendung kommende Ansatz des VaR ist jedoch in der Theorie nicht unumstritten. Vgl. Weiß G. 2008, S. 270ff.

[129] Vgl. hierzu die einschlägige statistische Literatur, z.B. Bortz J. 2005, Bamberg G./Baur F. 2007 oder Bleymüller J./Gehlert G./Gülicher H. 2004.

3.4.4.1 Der Value at Risk

Der Value at Risk („wahrscheinlicher Höchstschaden") ist definiert als Schadenshöhe, die in einem bestimmten Zeitraum mit einer festgelegten Wahrscheinlichkeit (Konfidenzniveau von z.B. 99%) nicht überschritten wird. Ein Konfidenzintervall allgemein kennzeichnet denjenigen Bereich eines Merkmals, in dem sich 95% oder 99% aller möglichen Werte befinden, die den empirisch ermittelten Stichprobenkennwert erzeugt haben könnten.

Die Aussage des VaR lässt sich am besten anhand eines einfachen Beispiels verdeutlichen. Bei einem Risikohorizont von einem Jahr und einem vorgegebenen Konfidenzintervall von 99% gibt die VaR-Ziffer den maximalen Wertverlust des Portfolios an. Das bedeutet im Umkehrschluss, dass nur mit einer einprozentigen Wahrscheinlichkeit dieser maximale Wertverlust überschritten wird. Diesen Zusammenhang zeigt nachfolgende Abbildung.

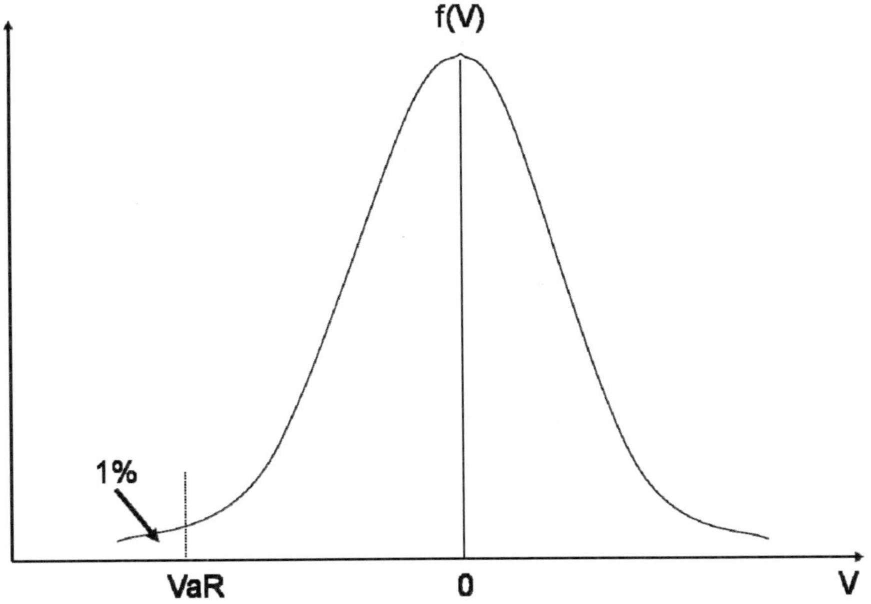

Abbildung 131: Konfidenzintervall

Die V-Achse liefert die (standardisierten) Werte des zu untersuchenden Parameters, die glockenförmige Funktion gibt die zugehörigen Wahrscheinlichkeiten an. Mit der Vorgabe des Konfidenzintervalls hat man gleichzeitig den VaR (hier auf dem 99%-Niveau) bestimmt.

Statistisch gesehen beschreibt man eine normalverteilte Zufallsvariable X mit Erwartungswert μ und Standardabweichung σ. Daraus abgeleitet folgt die standardisierte Zufallsvariable z mit dem Erwartungswert $\mu = 0$ (siehe Abbildung) und der Standardabweichung $\sigma = 1$.

Dann gilt:

$$z = \frac{x - \mu}{\sigma}$$

Über die Tabelle der Standardnormalverteilung kann für jedes Sicherheitsniveau der entsprechende so genannte z-Wert ermittelt werden, der in Verbindung mit der Standardabweichung das konkrete Konfidenzintervall vorgibt.[130]

Beispiel: Anhand eines vorgegebenen Konfidenzintervalls auf dem 95%-Niveau soll der VaR bestimmt werden. Es liegen die drei Gewinnsituationen G_i mit jeweils gleicher Eintrittswahrscheinlichkeit P vor:[131]

G_1	G_2	G_3	P
–10	10	20	0,1
20	20	25	0,2
30	30	30	0,4
40	40	35	0,2
70	50	40	0,1

Tabelle 32: Ermittlung des VaR

Für alle drei Gewinnsituationen erhält man den Erwartungswert $\mu_i = 30$, denn es gilt:

$\mu_1 = -10*0,1 + 20*0,2 + 30*0,4 + 40*0,2 + 70*0,1 = 30$

$\mu_2 = 10*0,1 + 20*0,2 + 30*0,4 + 40*0,2 + 50*0,1 = 30$

$\mu_3 = 20*0,1 + 25*0,2 + 30*0,4 + 35*0,2 + 40*0,1 = 30$

Varianzen σ^2_i und damit Standardabweichungen σ_i unterscheiden sich jedoch voneinander. Es gilt:

$\sigma^2_1 = (-10-30)^2*0,1 + (20-30)^2*0,2 + (30-30)^2*0,4 + (40-30)^2*0,2 + (70-30)^2*0,1 = 360$

$\sigma^2_2 = (10-30)^2*0,1 + (20-30)^2*0,2 + (30-30)^2*0,4 + (40-30)^2*0,2 + (50-30)^2*0,1 = 120$

$\sigma^2_3 = (20-30)^2*0,1 + (25-30)^2*0,2 + (30-30)^2*0,4 + (35-30)^2*0,2 + (40-30)^2*0,1 = 30$

[130] Die Tabelle der Standardnormalverteilung befindet sich im Anhang unter 9.7.

[131] Gewinnwerte in Mio. €.

Daraus ergeben sich die Standardabweichungen:

$\sigma_1 = 18{,}97$

$\sigma_2 = 10{,}95$

$\sigma_3 = 5{,}48$

Aus dem vorgegebenen Konfidenzniveau in Höhe von 95% folgt der z-Wert von

–1,645.

Durch Umformung von

$$z = \frac{x - \mu}{\sigma}$$

zu

$$z * \sigma + \mu = x$$

ergeben sich für die einzelnen Gewinnsituationen dann abschließend die kritischen VaR-Werte:

$x_1 = -\ 1{,}645 * 18{,}97 + 30 = -1{,}21$

$x_2 = -\ 1{,}645 * 10{,}95 + 30 = 11{,}99$

$x_3 = -\ 1{,}645 * 5{,}48 + 30 = 20{,}99$

D.h., mit einer Wahrscheinlichkeit von 95% werden bei den Alternativen 1 bis 3 höchstens $x_1 = 1{,}21$ Verluste, bzw. bei x_2/x_3 mindestens 11,99/20,99 Gewinne realisiert.

Ebenso könnte man mit dem Verfahren der Standardnormalverteilung bspw. die Frage beantworten, mit welcher Wahrscheinlichkeit bei den Alternativen kein Gewinn erwirtschaftet wird, wo also die Situation

$x \leq 0$ eintritt.

$x = 0$ eingesetzt in die standardisierte Normalverteilungsformel ergibt dann die z_i-Werte und daraus abgeleitet die Wahrscheinlichkeiten p_i:

$z_1 = -1{,}58 \quad \Rightarrow \quad p_1 = 5{,}71\%$

$z_2 = -2{,}74 \quad \Rightarrow \quad p_2 = 0{,}31\%$

$z_1 = -5{,}47 \quad \Rightarrow \quad p_1 = 0\%$

Aus den Ergebnissen folgt unmittelbar, dass das Risiko entscheidend von der Höhe der Standardabweichung σ abhängig ist, d.h., je größer σ, desto höher das Risiko.[132]

3.4.4.2 Die Monte-Carlo-Simulation

Bei einer Monte-Carlo-Simulation werden durch Zufallszahlen stochastische Stichproben erzeugt, wodurch die unbekannten Parameter, mit denen die Risiken beschrieben werden, bestimmbar sind.[133]

Die Monte-Carlo-Simulation soll anhand einer Risikoanalyse auf Basis des Return in Investment (ROI) erklärt werden.

<u>Beispiel</u>: Die Unternehmensführung einer Gesellschaft möchte anhand einer ROI-Studie beurteilen, wie hoch die Wahrscheinlichkeit dafür ist, dass eine Investition einen negativen ROI liefert, was den Fortbestand der Unternehmung in Frage stellen würde.

Um die Frage beantworten zu können, muss zunächst einmal das entsprechende Modell formuliert werden. Der ROI wird bestimmt durch:

$$ROI = \frac{(p-k) * x - K_F}{I}$$

mit: ROI = Rentabilität in % pro Jahr (Return on Investment)

I = Investitionssumme in €

p = Verkaufserlös in €/Mengeneinheit

k = variable Kosten in €/Mengeneinheit

x = produzierte und abgesetzte Menge pro Jahr

K_F = beschäftigungsunabhängige (fixe) Kosten pro Jahr

Die Investitionssumme I ist mit 900.000,- € veranschlagt.

Dann werden mittels Expertenbefragung die voneinander stochastisch unabhängigen, unbekannten Parameter, nämlich die Werte für die Absatzmenge, den Absatzpreis, die variablen

---

[132] Siehe Fallstudien 37 und 38.

[133] Vgl. auch Bleuel H. 2006, S. 371ff.

Kosten und die Fixkosten geschätzt. Den unbekannten Parametern werden durch die Experten folgende Wahrscheinlichkeitsverteilungen und über die Vergabe der Wahrscheinlichkeiten die Zufallszahlen zugeordnet.

Absatzmenge (x) in Tsd. Mengeneinheiten/Jahr[134]							
	70	80	90	100	110	120	130
Wahrsch. in %	5,0	12,5	22,5	25,0	22,5	10,0	2,5
Zufallszahlen	001-050	051-175	176-400	401-650	651-875	876-975	976-000
Absatzpreis (p) in €/Mengeneinheit							
	14,70	14,85	15,00	15,15	15,30	15,45	
Wahrsch. in %	7,5	22,5	30,0	22,5	12,5	5,0	
Zufallszahlen	001-075	076-300	301-600	601-825	826-950	951-000	
Variable Kosten (k) in €/Mengeneinheit							
	10,50	10,60	10,70	10,80	10,90		
Wahrsch. in %	10,0	22,5	40,0	17,5	10,0		
Zufallszahlen	001-100	101-325	326-725	726-900	901-000		
Fixe Kosten (K_F) in TEUR/Jahr							
	260	270	280	290	300		
Wahrsch. in %	10,0	27,5	30,0	17,5	15,0		
Zufallszahlen	001-100	101-375	376-675	676-850	851-000		

Tabelle 33: Monte-Carlo-Simulation anhand des ROI I

Im Anschluss werden mit vier stochastisch unabhängigen Ziehungen dreistellige Zufallszahlen gezogen, wobei jede Zufallszahl mit der Wahrscheinlichkeit 0,1% auftritt.

Die erste Zufallszahl wird der Absatzmenge, die zweite dem Absatzpreis, die dritte den variablen Kosten und die vierte den Fixkosten zugeordnet. Mit Hilfe der vorgenommenen Normierung (001-000) kann jeder Zufallszahl dann der dazugehörige Schätzwert zugeordnet werden. Dabei stellt die Normierung sicher, dass die Schätzwerte aufgrund der Expertenangaben mit der „richtigen" Wahrscheinlichkeit auftreten.

Es werden bspw. die vier dreistelligen Zufallszahlen gezogen:

Zufallszahl 1: 805 → x = 110.000 ME/Jahr

Zufallszahl 2: 431 → p = 15,- €/ME

Zufallszahl 3: 230 → k = 10,60 €/ME

Zufallszahl 4: 902 → K_F = 300.000 €/Jahr

---

[134] Die Wahrscheinlichkeit für eine Absatzmenge von 70 Tsd. wurde also von den Experten mit 5% beziffert, demzufolge erhält die Absatzmenge von 1.000 zu vergebenden Zufallszahlen genau 5% und damit die Zufallszahlen 001 bis 050 usw.

Daraus ergibt sich ein ROI von 20,44%/Jahr.

Dieser Prozess wird nun so lange wiederholt, bis eine aussagefähige Verteilung des ROI zustande gekommen ist (mit einem leistungsfähigen Softwareprogramm sind mehrere tausend Iterationen innerhalb weniger Minuten möglich).

Nachdem der Simulationslauf abgeschlossen ist, erhält man die zugehörige beispielhafte Wahrscheinlichkeitsverteilung:

ROI in %/Jahr	**Absolute Häufigkeit**	**Wahrscheinlichkeit**	**Kumulierte Wahrscheinlichkeit**
43 > ROI ≥ 30	22	2,20	2,20
30 > ROI ≥ 21	224	22,40	24,60
21 > ROI ≥ 9	551	55,10	79,70
9 > ROI ≥ 0	135	13,50	93,20
0 > ROI	68	6,80	100,00
Summe	1.000	100,00	

Tabelle 34: Monte-Carlo-Simulation anhand des ROI II

Aus dieser Wahrscheinlichkeitsverteilung ergibt sich jetzt für die Firmenleitung die Schlussfolgerung, dass mit einer Eintrittswahrscheinlichkeit von 6,8% der ROI negativ sein wird. Demzufolge müssen sich jetzt die Verantwortlichen überlegen, ob dieses Risiko akzeptabel ist oder ob geeignete Anpassungsmechanismen eingeleitet werden müssen, um die Wahrscheinlichkeit und damit das Risiko zu reduzieren.

Ebenso kann man anhand obiger Tabelle durch weitere Feinspezifikation VaR´s ermitteln, bspw., indem man nach der maximalen negativen ROI bei einer Eintrittswahrscheinlichkeit von 5% fragt. Dieser würde hier vielleicht bei –8% liegen.

3.5 Finanzierung unter dem Aspekt von Basel II

3.5.1 Aktuelle Rahmenbedingungen der Finanzierung

Die Kapitalversorgung deutscher Unternehmen befindet sich durch die stark modifizierten Rahmenbedingungen in einem Umbruch und ist insbesondere bei kleinen und mittelständischen Unternehmen mit vielen Fragezeichen versehen.

Der Veränderungsprozess wird einmal ausgelöst durch Veränderungen auf steuerlicher, politischer und gesetzlicher Basis, hervorgerufen besonders durch die EU, aber auch durch einen sich im Umbruch befindlichen Mittelstand, bei dem häufig Nachfolgeregelungen den Fortbestand der Unternehmung gefährden.

Anhand nachfolgender Bilanz, welche die durchschnittliche Struktur aller deutschen Unternehmen zeigt, wird die Bedeutung der sich verändernden Rahmenbedingungen deutlich.

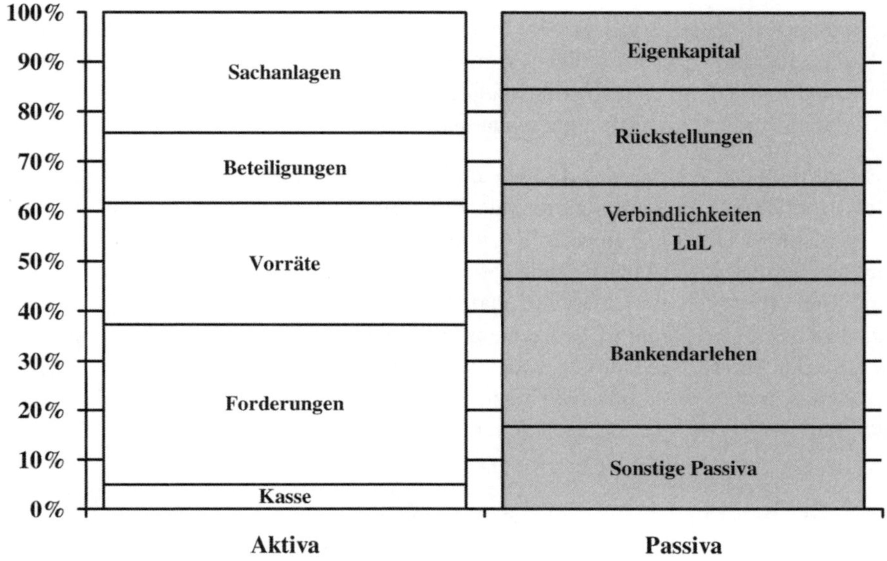

Abbildung 132: Bilanzstruktur deutscher Unternehmen

Die Bilanzstruktur zeigt auf der Passivseite, dass Bankkredite die wichtigste Finanzierungsquelle darstellen. Betrachtet man ferner, dass die (deutsche) Unternehmenslandschaft vom Mittelstand geprägt ist, so wird die Bedeutung der Banken für den Mittelstand klar. Die hohe Abhängigkeit von den Banken wird durch die gleichzeitig niedrige Eigenkapitalquote von unter 20% verschärft, d.h., der Verschuldungsgrad deutscher Unternehmen ist höher als 400%, denn auf ca. 83% Fremdkapital kommen 17% Eigenkapital.

Gleichzeitig wächst im Zuge der Entwicklung der Finanzmärkte der Druck auf die Banken, ihrerseits die Rentabilität zu erhöhen. Dies führt bei den Kreditinstituten zu einer Neubewertung des insgesamt kostenintensiven und margenschwachen Mittelstandsgeschäftes, was sich in den nun zu diskutierenden Eigenkapitalrichtlinien (Basel II) widerspiegelt, die seit Beginn des Jahres 2007 gelten.

3.5.2 Die neue Baseler Eigenkapitalvereinbarung[135]

3.5.2.1 Vorbemerkungen zu Basel II

Funktionierende Finanzmärkte leisten einen bedeutenden Beitrag zur Entwicklung einer jeden Volkswirtschaft. Sie unterstützen zum einen die Finanzierung von privaten Haushalten, Unternehmen und öffentlichen Institutionen und tragen auf der anderen Seite zur langfristigen Vermögensbildung von Privatpersonen und Unternehmen bei.

Um die Stabilität der Weltwirtschaft, die sich infolge von Globalisierung und Liberalisierung auch im Hinblick auf die sich neubildende Europäische Union stark verändert hat, gewährleisten zu können, ist eine gesicherte Regulierung und Überwachung der Finanzmärkte von Nöten. Dies betrifft sowohl das inländische als auch das ausländische Bankensystem. So hat man im Zuge von mehreren weltwirtschaftlichen Schuldenkrisen (z.B. Mexiko 1994 und Südostasien 1997) und Bankinsolvenzen eine ausreichende Eigenkapitalausstattung der Banken gefordert. Dies ist das Kernstück des so genannten Baseler Ausschuss für Bankenaufsicht, welches besagt, dass eine jede Kreditvergabe der Banken zu einem bestimmten Prozentsatz des Kreditbetrages mit Eigenkapital hinterlegt sein muss.[136]

3.5.2.2 Der Baseler Ausschuss für Bankenaufsicht

Der Baseler Ausschuss für Bankenaufsicht wurde 1975 von den Präsidenten der Zentralbanken der Länder der G10-Staaten gegründet und tritt im Drei-Monats-Turnus bei der Bank für internationalen Zahlungsausgleich (BIZ) in Basel zusammen.[137]

Er bezweckt die Entwicklung eines internationalen Aufsichtsregel- und -netzwerks, um die Qualität der Bankenaufsicht weltweit zu verbessern. Zu diesem Zweck wurden bestimmte Vorgaben erarbeitet, die aber streng genommen nur freiwillige Vereinbarungen zwischen den Aufsichtsbehörden und international tätigen Großbanken sind.

---

[135] Vgl. Kütter G./Loch F./Thelen-Pischke H. 2001, S. 183ff, Paetzmann K. 2001, S. 493ff, Kotz H. 2001, S. 638ff, Keiner T. 2001, S. 22ff, Harbrecht W./Kick T. 2006, S. 221ff, Padberg C./Swies D. 2007, S. 166ff oder auch Gleißner W./Füser K. 2003, S. 16ff.

[136] Auch die jüngsten Geschehnisse um die Immobilienkrise, die ja eine Bankenkrise ist, verdeutlicht die Problematik, auch wenn sie etwas anders gelagert ist.

[137] Vgl. Baseler Ausschuss für Bankenaufsicht – 3. Konsultationspapier 2003 und Ratjan R./Zingales L. 1995, S. 1421ff.

3.5.2.3 Basel I

Bereits im Jahr 1988 erließ der Baseler Ausschuss einheitliche Richtlinien für die Eigenkapitalausstattung der Banken, die in den ersten Baseler Akkord eingingen. In Deutschland wurden diese Richtlinien im Grundsatz I des KWG (Gesetz über das Kreditwesen) festgeschrieben. Die Eigenkapitalunterlegung für Kredite wurde standardisiert und der Begriff Eigenkapital verbindlich definiert.

Eigenkapitalunterlegung bedeutet, dass die Banken für vergebene Kredite ein gewisses Volumen an Eigenkapital vorhalten und nachweisen müssen, wodurch bei Kreditausfällen größere negative Auswirkungen auf die Liquidität der Banken verhindert werden sollen.

Das zur Unterlegung von Kreditrisiken erforderliche Eigenkapital (EK) berechnete sich nach der Formel:

EK = Bemessungsgrundlage * Risikogewicht * 8% (= Kapitalkoeffizient)

Die Risikogewichte ergaben sich dabei nach folgender Abbildung:

Risikogewichte		
Kreditnehmer	Inland und Zone A*	Zone B**
Unternehmen	100%	100%
Banken: Laufzeit < 1 Jahr	20%	20%
Banken: Laufzeit > 1 Jahr	20%	100%
Staatliche Kreditnehmer	0%	100%
* Zone A sind alle OECD-Länder (Industrieländer)		
** Zone B sind alle Nicht-OECD-Länder (Schwellen- und Entwicklungsländer)		

Abbildung 133: Risikogewichte gemäß Basel I

Vergab die Bank bspw. einen Kredit in Höhe von 1.000.000 € an den eigenen Staat, musste kein Eigenkapital hinterlegt werden. Wurde ein Kredit an ein inländisches Unternehmen, ein Unternehmen aus einem beliebigen Land, an einen ausländischen Nicht-OECD-Staat oder langfristige Kredite an ausländische Banken eines Nicht-OECD-Staates vergeben, mussten 80.000 € eigene Mittel hinterlegt werden (1.000.000 * 100% * 8%). Bei allen kurzfristigen Krediten an Banken sowie langfristigen Krediten an inländische Banken oder Banken aus OECD-Ländern betrug die Eigenkapitalhinterlegung hingegen 16.000 € (1.000.000 * 20% * 80%).

Die Eigenkapitalhinterlegung unter Basel I hatte also ein sehr grobes Risikoraster zur Grundlage. Im Laufe der Zeit wurden die Methoden zur Messung der unternehmerischen Risiken immer besser und gleichzeitig die Kritik laut, dass es offensichtlich vor dem Hintergrund der

Finanzkrisen in Asien und Mexiko falsch sei, alle kreditnehmende Staaten pauschal mit 100% zu besteuern. So wurde Basel I durch Basel II abgelöst.

3.5.2.4 Basel II

Um die Schwachstellen der alten Eigenkapitalhinterlegung zu beheben, hatte der Baseler Ausschuss im Juni 1999 ein erstes Konsultationspapier verfasst, welches die 1988 getroffene Regelung ersetzen und ergänzen sollte. Eine Verfeinerung erfuhr das erste Konsultationspapier dann im Januar 2001 (zweites Konsultationspapier).

Das **erste Konsultationspapier** enthielt drei grundlegende Neuerungen, die alle auf einer risikogerechten Ausrichtung der Eigenkapitalhinterlegung fußten.

Die erste Neuerung bestand in der Klärung und Erweiterung des Geltungsbereichs der bisherigen Eigenkapitalvereinbarungen. Konkret bedeutete dies, dass es keine pauschale Unterlegung von Bankkrediten geben sollte, sondern eine differenzierte, ausgerichtet an der Bonität des Schuldners.

Die zweite Neuregelung sah vor, dass hochentwickelte Banken selbstständig durch interne Ratings die Eigenkapitalhinterlegung berechnen konnten.

Die dritte Neuerung schließlich gestattete es den Banken, auf externe Ratingagenturen zurückzugreifen, die die Bonität der Bankenschuldner begutachten konnten.

Das **zweite Konsultationspapier** aus 2001 sah als wesentliche Änderung die Implementierung des so genannten Drei-Säulen-Konzeptes vor.

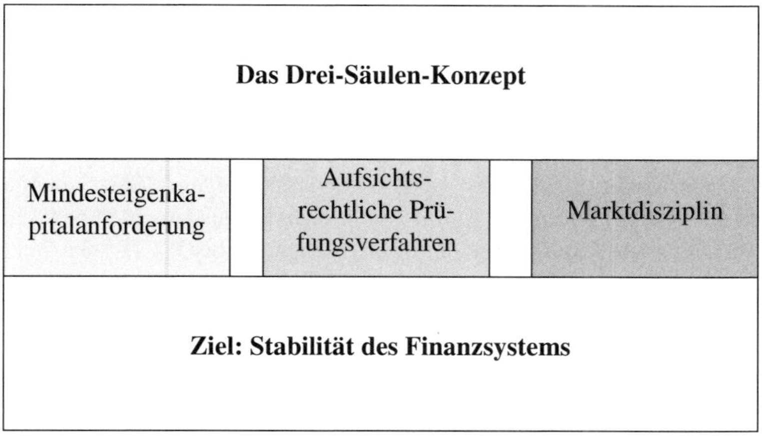

Abbildung 134: Drei-Säulen-Konzept nach Basel II

3.5.2.4.1 Mindesteigenkapitalanforderungen

Als erste Säule des Baseler Konzeptes wurden die aufsichtsrechtlichen Mindesteigenkapitalanforderungen für das **Kredit**-, **Markt**- und das **operationelle Risiko** definiert. Künftig sollten sowohl externe als auch interne Ratings bei der Ermittlung des zu unterlegenden Eigenkapitals berücksichtigt werden. Gegenüber Basel I wird die Höhe des zu hinterlegenden Eigenkapitals nun nicht mehr pauschal mit 8% angesetzt, sondern gemäß der Bonität des Kunden. Das bedeutet, dass für Kunden mit einer guten Bonität niedrigere und für schlecht beurteilte Kunden höhere Quoten hinterlegt werden müssen.[138]

Durchschnittlich soll dabei die Eigenkapitalunterlegung im Verhältnis zu der risikogewichteten Aktiva bei durchschnittlich 8% bleiben, wobei sich die risikogewichtete Aktiva aus der Summe aller gewichteten Risikoaktiva[139] sowie dem 12,5-fachen der Eigenkapitalanforderungen für das Marktrisiko und dem operationellen Risiko ergibt:

$$\frac{Eigenkapital}{\sum gewichtete\ Risikoaktiva + (Marktrisiko + operationelles\ Risiko)} \equiv 8\%$$

Unter **Kreditrisiko**, auch als Bonitätsrisiko bezeichnet, ist die Gefahr zu verstehen, dass eine Vertragspartei ihren Verpflichtungen entweder gar nicht, unvollständig oder nicht fristgerecht nachkommt. Das Kreditrisiko stützt sich auf ein Basel II konformes Rating, welches die Bonität des Schuldners analysiert. Der Baseler Ausschuss sieht für diese Bemessung drei unterschiedliche gleichberechtigte Ansätze vor:

---

[138] Häufig wird befürchtet, dass insbesondere kleine und mittelständische Unternehmen durch „schlechte" Ratings zukünftig mit höheren Kreditzinsen rechnen müssen. Vgl. Grunert J./Kleff V./Norden L./Weber M. 2002, S. 1045ff.

[139] = Kreditrisiko.

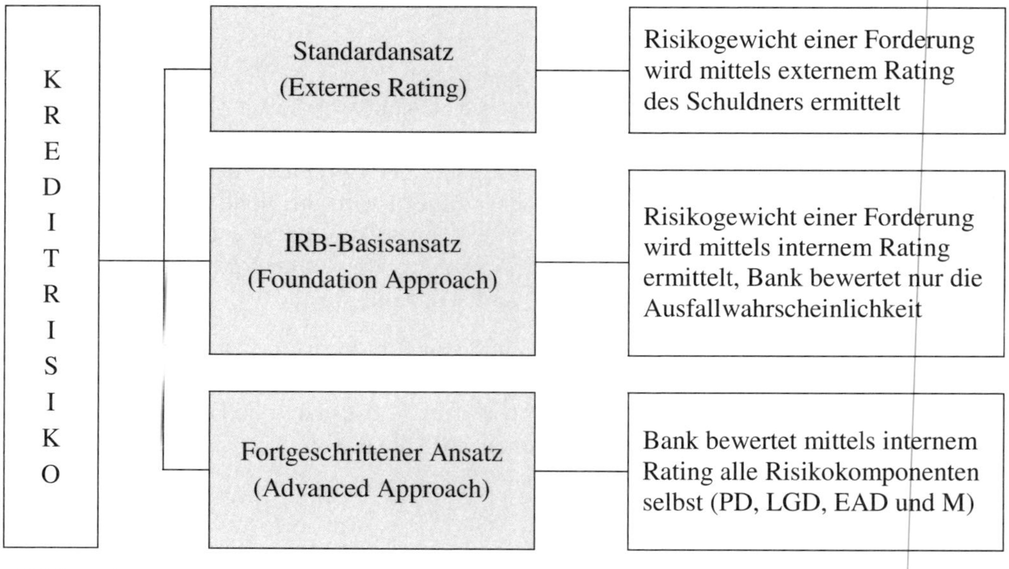

Abbildung 135: Die Kreditrisikoansätze nach Basel II

Beim **Standardansatz** werden in Abhängigkeit vom Adressaten den Kreditforderungen vorgegebene Risikogewichte zugewiesen, wobei die Gewichte von einer Bonitätseinstufung abhängig sind. Folgende Abbildung gibt einen Überblick über die anzuwendenden Risikogewichte:

Forderung an		Ratingkategorien[140]					
		AAA bis AA–	A+ bis A–	BBB+ bis BBB–	BB+ bis B–	Unter B–	Nicht geratet
Staatliche Kreditnehmer		0%	20%	50%	100%	150%	100%
Banken	Option 1 *	20%	50%	100%	100%	150%	100%
	Option 2 **	20%	50%	50%	100%	150%	50%
	Option 2 ***	20%	20%	20%	50%	150%	20%
Unternehmen		20%	50%	100%	150%		100%
* = Bonität des Staates ** = Bonität der Bank *** = Bonität der Bank bei kurzfristigen Forderungen							

Abbildung 136: Die Risikogewichte des Standardansatzes

[140] Die hier dargestellten Ratingkategorien AAA etc. werden an späterer Stelle genauer spezifiziert.

Für die Behandlung von Forderungen an Banken sieht das 2. Konsultationspapier zwei Optionen vor. Die nationalen Aufsichtsinstanzen entscheiden, welche Optionen für alle Banken und deren Aufsichtsbereich zur Anwendung kommen. Bei der ersten Option leitet sich das Risikogewicht für eine Bank aus dem Rating des Sitzstaates ab. Die Banken werden dabei grundsätzlich eine Kategorie schlechter als der Staat eingestuft, in dem die Bank ihren Hauptsitz hat. Bei der zweiten Option wird das Risikogewicht einer Bank von ihrem externen Rating bestimmt.

Obige Abbildung macht die Problematik deutlich. So werden z.B. Kredite an Unternehmen, die über kein externes Rating verfügen, einem Risikogewicht von 100% zugeordnet[141], während Unternehmen, die sich einem Rating unterziehen und schlechter als BBB– abschneiden, ein Risikogewicht von 150% erhalten. Diese Unternehmen bekommen in der Konsequenz von der Bank ungünstigere Kreditkonditionen und haben zusätzlich noch die teilweise nicht unerheblichen Ratingkosten zu tragen. Hier weist die Baseler Eigenkapitalverordnung jedoch darauf hin, dass die 100% Risikogewichtung eines ungerateten Unternehmens jederzeit von der nationalen Aufsichtsinstanz erhöht werden kann.

Bei den beiden internen Ratingsystemen können die Banken selbst das Rating durchführen, wobei diese an die bereits vorhandenen Steuerungs- und Risikomessmethoden der Banken anknüpfen.[142] Die internen Ratingsysteme untergliedern sich dabei in den einfacheren **IRB-Basisansatz** (IRB-Foundation Approach) und den **fortgeschrittenen Ansatz** (Advanced Approach). Bei beiden sind jeweils vier Risikoparameter zu berücksichtigen:

- die Ausfallwahrscheinlichkeit des Schuldners innerhalb eines Jahres (Probability of Default; PD),
- die Verlustquote bei Ausfall des Kreditengagements (Lost Given Default; LGD),
- die Forderungsbeträge bei Ausfall (Exposure at Default; EAD) und
- die Restlaufzeit (Maturity; M).

Diese vier Risikoparameter ergeben dann die Gewichtungsfunktion G.

$$G = (LGD * PD * M) * EAD$$

Im IRB-Ansatz schätzt die Bank lediglich die Ausfallwahrscheinlichkeit auf Basis des bankinternen Ratings, d.h., der Kreditnehmer wird an Hand des Ratingergebnisses einer Ratingklasse zugeordnet.[143] Für jede Ratingklasse gibt es aufgrund historischer, empirischer Ausfalldaten eine konservative Einschätzung der Ausfallwahrscheinlichkeit (PD).

[141] Das wären derzeit die meisten deutschen Unternehmen.

[142] Dabei kann beobachtet werden, dass sich die Strukturen und damit auch der Informationsgehalt und die Aussagekraft der Ratingverfahren von Bank zu Bank unterscheiden. Vgl. Ewert R./Szczesny A. 2002, S. 574ff.

[143] Vgl. Hofmann G. 2002, S. 549.

Die anderen drei Parameter werden standardmäßig von der Bankenaufsicht vorgegeben (z.B. LGD bei unbesicherten Forderungen = 45%, bei unbesicherten nachrangigen Forderungen = 75%).

Im fortgeschrittenen Ansatz ermittelt die Bank neben der Ausfallwahrscheinlichkeit die anderen drei Risikokomponenten selbst.

Der Vergleich der drei Ansätze lässt also eine Reihe von Gemeinsamkeiten, aber auch Unterschiede erkennen:

Methode	**Standardansatz**	**IRB-Basisansatz**	**Fortgeschrittener Ansatz**
Rating	externes Rating	internes Bankenrating	internes Bankenrating
PD-Schätzung	keine	eigene Schätzung	eigene Schätzung
EAD-Schätzung	keine	Vorgabe Bankenaufsicht	eigene Schätzung
LGD-Schätzung	keine	Vorgabe Bankenaufsicht	eigene Schätzung
M-Schätzung	keine Anrechnung	keine Anrechnung	Vorgabe Bankenaufsicht

Abbildung 137: Gegenüberstellung der Kreditrisikoansätze nach Basel II

Bezüglich der zu hinterlegenden Eigenmittel der Banken zeigt die nachfolgende Abbildung noch einmal eine Gegenüberstellung von Basel I mit dem Standardansatz und dem IRB-Ansatz nach Basel II:

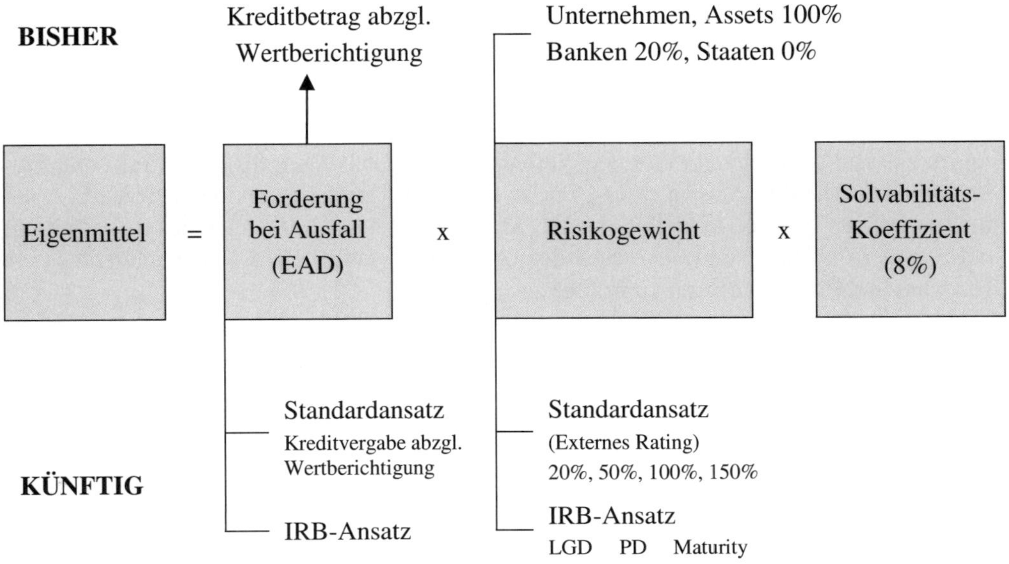

Abbildung 138: Erforderliche Eigenmittel bei Basel I und Basel II

Markt- bzw. Preisrisiken entstehen durch Schwankungen von Währungen, Aktienkursen, Güterpreisen, Zinssätzen oder Indizes. Die bereits bestehenden Regeln zur Bestimmung des Marktrisikos und deren Berücksichtigung im Rahmen der Eigenkapitalunterlegung bleiben annähernd unverändert bestehen.

Unter dem **operationellen Risiko**, das den Kernpunkt des neuen Baseler Akkords darstellt, wird die Gefahr von unmittelbaren oder mittelbaren Verlusten, die durch Versagen von internen Verfahren, Menschen und Systemen oder externen Ereignissen eintreten, verstanden. So zählen u.a. Rechtsrisiken, Hard- und Softwarefehler, das Versagen von Mitarbeitern oder Betrug zu den operationellen Risiken. Gemäß den ursprünglichen Vorstellungen des Baseler Ausschusses sollten operationelle Risiken 20% der gesamten Eigenkapitalunterlegung eines Instituts umfassen.

Zur Erfassung der operationellen Risiken kann zwischen drei Ansätzen gewählt werden, zu denen der Basisindikator-Ansatz (BIA), der Standard-Ansatz (STA) sowie der ambitionierte Messansatz (AMA) zählen. Jeder dieser Ansätze beinhaltet einen von der nationalen Aufsichtsbehörde vorgegebenen Faktor, der zur Bestimmung des operationellen Risikos mit den durchschnittlichen jährlichen Bruttoerträgen der letzten drei Jahre multipliziert wird.

Beim **BIA** wird ein einzelner Risikoindikator (α-Faktor, derzeit 15%) für das gesamte Betätigungsfeld der Bank zugrunde gelegt.

Der **STA** spaltet das gesamte Betätigungsfeld in Untersegmente auf und vergibt hier jeweils spezifische Risikoindikatoren, so genannte ß-Faktoren (z.B. für das Marktsegment der Unternehmensfinanzierung 18%).

Beim **AMA** gibt es weitere Indikatoren, die in einer Datenbank verknüpft sind und teilweise von der Bank ermittelt werden.

Der BIA ist der einfachste und für die Banken mit keinen weiteren Zulassungskriterien verbundene Ansatz. Für die Anwendung des STA hat die Bank bestimmte qualitative Anforderungen zu erfüllen, beispielsweise den Aufbau eines unabhängigen Risikokontroll- und Prüfungssystems oder den Aufbau einer „Verlustdatenbank", in der operationelle Risiken systematisch erfasst werden. Die ambitionierten Messansätze des AMA bauen auf dem STA auf und erfordern weitere Analyseinstrumentarien, so zum Beispiel die Implementierung von Berichten und Risikoanalysen in das Tagesgeschäft.

3.5.2.4.2 Aufsichtsrechtliche Prüfungsverfahren

Das aufsichtsrechtliche Überprüfungsverfahren, welches gleichberechtigt neben den Mindesteigenkapitalanforderungen und der Förderung der Markttransparenz (Marktdisziplin) steht, stellt eine wesentliche Neuerung der bisherigen Baseler Eigenkapitalvereinbarungen dar. Der Umfang der verschiedenen bankinternen Verfahren macht die Notwendigkeit einer umfassenden qualitativen Bankenaufsicht deutlich. Dies wird in vier zentralen Grundsätzen dieser zweiten Säule des Baseler Abkommens betont.

1. Grundsatz: Banken sollen ein Verfahren zur Beurteilung ihrer angemessenen Eigenkapitalausstattung im Verhältnis zu ihrem Risikoprofil sowie eine Strategie für den Erhalt ihres Eigenkapitalniveaus aufweisen.

2. Grundsatz: Die Aufsichtsinstanzen sollten die bankinternen Beurteilungen und Strategien zur angemessenen Eigenkapitalausstattung überprüfen, bewerten und gegebenenfalls Maßnahmen ergreifen, wenn sie mit den Ergebnissen der Verfahren nicht einverstanden sind.

3. Grundsatz: Die Aufsichtsinstanzen sollten von den Banken erwarten, dass diese eine höhere Eigenkapitalausstattung als das aufsichtsrechtlich geforderte Mindesteigenkapital vorhalten und sie sollten die Möglichkeit haben, von den Banken eine höhere als die Mindestkapitalausstattung zu fordern.

4. Grundsatz: Die Aufsichtsinstanzen sollten frühzeitig eingreifen, um zu verhindern, dass das Eigenkapital unter die geforderte Mindestausstattung fällt, die aufgrund des Risikoprofils einer bestimmten Bank notwendig ist. Sie sollten schnelle Abhilfe fordern, wenn das Eigenkapital nicht erhalten oder nicht wieder ersetzt wird.

Die zweite Säule darf nicht isoliert betrachtet werden, sie ist vielmehr Voraussetzung für den Einsatz der Instrumente, die die erste Säule bietet. Außerdem soll die zweite Säule zu einer globalen Harmonisierung der Aufsichtspraktiken führen, mit dem Hintergrund, die Wettbewerbsbedingungen vergleichbarer zu machen.

3.5.2.4.3 Marktdisziplin

Die dritte Säule von Basel II enthält erweiterte Publizitätsanforderungen an Banken, unter anderem bei der Berechnung der Eigenkapitalausstattung und den Methoden der Risikobewertung, welche die Marktdisziplin erhöhen sollen. Sie soll die erste und zweite Säule ergänzen. Treffender noch lässt sich die dritte Säule mit „Offenlegungsanforderungen“ umschreiben, denn es handelt sich um eine Vielzahl von weitgehenden Empfehlungen bzw. Vorschriften zur Offenlegung von Informationen zur Eigenkapital- und Risikoanlage der Bank. Die zu veröffentlichenden Informationen werden in vier Bereiche unterteilt und zwar in den Anwendungsbereich der Eigenkapitalvorschriften, die Eigenkapitalstruktur, die Eigenkapitaladäquanz und die eingegangenen Risiken. Um der Diskrepanz zwischen großer Transparenz und dem Schutz vertraulicher Informationen entgegenzuwirken, wurde das Konzept flexibel gestaltet, indem Umfang und Häufigkeit der Offenlegung dem Grundsatz der Wesentlichkeit entsprechen.

3.5.2.5 Unterschiede zwischen Basel I und Basel II

Die oben beschriebenen sehr unterschiedlichen Baseler Eigenkapitalvereinbarungen haben auf die Kreditvergabepolitik der Banken mit hoher Wahrscheinlichkeit gravierende Auswirkungen, was man anhand von stark vereinfachten Bankenbilanzen unter Basel I und Basel II erläutern kann.[144]

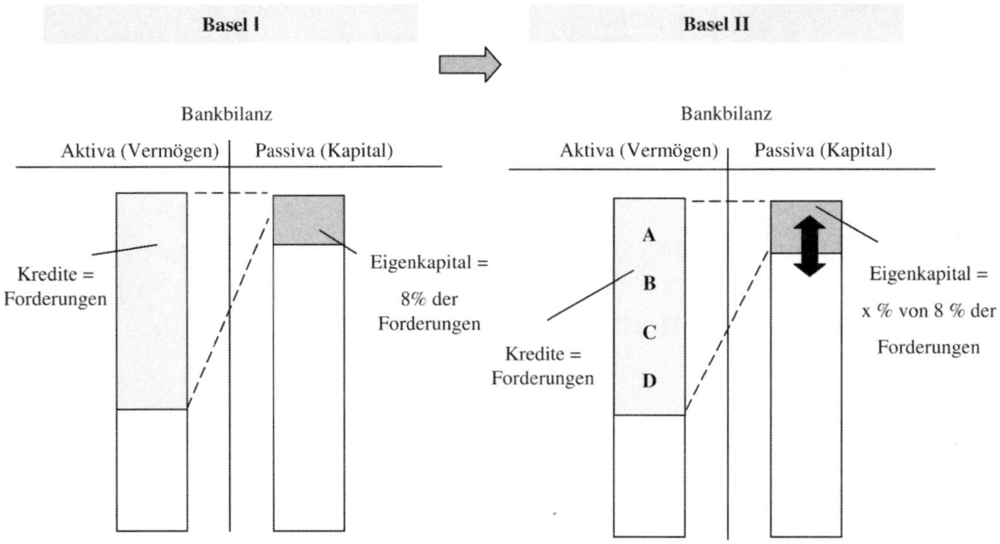

Abbildung 139: Bankbilanzen nach Basel I und Basel II

[144] Vgl. auch Paul S. 2002, S. 556ff.

Basel I legte das zu hinterlegende Eigenkapital der Banken bei 8% fest, unabhängig davon, ob das Kreditinstitut vorwiegend Kunden mit einer sehr guten Bonität (A- und B-Kunden) oder mit schlechter Bonität (C- und D-Kunden) hatte. Basel II macht nun die Eigenkapitalbasis der Banken von den Gewichten der A-, B-, C- und D-Kunden abhängig. Je höher der Anteil der A- und B-Kunden, desto niedriger muss das zu hinterlegende Eigenkapital sein, so dass man mit möglicherweise weniger als durchschnittlich 8% auskommt. Umgekehrt verhält es sich natürlich im Falle, dass der Anteil der C- und D-Kunden ausgeprägter ist. In diesem Falle wird die Eigenkapitalhinterlegung der Bank größer als 8% sein. Die Konsequenz ist, dass Basel II zu einem stärkeren Wettbewerb der Banken um die A- und B-Kunden führt.[145]

Für deutsche Unternehmen änderte sich seit 2007 durch Basel II sowohl die Festlegung von Kreditkonditionen als auch die Vorgehensweise der Banken bei der Bonitätsbeurteilung.

	Basel I		Basel II
Kreditkonditionen	Kaum Berücksichtigung der Bonität bei der Festlegung des Kreditzinses	→	Bonitätseinstufung bestimmt Eigenkapitalhinterlegung der Banken und damit die Höhe der Kreditzinsen
Bonitätsbeurteilung	Konventionelle Bonitätsprüfung	→	Umfassendes Rating

Abbildung 140: Kreditkonditionen und Bonitätsbeurteilung nach Basel I und Basel II

Somit stellt sich die Frage, welche Faktoren das Rating und damit die Bonität einer Unternehmung bestimmen. Dieser Frage soll nun nachgegangen werden.

3.5.3 Rating zur Beurteilung der Unternehmerbonität

3.5.3.1 Grundlagen des Rating

Bereits um 1850 kam es in den USA aufgrund der infrastrukturellen Erschließung des Landes durch die Eisenbahn mit dem einhergehenden hohen Finanzierungsbedarf zur Entstehung des Rating. Zehn Jahre später, im Jahr 1860, gründete dann Henry Poor die Ratingagentur Standard & Poor´s, um europäische Investoren als Geldgeber für den amerikanischen Anlei-

[145] Siehe Fallstudie 39.

henmarkt für Eisenbahnanleihen zu gewinnen. Im Jahr 1909 begann John Moody dann mit der Veröffentlichung eines Jahrbuches, in dem umfangreiche Daten zur Vermögens-, Finanz- und Ertragslage amerikanischer Eisenbahngesellschaften zusammengefasst sind.

Ab 1916 werden regelmäßig Ratings von Unternehmensobligationen und Staatsanleihen durchgeführt und schließlich erhalten 1975 die Unternehmen Standard & Poor´s (S&P), Moody´s und Fitch den Status „Nationally Recognized Statistical Rating Organizations".

Was aber genau ist ein **Rating**?

In der **Bankensprache** ist es die **Einschätzung der Ausfallwahrscheinlichkeit** eines gewährten Kundenkredites oder im positiven Sinne dessen Zahlungswahrscheinlichkeit. Ein Rating dient somit der Beurteilung, ob der Bankkunde (hier: ein Unternehmen) willig oder fähig ist, den Zahlungsverpflichtungen (Zins & Tilgung) nachzukommen. Die hier angesprochene Kreditwürdigkeit wird in einer so genannten Bonitätsklasse oder Kreditwürdigkeitsklasse ausgedrückt. Wird das Rating durch die kreditgebende Bank durchgeführt, um die Zinskonditionen und damit gleichzeitig das eigene zu hinterlegende Eigenkapital zu bemessen, so spricht man von einem **Bankenrating**. Für die Unternehmung ist dieses Rating kostenneutral, da es auf Initiative der Bank hin durchgeführt wird.

Aus **Unternehmenssicht** ist Rating ein Instrumentarium, mit dem die wirtschaftliche Situation und die Zukunftsaussichten der Unternehmung in komprimierter Form den Investoren und Gläubigern erläutert werden kann. Die Unternehmung dokumentiert somit ihre **Wettbewerbsfähigkeit**. Sie veranlasst in diesem Fall das Rating selbst durch eine national oder international tätige Ratingagentur. Somit trägt die Unternehmung auch die Kosten des Ratings. In diesen Fällen spricht man von einem **externen Rating**.

	Auftraggeber	Hauptziel
Bankenrating	kreditgebende Bank	Einschätzung der Ausfallwahrscheinlichkeit und Ermittlung des Kreditzinses
Externes Rating	Unternehmen	Darstellung der Wettbewerbsfähigkeit gegenüber Investoren und Gläubigern

Abbildung 141: Ratingarten

In Abhängigkeit vom Auftraggeber können die **Ziele** eines Ratings klar umschrieben werden.

(1) Für die kreditgebenden Banken ist es eine Schutzfunktion vor Kreditausfällen.

(2) Für die kreditnehmenden Unternehmen sowie die kreditgebenden Banken ist Rating ein Kontrollmechanismus zur Vermeidung oder Abwendung einer Insolvenz.

(3) Unternehmen erhalten ein Benchmarking, d.h., können sich im Vergleich zur Konkurrenz einordnen.

(4) Banken errechnen eine Bemessungsgrundlage für das zu hinterlegende Eigenkapital und können das Gesamtrisikopotenzial ihres Kundenstammes abschätzen.

(5) Die Unternehmensführung kann durch Installation eines Risikomanagement- und Bonitätsmanagementsystems Verbesserungspotenziale bei qualitativen und quantitativen Zielen aktivieren.

Häufig wird Rating in den Unternehmen als Kostentreiber und als überflüssige Zusatzbelastung für das Management angesehen. Es sollte aber vor allem als Chance betrachtet werden, mögliche Fehlentwicklungen oder sogar Unternehmenskrisen frühzeitig zu erkennen. Nicht selten genug macht bspw. eine klassische Kreditprüfung viel zu spät auf existenzbedrohende unternehmerische Entwicklungen aufmerksam.

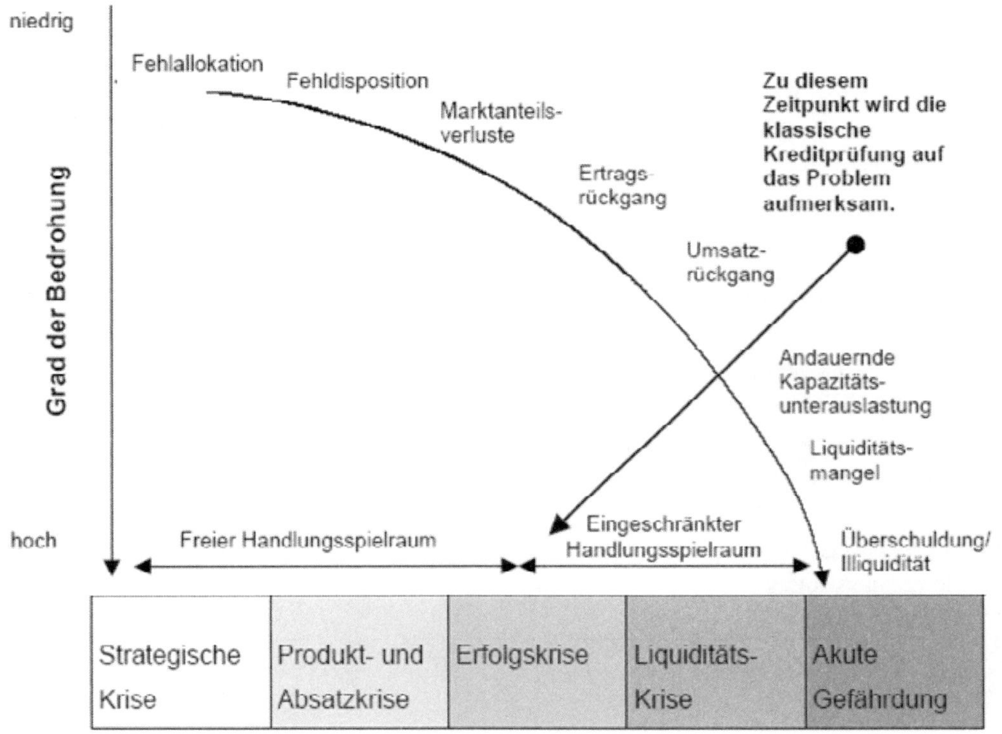

Abbildung 142: Phasen einer Unternehmenskrise

So kann aufgrund der sehr umfangreichen Prüfmechanismen ein Rating bereits in der Frühphase eine Unternehmenskrise erkennen und beheben helfen. In dieser Zeitspanne der strategischen Krise sowie Produkt- und Absatzkrise, sind die Aussichten auf erfolgreiche Krisenbewältigung aufgrund der vielfältigen Handlungsalternativen als gut zu bezeichnen. Ist erst einmal eine Erfolgs- oder gar eine Liquiditätskrise eingetreten, stehen die Chancen auf erfolgreiche Krisenbewältigung infolge des sehr eingeschränkten Handlungsspielraums sehr schlecht.

Aufgrund der hohen Bedeutung und der etwas abweichenden Zielsetzung wird nachfolgend zunächst ein Bankenrating vorgestellt, dann die Grundstruktur eines externen Ratings erläutert und schließlich an Hand eines Beispiels demonstriert.

3.5.3.2 Das Bankenrating

Bankenratings erfolgen, um die Kreditwürdigkeit der Unternehmen beurteilen zu können. Die Sichtweisen der Banken unterscheiden sich dabei stellenweise elementar von denen der Unternehmen. So werden neben den klassischen Ratingfaktoren auch Merkmale wie Kontoführungsverhalten oder das Informationsverhalten der Unternehmung gegenüber der Bank berücksichtigt.

Ein Bankenrating lässt sich in verschiedene Komponenten aufteilen.

Wirtschaftliche Verhältnisse - Jahresabschluss - Private Vermögenssituation - Aktuelle Situation (BWA) - Umsatz- und Ertragsplanung u.a.	**Management** - Qualifikation - Organisation - Rechnungswesen - Controlling u.a.
Markt und Produkt - Entwicklung - Vertriebswege - Lieferantenstruktur - Kundenstruktur u.a.	**Kundenbeziehungen** - Kontoführungsverhalten - Informationsweitergabe u.a.

Rating

Abbildung 143: Komponenten eines Bankenratings

Die zukünftige wirtschaftliche Leistungsfähigkeit eines Unternehmens, die Bonität, wird mittels quantitativer und qualitativer Faktoren beurteilt. Die aus den **wirtschaftlichen Verhältnissen** ableitbaren Kennzahlen bilden dabei den quantitativen Bereich („harte“ Faktoren), während die Komponenten aus den Bereichen **Management**, **Markt und Produkt** sowie **Kundenbeziehungen** die qualitativen Kenngrößen („weiche“ Faktoren) ergeben.

Zur Ermittlung der Bonität verwendet jede Bank ihr eigenes standardisiertes Verfahren, vom Resultat her kommen aber alle Methoden zu vergleichbaren Ergebnissen. Im Kern geht es immer darum, das zu ratende Unternehmen in eine Preisklasse einzuteilen, um eine Aussage zum Kreditzins machen zu können. Um dies tun zu können, wird das Unternehmen im Vorfeld anhand der folgenden Diagramme in Bonitäts- und Besicherungsklassen eingeteilt.

Die Bonitätsklasse drückt dabei die statistische Wahrscheinlichkeit aus, dass der Kredit innerhalb des ersten Jahres ausfällt. Es werden Bonitätsklassen nach folgendem Ranking gebildet:

Bonitätsklasse	**Bonitätseinschätzung**	**Ein-Jahres-Ausfallwahrscheinlichkeit**
1	sehr gut	$\leq 0{,}3\%$
2	gut	$0{,}3\% < x \leq 0{,}9\%$
3	befriedigend	$0{,}9\% < x \leq 1{,}5\%$
4	ausreichend	$1{,}5\% < x \leq 2{,}5\%$
5	noch ausreichend	$2{,}5\% < x \leq 4{,}5\%$
6	gerade noch ausreichend	$4{,}5 < x$

Abbildung 144: Ausfallwahrscheinlichkeiten bei einem Bankenrating

Gleichzeitig stellen Banken die Überlegung an, dass durch eine Besicherung des Kredits die Höhe des Ausfalls verringert wird. Maßgeblich für den Sicherheitswert sind die zu erwartenden Verwertungserlöse. Die Bank bewertet die Sicherheit eines Anlagengutes (z.B. einer Produktionsmaschine) unter Berücksichtigung von Faktoren wie Alter, Verwertungskosten oder der Marktlage. Die Werthaltigkeit der Besicherung wird schließlich in der so genannten Besicherungsquote zusammengefasst. Sie gibt an, zu wie viel Prozent die erwarteten Erlöse den Kreditbetrag abdecken können.

Besicherungsklasse	**Besicherungsquote**
1	$80\% \leq y$
2	$50\% \leq y < 80\%$
3	$30\% \leq y < 50\%$
4	$y < 30\%$

Abbildung 145: Besicherungsquote bei einem Bankenrating

Aus der Bonitäts- und Besicherungsklasse ergeben sich schließlich die Preisklasse und damit die Bonitätsstufe sowie die Kreditkonditionen an das Unternehmen.

<table>
<tr><td>Bonitätsklasse</td><td>1</td><td>1</td><td>2</td><td>1</td><td>3</td><td>1</td><td>2</td><td>4</td><td>2</td><td>3</td><td>5</td><td>2</td><td>3</td><td>4</td><td>6</td><td>3</td><td>4</td><td>5</td></tr>
<tr><td>Besicherungsklasse</td><td>1</td><td>2</td><td>1</td><td>3</td><td>1</td><td>4</td><td>2</td><td>1</td><td>3</td><td>2</td><td>1</td><td>4</td><td>3</td><td>2</td><td>1</td><td>4</td><td>3</td><td>2</td></tr>
<tr><td>Preisklasse</td><td>A</td><td colspan="2">B</td><td colspan="2">C</td><td colspan="3">D</td><td colspan="3">E</td><td colspan="4">F</td><td colspan="3">G</td></tr>
</table>

Abbildung 146: Preisklasse bei einem Bankenrating

3.5.3.3 Das externe Rating

3.5.3.3.1 Grundlagen

Externe Ratings werden direkt von den Unternehmen in Auftrag gegeben. Die Gründe hierfür sind vielschichtig. Mal ist es, wie bereits oben beschrieben, der Wunsch, gegenüber externen Interessenten die eigene Wettbewerbsfähigkeit zu demonstrieren. Häufig ist es auch die Vorwegnahme eines anstehenden Bankenratings. Dann nämlich möchte sich das Unternehmen bereits vor einer anstehenden Kreditverhandlung gegen etwaige Fragen und Probleme wappnen und diese bereits im Vorfeld ausräumen bzw. klären.[146]

Unabhängig davon, ob das Rating von einer national oder international tätigen Gesellschaft durchgeführt wird, ist das Resultat auch hier ein Ratingsymbol, das die Bonität der gerateten Unternehmung symbolisiert. Standardgemäß haben sich Symbole etabliert, die den beiden international tätigen Ratingagenturen Standard & Poor's (S&P) und Moody´s entnommen wurden. Die Bestnote ist generell ein dreifaches A (Tripple A) und wird ausschließlich an Unternehmen höchster Qualität vergeben. Mit abnehmender Güte im Sinne eines wachsenden Ausfallrisikos erfolgt eine Abstufung bis zu den Buchstaben C (Moody´s) bzw. D (S&P). Innerhalb der Klassen verwenden die Agenturen zur Differenzierung Zahlen bzw. Plus- und Minuszeichen. Die beiden Ansätze enthalten folgende Bonitätseinstufungsmaße, die den meisten Ratingagenturen als Orientierung dienen.

[146] Vgl. Everling O./Bargende D. 2005, S. 261ff, Wildemann H. 2005, S. 233ff und Massenberg H.J./Borchardt A. 2007, S. 346ff.

Moody's	S&P	Bonitätseinstufung
Aaa	AAA	Sehr gut: Höchste Bonität, praktisch kein Ausfallrisiko
Aa1 Aa2 Aa3	AA+ AA AA–	Sehr gut bis gut: hohe Zahlungswahrscheinlichkeit, geringes Insolvenzrisiko
A1 A2 A3	A+ A A–	Gut bis befriedigend: Angemessene Deckung von Zinsen und Tilgung, aber auch Elemente, die sich bei einer Veränderung der wirtschaftlichen Lage negativ auswirken können
Baa1 Baa2 Baa3	BBB+ BBB BBB–	Befriedigend: Angemessene Deckung von Zins und Tilgung, aber auch spekulative Charakteristika oder mangelnder Schutz gegen wirtschaftliche Veränderungen
Ba1 Ba2 Ba3	BB+ BB BB–	Ausreichend: Angemessene Deckung von Zins und Tilgung, auch in gutem wirtschaftlichen Umfeld
B1 B2 B3	B+ B B–	Mangelhaft: Geringe Sicherung von Zins und Tilgung
Caa (1-3) Ca	CCC CC	Ungenügend: Niedrigste Qualität, geringster Anlegerschutz, in akuter Gefahr eines Zahlungsverzugs
C	D	Zahlungsunfähig: in Zahlungsverzug

Abbildung 147: Ratingklassifikation nach Moody´s und Standard & Poor's I

Die Unternehmen teilt man dabei ganz grob in die beiden Segmente „Investmentqualität" und „spekulativer Charakter" ein, d.h., Erstere wären infolge geringer Ausfallwahrscheinlichkeiten und einer guten Absicherung (relativ) sichere Anlageformen, während die zweite Gruppe infolge höherer Ausfallwahrscheinlichkeiten den spekulativen Anlagen zuzurechnen ist.

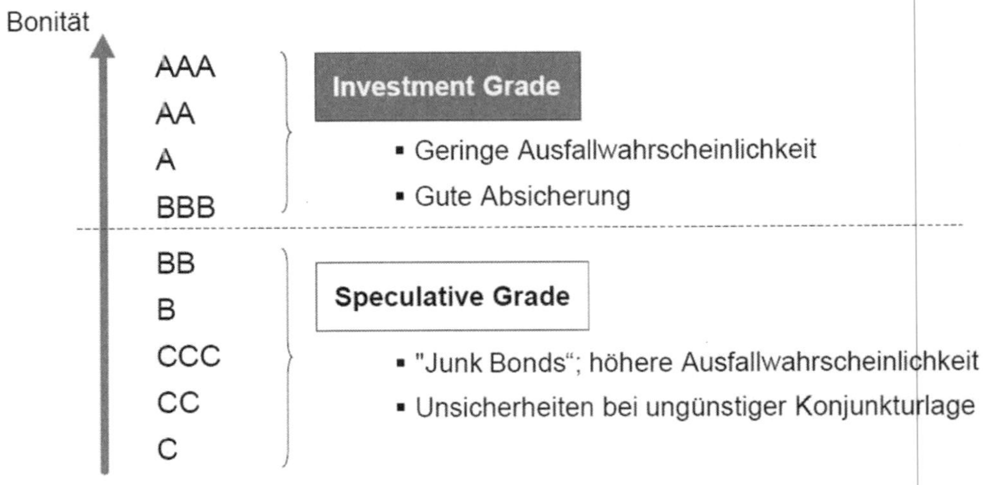

Abbildung 148: Investment Grade und Speculative Grade nach S&P

Die Abbildung macht deutlich, dass das Segment der „Investmentqualität" Unternehmen mit einem Rating von AAA bis BBB– beinhaltet, während Ratings ab BB+ zu den spekulativen Investments gehören.

In der jüngsten Vergangenheit haben sich eine Fülle von Verfahren herauskristallisiert, die zwar überwiegend in der Gesamtstruktur der Allgemeinheit nicht zugänglich gemacht werden, die aber alle sowohl qualitative (softfacts) als auch quantitative Faktoren (hardfacts) beinhalten. Nachfolgend wird das Ratingverfahren von Dr. Schneck dargestellt und anhand eines Beispiels erläutert.[147] Es wurde gewählt, da der Ansatz gut nachvollziehbar ist, die wichtigsten quantitativen und qualitativen Unternehmensbereiche abdeckt und darüber hinaus durch eine Anwendungssoftware schnell und problemlos in der Praxis umsetzbar ist.

[147] Vgl. Everling O./Schneck O. 2004. Aber auch andere Ratingverfahren sind ähnlich aufgebaut. Vgl. bspw. Wambach M./Rödl B. 2001, S. 167ff.

3.5.3.3.2 Das Dr. Schneck Rating

Das Rating besteht aus insgesamt drei quantitativen und fünf qualitativen Bereichen.

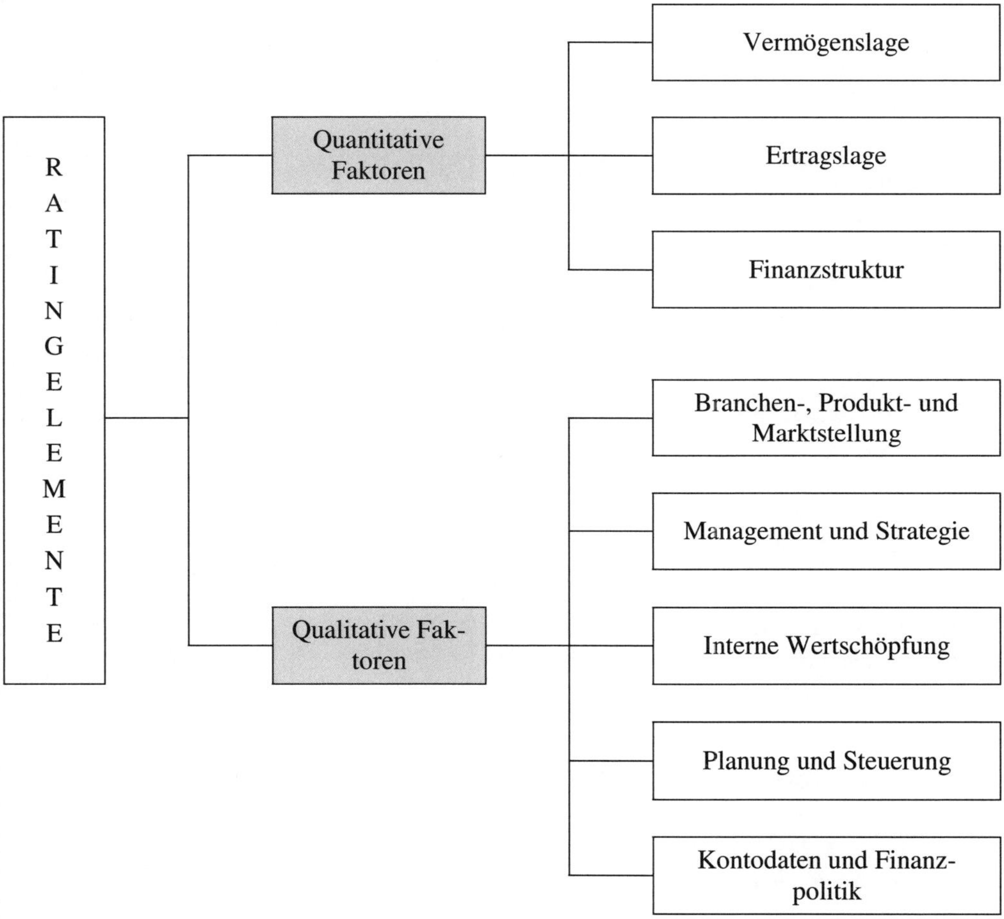

Abbildung 149: Ratingelemente

Die quantitativen Kennzahlen, die in Summe das (quantitative) Ratingergebnis bilden, lassen sich nach der Vermögens-, Ertrags- und Finanzlage untergliedern.

Diese Bereiche wiederum unterteilen sich in eine Vielzahl von einzelnen Kennzahlen:

Kennzahlen zur Beurteilung der Vermögenslage		
Kennzahl	Definition/Aussage	Erläuterung
$\frac{Sachanlagen}{Umsatz}$	Wie oft wird das arbeitende Kapital umgeschlagen?	Zeigt die Produktivität des eingesetzten Vermögens
$\frac{Vorräte}{Umsatz}$	Wie schnell schlägt sich das Lager um?	Gibt Auskunft über die Lagerbindung
$\frac{Warenforderung}{Umsatz}$	Wie lange lassen sich Kunden zur Zahlung Zeit, wie ist deren Zahlungsmoral?	Gibt Aufschluss über das Forderungsmanagement und das Inkassowesen
$\frac{Eigenkapital}{Gesamtkapital}$	Anteil des eigenfinanzierten Kapitals	Wichtiges Bonitätsmaß, spielt besonders im Mittelstand eine wichtige Rolle
$\frac{Warenverbindlichkeiten}{Materialaufwand}$	Wie lange lässt sich das Unternehmen zur Zahlung Zeit, wie ist dessen Zahlungsmoral?	Gibt Aufschluss über die Marktmacht der Unternehmung und über die Skontopolitik
$\frac{Gewinnrücklagen}{Eigenkapital}$	Anteil des thesaurierten Gewinns am Eigenkapital	Zeigt die Ausschüttungspolitik der Unternehmung

Abbildung 150: Quantitative Kennzahlen des Dr. Schneck Ratings – Vermögenslage

Kennzahlen zur Beurteilung der Ertragslage		
Kennzahl	Definition/Aussage	Erläuterung
$\frac{Außerordentliche\ Erträge}{betriebliche\ Erträge}$	Aufteilung des Gesamtergebnisses in den operativen und a.o. Teil	Zeigt die Quellen des Erfolges
$\frac{Gewinn}{Eigenkapital}$	Wie hat sich das eingesetzte Eigenkapital verzinst?	Gibt Auskunft über die Rentabilität des Eigenkapitals
$\frac{(Gewinn + Fremdkapitalzins)}{Gesamtkapital}$	Wie hat sich das eingesetzte Gesamtkapital verzinst?	Gibt Aufschluss über die Rentabilität des Gesamtkapitals
$\frac{Gewinn}{Umsatz}$	Anteil des Umsatzes, der als Gewinn übrig bleibt	Zeigt auf, wie viel vom Umsatz letztlich als Gewinn realisiert wurde
$\frac{Cashflow}{Umsatz}$	Anteil des Umsatzes, der als Liquidität zur Verfügung steht	Gibt Aufschluss über die verfügbare Liquidität aus dem Umsatzprozess

Abbildung 151: Quantitative Kennzahlen des Dr. Schneck Ratings – Ertragslage

Kennzahlen zur Beurteilung der Finanzlage		
Kennzahl	Definition/Aussage	Erläuterung
$\frac{\textit{Eigenkapital}}{\textit{Anlagevermögen}}$	Anteil des durch Eigenkapital gedeckten Anlagevermögens	Zeigt, ob die Anlagen fristengleich durch Eigenkapital finanziert wurden
$\frac{\textit{langfristiges Kapital}}{\textit{Anlagevermögen}}$	Anteil des durch langfristiges Kapital gedeckten Anlagevermögens	Zeigt, ob die Anlagen fristengleich durch Eigenkapital und langfristiges Fremdkapital finanziert wurden
$\frac{\textit{Kasse}}{\textit{kurzfristige Verbindlichkeiten}}$	Wie liquide ist das Unternehmen bzgl. der Barreserven?	Gibt Aufschluss, ob das Unternehmen in der Lage ist, die kurzfristigen Verbindlichkeiten durch Barreserven zurückzahlen zu können
$\frac{(\textit{Kasse} + \textit{Forderungen})}{\textit{kurzfristige Verbindlichkeiten}}$	Wie liquide ist das Unternehmen unter Einbezug der Barreserven und Forderungen?	Gibt Aufschluss, ob das Unternehmen in der Lage ist, die kurzfristigen Verbindlichkeiten durch Barreserven und Forderungen zurückzahlen zu können
$\frac{\textit{Umlaufvermögen}}{\textit{kurzfristige Verbindlichkeiten}}$	Wie liquide ist das Unternehmen unter Einbezug des gesamten Umlaufvermögens?	Gibt Aufschluss, ob das Unternehmen in der Lage ist, die kurzfristigen Verbindlichkeiten durch das Umlaufvermögen zurückzahlen zu können
$\frac{\textit{Fremdkapital}}{\textit{Cashflow}}$	Anteil der Verschuldung am Cashflow	Zeigt auf, nach wie viel Perioden die Schulden durch den Innenfinanzierungsprozess zurückgezahlt werden können
$\frac{\textit{Gewinn}}{\textit{Zinsen}}$	Zeigt die Zinsdeckung durch den Gewinn	Gibt Aufschluss über die schuldenbedingte Zinsbelastung der Unternehmung
$\frac{\textit{kurzfristiges Fremdkapital}}{\textit{Fremdkapital}}$	Anteil der kurzfristigen Verschuldung an der Gesamtverschuldung	Zeigt welcher Anteil der Schulden kurzfristig zurückzuzahlen ist
$\frac{\textit{Kasse}\ (31.12)}{\textit{Kasse}\ (01.01)}$	Veränderung der Liquidität	Gibt Aufschluss über die Veränderung des Cashflows

Abbildung 152: Quantitative Kennzahlen des Dr. Schneck Ratings – Finanzlage

Die qualitativen Faktoren im Rahmen des Ratings bilden den zweiten bedeutenden Teilbereich, wobei sich die oben dargestellten Segmente weiter unterteilen lassen. Aus diesen Unterpunkten ergeben sich die qualitativen Fragestellungen.

Segmente	Untergliederung
Branchen-, Produkt- und Marktstellung	Markt- und Wettbewerbsdynamik Marktrisiken Produktportfolio und Marktstellung
Management und Strategie	Unternehmensführung Unternehmensstrategie Personalpolitik und Mitarbeiterqualität
Interne Wertschöpfung	Organisationsstruktur und Prozessabläufe Forschung und Entwicklung Operative Abläufe: Einkauf, Lager, Produktion
Planung und Steuerung	Unternehmensplanung und Informationspolitik Controlling und Risikosteuerung
Kontodaten und Finanzpolitik	Liquidität Ausschüttungspolitik des Unternehmens

Abbildung 153: Qualitative Bereiche des Dr. Schneck Ratings

3.5.3.3.3 Beispiel anhand eines mittelständischen Unternehmens

Um die im letzten Kapitel dargestellten Bereiche, insbesondere die der qualitativen Fragestellungen transparenter machen zu können, soll nachfolgend ein in der Praxis durchgeführtes Rating erläutert werden.

Die Holz AG ließ sich von einer Unternehmensberatungsgesellschaft mit dem Ziel raten, ihre Anteile über die Börse einem breiten Publikum anzubieten und gleichzeitig Verbesserungspotenziale in der Unternehmensführung und -steuerung zu aktivieren. Dazu wurde neben der Auswertung von Bilanzen und Gewinn- und Verlustrechnungen eine Reihe von qualitativen Faktoren mit einbezogen.

Die sich durch die Branche ergebende Gewichtung von quantitativen und qualitativen Faktoren mittels der Standardsoftware war wie folgt:

- Qualitativ = 30%
- Quantitativ = 70%

3.5.3.3.3.1 Der qualitative Bereich

Im qualitativen Bereich wurden der Geschäftsleitung der Holz AG folgende ratingrelevante Fragen gestellt, auf die beigefügte Antworten gegeben wurden.[148]

1. Sparte: Branchen-, Produkt- und Marktstellung

Frage 5: Wie hoch sind die Preisschwankungen in der Branche?

Antwort 5: Die Preise schwanken moderat.

Frage 6: Wie groß sind die Nachfrageschwankungen in der Branche?

Antwort 6: Die Nachfrageschwankungen sind ebenfalls moderat, da es keine saisonalen oder zyklischen Bewegungen gibt.

Frage 8: Wie stark ist die Gesellschaft von gesellschaftlichen Moden/Trends abhängig?

Antwort 8: Überhaupt nicht.

Frage 9: Wie hoch ist der Anteil der Fremdwährungsumsätze, deren Kursrisiko abgesichert ist?

Antwort 9: Relativ hoch, aber Umsätze werden generell nicht durch Devisentransaktionen abgesichert.

Frage 11: Wie ausgewogen ist die Verteilung der Produkte über die Stadien des Produktlebenszyklus?

Antwort 11: Das Portfolio verteilt sich relativ ausgewogen über die Phasen.

---

[148] Der komplette Fragenkatalog inklusive den Antworten ist im Anhang unter 9.8 dargestellt. Hier wurden nur die für das Rating relevanten Fragen abgebildet.

Frage 13: Wie haben sich die Marktanteile der Holz AG im Vergleich zu den wichtigsten Wettbewerbern in der Vergangenheit entwickelt?

Antwort 13: Sie sind im Vergleich etwas angestiegen.

Sparte 2: Management und Strategie

Frage 16: Hat das Unternehmen eine schriftlich fixierte Unternehmensstrategie?

Antwort 16: Die Grundzüge der Unternehmensstrategie wurden im Rahmen eines Audits einmal festgehalten.

Frage 18: Kennen Sie die wichtigsten Wettbewerber, deren Aktivitäten, Stärken und Schwächen?

Antwort 18: Sie sind weitgehend bekannt.

Frage 19: Besitzt das Unternehmen eine klare Vorstellung von seinen Zielen und Prioritäten hinsichtlich neuer Produkte und Märkte?

Antwort 19: Es bestehen klare Vorstellungen, sie wurden aber noch nicht konkret schriftlich fixiert.

Frage 21: Wie viel Prozent des Gesellschaftskapitals sind im Management vertreten?

Antwort 21: 20%.

Frage 26: Welche Vertretungsregelungen bestehen für die Geschäftsleitung für den Krankheits- bzw. Urlaubsfall?

Antwort 26: Der kaufmännische Leiter wird durch den Prokuristen, der technische Leiter durch den technischen Betriebsleiter vertreten. Das Unternehmen ist bei einem Ausfall in keiner Weise negativ beeinträchtigt.

Frage 27: Besteht für die Geschäftsleitung eine Nachfolgeplanung bzw. eine Nachfolgeregelung?

Antwort 27: Eine Nachfolgeplanung ist in Ansätzen vorhanden. Es ist vorgesehen, dass die beiden Söhne der Geschäftsführer die Unternehmung weiterführen werden.

Frage 29: Wie hoch ist in Ihrem Leitungsorgan und der 2. Führungsebene das Verhältnis von Personen mit betriebswirtschaftlicher Qualifikation zum Bedarf?

Antwort 29: Die betriebswirtschaftliche Ist-Qualifikation entspricht weitestgehend der Soll-Qualifikation.

Frage 30: Wie hoch ist in Ihrem Leitungsorgan und der 2. Führungsebene das Verhältnis von Personen mit einschlägiger technischer Qualifikation zum Bedarf?

Antwort 30: Die technische Ist-Qualifikation entspricht in vollem Umfang der Soll-Qualifikation.

Frage 31: Wie hoch ist in Ihrem Leitungsorgan und der 2. Führungsebene das Verhältnis von Personen mit branchenbezogener Qualifikation zum Bedarf?

Antwort 31: Die branchenbezogene Ist-Qualifikation entspricht in vollem Umfang der Soll-Qualifikation.

Frage 32: Existieren in Ihrem Unternehmen eine Personalplanung sowie Qualifikationsprogramme?

Antwort 32: Eine systematische Personalplanung existiert noch nicht.

Frage 34: Wie hoch ist die Mitarbeiterfluktuation im Vergleich zur Branche?

Antwort 34: Mit etwa 15% (ein Siebtel der Belegschaft wechselt im Schnitt jährlich) liegen wir unter dem Durchschnitt.

Frage 35: Wie stark ist das Know-how an die Mitarbeiter gebunden?

Antwort 35: Derzeit ist das Know-how stark auf einige Personen konzentriert, es wird noch an einem besseren Wissenstransfer gearbeitet.

Sparte 3: Interne Wertschöpfung

Frage 36: Verfügt das Unternehmen über eine klar gegliederte Aufbauorganisation?

Antwort 36: Die Aufbauorganisation existiert, ist aber noch nicht genau dokumentiert.

Frage 37:	Verfügt das Unternehmen über eine klar gegliederte Ablauforganisation?
Antwort 37:	Die Ablauforganisation existiert, ist aber noch nicht genau dokumentiert.
Frage 38:	Verfügt das Unternehmen über ein Qualitätsmanagementsystem?
Antwort 38:	Ein Qualitätsmanagementsystem ist in groben Zügen vorhanden.
Frage 39:	Verfügt das Unternehmen über ein Datensicherungssystem (Sicherung vor Datenverlust, Viren, Sabotage etc.)?
Antwort 39:	Datensicherungen werden täglich gemacht.
Frage 40:	Werden im Unternehmen F&E-Maßnahmen systematisch durchgeführt?
Antwort 40:	F&E-Maßnahmen gibt es nicht geregelt.
Frage 41:	Wie groß ist der technische Vorsprung aufgrund der F&E-Maßnahmen?
Antwort 41:	Frage nicht relevant.
Frage 42:	Gibt es Patente, Schutzrechte etc. für Produkte?
Antwort 42:	Nein, gibt es nicht.
Frage 44:	Optimiert das Unternehmen die Einkaufskonditionen kontinuierlich?
Antwort 44:	Die Konditionen werden fallweise, aber nicht systematisch optimiert.
Frage 45:	Bestehen starke Abhängigkeiten von einzelnen Lieferanten?
Antwort 45:	Es bestehen deutliche Abhängigkeiten, insbesondere bei Zwischenprodukten.
Frage 46:	Existiert ein systematisches Lagermanagement mit DV-Unterstützung?
Antwort 46:	Es existiert ein Warenwirtschaftssystem, aus dem aktuell die Bestände ermittelt werden können.

Frage 47: In welchem Verhältnis stehen die Ziele des Lagermanagements – geringe Kapitalbindung versus hohe Sicherheitsreserven – zueinander?

Antwort 47: Die Lagerbestände sind trotz ABC-Analyse etwas zu hoch.

Frage 49: Wird regelmäßig und systematisch eine Optimierung der Prozesse zur Produktivitätssteigerung durchgeführt?

Antwort 49: Es findet eine fallweise Optimierung statt.

Frage 50: Existiert eine strukturierte Vertriebsorganisation?

Antwort 50: Ja, Europa haben wir in 5 Gebiete mit entsprechenden Ansprechpartnern gegliedert und Amerika wird von 3 Handelsvertretern betreut.

Frage 51: Existiert ein klares Marketingkonzept mit regelmäßiger und systematischer Marktforschung?

Antwort 51: Es existiert ein Marketingkonzept, aber kein systematisches.

Sparte 4: Planung und Steuerung

Frage 55: Sind die eingereichten Unterlagen aussagekräftig und nachvollziehbar?

Antwort 55: Ja, es erfolgen auf den Jahresabschluss praktisch keine Rückfragen.

Frage 56: Existiert eine vollständige Bilanzplanung unter Berücksichtigung verschiedener Szenarien?

Antwort 56: Nein, es wird lediglich eine betriebswirtschaftliche Auswertung auf Basis der geplanten Erlöse und Aufwendungen erstellt.

Frage 57: Existiert eine vollständige GuV-Planung unter Berücksichtigung verschiedener Szenarien?

Antwort 57: Nein, siehe Antwort 56.

Frage 58: Existiert eine vollständige Liquiditätsplanung unter Berücksichtigung verschiedener Szenarien?

Antwort 58: Nein, eine Liquiditätsplanung wird nicht erstellt, es wird lediglich morgens der Finanzstatus über den Banksaldo ermittelt.

Frage 59: Existiert eine vollständige Investitionsplanung unter Berücksichtigung verschiedener Szenarien?

Antwort 59: Nein, eine Investitionsplanung existiert noch nicht, ist aber aufgrund des hohen Liquiditätsbedarfs zukünftig geplant.

Frage 60: Welche Planungen sprechen Sie mit der Bank ab?

Antwort 60: Keine.

Frage 61: Existiert ein regelmäßiger und systematischer Soll-Ist-Vergleich der Planungsrechnungen?

Antwort 61: Ein Abgleich findet monatlich aufgrund der BWA statt, grobe Abweichungen werden hinterfragt.

Frage 62: Um wie viel Prozent wichen in den letzten 2 Jahren die Istzahlen von den Planzahlen ab?

Antwort 62: Die Istzahlen (Ergebnis) liegen meist 5-10% über den Planzahlen, da wir konservativ planen.

Frage 63: In welchem Umfang ist das Unternehmen gegen folgende Risiken gesichert:

Betriebsunterbrechung, Feuer, Betriebshaftpflicht, Umwelt, Sonstige?

Antwort 63: Betriebsunterbrechung; keine Absicherung

Feuer; 100%

Betriebshaftpflicht; ausreichend

Umwelt; keine Absicherung

Sonstige; keine

Sparte 5: Kontodaten und Finanzpolitik

Frage 64:	Existiert ein systematisches Forderungsüberwachungs- und Mahnwesen?
Antwort 64:	Ja, es werden täglich die fälligen Debitorenrechnungen ausgedruckt und überwacht.

Frage 65:	In welchem Umfang haben Sie im letzten Jahr Ihre genehmigte Kreditlinie in Anspruch genommen?
Antwort 65:	Es wurde lediglich einmal im Zuge einer Neuinvestition 50.000 € für 5 Kalendertage in Anspruch genommen.

Frage 69:	Wie viel Prozent des Gewinns wurden in den letzten 3 Jahren durchschnittlich thesauriert (also nicht ausgeschüttet)?
Antwort 69:	Jeweils 50%.

Frage 70:	Wie viel % des Gewinns planen Sie in den nächsten 5 Jahren durchschnittlich zu thesaurieren?
Antwort 70:	Jeweils 50%.

Nach der Beantwortung der Fragen vergibt die Ratingagentur auf jede Antwort Punkte zwischen 0 und 100. 50 Punkte beschreiben dabei den Marktdurchschnittswert, Abweichungen nach oben bedeuten, dass die Unternehmung hier besser als der Markt, Abweichungen nach unten bedeuten, dass die Unternehmung schlechter als der Markt ist.[149]

Es ergaben sich folgende Punkte und Bewertungen:

[149] Zu weiteren detaillierteren Informationen vgl. die Software R-Cockpit von Dr. Schneck.

Qualitatives Rating		
	Punkte	Durchschnitt
Sparte Produkte, Branche und Marktdynamik		
Produkte und Branche		
Frage 5	50	47,5
Frage 6	50	
Frage 8	90	
Frage 9	0	
Marktdynamik		
Frage 11	85	80
Frage 13	75	
Sparte Management und Strategie		
Strategie		
Frage 16	50	60
Frage 18	70	
Frage 19	60	
Unternehmensführung		
Frage 21	20	51,67
Frage 26	85	
Frage 27	50	
Personalpolitik		
Frage 29	70	59,17
Frage 30	100	
Frage 31	90	
Frage 32	10	
Frage 34	60	
Frage 35	25	
Sparte Interne Wertschöpfung		
Organisation und Prozesse		
Frage 36	35	52,5
Frage 37	35	
Frage 38	50	
Frage 39	90	
Forschung und Entwicklung		
Frage 40	10	20
Frage 41	50	
Frage 42	0	

Einkauf und Produktion		
Frage 44	50	
Frage 45	50	
Frage 46	75	
Frage 47	65	60
Frage 49	40	
Frage 50	90	
Frage 51	50	
Sparte Planung und Steuerung		
Unternehmensplanung		
Frage 55	90	
Frage 56	0	
Frage 57	60	
Frage 58	0	33,33
Frage 59	0	
Frage 60	50	
Controlling & Risiko		
Frage 61	50	
Frage 62	60	48,33
Frage 63	35	
Sparte Kontodaten und Finanzpolitik		
Frage 64	95	
Frage 65	50	61,25
Frage 69	50	
Frage 70	50	

Abbildung 154: Fragenkatalog des Dr. Schneck Ratings

Nun erfolgt die Bewertung der durchschnittlichen Punktzahlen mit unterschiedlichen Gewichtungsfaktoren und führt letztlich zum Ergebnis des qualitativen Teils:

Qualitatives Rating			
		Punkte	Gewichtung
Sparte Produkte, Branche und Markt			
Produkte und Branche		47,50	9,01%
Marktdynamik		80,00	6,31%
Sparte Management und Strategie			
Strategie		60,00	7,21%
Unternehmensführung		51,67	18,02%
Personalpolitik		59,17	4,50%
Sparte Interne Wertschöpfung			
Organisation und Prozesse		52,50	7,21%
Forschung und Entwicklung		20,00	2,70%
Einkauf und Produktion		60,00	9,01%
Sparte Planung und Steuerung			
Unternehmensplanung		33,33	9,01%
Controlling & Risiko		48,33	9,01%
Sparte Kontodaten und Finanzpolitik		61,25	18,02%
Ergebnis des qualitativen Ratings = B			

Abbildung 155: Ergebnisse des qualitativen Ratings nach Dr. Schneck

Das qualitative Rating zeigt, dass die Bereiche „Produkte und Branche", „Forschung und Entwicklung", „Unternehmensplanung" sowie „Controlling und Risiko" im Vergleich zum Branchendurchschnitt schlecht abschneiden. Die Gründe liegen im Wesentlichen

- im Bereich **Produkt und Branche** an der fehlenden Absicherung des Exportgeschäftes gegenüber Währungsrisiken,
- im Bereich **Forschung und Entwicklung** an der nichtvorhandenen F&E-Abteilung,
- im Bereich **Unternehmensplanung** an der fehlenden Bilanz-, GuV- und Liquiditätsplanung sowie
- im Bereich **Controlling und Risiko** hauptsächlich an der mangelnden Versicherung gegenüber unternehmerischen Risiken wie Betriebsunterbrechungen und Umweltrisiken.

3.5.3.3.3.2 Der quantitative Bereich

Folgende Bilanzen und Gewinn- und Verlustrechnungen dienten dem quantitativen Rating:

Bilanz der Holz AG in €				
	2004	%	2005	%
Anlagevermögen 1.1.	300.000	49,8	275.000	46,2
+ Zugänge	0		50.000	8,4
./. Abschreibungen	–25.000	–4,1	–37.500	–6,3
Anlagevermögen 31.12.	275.000	45,7	287.500	48,3
Vorräte	153.250	25,4	155.900	26,2
Warenforderungen	126.650	21,0	116.833	19,6
Liquidität	47.550	7,9	35.263	5,9
AKTIVA	602.450	100	595.496	100
Eigenkapital 1.1.	110.000	18,3	124.350	20,9
+ Kapitalerhöhung				
./. Gewinnausschüttung	–14.350	–2,4	–24.535	–4,1
+ Gewinn nach Steuern	28.701	4,8	49.070	8,2
Eigenkapital 31.12.	124.350	20,7	148.885	25,0
Bankverbindlichkeiten	400.000	66,4	350.000	58,8
Warenverbindlichkeiten	68.100	11,3	86.611	14,5
Sonstige Passiva	10.000	1,6	10.000	1,7
PASSIVA	602.450	100	595.496	100
Fremdkapitalzinssatz	5%		6%	
Lagerumschlag	4		5	
Zahlungsziel Forderungen (Tage)	38		30	
Zahlungsziel Verbindlichkeiten (Tage)	40		40	
Ertragssteuersatz	30%		30%	
Gewinnausschüttung	50%		50%	

Gewinn- und Verlustrechnung der Holz AG in €				
	2004	%	2005	%
Umsatz	1.200.000	100,0	1.402.000	100,0
Kosten für Maschinen	559.500	46,6	726.000	51,8
Sonstiger Materialeinsatz	53.499	4,5	53.499	3,8
Rohertrag	587.001	48,9	622.501	44,4
Personalaufwand	315.000	26,3	345.000	24,6
Abschreibungen	25.000	2,1	37.500	2,7
Sonstige betriebliche Aufwendungen	186.000	15,5	148.901	10,6
Fixkosten gesamt	526.000	43,9	531.401	37,9
Zinsaufwand	20.000	1,7	21.000	1,5
Ergebnis vor Steuern	41.001	3,4	70.100	5,0
Ertragsteuern	12.300	1,0	21.030	1,5
Ergebnis nach Steuern	28.701	2,4	49.070	3,5

Tabelle 35: Jahresabschluss als Basis des Ratings nach Dr. Schneck

Die Unternehmensberatung bewertete nun den aktuellen Jahresabschluss 2005 in den Rubriken Vermögen, Ertrag und Finanzlage:

		AAA	AA	A	BBB	BB	B	CCC	CC	C
Vermögen[150]	**Wert**									
(1)	0,205									
(2)	0,111									
(3)	0,083									
(4)	0,250									
(5)	0,111									
(6)	0,329									
Ertragslage										
(1)	0,000									
(2)	0,329									
(3)	0,117									
(4)	0,035									
(5)	0,073									
Finanzlage										
(1)	0,517									
(2)	1,735									
(3)	0,365									
(4)	0,365									
(5)	1,978									
(6)	4,360									
(7)	4,338									
(8)	0,276									
(9)	102,43									
Ergebnis des quantitativen Ratings = BB										

Abbildung 156: Ergebnisse des quantitativen Ratings nach Dr. Schneck

Bei der Bewertung werden einzelne Kennzahlen entsprechend ihrem Wert in die Ratingkategorie zwischen AAA und C eingeteilt. Im Anschluss erfolgt eine Durchschnittsbildung. Zu einigen Kennzahlen erfolgt kein Rating, da bei ihnen eine Klassifikation nicht möglich/sinnvoll ist.

Im vorliegenden Fall deutet das Ergebnis darauf hin, dass der Cashflow (Kennzahl (5) der Ertragslage) und die verfügbare Liquidität (Kennzahlen (3) und (4) der Finanzlage) nicht ausreichend sind, also unter dem Branchendurchschnitt liegen. Diese Umstände verhindern eine bessere Bewertung im quantitativen Bereich.

[150] Die Bedeutung der nummerierten Kennzahlen aus den Bereichen Vermögen, Ertrag und Finanzen wurden oben im Kapitel „Das Dr. Schneck Rating“ dargestellt.

3.5.3.3.3.3 Das Gesamtergebnis

Nachdem die Unternehmung hinsichtlich ihrer softskills (qualitative Faktoren) und den hard facts (quantitative Faktoren) geratet wurde, erfolgt die Zusammenführung der Ergebnisse nach der Gewichtung 30/70.

	Rating	Gewichtung
Qualitativ	B	30%
Quantitativ	BB	70%
Gesamt	BB–	

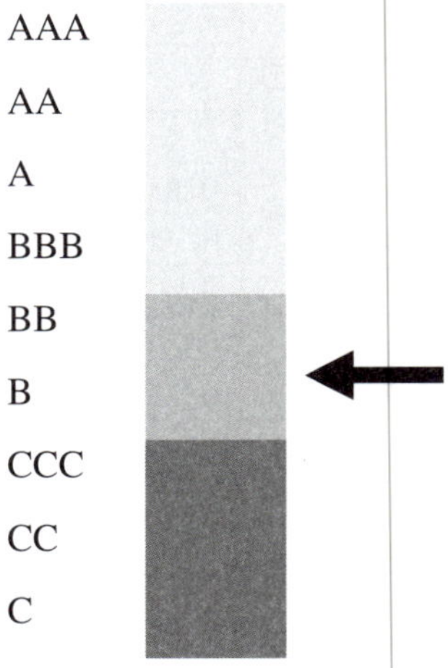

Abbildung 157: Das Gesamtergebnis nach Dr. Schneck

Gemäß dem Gesamtergebnis von BB– würde die Unternehmung gerade noch einen Kredit zu den alten Konditionen bekommen, da die Eigenkapitalhinterlegung der Bank hier noch bei 8% des Kreditvolumens liegt. Bereits beim Gesamtergebnis von B hätte die Unternehmung mit höheren Zinssätzen zu rechnen, da die Eigenkapitalhinterlegung der Bank dann 12% betragen würde. Damit befände sich die Unternehmung in guter Gesellschaft zum deutschen Mittelstand, der zu 51% in diese Kategorie fällt.

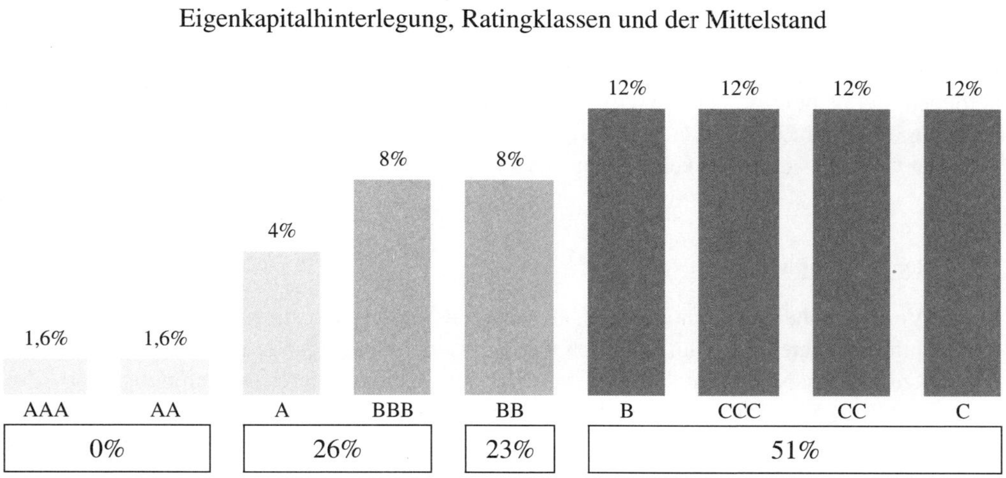

Abbildung 158: Verteilung des Mittelstandes auf die Ratingklassen

Die Abbildung verdeutlicht, dass es keinem mittelständischen Unternehmen bislang gelungen ist, ein Rating von AAA bzw. AA zu erreichen. Hierbei wäre die Eigenkapitalhinterlegung der Bank 1,6% gewesen. 26% des deutschen Mittelstandes fallen in die Kategorie A (4% Eigenkapitalhinterlegung) bzw. BBB (8% Eigenkapitalhinterlegung). Weitere 23% besitzen ein Rating von BB (ebenfalls mit 8% Eigenkapital zu hinterlegen). Somit müsste für mehr als die Hälfte des deutschen Mittelstandes (51%) eine Eigenkapitalhinterlegung von 12% erfolgen.

3.5.3.3.3.4 Unternehmerische Konsequenzen

Wie lauten nun die unternehmerischen Konsequenzen im Hinblick auf eine Verbesserung des Ratings? Im Rahmen des Ratings wurden eine Reihe von qualitativen und quantitativen Problembereichen erkannt, die es zu beheben/verbessern gilt:

(1) Fremdwährungsrisiken

Der Anteil der Fremdwährungsumsätze wurde in der Befragung als relativ hoch angegeben, auf Kursabsicherungsmaßnahmen aber hatte die Unternehmung bislang verzichtet. Dieses Risiko wird zukünftig durch **Devisentransaktionen** abgesichert, um drohende Verluste abzufangen oder abzumildern.

(2) Fehlende Forschung & Entwicklung

Die Unternehmung hat bislang keine systematische Forschungs- und Entwicklungsaktivität betrieben und plant dies auch zukünftig aus Kostengründen und mangels zu geringer Umsätze nicht ein. Hier wird bewusst auf eine Verbesserung des Ratings verzichtet, da die Kosten aus Sicht der Geschäftsleitung in keiner vernünftigen Relation zum Nutzen stehen.

(3) Fehlende Liquiditätspläne

In der Vergangenheit verzichtete die Unternehmensführung auf die Erstellung von Finanz- und Liquiditätsplänen. Sie läuft dadurch Gefahr, Liquiditätsengpässe nur unzureichend oder zu spät zu erkennen, was im schlimmsten Fall zum Konkurs der Unternehmung führt. Zukünftig wird ein **Liquiditätsstatus**, der die markanten Ein- und Auszahlungsströme beinhaltet, auf Monatsbasis geplant.

(4) Unzureichende Versicherungen

Die Unternehmung ist bislang weder gegen **Betriebsunterbrechungen** noch gegen **Umweltrisiken** abgesichert. Die dadurch drohenden Verluste werden als sehr hoch angesehen und sollen künftig durch den Abschluss von entsprechenden Versicherungen eliminiert werden.

(5) Schlechte Liquiditäts- und Cashflowkennzahlen

Fehlende Liquiditätsreserven in Verbindung mit einer gerade noch ausreichenden Eigenkapitalquote veranlassen die Unternehmensleitung zur Erhöhung des Eigenkapitals gegen Bareinlage. Es werden 200 TEUR eingebracht. Gleichzeitig sollen durch Vertriebsaktivitäten die Umsätze erhöht und dadurch der Gewinn und Cashflow gesteigert werden.

Nach diesen Maßnahmen sieht das Rating stark verbessert aus:

Qualitatives Rating			
		Punkte	Gewichtung
Sparte Produkte, Branche und Markt			
Produkte und Branche		72,5	9,01%
Marktdynamik		80,00	6,31%
Sparte Management und Strategie			
Strategie		60,00	7,21%
Unternehmensführung		51,67	18,02%
Personalpolitik		59,17	4,50%
Sparte Interne Wertschöpfung			
Organisation und Prozesse		52,50	7,21%
Forschung und Entwicklung		20,00	2,70%
Einkauf und Produktion		60,00	9,01%
Sparte Planung und Steuerung			
Unternehmensplanung		60,67	9,01%
Controlling & Risiko		61,82	9,01%
Sparte Kontodaten und Finanzpolitik		61,25	18,02%
Ergebnis des qualitativen Ratings = BB–			

Abbildung 159: Qualitatives Ratingergebnis nach Anpassungsmaßnahmen

		AAA	AA	A	BBB	BB	B	CCC	CC	C
Vermögen										
(1)	0,2051									
(2)	0,1112									
(3)	0,0833									
(4)	0,2500									
(5)	0,1111									
(6)	0,3296									
Ertragslage										
(1)	0,0000									
(2)	0,3296									
(3)	0,1177									
(4)	0,0350									
(5)	0,0731									
Finanzlage										
(1)	0,5179									
(2)	1,7353									
(3)	0,3650									
(4)	0,3650									
(5)	1,9787									
(6)	4,3601									
(7)	4,3381									
(8)	0,2760									
(9)	102,431									
Ergebnis des quantitativen Ratings = BBB–										

Abbildung 160: Quantitatives Ratingergebnis nach Anpassungsmaßnahmen

Gesamtergebnis

	Rating	Gewichtung
Qualitativ	BB–	30%
Quantitativ	BBB–	70%
Gesamt	BBB–	

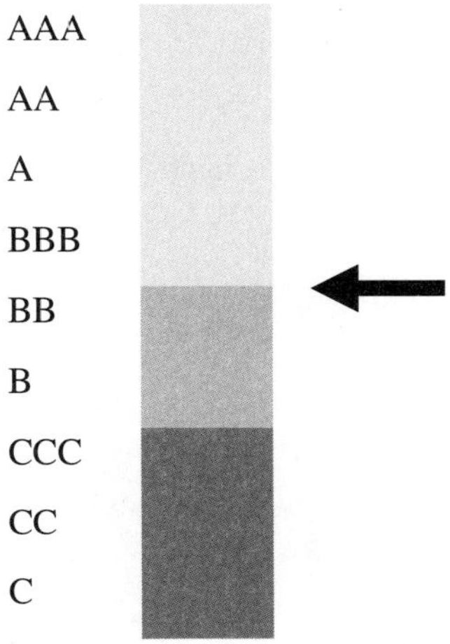

Abbildung 161: Gesamtratingergebnis nach Anpassungsmaßnahmen

Die durchgeführten Maßnahmen haben bewirkt, dass die Unternehmung vom Gesamturteil BB– auf BBB– aufgestiegen ist. Damit gehört sie zu den besten 26% aller kleinen und mittelständischen Unternehmen, die sich einem Ratingverfahren unterzogen haben.

3.5.3.4 Bonitätsmanagement

Die Steuerung der eigenen Bonität sollte zu den strategischen Aufgaben jeder Unternehmung gehören. Diese Aufgabe ist, zumindest theoretisch gesehen, relativ einfach, denn es gibt einige wenige Werttreiber, die über eine gute oder schlechte Bonität entscheiden.

Zu diesen **Werttreibern** gehören Parameter aus den Bereichen:

- Kapitalbildung,
- Bilanzstrukturmanagement,
- Wachstum und Liquidität sowie
- Steuerungseffizienz

und sorgen, bei richtigem Einsatz, für eine Steigerung des Unternehmenswertes.

Innerhalb dieser Bereiche bewirken gezielte Maßnahmen eine Steigerung der Bonität:

Bereich	Anzuwendende Maßnahmen
Kapitalbildung	Kapitalerhöhung zur Stärkung der Eigenkapitalbasis über ein IPO, Venture Capital, Mezzanine-Kapital oder die klassische Beteiligungsfinanzierung
Bilanzstrukturmanagement (AKTIVA)	Verkauf von nicht betriebsnotwendigen Bestandteilen des Anlagevermögens Leasing zur Reduktion von langfristig gebundenem Kapital Abbau von Vorräten durch verbesserte Lieferbedingungen Factoring zum Abbau der Forderungen bei gleichzeitiger Verbesserung der Liquidität Verbesserung des Forderungsmanagements/Mahnwesen Reduktion der Kundenzahlungsziele
Bilanzstrukturmanagement (PASSIVA)	Entschuldung: Ersatz von Fremdkapital durch Eigenkapital zur Erhöhung der Kreditwürdigkeit Umschuldung: Ersatz von kurzfristigem Fremdkapital durch langfristiges Fremdkapital Erhöhung der Lieferantenzahlungsziele
Wachstum und Liquidität	Einsatz eines Risikomanagements zur Identifizierung und Beseitigung von unternehmensbedrohenden Risiken Abschluss von (Elementar)Versicherungen wie Sturm-, Leitungswasser-, Produkthaftpflicht- oder Betriebsunterbrechungsversicherungen Cashmanagement zur Optimierung der Liquidität Optimierung der Marketing- und Salesaktivitäten zur Steigerung des Absatzes Suche nach kostengünstigeren Lieferanten zur Verringerung des wertmäßigen Wareneinsatzes
Steuerungseffizienz	zeitnahe Erstellung der Buchführung Einsatz von effizienten Warenwirtschaftssystemen Implementierung eines aussagefähigen Rechnungswesens, insbesondere von Finanzplänen und Kostenrechnungssystemen Optimierung der Geschäftsprozesse

Abbildung 162: Maßnahmen im Rahmen des Bonitätsmanagements

3.6 Wertorientiertes Management

3.6.1 Die Kernaktivitäten des Wertorientierten Managements

Wurde im vergangenen Kapitel auf das Rating eingegangen, so wird nun mit dem Wertorientierten Management der nächste logische Schritt vollzogen. Nicht ganz unproblematisch ist dabei die Frage, was letztlich Wertorientierung und damit das Wertorientierte Management ausmacht. Häufig wird Wertorientiertes Management mit Unternehmensbewertung gleichgesetzt. Dies würde dem Begriff „Management" aber nicht gerecht, denn es geht schließlich nicht nur darum, den Unternehmenswert zu bestimmen, sondern vielmehr auch um das Ausloten von Möglichkeiten, diesen zu erhöhen. Somit kann die Unternehmensbewertung als Unterpunkt des Wertorientierten Managements verstanden werden. Letztlich sind es vier Kernaktivitäten, die Wertorientierung bestimmen:

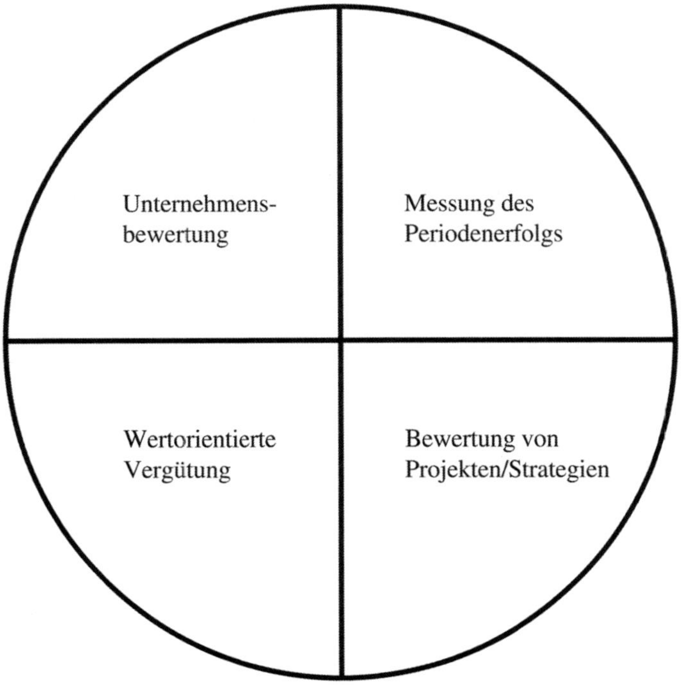

Abbildung 163: Kernaktivitäten des Wertorientierten Managements

Die größte Bedeutung im Rahmen dieser Kernaktivitäten haben die Unternehmensbewertung und die Messung des Periodenerfolges. Auf diesen beiden Gebieten liegt demzufolge auch der Fokus der folgenden Kapitel.[151]

3.6.2 Gründe und Verfahren der Unternehmensbewertung

Unternehmensbewertungen werden durch eine Vielzahl von Gründen notwendig. Unabhängig vom Verfahren ist allen Unternehmensbewertungen dabei gemeinsam, dass sie den Wert der gehandelten Unternehmensanteile ermitteln sollen, um eine Ausgangsbasis für Verhandlungen, bspw. zwischen Käufern und Verkäufern, zu erhalten.

Mögliche Gründe sind:

- der Verkauf oder Kauf einer Unternehmung oder von Unternehmensanteilen,
- eine Fusion (Verschmelzung) von Unternehmen,
- eine Kapitalerhöhung,
- eine geplante Liquidation oder Sanierung
- oder ein Initial Public Offering (IPO)/Börseneinführung.

Ebenso vielfältig sind die einzelnen Unternehmensbewertungsverfahren, die man in Gesamtbewertungs-, Einzelbewertungs- und die Mischverfahren unterteilt.[152]

---

151 Einen interessanten Beitrag zum Value Added Reporting der DAX-30 Unternehmen findet sich bei Fischer T./Rödl K. 2005, S. 23ff.

152 Ein sehr detaillierter Überblick findet sich u.a. bei Schultze W. 2003, S. 71ff, Mandl G./Rabel K. 2002, S. 47ff und Ballwieser W. 1993, S. 151ff.

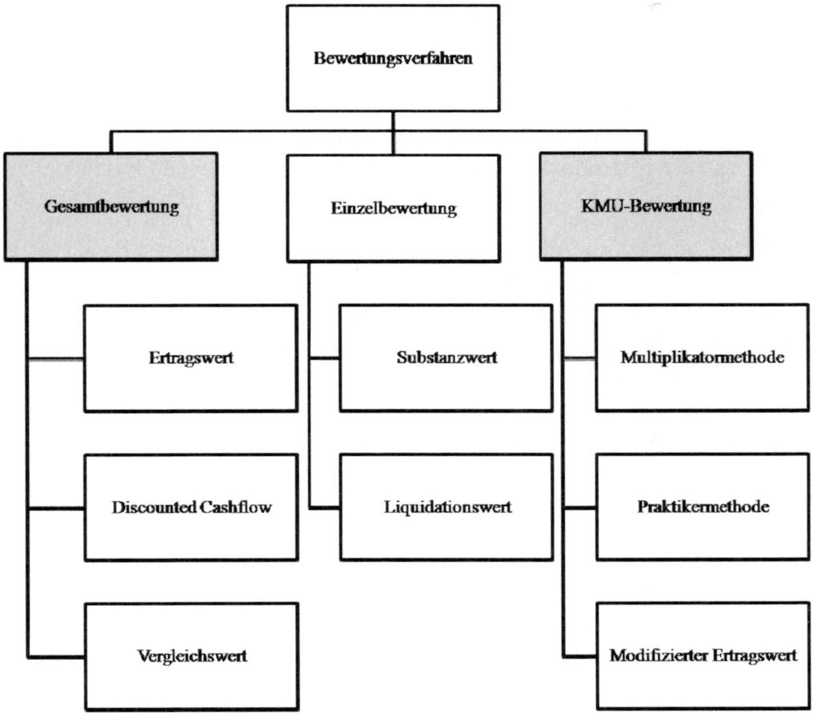

Abbildung 164: Unternehmensbewertungsverfahren

Das Schaubild weist eine etwas eigensinnige Untergliederung auf und ist so in den Standardlehrbüchern zur Unternehmensbewertung nicht zu finden. Die Besonderheit liegt in dem Tatbestand, dass den KMU eine eigene Sparte gewidmet wird. Tatsächlich aber wurde für Unternehmen dieser Größe „das Rad der Unternehmensbewertung" nicht grundsätzlich neu erfunden. Vielmehr leiten sich die dort dargestellten Bewertungsmethoden aus dem allgemeinen Standard ab. So ist das klassische Bewertungsverfahren für KMU sicher die Ertragswertmethode, die um KMU-spezifische Komponenten modifiziert wird, während die Multiplikatormethode aus den Vergleichswertverfahren der Gesamtbewertungsmodelle abgeleitet wird. Die Praktikermethode, auch „Daumenregel" genannt, gilt letztlich als Richtgröße, um einen Näherungswert zum Unternehmenswert des KMU zu erhalten.

Neben den oben dargestellten Verfahren gibt es eine Reihe von weiteren Verfahren, die aber keine oder nur (noch) eine untergeordnete Rolle spielen. Dazu gehören bspw. so genannte Mischverfahren wie das Mittelwertverfahren oder die Stuttgarter Methode. Diese sollen ebenso wenig einer genaueren Betrachtung unterzogen werden wie die im Schema skizzierten Einzelbewertungsverfahren.

Bei der **Substanzwertmethode** als erstem Einzelbewertungsverfahren wird der Tageswert der bewertbaren Vermögensteile errechnet und von diesem der Tageswert der bewertbaren nicht betriebsnotwendigen Vermögensteile abgezogen, weil diese separat bewertet werden.

In der Literatur wird der Substanzwert häufig mit dem Reproduktionswert gleichgesetzt, d.h., man fragt sich, was die Reproduktionskosten der Unternehmung einem potenziellen Erwerber kosten würde.[153]

Der **Substanzwert** besitzt für die Unternehmensbewertung **keinen eigenständigen Erkenntniswert**, da die Vermögensgegenstände nur den Zweck haben, die Erzielung von Jahresüberschüssen zu ermöglichen. Aus diesem Grund wohl findet die Substanzwertmethode seit Anfang der 1970er Jahre kaum noch Beachtung.

Der **Substanzwert** errechnet sich wie folgt:

Aktiva

./. nicht betriebsnotwenige Aktiva

= Substanzwert

Beim **Liquidationswert** als zweitem Einzelbewertungsverfahren handelt es sich um den Wert, der bei Auflösung des Unternehmens und Einzelveräußerung der Vermögenswerte erzielt werden kann. Der Liquidationswert errechnet sich aus:

Aktiva abzgl. Passiva (= Jahresüberschuss)

./. Kosten eines Sozialplanes

./. Kosten der Liquidation

= Liquidationswert

Nur in Fällen von ertragsschwachen Unternehmen, wo die Liquidation von Teilen oder des ganzen Unternehmens einen über den inneren Unternehmenswert hinausgehenden Veräußerungserlös erwarten lässt, ist alternativ der Liquidationswert zu ermitteln. Auf die Ermittlung des Liquidationswertes wird immer dann verzichtet, wenn Unternehmen mit zumindest branchendurchschnittlichen Ertragserwartungen zu analysieren sind. Der **Liquidationswert** ist immer die absolute **Preisuntergrenze** des Unternehmens.

---

[153] Vgl. Sieben G./Maltry H. 2004, S. 375ff.

Nachfolgend werden nun die **Gesamtbewertungsverfahren** näher beschrieben, da sie von besonderer praktischer Relevanz sind. Dabei kann man mit der Ertragswertmethode und den DCF-Verfahren die beiden Bewertungsinstrumentarien der „Old-Economy" und mit den Vergleichsverfahren die Instrumentarien der „New-Economy" ausfindig machen.

3.6.3 Unternehmensbewertungsverfahren der „Old Economy"

Die Unternehmensbewertungsverfahren der „Old Economy" orientieren sich in Deutschland seit 8/2000 in Theorie, Praxis und Rechtssprechung am Standard des Institutes der Wirtschaftsprüfer (IDW S1). Dieser Standard ersetzte die ursprünglich zugrunde gelegte Stellungnahme des Hauptfachausschusses der Wirtschaftsprüfer HFA 2/1983 und deren Novellierung HFA 6/1997. Danach ergibt sich der Wert eines Unternehmens aufgrund der finanziellen Überschüsse, die bei Fortführung des Unternehmens und etwaigem nicht betriebsnotwendigen Vermögen erwirtschaftet werden. Die Summe der Barwerte der mit dem Eigentum an dem Unternehmen verbundenen Nettozuflüsse an die Unternehmenseigner bildet dann den **Unternehmenswert**. Dieser kann als Zukunftserfolgswert nach dem Ertragswertverfahren oder nach verschiedenen Varianten der Discounted Cash Flow-Methode ermittelt werden.

3.6.3.1 Die Ertragswertmethode

3.6.3.1.1 Die Ertragswertmethode in der Theorie

Bei der Ertragswertmethode werden die geplanten künftigen Einnahmeüberschüsse – um deren Vergleichbarkeit zu gewährleisten – mit Hilfe eines Kapitalisierungszinsfußes auf den vorher definierten Bewertungsstichtag abgezinst. Das Verfahren orientiert sich von der Vorgehensweise her an der Kapitalwertmethode. Die ermittelten Barwerte ergeben dann kumuliert den Ertragswert. Dabei wird ein etwaiges **nichtbetriebsnotwendiges Vermögen** gesondert bewertet und dem Ertragswert zur Ermittlung des gesamten Unternehmenswertes hinzugefügt.

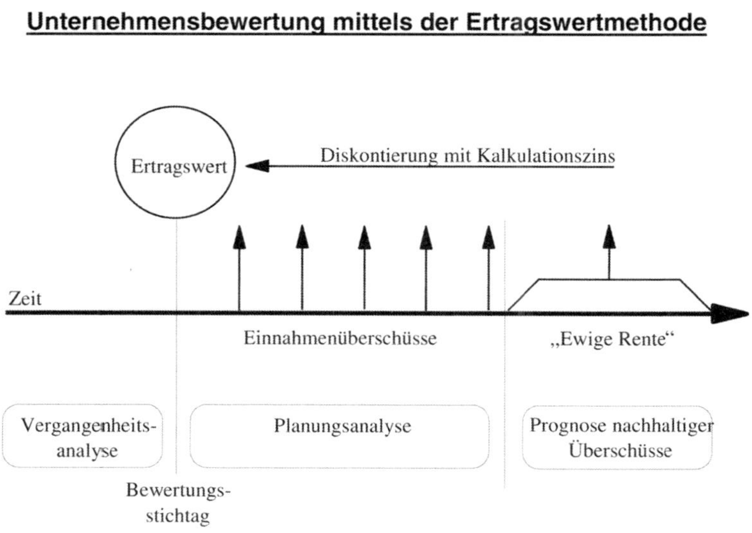

Abbildung 165: Prozess der Unternehmensbewertung nach der Ertragswertmethode

Die Abbildung verdeutlicht, dass der Ertragswert durch zwei aufeinander folgende Phasen bestimmt und berechnet wird. Die **erste Planungsphase** umfasst etwa drei bis fünf Jahre. In dieser Zeit werden aus den Plan-Gewinn- und Verlustrechnungen die Einnahmeüberschüsse (Ertragsüberschüsse) abgeleitet und auf den Bewertungsstichtag abgezinst. Die **zweite Planungsphase** beinhaltet die Prognose der nachhaltigen Überschüsse, die so genannte **„ewige Rente“**. Für gewöhnlich geht man also davon aus, dass die Unternehmung eine unendliche Lebensdauer hat. Dieser nachhaltige Überschuss wird ebenfalls auf den Bewertungsstichtag abgezinst und ergibt zusammen mit den Ergebnissen der ersten Phase sowie etwaigem nicht betriebsnotwendigem Vermögen den Ertragswert und damit den Unternehmenswert.

Formal errechnet sich der Ertragswert aus:

$$E = \sum_{t=1}^{n} \frac{R_t}{(1+i)^t} + \frac{R}{i} * \frac{1}{(1+i)^n}$$

mit:

E = Ertragswert (kumulierter Barwert)

R_t = zu kapitalisierender Ertrag der Periode t, wobei t = 1, 2, ... n

R = nachhaltiger zu kapitalisierender Ertrag

I = Kapitalisierungszinssatz

N = Planungshorizont des detaillierten Zeitraums

Die Formel verdeutlicht, dass es einmal die Höhe der zu kapitalisierenden Ertragsüberschüsse sind, die den Wert der Unternehmung bestimmen und zum anderen der Kapitalisierungszinssatz.

(1) Ermittlung der Ertragsüberschüsse

Der Wert des Unternehmens wird durch die Höhe der Ertragsüberschüsse an den (potenziellen) Investor bestimmt, die er zu seiner freien Verfügung hat. Diese Nettozuflüsse ergeben sich aus den Ertragsüberschüssen vor Steuern, die um Gewerbesteuern, Körperschaftsteuern bei Kapitalgesellschaften (inklusive Solidaritätszuschlag) sowie den persönlichen Ertragsteuern auf der Unternehmensebene vermindert werden.[154] Als problematisch erweisen sich die immer wieder wechselnden steuerlichen Gegebenheiten. So hat jüngst die Steuerreform 2008 zu entsprechenden Neuausrichtungen bei der Unternehmensbewertung geführt.[155]

Als wesentliche Änderungen der Besteuerung auf Ebene des Unternehmens wurde die Gewerbesteuermesszahl von 5 auf 3,5 Prozent vermindert. Im Gegenzug wurde die Abzugsfähigkeit der Gewerbesteuer als Betriebsausgabe abgeschafft. Die Körperschaftsteuer wurde von 25 auf 15 Prozent zuzüglich 5,5 Prozent Solidaritätszuschlag abgesenkt. Auf der Unternehmerebene wird ab dem 01. Januar 2009 eine einheitliche Abgeltungssteuer von 25 Prozent zuzüglich 5,5 Prozent Solidaritätszuschlag auf sämtliche Einkünfte aus Kapitalvermögen erhoben.

Bezogen auf 100 € Ergebnis vor Steuern führt dies somit zu folgenden zu kapitalisierenden Ertragsüberschüssen:

[154] Vgl. Peemöller V./Kunowski S. 2004, S. 246ff.

[155] Vgl. Kußmaul H./Hilmer K. 2008, S. 48ff, Streitferdt F. 2008, S. 268ff und Zeidler G./Schöninger S./Tschöpel A. 2008, S. 276ff.

	Altes Recht	Neues Recht
Ergebnis vor Unternehmenssteuern	100,00	100,00
Gewerbesteuer (Hebesatz 400 %)		
Abzugsfähig[156]	–16,70	
Nicht abzugsfähig[157]		–14,00
Körperschaftsteuerliche Bemessungsgrundlage	83,30	100,00
KSt. inkl. Soli (26,375%)[158]	–21,97	
KSt. inkl. Soli (15,825%)[159]		–15,83
Ergebnis vor persönlicher Ertragssteuer	61,33	70,17
Ertragsteuerbelastung Anteilseigner		
Halber Steuersatz auf typ. EKSt (17,5%)	–10,73	
Abgeltungssteuer (26,375%)[160]		–18,51
Zu kapitalisierendes Ergebnis	**50,60**	**51,66**

Tabelle 36: Auswirkungen der Steuerreform 2008 auf die Unternehmensbewertung

(2) Der Kapitalisierungszins

Bedeutsam im Rahmen der Unternehmensbewertung ist neben den Ertragsüberschüssen der Kapitalisierungszinsfuß, mit dem die finanziellen Überschüsse auf den Bewertungsstichtag abgezinst werden.

Der Kapitalisierungszinsfuß wird durch eine Risiko-/Chancenanalyse ermittelt und repräsentiert die Alternativverzinsung, die ein möglicher Anteilserwerber mit einer (Kapital)Anlage mit vergleichbarem Risiko erzielen könnte.

Er setzt sich zusammen aus einem Basiszinsfuß (für eine risikolose Anlage), der um eine Risikoprämie erhöht und ggf. um die Wachstumsrate der Preissteigerung sowie die Ertragsteuerbelastung vermindert wird. Die **Risikoprämie** bildet die allgemeinen Unternehmerrisiken (Markt- und Konjunkturrisiken etc.), die geringere Fungibilität von Geschäftsanteilen im Vergleich zu einer Anlage in öffentlichen Anleihen sowie die speziellen Unternehmerrisiken (Abhängigkeit des Erfolges von innerbetrieblichen Faktoren etc.) ab. Die Ermittlung der „richtigen" Höhe erweist sich beim Kapitalisierungszinssatz als recht schwierig. Bereits beim Basiszinssatz stellt sich die Frage, ob der aktuelle Zinssatz für risikolose Anleihen die Grundlage bilden soll, oder aber der langfristige Zins (bspw. der Durchschnittszinssatz für risikolose Anleihen der letzten 50 Jahre). Ähnliche Fragen stellen sich bei der Ermittlung des Risikozuschlages. Dieser hängt nicht nur von der betreffenden Branche und der unternehmensindividuellen Situation ab, son-

[156] Gewerbesteuer = (Messzahl*Hebesatz)/(1+Messzahl*Hebesatz) = (0,05*4)/(1+0,05*4) = 16,7%.

[157] Gewerbesteuer = Messzahl*Hebesatz = 0,035*4 = 14%.

[158] Körperschaftsteuer (inkl. Solidaritätszuschlag) = Steuersatz * (1+Soli) = 25% * (1+0,055) = 26,375%.

[159] Körperschaftsteuer (inkl. Solidaritätszuschlag) = Steuersatz * (1+Soli) = 15% * (1+0,055) = 15,825%.

[160] Abgeltungssteuer (ab 2009) = Steuersatz * (1+Soli) = 25% * (1+0,055) = 26,375%.

dern auch davon, ob der Planansatz zur Ermittlung der Ertragsüberschüsse eher pessimistisch oder eher optimistisch erfolgte. Im ersten Fall wäre der Risikozuschlag tendenziell niedrig, im zweiten Fall eher hoch anzusetzen.

Beispiel für einen Kapitalisierungszins:[161]

	in %
Basiszins	6,00
– Abgeltungssteuer (26,375%)	1,58
+ Risikozuschlag	4,00
= Kapitalisierungszinsfuss	**8,42**

Tabelle 37: Ermittlung des Kapitalisierungszinses – Ertragswertmethode

3.6.3.1.2 Die Ertragswertmethode in der Praxis

Die oben gewonnenen Erkenntnisse sollen nun anhand eines Beispiels umgesetzt werden. Ein produzierendes mittelständisches Unternehmen in der Form einer Aktiengesellschaft plant folgende Ergebnisse für die nächsten sechs Jahre (in TEUR).

Jahr	**2009**	**2010**	**2011**	**2012**	**2013**	**2014**
Umsatz	1.799	1.854	1.914	1.980	2.023	2.063
Materialaufwand	1.049	1.088	1.120	1.162	1.181	1.199
Personalaufwand	379	386	398	408	414	421
Abschreibungen	96	100	100	106	116	121
Sonstiger Aufwand	56	59	64	67	62	67
Zinsaufwand	14	14	15	15	16	16
Ergebnis vor Steuern	**205**	**207**	**217**	**222**	**234**	**239**

Tabelle 38: Ermittlung des Ertragswertes I

---

[161] Bei dem hier dargestellten Beispiel wird der intuitiven praxisnahen Vorgehensweise gefolgt. In der Literatur findet sich eine Fülle von Beiträgen, um die einzelnen Komponenten zu schätzen. Vgl. z.B. Damodaran A. 1996, S. 397, Weber M./Schiereck D. 1993, S. 131ff, Eisenführ F. 1993, S. 99ff, Fama E. 1977, S. 3ff oder Kruschwitz L. 1993, S. 121ff.

Die einzelnen Werte wurden bereits auf Plausibilität geprüft und für angemessen gehalten. Der Unternehmenswert soll mit Hilfe der Ertragswertmethode ermittelt werden, wobei die folgenden Prämissen gelten:

- Bewertungsstichtag ist der 01.01.2009
- Der Gewerbesteuerhebesatz beträgt 400%
- Es wird mit einem Kapitalisierungszinssatz von 8,42% gerechnet
- Das Jahr 2014 dient als Grundlage zur Berechnung der ewigen Rente

Der Unternehmenswert ergibt sich gemäß folgender Tabelle:

Jahr	**2009**	**2010**	**2011**	**2012**	**2013**	**2014**
Ergebnis vor Steuern	205,00	207,00	217,00	222,00	234,00	239,00
Gewerbesteuer (14%)	28,70	28,98	30,38	31,08	32,76	33,46
KSt (inkl. Soli) (15,825%)	32,44	32,76	34,34	35,13	37,03	37,82
Ausschüttungsbetrag	143,86	145,26	152,28	155,79	164,21	167,72
Abgeltungssteuer (26,375%)	37,94	38,31	40,16	41,09	43,31	44,24
Zu kapitalisierender Betrag	105,92	106,95	112,12	114,70	120,90	123,48
Abzinsungsfaktoren	0,9223	0,8507	0,7846	0,7237	0,6675	7,92758
Barwerte	97,69	90,98	87,97	83,01	80,70	978,90
Unternehmenswert						**1.419,25**

Tabelle 39: Ermittlung des Ertragswertes II

Zunächst ist der Ausschüttungsbetrag zu ermitteln, der sich aus dem Ergebnis vor Steuern ergibt, das um 14% Gewerbesteuer (Messzahl von 3,5% multipliziert mit dem Hebesatz von 400%) und 15,825% Körperschaftsteuer (inklusive Solidaritätszuschlag) reduziert wurde. Nach Abzug der Abgeltungssteuer in Höhe von 26,375% (25% plus Solidaritätszuschlag von 5,5%) errechnet sich dann der zu kapitalisierende Betrag. Die Abzinsungsfaktoren ergeben sich aus dem zugrunde gelegten Kapitalisierungszins mittels der Formel $(1+i/100)^{-n}$. Für das Jahr 2010 bspw. ergibt sich der Abzinsungsfaktor, da der Bewertungsstichtag der 01.01.2009 ist und das Ergebnis aus 2010 folglich zwei Jahre abgezinst werden muss, aus

$(1+8{,}42/100)^{-2} = 0{,}8507$. Für das Jahr 2014 wird die ewige Rente angesetzt. Demzufolge ergibt sich der Abzinsungsfaktor aus $\frac{1}{i*(1+\frac{i}{100})^n}$.[162]

3.6.3.2 DCF-Verfahren

3.6.3.2.1 Allgemeines

Folgt man dem Standard des Institutes der Wirtschaftsprüfer (IDW S1), so kommen die oben beschriebene Ertragswertmethode und die hier behandelten DCF-Verfahren zum gleichen Ergebnis, was aber nur bedingt richtig ist.[163]

Zunehmend setzt sich in den letzten Jahren in Deutschland, hervorgerufen durch den Einfluss der USA, die Unternehmensbewertung mit der DCF-Methode durch, wobei im Unterschied zur Ertragswertmethode nicht die zukünftigen Nettoerträge abdiskontiert werden, sondern die geschätzten zukünftigen Nettoausschüttungen des Unternehmens und damit die prognostizierten Cashflows.

In der Theorie werden mit dem Nettoverfahren (Equity-Verfahren) und insgesamt drei unterschiedlichen Ansätzen der Bruttomethode (Entity-Verfahren) verschiedene Bewertungsverfahren diskutiert, die aber alle das gleiche Ziel haben, nämlich die zukünftigen Nettoausschüttungen des Unternehmens an die Anteilseigner zu berechnen.

[162] Der Wert der ewigen Rente ist mit 5 Jahren (n=5) zu diskontieren. Dies ergibt sich aus der Tatsache heraus, dass die ewige Rente zum 01.01.2014 berechnet wird, was inhaltlich dem 31.12.2013 gleichkommt.

[163] Selbst innerhalb der einzelnen DCF-Verfahren gibt es Unterschiede, die zu voneinander abweichenden Unternehmenswerten führen. Vgl. hierzu Wallmeier M. 1999, S. 1473ff, Schwetzler B./Darijtschuk N. 1999, S. 118ff, Hering T. 2000, S. 433ff, Richter F. 1998, S. 379ff, Mayer B./Pfeiffer T./Schneider G. 2005, S. 7ff und Baetge J./Niemeyer K./Kümmel J. 2004, S. 263ff.

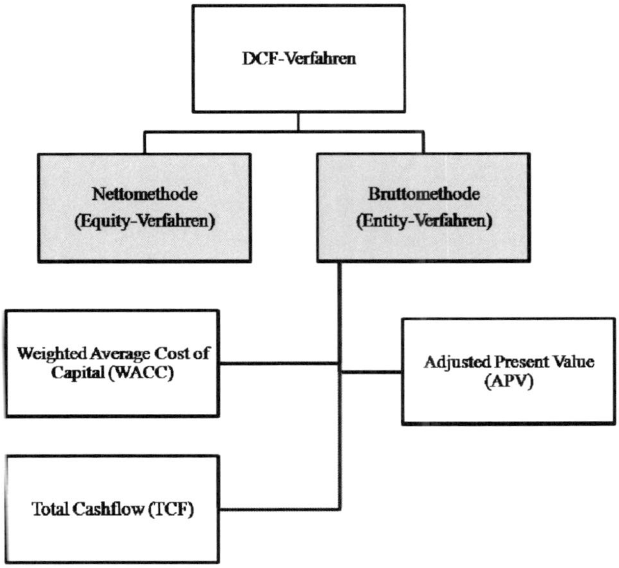

Abbildung 166: Überblick über die DCF-Verfahren

Bei der **Nettomethode** erfolgt auf direktem Weg die Berechnung des Unternehmenswertes und damit des Wertes des Eigenkapitals. Diese Methode wird aufgrund der mangelnden Transparenz im weiteren Verlauf nicht mehr erläutert.

Die unterschiedlichen Verfahren der Bruttomethode haben gemeinsam, dass zunächst der Gesamtwert des Unternehmens (entity value) errechnet und von diesem in einem zweiten Schritt der Marktwert des verzinslichen Fremdkapitals subtrahiert wird, um im Ergebnis dann zum Unternehmenswert (Wert des Eigenkapitals) zu kommen. Die Verfahren der Bruttomethode unterscheiden sich hinsichtlich unterschiedlicher Cashflow-Definitionen und hinsichtlich der unterschiedlichen Darstellungen der Steuervorteile aus der Fremdfinanzierung.[164]

Am häufigsten kommt im Rahmen der DCF-Verfahren das Konzept der gewichteten Kapitalkosten (WACC) zum Einsatz. Aus diesem Grund wird auf dieses Verfahren nun näher eingegangen.[165]

[164] Vgl. hierzu auch Born K. 2003, S. 11 sowie S. 79.

[165] Vgl. Löffler A. 2004, S. 934.

3.6.3.2.2 Der WACC-Ansatz in der Theorie

Ähnlich zur Ertragswertmethode werden beim WACC-Ansatz zukünftige Überschüsse – hier die prognostizierten so genannten Free Cashflows – mit einem Kapitalisierungszins auf den Bewertungsstichtag (t = 0) abdiskontiert und ergeben kumuliert den Gesamtwert der Unternehmung. Durch Subtraktion des Fremdkapitals vom Gesamtunternehmenswert ergibt sich schließlich der Unternehmenswert (Marktwert des Eigenkapitals).

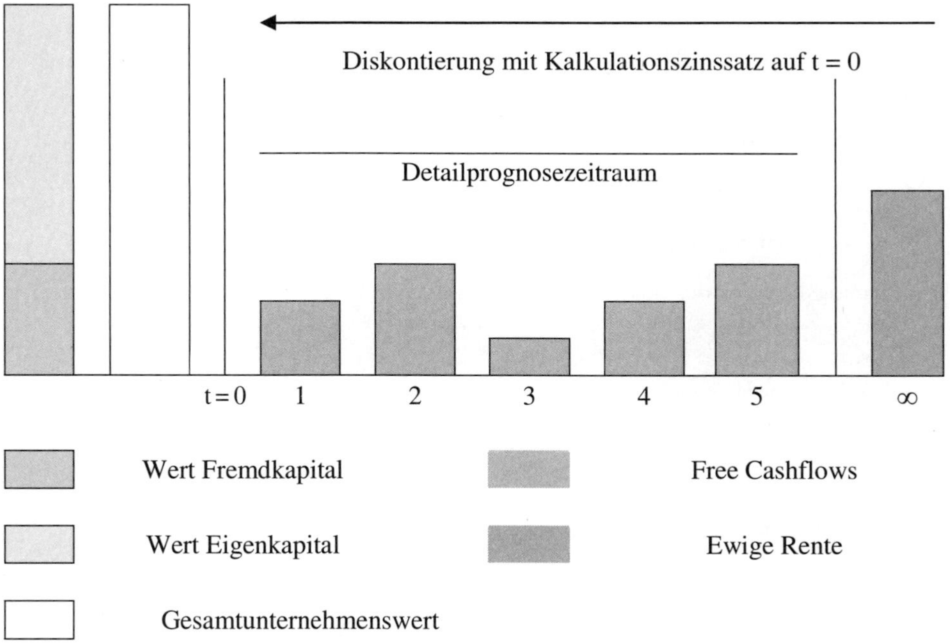

Abbildung 167: Prozess der Unternehmensbewertung nach der DCF-Methode

Ähnlich zum Ertragswertverfahren teilt man also den Planungszeitraum in einen detailliert geplanten Prognosezeitraum (i.d.R sind dies 5 Jahre) und in einen daran anschließenden Prognosezeitraum. Dieser symbolisiert die ewige Rente und damit die nachhaltig erzielbaren Free Cashflows.

Abgezinst mit dem noch zu bestimmenden Kalkulationszinsfuß ergeben sich dann die Barwerte der einzelnen Jahre zum Bewertungsstichtag t = 0, deren kumulierte Werte schließlich den Gesamtunternehmenswert ergeben, der dann – um den Wert des Fremdkapitals reduziert – den Eigenkapitalanteil ergibt.

Als Formel ausgedrückt lautet der WACC-Ansatz:

$$GW = \sum_{t=1}^{n} \frac{FCF_t}{(1+i^{WACC})^t} + \frac{FCF}{i^{WACC}} * \frac{1}{(1+i^{WACC})^n}$$

mit

GW = Gesamtwert des Unternehmens

FCF_t = Free Cashflow der Periode t, wobei t = 1, 2, ... n

FCF = nachhaltiger Free Cashflow

i^{WACC} = gewichteter Kapitalisierungszinssatz

n = Planungshorizont des detaillierten Zeitraums

Anschließend wird vom Gesamtunternehmenswert (GW) der Fremdkapitalanteil (WFK) abgezogen und ergibt den Wert des Eigenkapitals (WEK):

WEK = GW – WFK.

Der Ablauf des WACC-Verfahrens lässt sich in acht Schritte untergliedern:

<u>1. Schritt</u>: Marktprognose

Jede Unternehmensbewertung steht und fällt mit der Prognose des Marktes, aus der die für die Unternehmung relevanten Absatzpotenziale abgeleitet werden können.

<u>2. Schritt</u>: Umsatz-, Kosten-, Ergebnis- und Investitionsplanung

Die mit den Absatzzahlen bewerteten Preise ergeben die Umsätze des Planungshorizontes, die dann als Grundlage einer möglichst detaillierten Kostenplanung dienen. Aus der Differenz ergeben sich die Ergebnisse des Planungszeitraums. Gleichzeitig sind im Zuge der Absatz- und Umsatzplanung die erforderlichen Investitionen (Neu-, Erweiterungs- und Erhaltungsinvestitionen) zu prognostizieren.

3. Schritt: Ermittlung des Cashflows

Auf Basis der obigen Planungen wird nun der Free Cashflow der Planjahre ermittelt:

Betriebsergebnis vor Zinsen und Steuern	
./.	Ertragsteuern[166]
=	Betriebsergebnis vor Zinsen und nach Ertragsteuern
+	Abschreibungen
./.	Investitionen
./.	Zunahme des Nettoumlaufvermögens
+	Abnahme des Nettoumlaufvermögens
=	**Free Cashflow**

Das Betriebsergebnis vor Zinsen und nach Ertragsteuern wird auch NOPAT (net operating profit after taxes) genannt. Bei der Unternehmensbewertung sind die Fremdkapitalzinsen nicht zu berücksichtigen und werden deshalb hier eliminiert.

Das Nettoumlaufvermögen (Working Capital) setzt sich aus folgenden Positionen zusammen:

Vorräte	
+	Forderungen aus Lieferungen und Leistungen
./.	Erhaltene Anzahlungen
./.	Lieferantenverbindlichkeiten
=	**Nettoumlaufvermögen (Working Capital)**

4. Schritt: Ermittlung des nachhaltigen Free Cashflows

In diesem sehr wichtigen Schritt (da er einen Großteil des Unternehmenswertes ausmacht) wird der nachhaltige Free Cashflow prognostiziert. Es handelt sich hierbei um eine einwertige Größe, die nach dem detaillierten Planungszeitraum als jährlich immer wieder zu realisierender Cashflow erzielt werden soll. Man geht also gedanklich in dieser zweiten Planungsphase davon aus, dass sich das Unternehmen in einem „eingeschwungenen" Zustand befindet und nachhaltig bis in die Unendlichkeit jährlich mit diesem Cashflow rechnen kann. Aufgrund des unendlichen Planungshorizontes bezeichnet man diesen zweiten Teil auch als „ewige Rente".

---

[166] Zur Ermittlung der Ertragsteuern, also der Gewerbeertrag,- Körperschaft- und Einkommensteuer vgl. die Darstellung im Rahmen der Ertragswertmethode.

5. Schritt: Bestimmung des Kapitalisierungszinsfußes

Die Cashflows werden mit Hilfe des Kapitalisierungszinsfußes auf den Bewertungsstichtag abgezinst. Dieser soll den tatsächlichen Kapitalkosten entsprechen und ergibt sich aus den Eigen- und Fremdkapitalkosten, die entsprechend der geplanten Finanzierung durch den Käufer zu gewichten sind:[167]

$$i^{WACC} = r_{FK} * (1 - s) * \frac{FK}{GK} + r_{EK} * \frac{EK}{GK}$$ [168]

mit:

i^{WACC} = gewogener Kapitalkostensatz

r_{FK} = Kosten des Fremdkapital bzw. Renditeforderung der Fremdkapitalgeber

r_{EK} = Renditeforderung der Eigenkapitalgeber

s = Ertragsteuersatz auf Unternehmensebene[169]

FK = Bilanz(Markt)-Wert des verzinslichen Fremdkapitals

EK = Bilanz(Markt)-Wert des Eigenkapitals

GK = Bilanz(Markt)-Wert des Gesamtkapitals

6. Schritt: Ermittlung des Gesamtwertes der Unternehmung

Durch Abzinsung der zukünftigen Cashflows mit dem Kapitalisierungszinssatz auf den Bewertungsstichtag wird der Gesamtunternehmenswert ermittelt und ggf. durch die Hinzurechnung von nicht betriebsnotwendigem Vermögen ergänzt.

---

[167] Bei dieser Bewertungsmethode wird unterstellt, dass die Fremdkapitalquote des Unternehmens exogen vorgeben ist und sich im Planungszeitraum nicht verändert (Zielkapitalstruktur). Vgl. Essler W./Kruschwitz L./Löffler A. 2004, S. 134ff.

[168] Während die Ertragswertmethode die interne Rendite der „besten" Alternativrendite plus Risikozuschlag als Kalkulationszinsfuß verwendet, entspricht die Diskontierungsrate im DCF-Kalkül also einem gewogenen Kapitalkostensatz, der sich aus der Addition der geforderten Renditen von Eigen- und Fremdkapitalgebern ergibt. Vgl. auch Schmidt J. 1995, S. 1114, Copeland T./Weston J./Shastri K. 2005, S. 147ff, Laux H. 2006, S. 169ff, Stoimenov P./Wilkens S. 2005, S. 295ff sowie Koller T./Goedhart M./Wessels D. 2005, S. 291ff.

[169] Die Fremdkapitalkosten werden also um die Ertragsteuern gekürzt, die steuerlich abzugsfähig sind.

7. Schritt: Ermittlung des Marktwertes des verzinslichen Fremdkapitals

Der Marktwert des verzinslichen Fremdkapitals ergibt sich aus der Bilanz. Es handelt sich um den Marktwert des vom Unternehmen aufgenommenen Fremdkapitals (ohne Lieferantenverbindlichkeiten) einschließlich der Pensionsrückstellungen.

8. Schritt: Ermittlung des Unternehmenswertes = Eigenkapitalanteil

Indem vom Gesamtwert der Unternehmung (Schritt 6) der Marktwert des verzinslichen Fremdkapitals (Schritt 7) abgezogen wird, erhält man den Eigenkapitalanteil (Unternehmenswert nach der DCF-Methode).

3.6.3.2.3 Der WACC-Ansatz in der Praxis

Aufbauend auf der Ergebnisplanung (siehe Beispiel zu Ertragswertmethode) stehen für die Unternehmensbewertung noch die Planbilanzen und weitere Prämissen zur Verfügung (Werte in TEUR):

Jahr	**2009**	**2010**	**2011**	**2012**	**2013**	**2014**
Sachanlagen	367	376	396	418	459	461
Sonstiges Anlagevermögen	100	100	100	100	100	100
Vorräte	369	382	396	405	413	417
Forderungen aus LuL	354	366	379	388	396	400
Sonstige Vermögensgegenstände	68	70	73	75	76	77
Flüssige Mittel	34	34	34	34	34	34
AKTIVA	**1.292**	**1.328**	**1.378**	**1.420**	**1.478**	**1.489**
Eigenkapital	813	836	869	898	938	933
Verzinsliches Fremdkapital	306	313	324	333	347	361
Verbindlichkeiten aus LuL	87	90	93	95	97	98
Sonstige Verbindlichkeiten	86	89	92	94	96	97
PASSIVA	**1.292**	**1.328**	**1.378**	**1.420**	**1.478**	**1.489**

Tabelle 40: Planbilanzen des WACC-Ansatzes

Die weiteren Prämissen sind:

- Bewertungsstichtag ist der 01.01.2009.
- Der Gewerbesteuerhebesatz beträgt 400%.

- Aus dem Gewerbesteuerhebesatz ergibt sich eine steuerliche Belastung von 14%. Die Körperschaftsteuer auf der Unternehmensseite beträgt 26,375%. Aus beiden zusammen ergibt sich ein zu berücksichtigender tax shield in Höhe von 40,375% (0,40375).
- Das Jahr 2014 dient als Grundlage zur Berechnung der ewigen Rente.
- r_{FK} = Kosten des Fremdkapitals = 5%
- r_{EK} = Renditeforderung der Eigenkapitalgeber = 7,2%
- Eigenkapitalanteil (EK/GK) = 63%; Fremdkapitalanteil (FK/GK) = 37%

Um den Free Cashflow zu ermitteln, der die Grundlage zur Bestimmung des Unternehmenswertes ist, sind u.a. aus der Bilanz die Investitionen und die Entwicklung des Nettoumlaufvermögens zu ermitteln.

Die Entwicklung der Investitionen aus den Planbilanzen erfolgt aus den Veränderungen der Sachanlagenbestände und unter Berücksichtigung der Abschreibungen:

Entwicklung der Investitionen						
Jahr	**2009**	**2010**	**2011**	**2012**	**2013**	**2014**
Sachanlagen zum 1.1.[170]	371	367	376	396	418	459
./. Abschreibungen (aus GuV)	–96	–100	–100	–106	–116	–121
+ Investitionen	92	109	120	128	157	123
Sachanlagen zum 31.12.	**367**	**376**	**396**	**418**	**459**	**461**

Tabelle 41: Investitionen des WACC-Ansatzes

[170] Der Anfangswert des Jahres 2009 wurde aus den Istdaten der Bilanz zum 31.12.2008 übernommen.

Zur Entwicklung des Nettoumlaufvermögens sind einzelne Bilanzpositionen zu berücksichtigen:

Entwicklung des Nettoumlaufvermögens						
Jahr	**2009**	**2010**	**2011**	**2012**	**2013**	**2014**
Vorräte	369	382	396	405	413	417
+ Forderungen aus LuL	354	366	379	388	396	400
+ Sonstige Vermögensgegenstände	68	70	73	75	76	77
./. Verbindlichkeiten aus LuL	–87	–90	–93	–95	–97	–98
./. Sonstige Verbindlichkeiten	–86	–89	–92	–94	–96	–97
Nettoumlaufvermögen	**618**	**639**	**663**	**679**	**692**	**699**

Tabelle 42: Nettoumlaufvermögen des WACC-Ansatzes

Daraus ergibt sich die Veränderung des Nettoumlaufvermögens:

Veränderung des Nettoumlaufvermögens (+ = Zunahme; – = Abnahme)						
Jahr	**2009**	**2010**	**2011**	**2012**	**2013**	**2014**
Nettoumlaufvermögen[171]	+18	+21	+24	+16	+13	+7

Tabelle 43: Veränderung des Nettoumlaufvermögens des WACC-Ansatzes

Somit sind alle relevanten Daten verfügbar, um den Free Cashflow bestimmen zu können:[172]

[171] Das Nettoumlaufvermögen zum 31.12.2008 betrug 600 TEUR, deshalb beträgt die Veränderung in 2009 insgesamt +18.

[172] Es ergeben sich geringfügige Rundungsdifferenzen.

Jahr	**2009**	**2010**	**2011**	**2012**	**2013**	**2014**
Ergebnis vor Steuern	205,00	207,00	217,00	222,00	234,00	239,00
Zinsaufwendungen	14,00	14,00	15,00	15,00	16,00	16,00
Ergebnis vor Zinsen und Steuern	219,00	221,00	232,00	237,00	250,00	255,00
Gewerbesteuer	30,66	30,94	32,48	33,18	35,00	35,70
Körperschaftsteuer	34,66	34,97	36,71	37,51	39,56	40,35
Ausschüttungsbetrag	153,68	155,09	162,81	166,31	175,44	178,95
Abgeltungssteuer	40,53	40,90	42,94	43,87	46,27	47,20
Ergebnis nach Steuern	113,15	114,18	119,87	122,45	129,17	131,75
Abschreibungen	96	100	100	106	116	121
Investitionen	–92	–109	–120	–128	–157	–123
Veränderung Umlaufvermögen	–18	–21	–24	–16	–13	–7
Free Cashflow	**99,15**	**84,18**	**75,87**	**84,45**	**75,17**	**122,75**

Tabelle 44: Free Cashflows des WACC-Ansatzes

Der stark ansteigende Free Cashflow im Jahr 2014 ist darauf zurückzuführen, dass die Abschreibungen, entgegen den Jahren davor, nicht mehr von den Investitionen überkompensiert werden.

Nun gilt es, den Kapitalisierungszinssatz zu bestimmen:

$$i^{WACC} = r_{FK} * (1 - s) * \frac{FK}{GK} + r_{EK} * \frac{EK}{GK}$$

ergibt:

$$i^{WACC} = 5\% * (1 - 0{,}40375) * 0{,}37 + 7{,}2\% * 0{,}63 = 5{,}64\%$$

Die Free Cashflows werden folglich mit einem Kapitalisierungszinssatz von 5,64% abgezinst.

Jahr	**2009**	**2010**	**2011**	**2012**	**2013**	**2014**
Free Cashflows	99,15	84,18	75,87	84,45	75,17	122,75
Abzinsungsfaktoren[173]	0,9466	0,8961	0,8482	0,8029	0,7601	13,4766
Barwerte	93,86	75,43	64,35	67,81	57,14	1.654,24
Gesamtunternehmenswert (DCF-Wert)						**2.012,83**

Tabelle 45: Gesamtunternehmenswert des WACC-Ansatzes

Von diesem Gesamtunternehmenswert wird schließlich noch der verzinsliche Fremdkapitalanteil abgezogen und ergibt dann den anteiligen Eigenkapitalwert (Unternehmenswert):[174]

Gesamtunternehmenswert	2.012,83
Verzinsliches Fremdkapital[175]	–306,00
Unternehmenswert	**1.706,83**

Tabelle 46: Eigenkapitalwert des WACC-Ansatzes

3.6.4 Unternehmensbewertungsverfahren der „New Economy“

Mit der Emission der T-Aktie, spätestens jedoch mit der Einführung des „Neuen Marktes“ und dessen Boom gegen Ende der 1990er Jahre, wiesen die real beobachtbaren Aktienpreise in der Bundesrepublik Deutschland teilweise erhebliche Diskrepanzen zu den ermittelten Fundamentalwerten auf, wie sie durch Ertrags- und DCF-Methoden bestimmt werden.[176] Mit anderen Worten, die Börsenwerte von Unternehmen überstiegen den „fundamentalen Wert“ einer Unternehmung teilweise um ein Vielfaches. Wie sollte diesem Missstand begegnet werden?

Ein weiterer entscheidender Nachteil der Bewertungsverfahren der „Old Economy“ war, dass bei jungen wachstumsorientierten Unternehmen aufgrund der fehlenden Vergangenheit bzw.

---

[173] Parallel zum Abzinsungsfaktor bei der Ertragswertmethode ergibt sich der Wert für das Jahr 2014 aufgrund der Formel $\frac{1}{i*(1+\frac{i}{100})^n}$.

[174] Siehe Fallstudie 40.

[175] Ausgewiesen in der Planungsbilanz zum 31.12.2009.

[176] Vgl. Breuer W./Schuhmacher F. 2004, S. 119ff, Loehr H. 1993, S. 177ff, Schäfer H./Schässburger B. 2001, S. 85ff und Löhnert P./Böckmann U. 2004, S. 401ff.

fehlender Gewinne das Ertragswert- und die DCF-Verfahren gar nicht anwendbar waren. Zudem erwies es sich als äußerst schwierig, die weiteren Charakteristiken wie ein überproportionales Wachstum, eine hohe Unsicherheit bezüglich der zukünftigen Entwicklung und den teilweise immensen Kapitalbedarf der jungen Unternehmen adäquat in einem Modell abzubilden.

So etablierte sich in Deutschland – der angelsächsischen Welt folgend – im letzten Jahrzehnt des 20. Jahrhunderts eine Reihe von Bewertungsverfahren, die dem Börsenkurs oder aktuellen Marktwert stärker Rechnung tragen.

Da sich diese Verfahren der „New Economy" an vergleichbaren Unternehmen orientieren, spricht man von Vergleichswertverfahren oder Vergleichsverfahren.[177]

3.6.4.1 Die Vergleichsverfahren in der Theorie[178]

Die Vergleichsverfahren leiten den Wert eines zu bewertenden Unternehmens aus Börsenkurswerten oder vergleichbaren realisierten Marktpreisen von vergleichbaren Unternehmen ab. Vergleichsverfahren werden daher als marktorientierte Bewertungsverfahren bezeichnet, wobei sich grundsätzlich drei Methoden unterscheiden lassen:[179]

- Bei der **Recent Aquisition Method** wird der Unternehmenswert aus den am Markt durchgeführten Transaktionen ermittelt.
- Die **Initial Public Offering Method** berechnet den Wert einer Unternehmung aus den Emissionspreisen von Vergleichsunternehmen und
- beim **Similar Public Company Approach** als wohl bedeutendster Bewertungsmethode werden die Ergebnisse des zu bewertenden Unternehmens mit den Ergebnissen ähnlicher Unternehmen verglichen.

Da sich der Similar Public Company Approach weitestgehend als Standardbewertungsverfahren unter den Vergleichsverfahren durchgesetzt hat, wird er nachfolgend beschrieben.

[177] Vgl. Olbrich M. 2000, S. 454ff.

[178] Der Gliederungspunkt ist weitestgehend identisch mit einem veröffentlichten Beitrag des Verfassers. Vgl. Stiefl J. 2002, S. 6f.

[179] Vgl. z.B. Mandl G./Rabel K. 2002, S. 42ff oder Keiber K./Kronimus A./Rudolf M. 2002, S. 735ff.

Der Similar Public Company Approach untergliedert sich in vier Schritte:

1. Schritt: Analyse des zu bewertenden Unternehmens

Die Grundlage hierzu, sofern vorhanden, sind publizierte Jahresabschlüsse und weitere zugängliche unternehmensinterne Daten wie Geschäftsfeldplanung, Umsatzerlöserwartungen, Budgets etc.

2. Schritt: Suche nach Vergleichsunternehmen

Die Bestimmung der Kriterien für die Auswahl der Vergleichsunternehmen sind z.B. die Branche, Unternehmensgröße, Marktsegment usw.

3. Schritt: Bildung von Multiplikatoren

Hier werden Performancedaten wie bspw. der Umsatzerlös ins Verhältnis zu den Marktpreisen gesetzt.

4. Schritt: Verknüpfung der Multiplikatoren mit den Daten des zu bewertenden Unternehmens

Der Performanceindikator des zu bewertenden Unternehmens wird mit dem (Median) Multiplikator der Vergleichsunternehmen multipliziert und ergibt den Unternehmenswert.

3.6.4.2 Die Vergleichsverfahren in der Praxis

Nachfolgend wird ein fiktives Unternehmen bewertet, das am 31. März 2000 an den Neuen Markt gehen wollte und das mittels des Similar Public Company Approachs bewertet wurde.

1. Schritt: Analyse des zu bewertenden Unternehmens

Aus den Informationen des zu bewertenden Unternehmens wurden die maßgeblichen Eckdaten ermittelt:

- Das Unternehmen erwirtschaftete einen Umsatz/Jahr von 15 Mio. €,
- es sollten 5 Mio. Aktien platziert werden und
- das zu bewertende Unternehmen kam aus dem Sektor der Informationstechnologie und des Internetservices.

2. Schritt: Suche nach Vergleichsunternehmen

Dieser für gewöhnlich sehr zeitaufwendige Schritt bildet die Basis für die Errechnung des Vergleichswertes (Unternehmenswertes). Aus dem Sektor der Informationstechnologie und der Branche Internetservice/IT-Software wurden Unternehmen ausgewählt, die dem zu bewertenden Unternehmen am nächsten kamen. Es handelte sich um die Unternehmen

- Broadvision,
- Intershop,
- Internolix,
- Openshop und
- Heiler Software.

3. Schritt: Bildung von Multiplikatoren

Es wurden anschließend zum vordefinierten Bewertungsstichtag (hier: 31.03.2000) Aktienkurse, Anzahl der (emittierten) Aktien sowie Umsatz der Vergleichsunternehmen ermittelt. Aus diesen ergab sich durch Multiplikation der Anzahl der Aktien mit dem Aktienkurs die **Marktkapitalisierung** und im Anschluss aus Division der Marktkapitalisierung durch den Umsatz der **Multiplikator**.

Unternehmen	Broadvision	Intershop	Internolix	Openshop	Heiler
Aktienkurs	88,00 €	140,00 €	44,00 €	105,00 €	13,00 €
Anzahl Aktien	21 Mio.	15 Mio.	7,3 Mio.	8 Mio.	5,4 Mio.
Umsatz (in TEUR)	115.514	122.990	22.000	25.000	6.500
Marktkapitalisierung	1.848 Mio. €	2.100 Mio. €	321,2 Mio. €	840 Mio. €	70,2 Mio. €
Multiplikator	**16,00**	**17,07**	**14,60**	**33,60**	**10,80**

Tabelle 47: Vergleichsverfahren I

4. Schritt: Verknüpfung mit den Daten des zu bewertenden Unternehmens

In diesem letzten Schritt wird der mittlere Wert aller Multiplikatoren (Median) mit dem Umsatz des zu bewertenden Unternehmens multipliziert, wobei zunächst auf den Median noch ein (branchen- und konjunkturabhängiger) Risikoabschlag vorgenommen wird. Konkret sieht das wie folgt aus:

Median des Multiplikators	16,00 (hier Broadvision)
Risikoabschlag (hier 30 %)	4,80
Verwendeter Multiplikator	**11,20**

Der Unternehmenswert wird nun durch Multiplikation des Jahresumsatzes mit dem unter Schritt 3 errechneten Multiplikator ermittelt. Da gleichzeitig der Emissionspreis der Aktie errechnet werden sollte, wird dieser aus dem Quotienten von Unternehmenswert und Anzahl der zu emittierenden Aktien berechnet:

Unternehmenswert = 11,20 * 15.000.000 Euro = **168.000.000 Euro**

Emissionspreis der Aktie (168 Mio. Euro/5 Mio. Aktien) = **33,60 Euro**

Ergebnis: Die Bewertung ergibt einen Unternehmenswert in Höhe von 168 Mio. €, d.h., ein potenzieller Investor müsste das 11,2-Fache des Jahresumsatzes zahlen. Eine zehnprozentige Umsatzrendite unterstellt bedeutet, dass der Käufer etwa 112 (!) Jahre benötigt, um die Kaufsumme über den Umsatzprozess wieder zurück zu verdienen! Kann das als „fairer" Marktpreis bezeichnet werden?

Ein entscheidender Nachteil dieses Verfahrens ist offensichtlich, dass die irrationalen Marktreaktionen den Multiplikator und damit den Unternehmenswert bestimmen. Sinken die Werte der Aktie, so sinkt auch der Unternehmenswert drastisch. Die Seifenblase platzt!

3.6.4.3 Der Seifenblaseneffekt

Legt man nachfolgend einmal die Aktienkurse der fünf Vergleichsunternehmen gegen Ende des Jahres 2001 zugrunde und ermittelt den Multiplikator, den Unternehmenswert und den Emissionspreis der Aktie, so ergibt sich eine dramatische Veränderung:

Unternehmen	Broadvision	Intershop	Internolix	Openshop	Heiler
Aktienkurs (in €)	2,26	2,19	7,90	6,56	1,25
Anzahl Aktien (in Mio. Stck)	21	15	7,3	8	5,4
Umsatz (in TEUR)	115.514	122.990	22.000	25.000	6.500
Marktkapitalisierung (in TEUR)	47.460	32.850	57.670	52.480	6.750
Multiplikator	**0,41**	**0,27**	**2,62**	**2,10**	**1,04**

Tabelle 48: Vergleichsverfahren II

Median des Multiplikators	1,04 (hier: Heiler Software)
./. Risikoabschlag (hier 30 %)	0,31
= Verwendeter Multiplikator	**0,73**

Unternehmenswert = 0,73 * 15.000.000 Euro = **10.950.000 Euro**

Emissionspreis der Aktie (10,95 Mio. Euro/5 Mio. Aktien) = **2,19 Euro**

Ergebnis: In obigem Beispiel würde der Wert des Unternehmens aufgrund der Kurse gegen Ende des Jahres 2001 lediglich noch ca. 11 Mio. Euro betragen, was einem Werteverfall gegenüber dem ursprünglichen Bewertungsstichtag (31.03.2000) von etwa 94% entspricht!

Zusammenfassend bleibt festzustellen, dass das Börsensegment „Neuer Markt" aufgrund seiner ursprünglichen Wachstums- und Kursdynamik eine neue Bewertungstechnik erforderlich machte. Durch Vergleichswertverfahren wurden die „klassischen" Verfahren der Ertragswert- und DCF-Methode als Bewertungsinstrumentarium für Neue Markt Unternehmen (kurzzeitig) abgelöst.

Vergleichswertverfahren aber bewerten Unternehmen nicht aufgrund nachvollziehbarer unternehmensindividueller Faktoren, sondern ausschließlich aufgrund der Börsenstimmung. Zeitweise hatten dadurch kleine Internetfirmen einen höheren Unternehmenswert als beispielsweise im DAX (30) gelistete Unternehmen. Viele Investoren (darunter viele Kleinaktionäre) bezahlten Millionen für eine vage Geschäftsidee. So bleibt festzuhalten, dass die Vergleichswertmethoden nicht wirklich das Unternehmen, sondern vielmehr den Markt und die konjunkturelle Lage bewerten![180]

3.6.5 Bewertungsverfahren bei KMU

Bewertungsverfahren von kleinen und mittelständischen Unternehmen unterscheiden sich deshalb von großen börsennotierten Unternehmen, weil KMU eine Vielzahl von besonderen Charakteristiken aufweisen:

- Begrenzter Eigentümerkreis,
- eingeschränkte Finanzierungsmöglichkeiten aufgrund fehlenden Zugangs zum freien Kapitalmarkt,
- fließender Übergang zwischen Betriebs- und Privatvermögen,
- fehlendes unabhängiges Kontrollorgan,

[180] Siehe Fallstudie 41.

- geringe Organisationstiefe,
- geringe (Produkt)Diversifikation,
- beschränkt aussagefähiges Rechnungswesen,
- fehlende oder nicht dokumentierte Unternehmensplanung,
- Mitarbeit von Familienmitgliedern sowie
- eine hohe Abhängigkeit des unternehmerischen Erfolgs vom Eigentümer.

Insbesondere das beschränkt aussagefähige Rechnungswesen und die hohe Abhängigkeit des unternehmerischen Erfolgs vom Eigentümer machen eine diversifizierte Unternehmensbewertung von KMU erforderlich.[181]

So haben sich mit der Multiplikatormethode und der „Daumenregel" zwei leicht zu handhabende Praktikermethoden und mit einer modifizierten Version der Ertragswertmethode die derzeit bekanntesten Bewertungstechniken bei KMU herauskristallisiert.[182]

3.6.5.1 Multiplikatormethode

Die Multiplikatormethode hat ihren Ursprung in den USA und wurde dort erstmals zur Bewertung kleiner und mittlerer Unternehmen eingesetzt. Es werden so genannte „market multiples" herangezogen, die aus den in der Vergangenheit realisierten Preisen bei Unternehmensverkäufen in der betreffenden Branche abgeleitet werden. Die Methode ist sehr einfach in der Durchführung, denn sie erfordert lediglich die Zuordnung des zu bewertenden Unternehmens zur betreffenden Branche und natürlich die Kenntnis der dort üblichen „multiples". Die Multiplikatoren beziehen sich auf ganz bestimmte Bezugsgrößen, wobei sich insbesondere Gewinne, Cashflows und Umsatzerlöse als geeignete Größen herausgestellt haben.

Nachfolgend sind Gewinnmultiplikatoren (EBT = Earnings before tax) für Deutschland dargestellt:[183]

---

[181] Vgl. Helbing C. 2004, S. 187ff, Behringer S. 2004, S. 5ff sowie HFA 1998, S. 26-29.

[182] Vgl. Seiler K. 2004, S. 35ff.

[183] Vgl. Barthel C. 1996, S. 159f.

Branche	**Mindestsatz**	**Mittelsatz**	**Höchstsatz**
Apotheke	4,00	5,75	7,50
Bauindustrie	3,75	5,50	7,50
Buchhandlungen	3,50	5,00	7,00
Chemische Industrie	9,00	11,50	14,00
Computerhandel	3,25	3,25	6,00
Computerhersteller	3,50	4,00	5,50
Elektrotechnik	4,00	6,25	9,00
Feinkeramikindustrie	4,50	5,75	7,00
Gaststätten	3,75	5,25	7,50
Getränkeindustrie	4,50	6,50	8,00
Glasindustrie	3,50	5,00	6,50
Großhandel	6,50	8,75	11,00
Handwerksbetriebe	4,00	5,75	7,25
Handelsvertretungen	3,50	6,00	7,50
Kfz-Handel	5,25	6,00	7,00
Kioske	5,25	6,50	7,25
Maschinenbau	4,50	6,00	7,50
Metallverarbeitung	2,50	4,75	7,00
Möbelhandlungen	4,00	5,50	7,25
Möbelindustrie	3,25	4,25	6,00
Nahrungsmittel	3,75	5,00	6,25
Optiker	4,75	6,00	7,25
Papierverarbeitung	6,25	7,50	9,25
Pharmaindustrie	10,00	12,50	14,25
Schmuckindustrie	4,50	5,25	6,75
Softwareentwicklung	3,50	4,50	7,00
Spielwarenindustrie	4,00	5,50	6,75
Buchverlage	5,25	6,75	9,25
Zeitungen	5,5	6,25	7,00

Abbildung 168: Gewinnmultiplikatoren

Der potenzielle Marktpreis des zu bewertenden Unternehmens MP_B errechnet sich nun aus den branchenspezifischen Multiplikatoren m_{EBT} (Mindest-, Mittel- und Höchstsatz) multipliziert mit dem Gewinn des Unternehmens EBT_B.

$$MP_B = EBT_B * m_{EBT}$$

Beträgt der Gewinn vor Steuern des zu bewertenden Unternehmens bspw. 100.000 € und das Unternehmen gehört zu den Buchverlagen, so wird der Unternehmenswert als Spannweite angegeben:

$MP_{B, MIN}$ = 100.000 * 5,25 = 525.000,- €

$MP_{B, MITTEL}$ = 100.000 * 6,75 = 675.000,- €

$MP_{B, MAX}$ = 100.000 * 9,25 = 925.000,- €

Im Gegensatz zu den vorher behandelten Bewertungsmethoden wird hier also keine einwertige Größe, sondern eine Bandbreite angegeben, die bei Verkaufsverhandlungen als Diskussionsgrundlage dient. Entsprechend der zusätzlich zur Verfügung stehenden Informationen wie Marktentwicklung, Standort, Qualität des Managements etc. wird sich der dann einstellende Unternehmenswert innerhalb dieser Bandbreite entsprechend einordnen.

Problematisch sind Multiplikatoren in Bezug auf die exakte und allgemeingültige Definition. So ist genau zu eruieren, was man unter Gewinn vor Steuern, Cashflow und/oder Umsatz exakt versteht.

Wird beim Gewinn vor Steuern und Cashflow auf das Ergebnis nach Zinsen abgestellt, so betrachtet man das verschuldete Unternehmen, während man beim Ergebnis vor Zinsen das unverschuldete Unternehmen betrachtet. Sollen Einflüsse der unternehmensspezifischen Kapitalstruktur außer Acht gelassen werden, so ist mit dem Ergebnis vor Zinsen zu arbeiten. Auch sind Sondereinflüsse wie außerordentliche Erträge oder Aufwendungen zu eliminieren, da sie das Ergebnis stark verfälschen können. Cashflow-Multiplikatoren haben gegenüber den Gewinnen den Vorteil, dass sie frei sind von bilanziellen Bewertungsmaßnahmen. Sie haben aber den Nachteil, dass die Definition und Interpretation des Cashflows eine sehr große Bandbreite zulässt.

Bei obiger Abbildung wurde als Gewinn vor Steuern der durchschnittliche Gewinn der letzten Jahre vermindert um bestimmte Sondereinflüsse herangezogen. Solche Sondereinflüsse sind bspw. außerordentliche Aufwendungen und Erträge, nicht marktmäßige Unternehmerlöhne, Zinsen und Mieten etc.[184]

3.6.5.2 Praktikermethode „Daumenregel“

Ebenso wie die oben beschriebene Multiplikatorenmethode gelten in Deutschland die Praktikermethoden als wenig theoretisch fundiert. Deshalb sollten sie auch als alleiniges Bewertungsinstrumentarium nicht zur Anwendung kommen, sondern eine wissenschaftlich gefes-

---

[184] Eine Tabelle mit Umsatzmultiplikatoren befindet sich im Anhang unter 9.9. Siehe Fallstudie 42.

tigte Bewertungsmethode wie bspw. die DCF-Methode in ihrer Entscheidung lediglich festigen, also unterstützend wirken. Trotz alledem gibt es eine Reihe von nützlichen Praktikermethoden, auf die in der Praxis auch immer ein Auge geworfen wird, wenn es im Zuge der klassischen Verfahren zu einer Preisfindung gekommen ist. Folgende „Daumenregeln" sind in der Branche geläufig:[185]

Branche	**Praktikerformel**
Apotheken	18-43% des Jahresumsatzes & Warenbestand
Arztpraxen	ein Drittel des durchschnittlichen Umsatzes der letzten drei Jahre abzüglich eines Jahresgehaltes eines angestellten Arztes
Bäckereien	35% des Jahresumsatzes + Anlagen und Vorräte
Bewachungsdienste	Umsätze der letzten 9 Monate
Buchhandlungen	15% des Jahresumsatzes & Warenbestand
Busgesellschaften	35% des Jahresumsatzes & Zeitwert der Busse
Druckereien	5-7 Monatsumsätze
Gebäudereinigungen	3 Monatsumsätze
Hotels	3 x jährlicher Übernachtungsumsatz
Lebensmittelmärkte	Buchwerte aller Einrichtungen und Warenbestände & einen Monatsumsatz
Möbelhersteller	4-7 Jahresgewinne vor Zinsen, Steuern und Abschreibungen
Personalvermittlungen	50% des Jahresumsatzes
Senioren- und Pflegeheim	4jährliche Verpflegungssätze abzgl. Kosten für Verwaltung und Verpflegung je Bett und Jahr
Softwareunternehmen	Jahresgehälter aller Mitarbeiter
Tankstellen	3 x Jahresgewinne vor Zinsen, Steuern und Abschreibungen ohne Immobilie oder 5 x Jahresgewinne vor Zinsen, Steuern und Abschreibungen mit Immobilie
Taxiunternehmen	40-50% des Jahresumsatzes
Verlage	70% des Jahresumsatzes
Versicherungen	Prämieneinnahmen des letzten Jahres
Versicherungsagenturen	1-2 Jahresumsätze
Werbeagenturen	70% des Jahresumsatzes
Wirtschaftsprüferpraxen	100-150% des Jahresumsatzes

Abbildung 169: „Daumenregeln"

---

[185] Sie finden sich auch größtenteils bei Seiler K. 2004, S. 42ff.

Wie bei den Multiplikatormethoden auch, so bergen die Praktikermethoden die Risiken, dass verzerrte Werte angesetzt werden. So ist es bei Monatsumsätzen ganz entscheidend, ob diese saisonalen Schwankungen unterliegen oder um außerordentliche Faktoren wie bspw. einem kurzfristigen einmaligen Geschäft verzerrt sind. Ebenso spielt bei Ansätzen von „assets", z.B. den Vorräten, Warenbeständen oder Anlagevermögen deren Zustand eine ganz zentrale Rolle für den Wertansatz.

3.6.5.3 Modifizierte Ertragswertmethode

Grundsätzlich spricht auch bei den KMU nichts dagegen, auf ein bewährtes und theoretisch fundiertes Bewertungsverfahren, wie das Ertragswertverfahren, zurückzugreifen. Allerdings müssen sich darin die spezifischen Besonderheiten der kleinen und mittleren Unternehmen widerspiegeln.

Diese betreffen insbesondere:

(1) die Abhängigkeit des unternehmerischen Erfolges von der starken Personenbezogenheit des ausscheidenden Unternehmers/Eigentümers,

(2) die Bemessung des Unternehmerlohnes, der bei der Unternehmensbewertung zum Ansatz zu bringen ist, und

(3) die Berücksichtigung des spezifischen Risikos von kleinen und mittleren Unternehmen.

Zu (1): Aus Käufer- aber auch aus Verkäufersicht ist die **Abhängigkeit des unternehmerischen Erfolges** vom ausscheidenden Gesellschafter – sofern dieser ausscheidet – zu berücksichtigen.

Aus diesem Grund vergleicht man die Unternehmerqualitäten der neuen und alten Geschäftsführung miteinander und nimmt bei signifikanten Unterschieden Zu- oder Abschläge auf das abzuzinsende Ergebnis vor. Folgende Merkmale und Gewichtungsfaktoren haben sich in der Praxis bewährt:

Merkmal	Gewichtungsfaktor
Fachkenntnis und Branchenerfahrung	10
Kaufmännische Kenntnisse	8
Kommunikative Fähigkeiten	8
Kreativität	9
Durchsetzungsvermögen	8
Fähigkeit, Aufgaben zu delegieren	7
Umgang mit Risiko	5
Bereitschaft, viel zu arbeiten	7
Unterstützung im Privatleben	5

Abbildung 170: Gewichtungsfaktoren der modifizierten Ertragswertmethode I

Diese Checkliste wird nun auf die beiden zu vergleichenden Geschäftsführer (potenzieller Verkäufer und Käufer) angewandt, wobei für jedes Merkmal eine 7er-Skala gilt (1 = keine Fähigkeiten bis 7 = sehr gute Fähigkeiten). Durch Multiplikation mit den Gewichtungsfaktoren und anschließender Addition aller Ergebnisse erhält man eine einwertige Größe, die miteinander verglichen wird. Die Höhe der Abweichung bestimmt die Höhe des Zu- oder Abschlags vom abzuzinsenden Ergebnis. Folgende Tabelle bietet dabei eine Orientierung:

Vorsprung des Verkäufers/Käufers (in Punkten)	Abschlag/Zuschlag auf das Ergebnis (in %)
0 - 20	Kein Ab-/Zuschlag
21 - 50	10%
51 - 100	15%
101 - 200	25%
mehr als 201	50%

Abbildung 171: Gewichtungsfaktoren der modifizierten Ertragswertmethode II

Zu (2): Bei der **Bemessung des Unternehmerlohnes**, der bei der Unternehmensbewertung zum Ansatz gebracht werden muss, ist zu fragen, ob der derzeitig angesetzte Unternehmerlohn „angemessen“ ist oder nicht. Hierbei vergleicht man den derzeitigen Unternehmerlohn mit dem branchenüblichen Gehalt inklusive der Sondervereinbarungen und nimmt entsprechende Modifikationen des abzuzinsenden Ergebnisses vor.

Zu (3): Die **Berücksichtigung des spezifischen Unternehmerrisikos** findet im Kalkulationszinsfuß seinen Niederschlag. Je nach Stärke der Abhängigkeit des Geschäftserfolges von der Geschäftsleitung ist der Risikozuschlag auf den Basiszins zu modifizieren, d.h., je höher die Abhängigkeit, desto höher ist das Risiko und umso höher der zu wählende Risikozuschlag.

Als **Beispiel** für eine KMU-spezifische Ertragswertberechnung sollen folgende vorläufige Ergebnisse vor Steuern einer Prüfung unterzogen werden:[186]

Jahr	**2009**	**2010**	**2011**	**2012**	**2013**	**2014**
Ergebnis vor Steuern	205,00	207,00	217,00	222,00	234,00	239,00

Tabelle 49: Ergebnisse vor Steuern – modifizierte Ertragswertmethode

1. Schritt: Vergleich der Geschäftsführer

Im Zuge des geplanten Unternehmensverkaufs wird sich der derzeitige Geschäftsführer zurückziehen und durch eine neue Person ersetzt. Der Vergleich der beiden Personen führt zu folgender Gegenüberstellung:

Merkmal	**Gesellschafter (alt)**	**Gesellschafter (neu)**	**Wichtung**	**Werte (alt)**	**Werte (neu)**
Fachkenntnis und Branchenerfahrung	7	4	10	70	40
Kaufmännische Kenntnisse	6	7	8	48	56
Kommunikative Fähigkeiten	6	5	8	48	40
Kreativität	5	5	9	45	45
Durchsetzungsvermögen	6	6	8	48	48
Fähigkeit, Aufgaben zu delegieren	6	5	7	42	35
Umgang mit Risiko	5	6	5	25	30
Bereitschaft, viel zu arbeiten	5	6	7	35	42
Unterstützung aus Privatleben	7	5	5	35	25
Gesamtbewertung				**396**	**361**

Tabelle 50: Bewertung der Geschäftsführer – modifizierte Ertragswertmethode

Der übernehmende Gesellschafter wird im Zuge der Unternehmensbewertung mit 35 Punkten schlechter beurteilt als der scheidende Geschäftsführer. Gemäß der obigen Tabelle erfolgt somit ein Abschlag auf das Ergebnis vor Steuern von 10%.

[186] Die Ergebnisse entsprechen der Beispielaufgabe im Kapitel zur Ertragswertmethode.

2. Schritt: Adäquate Berücksichtigung des Unternehmerlohns

Der bisherige Gesellschafter bezog aus der Unternehmung ein Jahresgehalt von 180 TEUR (im Personalaufwand berücksichtigt). Nachfragen beim Branchenverband haben ergeben, dass das durchschnittliche Einkommen eines Geschäftsführers 145 TEUR beträgt. Somit ist das ursprüngliche Ergebnis vor Steuern in Höhe der Differenz (35 TEUR) zu verbessern. Dabei wird jedoch eine jährliche Steigerungsrate des neuen Geschäftsführergehalts von 3% einkalkuliert.

3. Schritt: Berücksichtigung des spezifischen Unternehmerrisikos

Die zu bewertende Gesellschaft befindet sich in einer Branche, in der ganz spezifisches Fachwissen gefragt ist, was nicht häufig am Markt nachgefragt werden kann. Deshalb ist der Unternehmenserfolg in besonderem Maße von der Geschäftsleitung und deren technischem Know-how abhängig. Dies ist beim Risikozuschlag im Kapitalisierungszinssatz entsprechend zu berücksichtigen.

	in %
Basiszins	6,00
– Abgeltungssteuer (26,375%)	1,58
+ Risikozuschlag (gewöhnlich)	4,00
+ Risikozuschlag (spezielles Risiko)	**3,00**
= Kapitalisierungszinsfuss	11,42

Tabelle 51: Risikozuschlag – modifizierte Ertragswertmethode

Somit ergibt sich aufgrund der KMU-spezifischen Besonderheiten eine modifizierte Unternehmensbewertung:[187]

[187] Siehe Fallstudie 43.

Jahr	**2009**	**2010**	**2011**	**2012**	**2013**	**2014**
Ergebnis vor Steuern	205,00	207,00	217,00	222,00	234,00	239,00
10%iger Abschlag (GF)	–20,50	–20,70	–21,70	–22,20	–23,40	–23,90
Personalkosten alte GF	180,00	180,00	180,00	180,00	180,00	180,00
Personalkosten neue GF	–135,00	–139,05	–143,22	–147,52	–151,94	–156,50
Modifiziertes Ergebnis	229,50	227,25	232,08	232,28	238,66	238,60
Gewerbesteuer	32,13	31,82	32,49	32,52	33,41	33,40
Körperschaftsteuer	36,32	35,96	36,73	36,76	37,77	37,76
Ausschüttungsbetrag	161,05	159,47	162,86	163,00	167,48	167,44
Abgeltungssteuer	42,48	42,06	42,95	42,99	44,17	44,16
Zu kapitalisierender Betrag	118,57	117,41	119,91	120,01	123,31	123,28
Abzinsungsfaktoren	0,8975	0,8055	0,7230	0,6489	0,5824	5,0994
Barwerte	106,42	94,57	86,69	77,87	71,82	628,65
Ertragswert						**1.066,02**

Tabelle 52: Unternehmenswert – modifizierte Ertragswertmethode

3.6.6 Messung des Periodenerfolges

Wurden im vergangenen Kapitel die maßgeblichen Verfahren der Unternehmensbewertung diskutiert, so sollen nun darauf aufbauend die wertorientierten/werterhaltenden Maßnahmen zur Sprache kommen. Steigende Anforderungen der Kapitalgeber (Investoren) sowie steigender Kapitalbedarf der Unternehmen aufgrund der zunehmenden Internationalisierung und der technologischen Entwicklung haben in den letzten Jahren zunehmend die Forderung nach einem (praktikablen) Wertmanagement laut werden lassen. So wird seit Beginn der 1980er Jahre das Hauptaugenmerk auf die Maximierung des Unternehmenswertes (Value) unter spezieller Berücksichtigung der Anteilseigner (Shareholder) gelegt,[188] wobei sich zwei „Verfahren" zur Wertentwicklungsmessung einer Unternehmung herauskristallisiert haben:

Erstens die auf Rappaport zurückgehende Veränderung des Discounted Cashflow und zweitens die auf Steward/Stern zurückgehende Methode des Economic Value Added (EVA).[189]

Da die DCF-Methode unter den Bewertungsverfahren bereits dargestellt wurde und darüber hinaus die Methode des Economic Value Added mittlerweile als „state of the art" betrachtet wird, gilt dieser nachfolgend das Hauptaugenmerk.

---

[188] Vgl. Schneck O. 2003, S. 27ff.

[189] Vgl. Rappaport A. 1986, S. 19ff, Steward I./Bennett G. 1991, S. 175ff, Steiner M./Wallmeier M. 1999, S. 1ff, Hirsch B. 2007, S. 62ff sowie zu einem Überblick Ballwieser W. 2000, S. 160ff.

3.6.6.1 Der Economic Value Added in der Theorie

Nach der EVA-Methode sollen Investitionen Renditen erwirtschaften, die über den Kapitalkosten, also den Preisen für die eingesetzten finanziellen Mittel liegen. Liegen die Renditen über den Kapitalkosten, so ist es der Geschäftsführung gelungen, einen zusätzlichen Wert zu schaffen, liegen die Renditen darunter, so wurde (Unternehmens)Wert vernichtet.

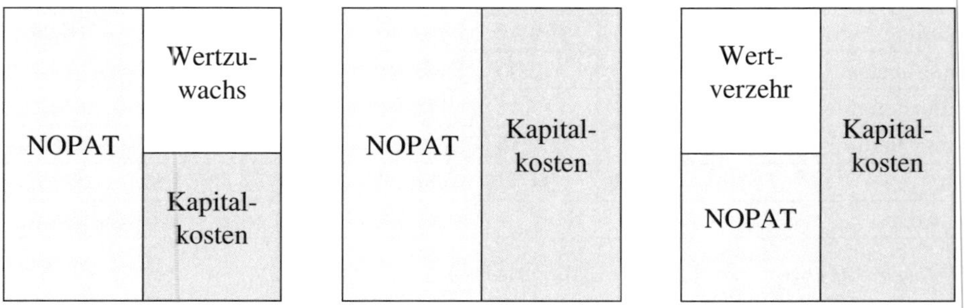

Abbildung 172: Der Economic Value Added

Im Schaubild links kommt es aufgrund von Kapitalkosten, die unter dem operativen Ergebnis nach Steuern und vor Zinsen (= NOPAT; Net Operating Profit After Taxes) liegen, zu einem Wertzuwachs, in der Mitte ist der Mindestverzinsungsanspruch erfüllt, d.h., die Rendite reicht gerade aus, um die Kapitalkosten zu decken, und im rechten Schaubild werden die Kapitalkosten nicht erwirtschaftet, es kommt zu einer Wertvernichtung.

Algebraisch ermittelt man den EVA einer Periode aus dem Produkt vom gesamten ins Unternehmen investierte Kapital (IK) (= Eigenkapital und verzinsliches Fremdkapital) und der in der Periode erwirtschafteten „Überrendite", verstanden als Differenz von erwirtschafteter Rendite auf das investierte Kapital (i_{ik}) und den gewogenen Kapitalkosten (i^{WACC}):[190]

$$(1)\ EVA = (i_{ik} - i^{WACC}) * IK$$

Da die Rendite auf das investierte Kapital definiert ist als Quotient aus operativem Ergebnis vor Zinsen und nach Steuern (NOPAT) und investiertem Kapital (IK), gilt:

---

[190] Vgl. hierzu auch die DCF-Methode im Rahmen der Unternehmensbewertung. Im Unterschied zur Gesamtkapitalrentabilität (zur GKR vgl. Kennzahlenanalyse), bezieht sich die hier erwirtschaftete Rendite auf das investierte Kapital i_{ik} nicht auf das Gesamtkapital (= Bilanzsumme), sondern lediglich auf das Eigenkapital inklusive des verzinslichen Fremdkapitals.

$$(2)\ i_{ik} = \frac{NOPAT}{IK}$$

Durch Umformung von (1) erhält man dann:

$$(3)\ EVA = NOPAT - i^{WACC} * IK$$

Damit ist klar, dass ein Wertzuwachs nur dann möglich ist, wenn der NOPAT die gesamten Kapitalkosten, verstanden als Produkt des gewogenen Kapitalkostensatzes und des investierten Kapitals, übersteigt. Etwas dezidierter lassen sich die Bestimmungsgründe für die Entwicklung des EVA noch bestimmen, wenn man die gewogenen Kapitalkosten in den Anteil des Eigen- und Fremdkapitals zerlegt:[191]

Die Gleichung

$$(4)\ i^{WACC} = r_{FK} * (1-s) * \frac{FK}{GK} + r_{EK} * \frac{EK}{GK}$$

eingesetzt in (3) ergibt:

$$(5)\ EVA = NOPAT - \left[r_{FK} * (1-s) * \frac{FK}{GK} + r_{EK} * \frac{EK}{GK} \right] * IK$$

Als nicht ganz unproblematisch erweist sich in obiger Formel die Höhe des anzusetzenden Eigen- und Fremdkapitalzinssatzes.

- Beim **Fremdkapitalzinssatz** r_{FK} ist der Ansatz dann einfach, wenn man diesen aus den Darlehenskonditionen der Unternehmung ableiten kann. Es ergibt sich dann ein gewichteter durchschnittlicher Fremdkapitalkostensatz, der sich aus den unterschiedlichen Fremdkapitalkategorien mit ihren jeweiligen Zinssätzen zusammensetzt.
- Liegen keine Fremdkapitalkonditionen vor oder weichen die für den EVA zu berücksichtigenden Konditionen stark von den zurückliegenden Zinssätzen ab, so sind

[191] Die Formel mit den entsprechenden Parametern wurde im Rahmen der DCF-Verfahren bereits diskutiert.

die anzusetzenden Zinskonditionen zu schätzen oder bspw. aufgrund eines Bankenratings zu berücksichtigen.

- Bei der Ermittlung der **Eigenkapitalkosten** r_{EK} haben sich zwei Ansätze herausgebildet:

- Nach der **Risikozuschlagsmethode**[192] setzt sich der Zinssatz r_{EK} additiv aus einem risikofreien Zinssatz r_f sowie einem subjektiven Risikozuschlag r_z zusammen. Es gilt also:

$$r_{EK} = r_f + r_z$$

- Nach der **CAPM** (Capital Asset Pricing-Method) ergeben sich die Eigenkapitalkosten aus der risikolosen Rendite r_f zuzüglich einer Risikoprämie, die sich aus dem Marktpreis für das Risiko (r_m–r_f) multipliziert mit der Risikohöhe β ergibt. r_m ist dabei die durchschnittliche Marktrendite für Wertpapiere.

$$r_{EK} = r_f + \beta^*(r_m - r_f)$$

Die Anwendbarkeit der CAPM ist damit abhängig von der Schätzbarkeit von β und r_m. Für die Bewertung börsennotierter Unternehmungen hat sich die CAPM als adäquate Methode zur Ermittlung der Eigenkapitalkosten herausgestellt, da die β-Faktoren branchenspezifisch angegeben werden können. Bei nicht börsennotierten Unternehmen liegen diese nicht vor. Zudem konnte die CAPM empirisch weder bestätigt noch widerlegt werden.[193]

Unabhängig davon, wie die Eigen- und Fremdkapitalkosten ermittelt werden, können zum wertorientierten Management nach dem EVA folgende Aussagen getroffen werden:

Der Wert des Unternehmens erhöht sich ceteris paribus:

- mit steigendem operativen Gewinn (NOPAT),
- mit einer Verringerung des investierten Kapitals (IK) und/oder
- durch eine Reduktion der Eigen- und Fremdkapitalkosten verbunden auch mit einer Verringerung des Risikopotenzials (r_z und/oder β).

---

[192] Sie findet in Deutschland die häufigste Anwendung im Rahmen der Ermittlung des Kapitalisierungszinssatzes beim Ertragswertverfahren.

[193] Vgl. Mankiw G./Shapiro M. 1986, Mac Kinley C. 1987 und Black F./Jensen M./Scholes M. 1972.

Aus obigen Werttreibern ergeben sich dann Ansatzpunkte zur Wertsteigerung:

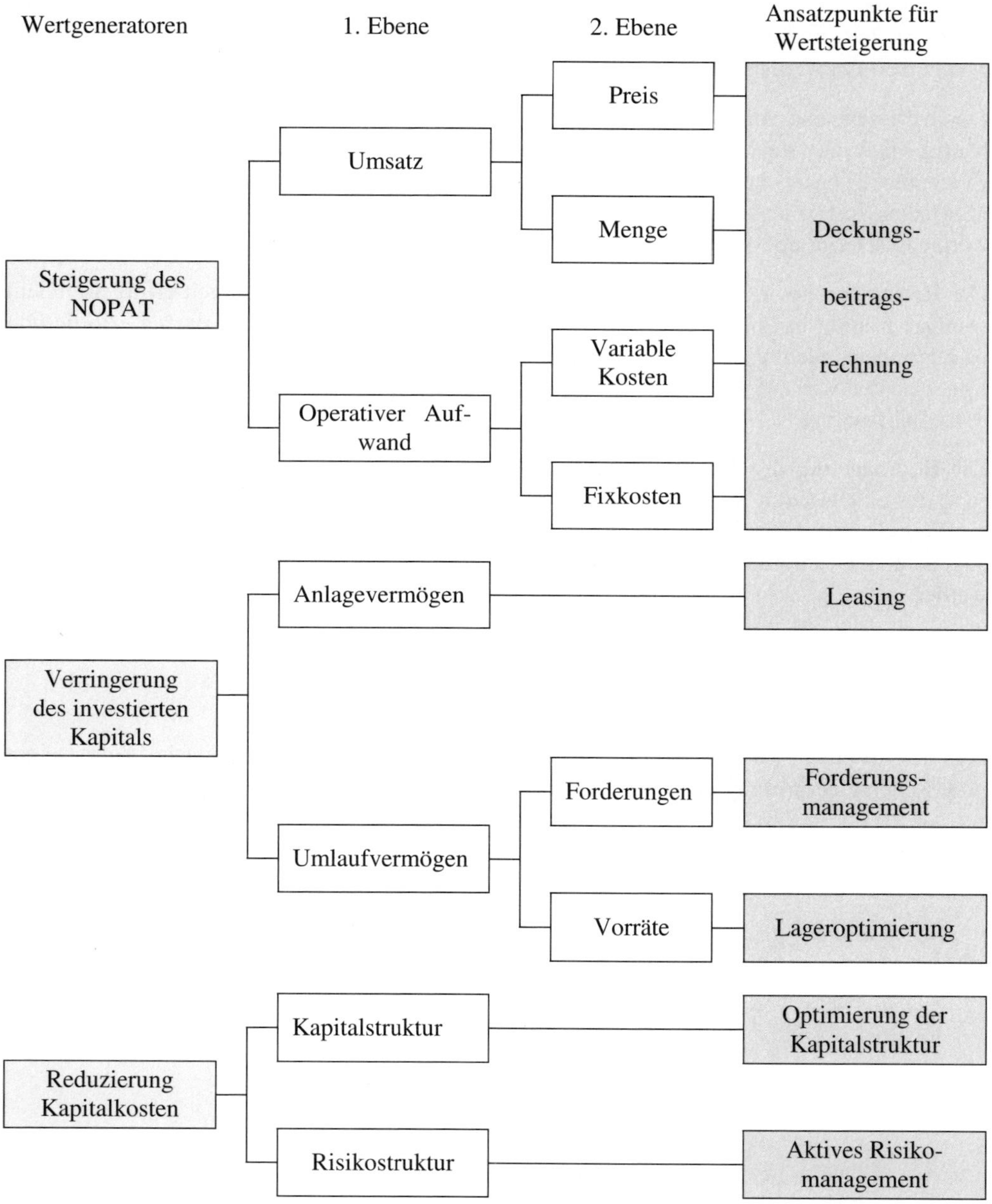

Abbildung 173: Ansatzpunkte zur Unternehmenswertsteigerung

Im Bereich des Umsatzerlöses stellt die Deckungsbeitragsrechnung über die Preisseite und die Rabattpolitik über die Mengenkomponente möglicherweise ein geeignetes Instrumentarium dar, um den **operativen Gewinn** steigern zu können. Über die Deckungsbeitragsrechnung können bspw. die Produkte mit negativen Deckungsbeiträgen herausgefiltert und durch höherpreisige Produkte ersetzt werden. Mittels Rabattstaffeln können u.U. die abgesetzten Mengen erhöht werden, was sich ebenfalls positiv auf den Gewinn auswirken kann.

Durch Neuakquise von neuen, günstigeren Lieferanten können in Produktionsunternehmen häufig Materialkosten, die i.d.R. neben den Personalaufwendungen den größten (variablen) Kostenblock ausmachen, zur Senkung der operativen Aufwendungen führen. Ein weiteres geeignetes Instrumentarium kann das Zero-Base-Budgeting oder auch die Gemeinkostenwertanalyse sein, mit denen die Fixkosten eine Überprüfung und ggf. Reduktion erfahren.

Die **Reduktion des investierten Kapitals** kann über das Anlagevermögen erfolgen, indem weniger Kapital in Folge der Substitution von Anlagevermögen durch Leasing erforderlich ist oder aber, indem das Umlaufvermögen reduziert wird. Ansatzpunkte sind hier das Factoring, also der Verkauf von Forderungen oder die Lageroptimierung mit dem Instrumentarium der ABC-Analyse.

Die **Reduzierung der Kapitalkosten** als letzte Möglichkeit kann über eine Umstrukturierung des eingesetzten Kapitals erfolgen. So kann „teures" Fremdkapital durch zinsgünstigeres Fremd- oder Eigenkapital ersetzt werden. Zudem können durch ein aktives Risikomanagement das unternehmerische Risiko reduziert und damit die Kapitalkosten gemindert werden.

3.6.6.2 Der Economic Value Added in der Praxis

Nun soll in einem zweiten Schritt der oben dargestellte, etwas formalistische Ansatz einer praktischen Überprüfung unterzogen werden.

Beispiel: Ein mittelständisches Unternehmen hat die drei Profitcenter A, B und C mit den folgenden Zahlen aus der Finanzbuchhaltung:

	PC A	PC B	PC C
Umsatzerlöse in TEUR	11.000	7.200	8.400
Operativer Aufwand in TEUR	10.200	6.400	7.700
Investiertes Kapital in TEUR	4.800	7.000	5.000
davon Eigenkapital	70%	60%	75%
davon Fremdkapital	30%	40%	25%
Eigenkapitalzinsen			
risikoloser Basiszins in %	9%	9%	9%
Risikozuschlag in %	7%	7%	7%
Fremdkapitalzinsen in %	8%	8%	8%

Tabelle 53: Economic Value Added I

Die Geschäftsleitung möchte wissen, wie hoch der EVA in den drei PC sowie insgesamt ist. Die Ermittlung der Umsatzrentabilität hatte ergeben, dass PC B mit 11,11% (800 TEUR Gewinn/7.200 TEUR Umsatzerlös) am profitabelsten ist, gefolgt von PC C mit einer Umsatzrendite von 8,33%, während der PC A mit 7,27% das Schlusslicht bildet. Gilt diese Tendenz auch für den EVA?

Die Geschäftsleitung ermittelt folgende Werte:

	PC A	PC B	PC C	gesamt
Umsatzerlöse in TEUR	11.000	7.200	8.400	26.600
./.Operativer Aufwand in TEUR	10.200	6.400	7.700	24.300
= NOPAT	800	800	700	2.300
Investiertes Kapital in TEUR (IK)	4.800	7.000	5.000	16.800
i_{IK} (NOPAT/IK)	16,67%	11,43%	14,00%	13,69%
i^{WACC} [194]	13,60%	12,80%	14,00%	13,39%
Überrendite	3,07%	-1,37%	0,00%	0,30%
EVA in TEUR	147,20	-96,00	0,00	51,2

Tabelle 54: Economic Value Added II

Fazit: Im Vergleich zur Umsatzrendite zeigt sich beim EVA ein entgegengesetztes Bild. Während PC A als einziger PC eine (positive) Überrendite ausweist, ist diese beim umsatzrenditestärksten PC B negativ und beim PC C Null. Gründe hierfür liegen in den – in Relati-

[194] Die gewichteten Kapitalkosten ergeben sich aus der Summe der mit den Zinssätzen für Eigen- und Fremdkapital gewichteten Anteile von Eigen- und Fremdkapital. Für PC A also aus 0,08*0,3 + 0,16*0,7 = 0,136 = 13,6%.

on zu den Umsatzerlösen „zu hohen“ – Kapitalbindungen, verbunden mit entsprechend hohen Kapitalkosten.

Da die beiden PC B und C profitabel i.S. einer „guten“ Umsatzrentabilität sind, wäre eine geeignete Maßnahme die Verringerung der eingesetzten Kapitalmittel, wobei grundsätzlich die oben beschriebenen Ansatzpunkte für eine Wertsteigerung (z.B. Leasing, Factoring mit anschließender Fremdkapitaltilgung etc.) denkbar sind.[195]

[195] Siehe Fallstudien 44 und 45.

4 Fallstudien

Fallstudie 1: Abgrenzungsrechnung der Kostenrechnung

Sie sollen die Zahlen Ihres Unternehmens für die Geschäftsleitung interpretieren. Den Zahlen des Jahresabschlusses für das abgelaufene Jahr entnehmen Sie folgende Aufwendungen und Erträge:

Konto	Bezeichnung	Betrag (€)
5000	Umsatzerlöse	4.400.000
5400	Mieterträge	120.000
5460	Erträge aus dem Abgang von Anlagevermögen	826.000
5500	Erträge aus Wertpapierverkäufen	126.000
6000	Aufwendungen für Roh-, Hilfs- und Betriebsstoffe	3.400.000
6160	Instandhaltungsaufwand	32.000
6200	Löhne	940.000
6300	Gehälter	130.000
6400	Soziale Abgaben	240.000
6520	Abschreibungen auf Sachanlagen	275.000
6850	Reisekosten	42.000
7030	Kraftfahrzeugsteuer	65.000
7077	Betriebliche Steuern	135.000

Folgende weitere Informationen stehen Ihnen zur Verfügung:

- die Mieterträge entstanden aus der Untervermietung von nicht benötigten Gebäuden,

- die Erträge aus dem Abgang von Anlagevermögen hängen mit dem Verkauf einer Maschine über Buchwert zusammen,
- bei den verkauften Wertpapieren handelt es sich um Erträge aus dem Verkauf von im DAX gehandelten Aktien,
- von den Abschreibungen auf Sachanlagen entfallen 13% auf die untervermieteten Gebäude,
- im Konto Betriebliche Steuern sind 28.000 € Steuernachzahlungen für zurückliegende Perioden enthalten.

Führen Sie eine **Gesamtergebnis-**, **Abgrenzungs-** und **Betriebsergebnisrechnung** durch. Was sagen Sie Ihrer Geschäftsleitung?

<u>Fallstudie 2</u>: Abgrenzungen des Rechnungswesens

Ein Unternehmen kauft im Oktober Rohstoffe im Wert von 10.000,- €. Die Bezahlung erfolgt im November und Dezember zu je 5.000,- €. Im November entsteht ein Wasserschaden in Höhe von 8.000,- €, der nicht durch eine Versicherung abgedeckt ist. Die Rechnungsbegleichung erfolgt noch im selben Monat. In welchen Monaten sind in welcher Höhe Aufwand, Kosten und Auszahlungen entstanden?

Das Unternehmen verkauft im Oktober Waren im Wert von 5.000,- €, deren Bezahlung im Dezember erfolgt. Ebenfalls im Oktober wird eine nicht mehr benötigte Maschine veräußert, deren Wert 2.800,- € beträgt und sofort vom Käufer in bar beglichen wird. In welchen Monaten sind in welcher Höhe Erträge, Leistungen und Einzahlungen entstanden?

<u>Fallstudie 3</u>: Eigenkapitalerhöhung und stille Reserven I

Das Eigenkapital einer OHG in Höhe von 250.000,- € verteilt sich auf zwei Gesellschafter wie folgt:

- Gesellschafter A: 150.000,- €
- Gesellschafter B: 100.000,- €

Die OHG hat aufgrund ihrer Geschäftstätigkeit stille Reserven in Höhe von 50.000,- € gebildet.

Welche Wirkung hätte der Beschluss, dass beide Gesellschafter je 50.000,- € Erhöhungskapital in die OHG einzubringen haben auf die Verteilung der stillen Reserven?

Fallstudie 4: Eigenkapitalerhöhung und stille Reserven II

Ein OHG hat zwei Gesellschafter mit einem Anteil von 150.000,- € und 100.000,- €. Sie beschließen aufgrund einer Unternehmensexpansion einen neuen Gesellschafter aufzunehmen und gleichzeitig eine Erhöhung des Eigenkapitals mit einer Einlage von 100.000,- € durch den neuen Gesellschafter zu erreichen.

Welche Auswirkungen hat dieses Vorgehen auf die bisher gebildeten stillen Reserven, die 100.000,- € betragen?

Fallstudie 5: Einheitskurs

Folgende Kaufaufträge und Verkaufsaufträge liegen vor. Ermitteln Sie den Einheitskurs und das gehandelte Aktienvolumen:

Kaufaufträge	**Kurs**	**Verkaufsaufträge**	**Kurs**
100 Stück	billigst	120 Stück	bestens
220 Stück	224 €	80 Stück	220 €
260 Stück	223 €	200 Stück	222 €
200 Stück	222 €	340 Stück	223 €
350 Stück	221 €	550 Stück	224 €
400 Stück	220 €		

Fallstudie 6: Wirkung der Kapitalerhöhung I

Eine Aktiengesellschaft plant eine Kapitalerhöhung im Verhältnis 2:1 (d.h., auf zwei Altaktien kommt eine Neuaktie). Der Börsenkurs der Altaktie sei 100,- €, mittels des Ertragswertverfahrens hat ein unabhängiger Wirtschaftsprüfer einen Ausgabekurs für die Neuaktie von 80,- € ermittelt. Vor der Kapitalerhöhung waren 400.000 Aktien im Umlauf, das gezeichnete Kapital betrug 2 Mio. €.

Wie hoch ist das gezeichnete Kapital nach Kapitalerhöhung, der Mischkurs sowie die Höhe des Bezugsrechts?

Fallstudie 7: Wirkung der Kapitalerhöhung II

Eine AG möchte ihr Eigenkapital gegen Bareinlagen erhöhen und zwar soweit, dass die neue Eigenkapitalquote (Eigenkapital/Bilanzsumme) 30% beträgt. Der Kurs der alten Aktie lag bei 80,- € je 50,- € Aktie. Den Aktionären werden die jungen Aktien zum Preis von 60,- € je 50,- € Aktie angeboten. Die Bilanz **vor** der Kapitalerhöhung hat folgendes Aussehen (in €):

Bilanz vor Kapitalerhöhung

AKTIVA			PASSIVA
Geldkonten	200.000	Gezeichnetes Kapital	600.000
Übrige Aktiva	3.800.000	Kapitalrücklage	360.000
		Gewinnrücklagen	30.000
		Fremdkapital	3.010.000
Bilanzsumme	**4.000.000**	**Bilanzsumme**	**4.000.000**

a) Stellen Sie die vereinfachte Bilanz nach der Kapitalerhöhung auf (siehe nachstehende Tabelle!). Beschreiben Sie insbesondere die Auswirkungen der Kapitalerhöhung auf die entsprechenden Bilanzpositionen (Liquiditätseffekt).

b) Berechnen Sie das Bezugsverhältnis.

c) Welcher neue Mischkurs ist nach vollzogener Kapitalerhöhung zu erwarten?

d) Welchen Wert hat das Bezugsrecht?

e) Ein Altaktionär besitzt vor Kapitalerhöhung 100 Aktien und möchte aus den Bezugsrechten möglichst viele neue Aktien kaufen. Den verbleibenden Bezugsrechtswert lässt er sich gutschreiben. Wie viele neue Aktien bekommt er und wie viele Barmittel?

Bilanz nach Kapitalerhöhung

AKTIVA			PASSIVA
		Fremdkapital	3.010.000

Fallstudie 8: Kapitalherabsetzung – Sanierung

Eine Gesellschaft weist zum Bilanzstichtag folgende Bilanz auf (in Mio. €):

Bilanz

AKTIVA		**PASSIVA**	
Anlagen	2.282	Grundkapital	930
Umlaufvermögen	5.243		
Verlust	756	Fremdkapital	7.351
Bilanzsumme	**8.281**	**Bilanzsumme**	**8.281**

Der Kurs der Aktie notiert bei 35,- € bei einem Nennwert von 50,- €. Eine außerordentliche Hauptversammlung beschloss daraufhin eine Kapitalherabsetzung durch Zusammenlegung der Aktien im Verhältnis 3:1, d.h., aus drei alten Aktien wurde eine neue. Bei der anschließenden Kapitalerhöhung konnte für eine aus der Kapitalherabsetzung hervorgegangenen Aktie eine junge Aktie zum Kurs von 150,- € (Nennwert 50,- €) bezogen werden (dem Unternehmen flossen auf diese Weise 930 Mio. € zu).

a) Entwickeln Sie aus der obigen Schlussbilanz in zwei Schritten zunächst die Bilanz nach der Kapitelherabsetzung und im Anschluss die Bilanz nach der geplanten Kapitalerhöhung. Wie haben sich die einzelnen Positionen verändert?

b) Nach der Umstellung notiert der Kurs bei 95,- €. Ist der Altaktionär durch die Sanierungsmaßnahme reicher geworden?

Fallstudie 9: Langfristige Bankkredite – Darlehensformen

Die Hausbank gewährt einem Unternehmen ein Darlehen über 78.000,- € (der Darlehensbetrag wird auch ausgezahlt). Die Laufzeit beträgt sechs Jahre, die Verzinsung 8% p.a. Erstellen Sie einen Zins- und Tilgungsplan für die folgenden Fälle:

a) Das Darlehen wird in gleichen Raten zurückgezahlt.

b) Das Darlehen ist für zwei Jahre tilgungsfrei, danach wird es in gleichen Raten getilgt.

c) Das Darlehen wird in gleichen jährlichen Annuitäten getilgt.

d) Das Darlehen ist für zwei Jahre tilgungsfrei, danach wird es in gleichen jährlichen Annuitäten getilgt.

e) Das Darlehen wird am Ende der Laufzeit getilgt.

Fallstudie 10: Langfristige Bankkredite – Effektivverzinsung I

Ein Unternehmen benötigt zum Kauf einer Immobilie ein Darlehen über 90.000,- €. Die Hausbank bietet wahlweise folgende Konditionen an:

Alternative 1: Laufzeit 3 Jahre, Zinssatz 9% p.a., Tilgung am Ende

Alternative 2: Laufzeit 3 Jahre, Zinssatz 5,2% bei einem Disagio von 9%, Tilgung am Ende

a) Stellen Sie zu beiden Varianten den Zins- und Tilgungsplan auf.

b) Wie hoch ist die Liquiditätsentlastung bei Alternative 2?

c) Ermitteln Sie den Effektivzinssatz von Alternative 2.

Fallstudie 11: Langfristige Bankkredite – Effektivverzinsung II

Ein mittelständisches Unternehmen benötigt ein langfristiges Darlehen in Höhe von 80.000,- € für die Laufzeit von sechs Jahren.

Die Sparkasse bietet folgende Konditionen an: Zinssatz 8%, Auszahlung 98%, Tilgung jährlich in gleichen Raten. Die Handelsbank unterbreitet folgenden Vorschlag: Zinssatz 7%, Auszahlung 95%, Tilgung nach zwei tilgungsfreien Jahren in jährlich gleichen Raten. Ermitteln Sie für beide Varianten den Effektivzinssatz.

Fallstudie 12: Anleihen I

Eine Industrieobligation zum Nominalwert von 100,- € ist mit einem Coupon von 6,5% ausgestattet. Die börsentäglich errechnete Umlaufrendite vergleichbarer Anleihen beträgt 5,3%. Die Anleihe wird heute in fünf Jahren zurückgezahlt, gleichzeitig ist heute Zinszahlungstermin. Wie viel sollte ein Investor höchstens für diese Anleihe bezahlen?

Fallstudie 13: Anleihen II

Die Anleihe eines Schuldners erster Bonität zum Nominalwert von 100,- € ist mit einem jährlich um 2,- € steigenden Coupon ausgestattet. Die erste Couponzahlung beträgt 1,- €. Die Anleihe wird in fünf Jahren zurückgezahlt. Zu welchem Preis sollte ein Investor diese Anleihe höchstens zeichnen? Die börsentäglich errechnete Umlaufrendite vergleichbarer Anleihen betrage 5,3%.

Fallstudie 14: Lieferantenkredit

Eine Lieferantenrechnung lautet über 6.800,- €. Folgende Zahlungsbedingungen wurden vereinbart: „Zahlbar innerhalb von 10 Tagen unter Abzug von 2% Skonto, innerhalb von 60 Tagen rein netto. Um Skonto ausnutzen zu können, müsste ein Kredit zu 12,5% (p.a.) in Höhe des Überweisungsbetrages aufgenommen werden.

a) Wie viel € sind zu überweisen, wenn Skonto in Anspruch genommen wird?

b) Soll ein Kredit aufgenommen werden, um Skonto auszunutzen?

c) Welchem Jahreszinssatz entspricht der Skontosatz?

Fallstudie 15: Anzahlungen I

Eine Bäckerei beauftragt einen Großanlagenbauer mit der Fertigung eines modernen Ofens, der 250.000,- € kosten soll und eine Fertigungszeit von einem Jahr beansprucht. Folgende Zahlungskonditionen werden vereinbart:

Zahlung nach drei, sechs und neun Monaten: jeweils 62.500,- €

Zahlung nach Fertigstellung: 57.000,- €

Welchem Zinssatz entspricht die Zahlungsweise?

Fallstudie 16: Anzahlungen II

Ein Industriegebäude wird erstellt, wobei der Kostenvoranschlag 1.750.000,- € beträgt. Es wird von einer 3-jährigen Bauzeit ausgegangen und vereinbart, dass der Kunde drei gleich große Raten jeweils am Ende des Jahres zahlt. Der Kalkulationszinsfuß beträgt 4,8%. Wie hoch werden die drei Raten sein?

Fallstudie 17: Kontokorrentrechnung

Rechnen Sie folgendes Kundenkontokorrentkonto am 30.06. mit 9,5% (Soll)Zinsen ab:

Soll					**Haben**
Text	Wert	€	Text	Wert	€
Saldo	31.12.	2.800.-	Einzahlung	07.02.	1.600,-
Auszahlung	26.03.	3.400,-	Einzahlung	18.05.	2.000,-
Auszahlung	27.05.	5.160,-	Einzahlung	25.06.	3.700,-

Die obige Terminologie wird aus der Perspektive des Kundenkontos betrachtet, d.h., Auszahlungen/Einzahlungen vermindern/erhöhen das Bankguthaben des Kunden bzw. erhöhen/vermindern dessen Bankverbindlichkeiten.

Fallstudie 18: Diskontkredit

Zur Überbrückung eines kurzfristigen finanziellen Engpasses nimmt eine Unternehmung Kontakt mit Ihrer Hausbank auf. Gemäß vorliegendem Finanzplan werden für die Monate März bis einschließlich Juli 120.000,- € benötigt.

Die Bank bietet die beiden Alternativen – Ausweitung des Kontokorrentkredites oder Gewährung eines Diskontkredites – an.

Beim Kontokorrentkredit würde der Zinssatz 12% p.a. betragen, der Basiszinssatz des Diskonts beträgt 4,5%, zusätzlich würde man aufgrund der geringen Bonität einen Aufschlag von 5% fordern. Die Diskontspesen belaufen sich auf 10,- €.

Stellen Sie die beiden Kreditformen gegenüber und geben Sie eine Handlungsempfehlung.

Fallstudie 19: Lohmann-Ruchti-Effekt

Ein Unternehmen beschafft 40 Maschinen zum Preis von je 10.000,- € als Erstausstattung. Die Maschinen werden linear auf 10 Jahre abgeschrieben. Die Abschreibungsbeträge werden zur Anschaffung neuer gleichartiger Maschinen verwendet. Beschreiben Sie den Lohmann-Ruchti-Effekt (Kapazitätserweiterungseffekt) und ermitteln Sie anhand des Kapazitätsmultiplikators die erreichbare Maschinenzahl.

Fallstudie 20: Rückstellungen

Im Zuge eines im November beginnenden Schadensersatzprozesses geht die Unternehmung davon aus, dass sie im neuen Jahr zu Schadensersatzleistungen verurteilt wird. Schätzungen gehen von 20.000,- € aus.

a) Bilden Sie die Rückstellung zum 31.12.

Am 1. Februar des neuen Jahres wird der Prozess beendet. Folgende Situationen könnten sich einstellen:

b) Die Schadensersatzleistungen betragen 20.000,- €

c) Die Schadensersatzleistungen betragen 25.000,- €

d) Die Schadensersatzleistungen betragen 16.000,- €

e) Die Unternehmung wird freigesprochen.

Bilden Sie die Buchungssätze zu den Situationen b) bis e).

Fallstudie 21: Leasing

Ein Unternehmen möchte eine Investition in eine Maschine entweder über ein Leasingmodell oder eine Kreditfinanzierung realisieren. Vergleichen Sie die Kosten sowie die jährlichen und die gesamten Liquiditätsauswirkungen. Folgende Daten liegen vor:

Kredit		**Leasing**	
Kosten der Maschine	90.000 €	Grundmietzeit	4 Jahre
Kreditsumme	90.000 €	Abschlussgebühr	10%
Kreditzinsen	4,9% p.a.	Leasingrate/Monat	2,08%
Kreditlaufzeit	6 Jahre	Anschlussmiete/Jahr	7.000 €
Kredittilgung	gleiche Raten	Gesamtnutzungszeit	6 Jahre

Fallstudie 22: Factoring I

Ein Unternehmen erwägt den Verkauf von Forderungen an eine Factoringbank. Die Bank berechnet 7,5% Zinsen p.a. auf ausstehende Forderungen, sowie 0,5% des Jahresumsatzes als monatliche Dienstleistungsgebühr. Das Delcredererisiko wird nicht übernommen. Der Jahresumsatz der Gesellschaft beläuft sich auf 30 Mio. €, von denen 15% als Sperrbetrag für nachträgliche Abzüge, Retouren etc. nicht finanziert werden. Das den Kunden eingeräumte Zahlungsziel beträgt 30 Tage.

a) Wie viel Prozent vom Finanzierungsvolumen machen die monatlich an den Factor abzuführenden Beträge aus?

b) Unter welchen Umständen würden Sie im gegebenen Fall die Einführung des Factorings empfehlen?

Fallstudie 23: Factoring II

Ein Unternehmen steht vor der Alternative, Forderungen an ein Factoringinstitut zu verkaufen, um gleichzeitig dadurch Kosten im Bereich der Verwaltung einzusparen.

Folgende **Unternehmensdaten** liegen vor:

Jahresumsatz	18.000.000 €
geschätzte Außenstände	3.200.000 €
eingeräumtes Zahlungsziel	30 Tage
tatsächliche Lieferantenkreditgewährung[196]	64 Tage
Debitorenanzahl	1.500
Anzahl Rechnungen/Jahr	9.000
durchschnittlicher Rechnungsbetrag	2.000 €
durchschnittliche Forderungsausfälle	0,4% des Umsatzes
Wareneinkauf/Jahr	8.000.000 €
Skontosatz für Wareneinkauf	3%
Bankzins für Kontokorrentkredit	9% p.a.
Umsatzrendite bisher	5%

Die Bilanz hat vor Factoring folgende Struktur:

Bilanz vor Factoring in TEUR

AKTIVA			**PASSIVA**
Anlagevermögen	5.000	Eigenkapital	3.000
Vorräte	2.400	Warenverbindlichkeiten	1.100
Warenforderungen	3.200	Bankdarlehen (langfristig)	1.600
Liquide Mittel	50	Kontokorrentkredit	2.850
		Sonstiges Fremdkapital	2.100
Bilanzsumme	**10.650**	**Bilanzsumme**	**10.650**

[196] Außenstände * 360/Jahresumsatz.

Das **Factoringangebot** besteht aus den Konditionen:

Dienstleistungsgebühr auf verwaltete Forderungen im Jahr	1,4%
Delcrederegebühr auf angekaufte Forderungen	0,6%
Finanzierungskosten auf die Außenstände abzüglich einem Sperrbetrag von 10%	9%
Zusage, die Außenstände um 200.000,- € auf 3 Mio. € zu senken	

Die Aufwendungen des Unternehmens für die Verwaltung der Forderungen waren:

Gehalt des Debitorenbuchhalters	13 Monate á 4.000 €
Gehalt der Inkassokraft	13 Monate á 4.000 €
Lohnnebenkosten	60%
Büromaterial jährlich	6.000 €
Miete für Büroräume pro Monat	360 €
Mahnungen und Auskünfte jährlich	6.300 €
Gerichts- und Anwaltskosten jährlich	2.100 €

a) Wie ändert sich die durchschnittliche Lieferantenkreditdauer, wenn sich die Außenstände, wie von der Factoringgesellschaft angekündigt, auf 3 Mio. € reduzieren? Wie hoch ist die Kapitalfreisetzung, wenn das vertragliche Zahlungsziel von 30 Tagen netto Kasse von allen Kunden eingehalten werden würde?

b) Erstellen Sie eine Vergleichsrechnung, indem Sie den Factoringkosten die Einsparungspotenziale des Büros gegenüberstellen.

c) Wie ändert sich die zusammengefasste Bilanz nach Factoring? Ändert sich auch die Eigenkapitalquote?

Fallstudie 24: Mezzanine Finanzierung

Ein mittelständisches Unternehmen hat aufgrund der steigenden Nachfrage nach seinen Produkten eine Expansionspolitik beschlossen. Durch die hohe Kreditaufnahme in den vergangenen Jahren scheidet jedoch eine weitere Verschuldung bei der Hausbank aus. Die Gesellschaft plant deshalb die Aufnahme von Mezzanine-Kapital. Insgesamt werden über die nächsten beiden Jahre 12 Mio. € benötigt, wobei im ersten Jahr 5 Mio. € und im zweiten Jahr 7 Mio. € zu finanzieren sind. In Frage kommen entweder die Ausgabe von Genussscheinen oder die Aufnahme eines stillen Gesellschafters (typisch stille Beteiligung). Folgende Modalitäten sind zu berücksichtigen:

a) Beim Genussschein werden ein Festzins von 10% p.a. und ein gewinnabhängiger Zusatzzins von 6% p.a. veranschlagt. Berechnen Sie die gesamte Zinsbelastung der nächsten 6 Jahre unter folgenden Annahmen:

   Unternehmensergebnisse:

Jahr 1: –300 TEUR	Jahr 4: +500 TEUR
Jahr 2: –150 TEUR	Jahr 5: +650 TEUR
Jahr 3: +375 TEUR	Jahr 6: +850 TEUR

b) Der stille Gesellschafter fordert eine gewinnunabhängige Verzinsung von 11% p.a.

c) Wie groß ist der Kostenvorteil für die Gesellschaft durch die Ausgabe der Genussrechte im Vergleich zur Stillen Gesellschaft bezogen auf die ersten 6 Jahre und wie hoch müsste der Zusatzgewinn sein, damit sich die Stille Gesellschaft „rechnet"?

Fallstudie 25: Betriebsbedingtes versus neutrales Ergebnis

Für die beiden Unternehmen A und B liegen folgende Gewinn- und Verlustrechnungen vor (Werte in TEUR):

GuV (A)

Aufwand		**Ertrag**	
Betriebsbedingter Aufwand 300		Betriebsbedingter Ertrag 200	
		Betriebsbedingter Verlust 100	
Neutraler Aufwand 100		Neutraler Ertrag 300	
Neutraler Gewinn 200			
Saldo	**600**	**Saldo**	**600**

GuV (B)

Aufwand		Ertrag	
Betriebsbedingter Aufwand 200		Betriebsbedingter Ertrag 300	
Betriebsbedingter Gewinn 100			
Neutraler Aufwand 300		Neutraler Ertrag 180	
		Neutraler Verlust 120	
Saldo	**600**	**Saldo**	**600**

An welchem Unternehmen würden Sie sich ggfs. beteiligen?

Fallstudie 26: Quicktest

Führen Sie zu folgendem Jahresabschluss einen Quicktest durch und interpretieren Sie das Ergebnis.

Bilanz in TEUR

AKTIVA			PASSIVA
Grundstücke und Bauten	1.000	Gezeichnetes Kapital	500
Technische Anlagen	700	Jahresüberschuss/-fehlbetrag	84
Andere Anlagen	200		
Anlagevermögen	**1.900**	**Eigenkapital**	**584**
Vorräte	350	Kurzfristige Rückstellungen	124
Kundenforderungen	550	Langfristige Bankverbindlichkeiten	1.200
Sonstige Vermögensgegenstände	60	Kurzfristige Bankverbindlichkeiten	600
Liquide Mittel	28	Lieferantenverbindlichkeiten	280
		Sonst. kurzfristige Verbindlichkeiten	100
Umlaufvermögen	**988**	**Fremdkapital**	**2.304**
Bilanzsumme	**2.888**	**Bilanzsumme**	**2.888**

Gewinn- und Verlustrechnung in TEUR

SOLL			HABEN
Materialaufwand	1.980	Umsatzerlöse	9.000
Personalaufwand	4.140		
Abschreibungen	380		
Sonst. betriebliche Aufwendungen	1.980		
Zinsaufwand	436		
Gewinn	**84**		
Saldo	**9.000**	**Saldo**	**9.000**

Fallstudie 27: Finanz- und Liquiditätsanalyse

Beurteilen Sie die beiden folgenden Bilanzen hinsichtlich der Eigenkapitalquote, der Anlagedeckungs- und der Liquiditätsgrade.

Bilanz 1 in TEUR

AKTIVA			PASSIVA
Anlagevermögen	1.000	Eigenkapital	300
Vorräte	180	Gewinn	20
Warenforderungen	400	Fremdkapital (langfristig)	80
Liquide Mittel	20	Kontokorrentkredit	1.200
Bilanzsumme	**1.600**	**Bilanzsumme**	**1.600**

Bilanz 2 in TEUR

AKTIVA		**PASSIVA**	
Anlagevermögen	100	Eigenkapital	100
Vorräte	150	Verlust	–200
Warenforderungen	20	Fremdkapital (langfristig)	400
Liquide Mittel	230	Kontokorrentkredit	200
Bilanzsumme	**500**	**Bilanzsumme**	**500**

Fallstudie 28: Leverage-Effekt

Ein Unternehmen erzielt aus einer Investition von 1.000.000,- € einen Gewinn von 12%.

Möglichkeit 1: Die Investition wird ausschließlich über Eigenkapital finanziert.

Möglichkeit 2: Die Investition wird jeweils hälftig über eigene und fremde Mittel finanziert. Der Zinssatz für das Fremdkapital beträgt 8%.

Möglichkeit 3: Die Fremdkapitalquote beträgt 80% (Zinssatz 8%).

a) Ermitteln Sie den jeweiligen Verschuldungsgrad.

b) Wie hoch ist der Reingewinn nach Abzug der Fremdkapitalkosten?

c) Wie hoch ist jeweils die Eigenkapitalrentabilität?

d) Beschreiben Sie den Leverage-Effekt.

e) Welche Konsequenzen und Zielkonflikte ergeben sich aus dem Leverage-Effekt?

Fallstudie 29: Kapitalbudget

Ein Produktionsunternehmen kann drei Maschinen zu folgenden Preisen und Renditen erwerben:

Maschine	Preis	Rendite
M1	150 TEUR	8%
M2	100 TEUR	7%
M3	200 TEUR	4%

Die Finanzierungsangebote der Banken lauten:

Kredit	Volumen	Zinssatz
K1	150 TEUR	7%
K2	100 TEUR	5,5%
K3	200 TEUR	5%

a) Wie hoch ist der Anlagekapitalbedarf, wenn alle Maschinen gekauft würden?

b) Stellen Sie die potenziellen Investitionen und Kredite nach dem Prinzip des Kapitalbudgets gegenüber und ermitteln sie das optimale Finanzierungsvolumen und den entsprechenden Überschuss (Summe Renditebeträge abzgl. Summe der Zinskosten). Die Kredite sind teilbar, d.h., falls ein Kredit nicht in voller Höhe benötigt wird, kann er entsprechend niedriger in Anspruch genommen werden.

c) Sollte auf eine Maschineninvestition verzichtet werden und ggf. warum?

d) Stellen Sie die Aufgabenstellung auch graphisch dar.

Fallstudie 30: Bonitätsmaße

Verifizieren Sie anhand des nachstehenden Jahresabschlusses die Ergebnisse der Bonitätsanalyse, die zu den Ergebnissen

a) „gut“ (Scoredurchschnitt: 2,88) im Rahmen der Scoring-Methode,

b) „mittelmäßig“ (Diskriminanzfunktionswert: 1,27) im Rahmen der multiplen Diskriminanzanalyse sowie

c) „gut“ (Bonitätsindikator: 18) im Rahmen der Faktorenanalyse

kommt.

Bilanz in TEUR

AKTIVA			PASSIVA
Grundstücke und Bauten	700	Gezeichnetes Kapital	300
Technische Anlagen	600	Jahresüberschuss/-fehlbetrag	99
Andere Anlagen	80		
Anlagevermögen	**1.380**	**Eigenkapital**	**399**
Vorräte	50	Kurzfristige Rückstellungen	124
Kundenforderungen	550	Langfristige Bankverbindlichkeiten	1.300
Sonstige Vermögensgegenstände	40	Lieferantenverbindlichkeiten	150
Liquide Mittel	53	Sonst. kurzfristige Verbindlichkeiten	100
Umlaufvermögen	**693**	**Fremdkapital**	**1.674**
Bilanzsumme	**2.073**	**Bilanzsumme**	**2.073**

Gewinn- und Verlustrechnung in TEUR

SOLL			HABEN
Materialaufwand	240	Umsatzerlöse	4.000
Personalaufwand	2.180		
Abschreibungen	276		
Sonst. betriebliche Aufwendungen	1.050		
Zinsaufwand	155		
Gewinn	**99**		
Saldo	**4.000**	**Saldo**	**4.000**

Fallstudie 31: Kennzahlenanalyse im Rahmen der Finanzierung mit Mezzanine-Kapital

Durch hohe Investitionen in Anlagevermögen sowie durch die teilweise Finanzierung über kurzfristige Bankkredite ist die Bilanz eines mittelständischen Betriebes in eine „Schieflage" geraten. Die Gesellschaft plant durch die Aufnahme von Mezzanine-Kapital in Höhe von 500 TEUR sowie durch die Umschuldung von 250 TEUR kurzfristige in langfristige Bankschulden die Situation zu entschärfen. Das Mezzanine-Kapital dient zu jeweils 30% der Finanzierung von neuen Anlagen und Vorräten und geht zu 40% in die Liquidität. Vor den Maßnahmen hat die Bilanz folgendes Aussehen:

Bilanz in TEUR				
	vorher		nach Mezzanine	
		%		%
AKTIVA				
Grundstücke und Bauten	1.100	50,0		
Technische Anlagen	500	22,7		
Anlagevermögen	1.600	72,7		
Vorräte	200	9,1		
Kundenforderungen	300	13,6		
Flüssige Mittel	100	4,6		
Umlaufvermögen	600	27,3		
Bilanzsumme	2.200	100,0		
PASSIVA				
Eigenkapital	700	31,8		
Mezzanine-Kapital	0	0,0		
Eigenkapital	700	31,8		
Kurzfristige Rückstellungen	100	4,6		
Langfristige Bankverbindlichkeiten	500	22,7		
Kurzfristige Bankverbindlichkeiten	500	22,7		
Lieferantenverbindlichkeiten	400	18,2		
Verbindlichkeiten	1.400	63,6		
Bilanzsumme	2.200	100,0		

Kennzahl	**Werte in %**	
	vorher	nach Mezzanine
Eigenkapitalquote	31,8	
Anlagendeckungsgrad B	75,0	
Liquidität III	60,0	

Stellen Sie die Verbesserung der Kennzahlen durch die Finanzierungsmaßnahmen dar.

Fallstudie 32: Originärer kurzfristiger Finanzplan eines kleinen Betriebes

Aus Absatz-, Beschaffungs- und Produktionsplan werden für das erste Quartal des kommenden Jahres folgende Daten gemeldet:

Absatzplan:

Absatzmenge: Januar = 4.200 Stück, Februar = 5.200 Stück, März = 6.500 Stück

Preis: je 18,-€

Von den Kunden zahlen 30% sofort, 40% nach 30 Tagen und 30% nach 60 Tagen. Außerdem erwartet man im Januar noch 37.000,- € und im März noch den Zahlungseingang von 18.000,- € Altforderungen.

Beschaffungs- und Produktionsplan:

Rohstoffausgaben: Januar = 12.000,- €, Februar = 15.000,- €, März = 19.000,- €
Personalausgaben: 27.000,- €/Monat
Sonstige Ausgaben: 16.500,- €/Monat

Ferner plant man im Januar die Zahlung von alten Verbindlichkeiten in Höhe von 28.000,- € und im März die Zahlung von Fremdkapitalzinsen in Höhe von 9.000,- €.

Weitere Angaben:

Am 01.01. des Jahres beträgt das Bankguthaben 7.500,- €.

a) Erstellen Sie einen Finanzplan für die Monate Januar bis März auf Monatsbasis.

b) Welche Überschüsse/Fehlbeträge ergeben sich in den einzelnen Monaten?

c) Wie könnten die Fehlbeträge finanziert werden?

Fallstudie 33: Derivativer mittelfristiger Finanzplan

Zur Vorbereitung ihrer mittelfristigen Finanzplanung geht eine Unternehmung für jedes der kommenden 5 Jahre von folgender Plan-GuV aus:

Gewinn- und Verlustrechnung in TEUR

SOLL			HABEN
Materialaufwand	250	Umsatzerlöse	800
Personalaufwand	150	Andere Erträge	200
Mietaufwand	30		
Zinsaufwand	70		
Abschreibung	180		
Langfr. Rückstellungsbildung	70		
Gewinn			
Saldo	**1.000**	**Saldo**	**1.000**

Zusätzlich bestehen folgende Außenfinanzierungsmöglichkeiten:

Zeitpunkt	Eigenkapitaleinlage	Kreditaufnahme	Kredittilgung
t_0	+1.000	+1.000	
t_1		+200	–100
t_2		+200	–100
t_3		+200	–100
t_4	+150	+200	–100
t_5			–100

Wie hoch ist das maximale Investitionsvolumen, das die Unternehmung aufgrund des Innen- und Außenfinanzierungsvolumens zu den Zeitpunkten t_0 bis t_5 realisieren kann?

Fallstudie 34: Derivativer langfristiger Finanzplan

Aus den beiden nachfolgenden Planbilanzen soll in Form einer Bewegungsbilanz der Finanzplan erstellt und interpretiert werden:

Bilanz 2011 in TEUR

AKTIVA			PASSIVA
Grundstücke und Bauten	700	Gezeichnetes Kapital	300
Technische Anlagen	600	Jahresüberschuss/-fehlbetrag	100
Andere Anlagen	100		
Anlagevermögen	**1.400**	**Eigenkapital**	**400**
Vorräte	600	Kurzfristige Rückstellungen	200
Kundenforderungen	700	Langfristige Bankverbindlichkeiten	1.300
Sonstige Vermögensgegenstände	50	Lieferantenverbindlichkeiten	600
Liquide Mittel	150	Sonst. kurzfristige Verbindlichkeiten	400
Umlaufvermögen	**1.500**	**Fremdkapital**	**2.500**
Bilanzsumme	**2.900**	**Bilanzsumme**	**2.900**

Bilanz 2012 in TEUR

AKTIVA			PASSIVA
Grundstücke und Bauten	1.700	Gezeichnetes Kapital	300
Technische Anlagen	600	Jahresüberschuss/-fehlbetrag	200
Andere Anlagen	100		
Anlagevermögen	**2.400**	**Eigenkapital**	**500**
Vorräte	300	Kurzfristige Rückstellungen	200
Kundenforderungen	500	Langfristige Bankverbindlichkeiten	2.300
Sonstige Vermögensgegenstände	50	Lieferantenverbindlichkeiten	400
Liquide Mittel	200	Sonst. kurzfristige Verbindlichkeiten	50
Umlaufvermögen	**1.050**	**Fremdkapital**	**2.950**
Bilanzsumme	**3.450**	**Bilanzsumme**	**3.450**

Fallstudie 35: Integrierte Unternehmensplanung

Eine Unternehmung vertreibt über die drei Handelsvertreter Maier, Müller und Schulze ihre Produkte. Absatzmenge und durchschnittlich erzielte Preise für das abgelaufene Jahr 2009 sind in nachfolgender Tabelle angegeben:

	Istzahlen 2009			**Planzahlen 2010**		
	Absatz-menge	**Preis/ Stück**	**Umsatz**	**Absatz-menge**	**Preis/ Stück**	**Umsatz**
Maier	12.000	30,00 €	360.000			
Müller	7.500	32,00 €	240.000			
Schulze	9.500	31,00 €	294.500			
Gesamt			**894.500**			

Herr Maier hat zum 31.12.2009 gekündigt. Für ihn wird der neue Handelsvertreter Schmitt zum 01.01.2010 eingestellt. Durch diese veränderte Konstellation und die Tatsache, dass der scheidende Maier zukünftig als Konkurrent mit Kampfpreisen am Markt agieren wird, erwartet man für 2010 folgende Veränderungen:

Absatzveränderungen gegenüber dem Jahr 2009:

Schmitt: 30% weniger als Maier

Müller: + 10%

Schulze: + 500 Stück

Bei der **Preisplanung** geht die Geschäftsleitung von folgenden Veränderungen gegenüber dem Jahr 2009 aus:

- Herr Schmitt muss mit einem durchschnittlichen Preisrückgang für seine verkauften Produkte von 5 € rechnen, da er in unmittelbarer Konkurrenz mit Herrn Maier steht.
- Bei Herrn Müller geht man von konstanten Preisen aus.
- Da Herr Schulze sein Verkaufsgebiet in direkter Nachbarschaft zu Herrn Maier hat, geht man bei ihm von einem durchschnittlichen Preisrückgang von 5% aus.

a) Entwickeln Sie aus den Angaben die Absatzmengen, Preis und Umsätze für 2010 und tragen Sie die Werte in obige Tabelle ein.

b) Tragen Sie den geplanten Gesamtumsatzerlös für das Jahr 2010 in nachstehende GuV ein.

Gewinn- und Verlustrechnung				
	Istzahlen 2009		Planzahlen 2010	
	in €	in %	in €	in %
Umsatz	894.500	100,0		
Materialeinsatz	518.810	58,0		
Deckungsbeitrag	375.690	42,0		
Personalaufwand	241.515	27,0		
Abschreibungen	20.000	2,2		
Sonst. Aufwendungen	86.750	9,7		
Fixkosten gesamt	348.265	38,9		
Zinsaufwand	11.250	1,3		
Ergebnis vor Steuern	16.175	1,8		
Ertragsteuern	4.853	0,5		
Ergebnis nach Steuern	11.323	1,3		

Bilanz				
	Istzahlen 2009		Planzahlen 2010	
	in €	in %	in €	in %
Anlagevermögen 1.1.	100.000	39,2		
+ Zugänge				
./. Abschreibungen	20.000	7,8		
Anlagevermögen 31.12.	80.000	31,4		
Vorräte	74.116	29,1		
Warenforderungen	74.542	29,2		
Liquide Mittel	26.370	10,3		
AKTIVA	255.028	100,0		
Eigenkapital 1.1.	50.000	19,6		
+ Kapitalerhöhung	0	0,0		
./. Gewinnausschüttung	4.529	1,8		
+/./. Gewinn/Verlust nach Steuern	11.323	4,4		
Eigenkapital 31.12.	56.794	22,3		
Kurzfristige Rückstellungen	0	0,0		
Bankverbindlichkeiten	150.000	58,8		
Warenverbindlichkeiten	43.234	17,0		
Sonstige Passiva	5.000	2,0		
PASSIVA	255.028	100,0		
Lagerumschlag[197]			7	
Zahlungsziel Forderungen (Tage)[198]			30	
Zahlungsziel Verbindlichkeiten (Tage)[199]			30	

[197] Der Lagerumschlag ist das stichtagsbezogene Verhältnis von Materialeinsatz zum Vorratsbestand.

[198] Das Zahlungsziel Forderungen bestimmt den Anteil der Umsatzerlöse, der sich zu einem Stichtag als Forderungsbestand in der Bilanz widerspiegelt (Bsp.: Ein ZZ von 45 Tagen besagt, dass sich 45/360 des Umsatzerlöses im Forderungsbestand befindet).

[199] Vgl. obige Fußnote, jedoch Relation von Materialeinsatz zu Warenverbindlichkeiten.

Die Bilanz- und GuV-Positionen sind nach folgenden Angaben einzustellen:

c) Beim **Materialeinsatz** erwartet die Geschäftsleitung für 2010, gemessen an den Umsatzerlösen, einen Rückgang gegenüber 2009 um zwei Prozentpunkte. Die Geschäftsleitung begründet dies mit sinkenden Importpreisen.

d) Der **Personalaufwand** ändert sich gegenüber 2009 nur durch die Veränderung bei den Handelsvertretern. Herr Maier hatte ein Jahreseinkommen von 50.000 €, Herr Schmitt erhält 15% weniger.

e) Der Anfangsbestand des **Anlagevermögens** und des **Eigenkapitals** zum 01.01.2010 ergibt sich aus dem Endbestand zum 31.12.2009.

f) Beim **Anlagevermögen** ist zum Jahresbeginn ein Zugang in Höhe von 20.000 € zu verzeichnen, die daraus entstehende **Abschreibung** wird linear über 5 Jahre angesetzt. Gleichzeitig sind Abschreibungen auf das alte Anlagevermögen in Höhe des Vorjahreswertes einzuplanen.

g) Die **Warenvorräte**, **Warenforderungen** und die **Warenverbindlichkeiten** sind entsprechend den Kennzahlen Lagerumschlag, Zahlungsziel Forderungen bzw. Zahlungsziel Verbindlichkeiten zu bilden.

h) Die Unternehmung gewährt langjährigen Mitarbeitern eine Betriebsrente, für die erstmalig für 2010 langfristige **Rückstellung** in Höhe von 25.000 € einzustellen sind. Darüber hinaus sind **sonstige betriebliche Aufwendungen** in Höhe von 42.000 € geplant.

i) Die **Bankverbindlichkeiten** im Jahr 2009 (150.000) wurden aufgrund eines am 01.01.2008 aufgenommenen Annuitätendarlehens gebildet. Dieses sah folgende Konditionen vor: 2 Jahre tilgungsfrei, 7,5% Zinsen p.a., Laufzeit insgesamt = 5 Jahre. Ermitteln Sie aus diesen Angaben den Saldo der Bankverbindlichkeiten und der Zinsaufwendungen für das Planjahr 2010.

Annuität:

$$A = K_0 * q^n * \frac{(q-1)}{(q^n - 1)}$$

mit:

K_0 = Barwert des Darlehens; q = 1+i; i = Nominalzinssatz p.a.; n = Laufzeit der Tilgungszeit in Jahren

j) Der **Ertragsteuersatz** bei einem Bilanzgewinn beträgt 30%, bei einem Bilanzverlust fallen keine Ertragsteuern an.

k) Bei einem positiven Jahresergebnis beträgt die **Gewinnausschüttung** 40%, der Rest wird thesauriert.

l) Die **sonstige Passiva** ist gegenüber dem Vorjahr unverändert, während die **Liquiden Mittel** als Restgröße der Bilanz angepasst werden.

Aus den Aufgabenstellungen sind Plan-Bilanz, Plan-Gewinn- und -Verlustrechnung sowie der Finanzplan zu entwickeln.

Fallstudie 36: Risikomanagement

Ein mittelständisches Unternehmen mit einem jährlichen Umsatzvolumen von 10 Mio. € hat durch ein Brainstorming seiner leitenden Angestellten für das kommende Jahr verschiedene Risiken ausfindig gemacht. Eintrittswahrscheinlichkeiten und voraussichtliches Schadensausmaß sind auch schon bestimmt.

Nr.	Risiko	Eintrittswahrscheinlichkeit	Schadensausmaß
(1)	Forderungsausfall	65%	1 Mio. €
(2)	Absatzeinbruch	90%	2 Mio. €
(3)	Störungen bei der Materialbeschaffung	30%	120.000 €
(4)	Preiserhöhung der Lieferanten	70%	100.000 €
(5)	Sturmschaden	5%	3 Mio. €
(6)	Rechtsstreitrisiko	10%	50.000 €

Erläuterungen:

Die ersten beiden Risiken (1) und (2) resultieren aus dem hohen Exportanteil mit Ländern aus den ehemaligen GUS-Staaten. In den letzten beiden Jahren waren hier hohe Forderungsausfälle mit entsprechenden Einzelwertberichtigungen zu verzeichnen. Gleichzeitig sorgten entsprechend eingeleitete Insolvenzverfahren für erhebliche Absatzeinbrüche. Diese beiden Risiken identifizierte man auch für das kommende Jahr.

Auch die nächsten beiden Risiken (3) und (4) stehen in direkter Beziehung zueinander. So gab es in der Vergangenheit vermehrt Störungen bei der Materialbeschaffung ausgelöst durch Rohstoffengpässe bei Lieferanten. Zukünftig ist aufgrund der Rohstoffverknappung deshalb auch mit steigenden Einkaufspreisen zu rechnen.

Im vergangenen Jahr gab es einen nicht durch Versicherungen abgedeckten Sturmschaden am Produktionsgebäude (5). Sollte dieser wieder auftreten, ist mit sehr hohen Aufwendungen zu rechnen.

Rechtsstreitrisiken infolge nicht klar definierter Produkteigenschaften führten in der Vergangenheit zu Rückstellungsbildungen.

Aus den Angaben ist eine Risk-map mit anschließender Handlungsempfehlung aufzustellen. Als Vorgabe möge noch folgende Einteilung der Schadenshöhe und Eintrittswahrscheinlichkeit dienen:

Kategorie	Schadensausmaß (x) in €	Eintrittswahrscheinlichkeit (y) in %
(1)	$0 \leq x \leq 50.000$	$0 \leq y \leq 20$
(2)	$50.000 < x \leq 100.000$	$20 < y \leq 40$
(3)	$100.000 < x \leq 500.000$	$40 < y \leq 60$
(4)	$500.000 < x \leq 1.000.000$	$60 < y \leq 80$
(5)	$1.000.000 < x$	$80 < y \leq 100$

Fallstudie 37: Statistische Risikomaße I

Eine Unternehmung möchte Stühle produzieren und hat bzgl. der Absatzmengen folgende Prognose:

Stückzahl	25.000	30.000	35.000	40.000	45.000	50.000
Wahrscheinlichkeit	8%	12%	30%	30%	12%	8%

Der Stückdeckungsbeitrag beträgt 15,-€, die Fixkosten belaufen sich auf 500.000,-€.

Berechnen Sie anhand der sich ergebenden Gewinnsituationen den VaR auf dem 95%-Niveau. Die Unternehmensleitung wird die Stühle nur dann produzieren, wenn der VaR einen Verlust von 100.000,- € nicht übersteigt. Wie wird die Entscheidung ausfallen?

Fallstudie 38: Statistische Risikomaße II

Eine Venture Capital-Gesellschaft hat 5 Mio. € in eine Start Up-Unternehmung investiert und erwartet eine jährliche Rendite von 8%. Wie hoch ist das Risiko, dass die VC-Gesellschaft eine

Rendite von weniger als 300.000 € erwirtschaftet unter der Annahme, dass die Standardabweichung 18% beträgt?

Fallstudie 39: Der Standardansatz nach Basel II

An die beiden Unternehmen A und B wird ein Kredit in Höhe von 100.000,- € vergeben. Das Unternehmen A wurde im Rahmen eines externen Ratings mit „AAA", das Unternehmen B mit „B–" bewertet. Wie viel Eigenkapital muss die Bank im jeweiligen Fall hinterlegen. Berechnen Sie dabei die Eigenkapitalhinterlegung nach Basel I und nach Basel II.

Fallstudie 40: Unternehmensbewertung nach der Ertragswert- und DCF-Methode

Nachfolgend sind die Bilanzen sowie Gewinn- und Verlustrechnungen für eine Aktiengesellschaft für die Jahre 2008 bis 2012 dargestellt. Das Jahr 2008 ist das letzte Ist-Jahr, die Jahre 2009 bis 2012 beschreiben den Planungshorizont.

Bilanz					
AKTIVA	**2008**	**2009**	**2010**	**2011**	**2012**
Technische Anlagen	145.000	150.000	150.000	155.000	155.000
Sonstige Anlagen	55.000	55.000	55.000	55.000	55.000
Anlagevermögen	200.000	205.000	205.000	210.000	210.000
Vorräte	312.000	318.240	324.600	331.100	337.700
Kundenforderungen	400.000	408.000	416.160	424.483	432.973
Sonstige Forderungen	38.000	38.000	38.000	38.000	38.000
Liquide Mittel	291.738	296.115	310.907	326.207	352.167
Umlaufvermögen	1.041.738	1.060.355	1.089.667	1.119.790	1.160.840
Bilanzsumme	**1.241.738**	**1.265.355**	**1.294.667**	**1.329.790**	**1.370.840**
PASSIVA	**2008**	**2009**	**2010**	**2011**	**2012**
Gezeichnetes Kapital	358.000	358.000	358.000	358.000	358.000
Rücklagen	27.038	47.455	73.503	105.297	142.951
Eigenkapital	385.038	405.455	431.503	463.297	500.951
Rückstellungen	11.700	11.700	11.700	11.700	11.700
Bankverbindlichkeiten	458.500	458.500	458.500	458.500	458.500
Lieferantenverbindlichkeiten	160.000	163.200	166.464	169.793	173.189
Sonstige Verbindlichkeiten	226.500	226.500	226.500	226.500	226.500
Fremdkapital	856.700	859.900	863.164	866.493	869.889
Bilanzsumme	**1.241.738**	**1.265.355**	**1.294.667**	**1.329.790**	**1.370.840**

Gewinn- und Verlustrechnung					
Jahr	**2008**	**2009**	**2010**	**2011**	**2012**
Umsatzerlöse	4.800.000	4.896.000	4.993.920	5.093.798	5.195.674
Materialaufwand	1.920.000	1.958.400	1.997.568	2.037.519	2.078.270
Personalaufwand	2.000.000	2.100.000	2.100.000	2.100.000	2.100.000
Abschreibungen	40.000	40.000	40.000	40.000	40.000
Sonstige Aufwendungen	570.000	582.624	594.276	606.162	618.285
Zinsaufwendungen	36.680	36.680	36.680	36.680	36.680
Operatives Ergebnis	**233.320**	**178.296**	**225.396**	**273.437**	**322.439**
Ertragsteuern	93.328	71.318	90.158	109.375	128.976
Sonst. Steuern	4.800	4.896	4.994	5.094	5.195
Ergebnis nach Steuern	135.192	102.082	130.244	158.968	188.268
Gewinnausschüttung	108.154	81.665	104.196	127.174	150.614
Thesaurierung	27.038	20.417	26.048	31.794	37.654

Es gelten folgende Annahmen:

- Gewerbesteuerhebesatz = 400%
- Körperschaftsteuer (inkl. Soli) = 15,825%
- Abgeltungssteuer (inkl. Soli) = 26,375%
- Kapitalisierungszinssatz bei Ertragswertmethode = 5,2%
- Der Kapitalisierungszinssatz bei der DCF-Methode ist aus folgenden Informationen zu bestimmen
- Rendite des Fremdkapitals = 5%
- Rendite des Eigenkapitals = 10%
- Eigenkapitalanteil = 31%; Fremdkapitalanteil = 69%
- Tax shield = 0,40357
- Bewertungsstichtag ist der 01.01.2009
- Das Jahr 2012 wird zur Berechnung der ewigen Rente herangezogen

Bestimmen Sie den Unternehmenswert nach der Ertragswertmethode und der DCF-Methode.

Fallstudie 41: Unternehmensbewertung nach dem Similar Public Company Approach

Es soll ein junges Unternehmen bewertet werden, das einen Jahresumsatz von 12 Mio. € hat. Als Vergleichsunternehmen werden die Unternehmen A, B und C ausfindig gemacht, für die folgende Werte vorliegen:

Unternehmen	**A**	**B**	**C**
Aktienkurs in €	2,50	4,20	6,10
Anzahl Aktien in Mio.	12	15	18
Jahresumsatz in Mio. €	12	23	35

a) Bestimmen Sie zu den Vergleichsunternehmen die Marktkapitalisierung und die Multiplikatoren als Quotient von Marktkapitalisierung und Umsatz.

b) Wie hoch ist der Unternehmenswert des jungen Unternehmens, wenn der Umsatz als Performancemultiplikator gewählt wird? Gehen Sie bei der Berechnung vom Median der Multiplikatoren der Vergleichsunternehmen aus und berücksichtigen Sie dort noch einen Risikoabschlag von 35%.

Fallstudie 42: Multiplikatormethode

Eine Unternehmung aus der Glasindustrie soll nach der Multiplikatorenmethode bewertet werden und zwar anhand von Gewinnmultiplikatoren. Das Unternehmen hat einen Gewinn vor Steuern in Höhe von 102.000 €, darin enthalten sind außerordentliche Erträge in Höhe von 24.500 € sowie außerordentliche Aufwendungen in Höhe von 15.250 €. Geben Sie eine Bandbreite für den Unternehmenswert an.

Fallstudie 43: Ertragswertmethode bei KMU

Für ein mittelständisches Unternehmen liegt folgende geplante Gewinn- und Verlustrechnung vor:

Jahr	2009	2010	2011	2012
Umsatzerlöse	4.896.000	4.993.920	5.093.798	5.195.674
Materialaufwand	1.958.400	1.997.568	2.037.519	2.078.270
Personalaufwand	2.100.000	2.100.000	2.100.000	2.100.000
Abschreibungen	40.000	40.000	40.000	40.000
Sonstiger Aufwand	582.624	594.276	606.162	618.285
Zinsaufwand	36.680	36.680	36.680	36.680
Operatives Ergebnis	178.296	225.396	273.437	322.439

Auf Basis dieser Zahlen soll eine Unternehmensbewertung mittels der modifizierten Ertragswertmethode durchgeführt werden. Dabei ist zu berücksichtigen, dass der bisherige geschäftsführende Gesellschafter aus dem Unternehmen ausscheidet und durch einen neuen jüngeren Mann ersetzt wird. Um zu ermitteln, wie sich diese Veränderung auswirken wird, wurde eine Bewertung der beiden Personen (Altgesellschafter = A; neuer Gesellschafter = B) ermittelt. Folgendes Resultat ergab sich:

Merkmal	A	B	Wichtung
Fachkenntnis und Branchenerfahrung	7	3	10
Kaufmännische Kenntnisse	3	5	8
Kommunikative Fähigkeiten	2	5	8
Kreativität	4	5	9
Durchsetzungsvermögen	6	3	8
Fähigkeit, Aufgaben zu delegieren	2	5	7
Umgang mit Risiko	4	6	5
Bereitschaft, viel zu arbeiten	7	5	7
Unterstützung aus Privatleben	7	4	5

Vorsprung des Verkäufers/Käufers (in Punkten)	Abschlag/Zuschlag auf das operative Ergebnis (in %)
0 - 20	Kein Ab-/Zuschlag
21 - 50	10%
51 - 100	15%
101 - 200	25%
mehr als 201	50%

Ferner ergab die Befragung, dass der Altgesellschafter bisweilen ein Jahresgehalt von 240 TEUR bezog, was auch im Planansatz unter den Personalaufwendungen verarbeitet wurde. Die Branche sieht ein durchschnittliches Jahresgehalt von 180 TEUR vor. Es gelten weitere Annahmen:

- Gewerbesteuerhebesatz = 350%
- Kapitalisierungszinssatz kumuliert = 11,5%
- Bewertungsstichtag ist der 01.01.2009
- Das Jahr 2012 wird zur Berechnung der ewigen Rente herangezogen

Bestimmen Sie den Unternehmenswert nach der modifizierten Ertragswertmethode für das KMU.

Fallstudie 44: Economic Value Added I

Der operative Gewinn vor Steuern und Zinsen (EBIT) beträgt in einer Periode 3.000 €, der Unternehmenssteuersatz 35%.

a) Wie hoch ist der EVA bei einem eingesetzten Kapital von 22.000 € und einem gewogenen Kapitalkostensatz von 10,5%?

b) Um wie viel € müsste das eingesetzte Kapital c.p. reduziert werden, um einen EVA von Null zu bekommen?

Fallstudie 45: Economic Value Added II

Eine Unternehmung steht bei seinen beiden Profitcentern A und B jeweils vor einer Investitionsentscheidung und zieht als Entscheidungsgrundlage den EVA heran:

Bei **Investitionsobjekt 1** im Profitcenter A würde sich durch die Umsetzung der Investition die Gesamtkapitalrendite von 13% auf 12% verringern. Ebenso würde die Umsatzrendite von 6,5% auf 6% fallen. Die Gesamtkapitalkosten belaufen sich nach Auskunft der Geschäftsleitung auf 9%. Es gelten folgende Daten:

in Mio. €	Bestehendes Geschäft	+	Neues Projekt	=	Gesamtvolumen
Ergebnis nach Steuern	130		110		240
Kapital	1.000		1.000		2.000
Umsatz	2.000		2.000		4.000
Umsatzrendite	6,5%		5,5%		6,0%
Kapitalrendite	13,0%		11,0%		12%

Bei **Investitionsobjekt 2** im Profitcenter B würde sich durch die Umsetzung der Investition der Gewinn von 60 auf 140 Mio. € und die Gesamtkapitalrendite von 6% auf 7% erhöhen. Ebenso würde die Umsatzrendite von 3% auf 3,5% ansteigen. Die Gesamtkapitalkosten belaufen sich auch hier auf 9%. Es gelten folgende Daten:

in Mio. €	Bestehendes Geschäft	+	Neues Projekt	=	Gesamtvolumen
Ergebnis nach Steuern	60		80		140
Kapital	1.000		1.000		2.000
Umsatz	2.000		2.000		4.000
Umsatzrendite	3,0%		4,0%		3,5%
Kapitalrendite	6,0%		8,0%		7%

Wie wird sich die Geschäftsleitung entscheiden?

5 Lösungen zu den Fallstudien

Fallstudie 1: Abgrenzungsrechnung der Kostenrechnung

Die Ergebnisse der Finanzbuchhaltung und der Kostenrechnung (Betriebsergebnisrechnung) zeigen ganz unterschiedliche Resultate:

Ergebnistabelle						
Finanzbuchhaltung			**Kosten- und Leistungsrechnung**			
Gesamtergebnisrechnung			Abgrenzungsrechnung		Betriebsergebnisrechnung	
Konto	Aufwand	Erträge	Aufwand	Erträge	Kosten	Leistungen
5000		4.400.000				4.400.000
5400		120.000		120.000		
5460		826.000		826.000		
5500		126.000		126.000		
6000	3.400.000				3.400.000	
6160	32.000				32.000	
6200	940.000				940.000	
6300	130.000				130.000	
6400	240.000				240.000	
6520	275.000		35.750		239.250	
6850	42.000				42.000	
7030	65.000				65.000	
7077	135.000		28.000		107.000	
	5.259.000	5.472.000	63.750	1.072.000	5.195.250	4.400.000
	213.000		**1.008.250**			**–795.250**
	Gesamtergebnis		**Korrektur**		**Betriebsergebnis**	

Während das Gesamtergebnis mit 213.000 € positiv ist, d.h. mit einem Gewinn abschließt, ist das operative Ergebnis mit –795.250 € stark negativ. Das bedeutet, dass das Unternehmen mit dem eigentlichen Geschäft Verluste erzielt, die in diesem Jahr durch neutrale Ertragsüberschüsse in Höhe von 1.008.250 € überkompensiert wurden. Die Zahlen sind also alarmierend! Sollte es der Geschäftsleitung nicht gelingen, die operativen Umsatzerlöse (Leistungen) zu steigern und/oder die operativen Aufwendungen (Kosten) zu reduzieren, wird die Unternehmung langfristig nicht bestehen können.

Fallstudie 2: Abgrenzung des Rechnungswesens

Aufwendungen, Kosten und Auszahlungen entstehen in den einzelnen Monaten wie folgt:

	Oktober	**November**	**Dezember**
Aufwendungen	10.000	8.000	
Kosten	10.000		
Auszahlungen		13.000	5.000

Erläuterung: Die im Oktober fakturierten Rohstoffeinkäufe werden noch im gleichen Monat in der Gewinn- und Verlustrechnung als Aufwand und in der Kostenrechnung als Kostenblock gebucht. Die im Oktober fakturierten Verbindlichkeiten werden jeweils hälftig im November und Dezember gezahlt und belasten in diesen beiden Monaten die Liquidität in Höhe von jeweils 5.000 €. Der Wasserschaden in Höhe von 8.000 € führt im November zum Aufwand und zur Auszahlung. Da es sich um außerordentliche Aufwendungen handelt, werden keine Kosten berücksichtigt.

Erträge, Leistungen und Einzahlungen laufen teilweise ebenfalls auseinander:

	Oktober	**November**	**Dezember**
Erträge	7.800		
Leistungen	5.000		
Einzahlungen	2.800		5.000

Erläuterung: Warenverkäufe und der Abgang des Anlagevermögens führen in der Gewinn- und Verlustrechnung in Höhe von 7.800 € im Monat Oktober zu Erträgen. Der Verkaufserlös für die Maschine wird aber nicht als Leistung im Rahmen der Kostenrechnung erfasst, da dies einen neutralen Ertrag (außerordentlicher Ertrag) darstellt. Folglich gehen nur die Warenverkäufe als Leistungen in die Kostenrechnung ein. Einzahlungen werden im Oktober in Höhe von 2.800 € (Maschinenverkauf) und im Dezember in Höhe von 5.000 € (Rechnungsbegleichung durch unsere Kunden) im Rahmen der Liquiditätsrechnung berücksichtigt.

Fallstudie 3: Eigenkapitalerhöhung und stille Reserven I

	Gesellschafter A	**Gesellschafter B**
Kapital (vorher)	150.000	100.000
Anteile	3	2
Stille Reserven	30.000	20.000
Kapital (nachher)	200.000	150.000
Anteile	4	3
Stille Reserven	28.571	21.429

Fazit: Durch die Kapitalerhöhung verändern sich die relativen Eigenkapitalanteile der Gesellschafter A und B von 3:2 auf 4:3. Damit einher geht eine Umverteilung der stillen Reserven zugunsten des Gesellschafters B.

Fallstudie 4: Eigenkapitalerhöhung und stille Reserven II

	Gesellschafter A	**Gesellschafter B**	**Gesellschafter C**
Kapital (vorher)	150.000	100.000	
Anteile	3	2	
Stille Reserven	60.000	40.000	
Kapital (nachher)	150.000	100.000	100.000
Anteile	3	2	2
Stille Reserven	42.858	28.571	28.571

Fazit: Durch die Kapitalerhöhung verändern sich die relativen Eigenkapitalanteile der Gesellschafter von 3:2 auf 3:2:2. Die Altgesellschafter A und B verlieren dadurch Anteile an den stillen Reserven zugunsten des neuen Gesellschafters C.

Fallstudie 5: Einheitskurs

Kurs	**Käufe**	**Verkäufe**	**Volumen**
220 €	1.530 Stück	200 Stück	200 Stück
221 €	1.130 Stück	200 Stück	200 Stück
222 €	780 Stück	400 Stück	400 Stück
223 €	580 Stück	740 Stück	**580 Stück**
224 €	320 Stück	1.290 Stück	320 Stück

Der neu festgestellte Einheitskurs beträgt 223 €, da zu diesem Kurs das maximal mögliche Volumen von 580 Stück umgesetzt werden kann. 160 Aktien bleiben auf der Anbieterseite ohne entsprechende Nachfrage übrig, d.h., es besteht ein Angebotsüberhang.

Fallstudie 6: Wirkung einer Kapitalerhöhung I

Höhe des gezeichneten Kapitals nach der Kapitalerhöhung:

Da das gezeichnete Kapital vor der Kapitalerhöhung 2 Mio. € betrug und die Kapitalerhöhung im Verhältnis 2:1 durchgeführt wird, beträgt das neue Grundkapital 3 Mio. €.

Der neue Mischkurs ergibt sich aus den Informationen:

K_a = 100,- €

K_j = 80,- €

a = 400.000

j = 200.000 (da Verhältnis 2:1)

$$K_n = \frac{(400.000 * 100 + 200.000 * 80)}{(400.000 + 200.000)} = 93{,}33$$

Die Höhe des Bezugsrechts ermittelt sich aus dem Kurs der Altaktie und dem neuen Mischkurs:

BR = 100 – 93,33 = 6,67 €, d.h., pro Altaktie erhält der Altaktionär einen Wert von 6,67 €.

Fallstudie 7: Wirkung einer Kapitalerhöhung II

zu a)

Aus der Aufgabenstellung geht hervor, dass die neue Eigenkapitalquote 30% betragen soll. Zudem erkennen wir anhand der nachstehenden Bilanz eine Fremdkapitalsumme von 3.010.000,- €. Diese entspricht somit 70% der Bilanzsumme. Daraus leitet sich das neue Bilanzvolumen in Höhe von 4.300.000,- € ab (3.010.000 / 0,7). Demzufolge beträgt das neue Eigenkapital (Gezeichnetes Kapital + Kapitalrücklage + Gewinnrücklage) 1.290.000,- € (4.300.000 * 0,3). Da es vor der Kapitalerhöhung ein Volumen von 990.000,- € hatte, liegt die Eigenkapitalerhöhung bei 300.000,- €. Bei einem vorgegebenen Ausgabekurs der neuen Aktie von 60,- € werden folglich 5.000 Stück emittiert. Multipliziert mit dem Nominalwert (50,- €) steigt das gezeichnete Kapital somit um 250.000,- € auf 850.000,- €, während die Differenz zwischen Nominalwert und Kurswert (10,- €) multipliziert mit der Stückzahl die Kapitalrücklage von 360.000,- € um 50.000,- € auf 410.000,- € erhöht. Die Geldkonten steigen in Höhe der emittierten Stückzahl (5.000) multipliziert mit dem Kurswert (60,- €) um 300.000,- € auf 500.000,- €. Das ist der eigentliche Liquiditätseffekt.

Bilanz nach Kapitalerhöhung

AKTIVA			**PASSIVA**
Geldkonten	500.000	Gezeichnetes Kapital	850.000
Übrige Aktiva	3.800.000	Kapitalrücklage	410.000
		Gewinnrücklagen	30.000
		Fremdkapital	3.010.000
Bilanzsumme	**4.300.000**	**Bilanzsumme**	**4.300.000**

zu b)

Bei einem gezeichneten Kapital vor Kapitalerhöhung in Höhe von 600.000,- € und einem Nominalwert der Aktie von 50,- € waren vor der Kapitalerhöhung 12.000 Stück im Umlauf. Da nach der Kapitalerhöhung 5.000 Stück dazugekommen sind, leitet sich ein Bezugsverhältnis von 12 zu 5 ab (auf 12.000 Altaktien kamen 5.000 neue Aktien).

zu c)

Der neue Mischkurs ergibt sich aus:

$$K_n = \frac{(12.000 * 80 + 5.000 * 60)}{(12.000 + 5.000)} = 74{,}12$$

zu d)

Das Bezugsrecht als Differenz von altem und neuem Kurs beträgt

BR = 80,- € – 74,12 € = 5,88 €

zu e)

Für 100 alte Aktien erhält der Aktionär ein Bezugsrecht in Höhe von 588,- €. Eine junge Aktie kostet 60,- €, woraufhin der Altaktionär 9 junge Aktien im Zuge der Kapitalerhöhung zugeteilt bekommt, die 540,- € (9 * 60,- €) kosten. Es verbleiben ihm Barmittel in Höhe von 48,- €.

Fallstudie 8: Kapitalherabsetzung – Sanierung

zu a)

Nach der Kapitalherabsetzung ist das Grundkapital um 620 Mio. € gesunken. Waren vorher 18,6 Mio. Aktien im Umlauf (930 Mio. € Grundkapital / 50,- € Nennwert), so sind es nach der Umstellung noch 6,2 Mio. Aktien (Verhältnis 3:1). Durch die Kapitalherabsetzung reduziert sich der buchhalterische Verlust um den gleichen Betrag.

Buchungssatz: Grundkapital an Verlust 620 Mio. €

Bilanz nach Kapitalherabsetzung

AKTIVA			**PASSIVA**
Anlagen	2.282	Grundkapital	310
Umlaufvermögen	5.243		
Verlust	136	Fremdkapital	7.351
Bilanzsumme	**7.661**	**Bilanzsumme**	**7.661**

Nun wird das Grundkapital um den gleichen Betrag (310 Mio. €) wieder erhöht. Insgesamt fließen der Gesellschaft 930 Mio. € zu (6,2 Mio. Aktien * 150,- €), davon gehen 620 Mio. (Aktienanzahl * Differenz zwischen Kurswert und Nennwert) in die Kapitalrücklagen, jedoch um den Verlustvortrag reduzierten Wert.

Buchungssatz:

Bank	930 Mio. €	an	Grundkapital	310 Mio. €
			Kapitalrücklagen	484 Mio. €
			Verlust	136 Mio. €

Bilanz nach Kapitalerhöhung

AKTIVA			**PASSIVA**
Anlagen	2.282	Grundkapital	620
Umlaufvermögen	5.243	Kapitalrücklagen	484
Bank	930	Fremdkapital	7.351
Bilanzsumme	**8.455**	**Bilanzsumme**	**8.455**

Die Sanierungsmaßnahmen haben somit zu einer erheblichen Entspannung geführt. Zwar hat sich das Grundkapital gegenüber der Ausgangssituation um 310 Mio. € reduziert, jedoch konnte der Verlust neutralisiert und Kapitalrücklagen aufgebaut werden. Zudem sind der Gesellschaft 930 Mio. € liquide Mittel zugeflossen, was ohne Kapitalherabsetzung aufgrund der Konstellation, dass der Kurswert unter dem Nennwert notierte, nicht möglich gewesen wäre.

zu b)

Vor der Umstellung besaß der Aktionär gegenüber der neuen Situation 3 Aktien, die insgesamt einen Kurswert von 105,- € (3 * 35,- €) hatten. Nach der Umstellung besitzt er eine Aktie zum Kurswert von 95,- €, er hat sich also schlechter gestellt.

Fallstudie 9: Langfristiger Bankkredit – Darlehensformen

zu a) Abzahlungsdarlehen, bei dem die Schuld ab dem ersten Jahr zurückgezahlt wird

Jahr	Schuld am 01.01.	Zinsen	Tilgung
1	78.000 €	6.240 €	13.000 €
2	65.000 €	5.200 €	13.000 €
3	52.000 €	4.160 €	13.000 €
4	39.000 €	3.120 €	13.000 €
5	26.000 €	2.080 €	13.000 €
6	13.000 €	1.040 €	13.000 €
Σ		**21.840 €**	**78.000 €**

Es werden über die Laufzeit gesehen also 99.840 € zurückgezahlt.

zu b) Abzahlungsdarlehen, bei dem die ersten beiden Jahre tilgungsfrei sind

Jahr	Schuld am 01.01.	Zinsen	Tilgung
1	78.000 €	6.240 €	0 €
2	78.000 €	6.240 €	0 €
3	78.000 €	6.240 €	19.500 €
4	58.500 €	4.680 €	19.500 €
5	39.000 €	3.120 €	19.500 €
6	19.500 €	1.560 €	19.500 €
Σ		**28.080 €**	**78.000 €**

Es werden über die Laufzeit 106.080 € zurückgezahlt.

zu c) Darlehen wird in gleichen jährlichen Annuitäten getilgt

$$\text{Annuität} = 78.000 * 1{,}08^6 * \frac{(1{,}08-1)}{(1{,}08^6-1)} = 16.872{,}60\ €$$

Jahr	Schuld am 01.01.	Zinsen	Tilgung	Annuität
1	78.000,00 €	6.240,00 €	10.632,60 €	16.872.60 €
2	67.367,40 €	5.389,39 €	11.483,21 €	16.872.60 €
3	55.884,19 €	4.470,74 €	12.401,86 €	16.872.60 €
4	43.482,33 €	3.478,59 €	13.394,01 €	16.872.60 €
5	30.088,31 €	2.407,07 €	14.465,54 €	16.872.60 €
6	15.622,78 €	1.249,82 €	15.622,78 €	16.872.60 €
Σ		**23.235,60 €**	**78.000,00 €**	**101.235,60 €**

Es werden über die Laufzeit 101.235,60 € zurückgezahlt.

zu d) Annuitätendarlehen, bei dem die ersten beiden Jahre tilgungsfrei sind

$$\text{Annuität} = 78.000 * 1{,}08^4 * \frac{(1{,}08-1)}{(1{,}08^4-1)} = 23.549{,}82\ €$$

Jahr	Schuld am 01.01.	Zinsen	Tilgung	Annuität
1	78.000,00 €	6.240,00 €	0 €	0 €
2	78.000,00 €	6.240,00 €	0 €	0 €
3	78.000,00 €	6.240,00 €	17.309,82 €	23.549,82 €
4	60.690,18 €	4.855,21 €	18.694,61 €	23.549,82 €
5	41.995,57 €	3.359,65 €	20.190,18 €	23.549,82 €
6	21.805,39 €	1.744,43 €	21.805,39 €	23.549,82 €
Σ		**28.679,29 €**	**78.000,00 €**	

Es werden über die Laufzeit 106.679,29 € zurückgezahlt.

zu e) Festdarlehen

Jahr	Schuld am 01.01.	Zinsen	Tilgung
1	78.000,00 €	6.240 €	0 €
2	78.000,00 €	6.240 €	0 €
3	78.000,00 €	6.240 €	0 €
4	78.000,00 €	6.240 €	0 €
5	78.000,00 €	6.240 €	0 €
6	78.000,00 €	6.240 €	78.000 €
Σ		**37.440 €**	**78.000 €**

Es werden über die Laufzeit 115.440 € zurückgezahlt.

Fallstudie 10: langfristiger Bankkredit – Effektivverzinsung I

zu a) Zins- und Tilgungspläne

Alternative 1:

Jahr	Schuld am 01.01.	Zinsen	Tilgung
1	90.000 €	8.100 €	0 €
2	90.000 €	8.100 €	0 €
3	90.000 €	8.100 €	90.000 €
Σ		**24.300 €**	**90.000 €**

Alternative 2:

Bei einem Disagio von 9% und einer erforderlichen Auszahlung von 90.000 € beträgt der Rückzahlungsbetrag (Darlehenssumme) also 90.000/0,91 = 98.901,10 €.

Jahr	Schuld am 01.01.	Zinsen	Tilgung
1	98.901,10 €	5.142,86 €	0 €
2	98.901,10 €	5.142,86 €	0 €
3	98.901,10 €	5.142,86 €	98.901,10 €
Σ		**15.428,58 €**	**98.901,10 €**

zu b) Liquiditätsentlastung/Liquiditätseffekt

Jahr	Zins- und Tilgungsleistung von Alternative 1	Zins- und Tilgungsleistung von Alternative 2	Liquiditätseffekt
1	8.100,00 €	5.142,86 €	2.957,14 €
2	8.100,00 €	5.142,86 €	2.957,14 €
3	98.100,00 €	104.043,96 €	–5.943,96 €

In den ersten beiden Jahren entsteht für Alternative 2 eine Liquiditätsentlastung von jeweils 2.957,14 €, die aber im 3. Jahr vollständig aufgezehrt wird. Da beide Alternativen in der Summe der Rückzahlungsbeträge nahezu identisch sind, ist zu vermuten, dass die Effektivverzinsung der Alternative 2 in der Nähe des Nominalzinses der Alternative 1 (9%) liegt.

zu c) Effektivverzinsung der Alternative 2

$$RVF = \frac{0{,}052}{((1+0{,}052)^3-1)} = 0{,}3165855$$

$$r = \frac{(0{,}052+(1-0{,}91)*0{,}3165855)}{0{,}91} = 0{,}08845 = 8{,}85\%$$

Mit 8,85% entspricht die Effektivverzinsung der Alternative 2 etwa dem Nominalzins der Alternative 1.

Fallstudie 11: Langfristiger Bankkredit – Effektivverzinsung II

Die Effektivverzinsung der Sparkasse:

$$m = \frac{(6+1)}{2} = 3{,}5$$

$$RVF = \frac{0{,}08}{((1+0{,}08)^{3,5} - 1)} = 0{,}2587899$$

$$r = \frac{(0{,}08 + (1-0{,}98) * 0{,}2587899)}{0{,}98} = 0{,}0869 = 8{,}69\%$$

Die Effektivverzinsung der Handelsbank:

$$m = 2 + \frac{(4+1)}{2} = 4{,}5$$

$$RVF = \frac{0{,}07}{((1+0{,}07)^{4,5} - 1)} = 0{,}1966856$$

$$r = \frac{(0{,}07 + (1-0{,}95) * 0{,}1966856)}{0{,}95} = 0{,}0840 = 8{,}40\%$$

Der Kredit der Handelsbank ist im Hinblick auf die Effektivverzinsung um 0,29% günstiger.

Fallstudie 12: Anleihen I

Durch den gleichbleibenden Coupon sowie die konstante Umlaufrendite ergibt sich der Barwert der Industrieobligation wie folgt:

$$\text{AK} = \frac{6{,}5\ €}{(1+0{,}053)^1} + \frac{6{,}5\ €}{(1+0{,}053)^2} + \frac{6{,}5\ €}{(1+0{,}053)^3} + \frac{6{,}5\ €}{(1+0{,}053)^4} + \frac{106{,}5\ €}{(1+0{,}053)^5} = 105{,}15\ €$$

D.h., der Investor sollte maximal 105,15 €, den so genannten „fairen“ Preis, für die Industrieobligation bezahlen.

Probe: Würde der Investor heute 105,15 € zu 5,3% anlegen, hätte er nach 5 Jahren 136,13 € ($K_5 = 105{,}15 * 1{,}053^5$). Dies entspricht der Summe, die der Investor aus der Obligation zu den vereinbarten Konditionen erhält unter der Bedingung, dass er die Coupons wieder verzinslich anlegt ($K_5 = 6{,}5*1{,}053^4 + 6{,}5*1{,}053^3 + 6{,}5*1{,}053^2 + 6{,}5*1{,}053 + 106{,}5 = 136{,}13$ €).

<u>Fallstudie 13</u>: Anleihen II

Bedingt durch den jährlich ansteigenden Coupon stellt sich der Wert der Anleihe zum Kaufzeitpunkt wie folgt ein:

$$AK = \frac{1\text{ €}}{(1+0{,}053)^1} + \frac{3\text{ €}}{(1+0{,}053)^2} + \frac{5\text{ €}}{(1+0{,}053)^3} + \frac{7\text{ €}}{(1+0{,}053)^4} + \frac{109\text{ €}}{(1+0{,}053)^5} = 97{,}83\text{ €}$$

Mehr als 97,83 € sollte ein Käufer somit nicht für die Anleihe zahlen.

Probe: Würde der Investor heute 97,83 € zu 5,3% anlegen, hätte er nach 5 Jahren 126,65 € ($K_5 = 97{,}83 * 1{,}053^5$). Dies entspricht der Summe, die der Investor aus der Obligation zu den vereinbarten Konditionen erhält unter der Bedingung, dass er die Coupons wieder verzinslich anlegt ($K_5 = 1*1{,}053^4 + 3*1{,}053^3 + 5*1{,}053^2 + 7*1{,}053 + 109 = 126{,}65$ €).

<u>Fallstudie 14</u>: Lieferantenkredit

zu a)

Der Überweisungsbetrag liegt bei 6.664,- € (6.800,- € abzgl. 2%). Das Skonto beträgt somit 136,- €.

zu b)

Die Kreditkosten (Zinsen) für das aufzunehmende Darlehen errechnen sich mit der Bankenformel:

$$Zinsen = \frac{Kapital * Zinssatz * Tage}{360 * 100} = \frac{6.664 * 12{,}5 * 50}{36.000} = 115{,}69\text{ €}$$

Die zu zahlenden Zinsen in Höhe von 115,69 € sind niedriger als der Skontogewinn in Höhe von 136,- €. Deshalb ist es sinnvoll, im vorliegenden Fall Skonto in Anspruch zu nehmen. Damit entspricht der Lieferantenkredit auf jeden Fall einem Jahreszinssatz, der höher ist als die geforderten 12,5% von der Bank (siehe Teilaufgabe c).

zu c)

Der Lieferantenkredit wird für 50 Tage gewährt, denn ab dem 10. Tag (Skontozahlungstermin) beginnt er zu laufen und geht bis zum 60. Tag, dem Tag, an dem die Rechnung spätestens (rein netto) zu zahlen ist. Für 50 Tage gewährt der Lieferant also 2%. Auf das Jahr bezogen ergibt sich damit eine Verzinsung von:

$$x = \frac{360 * 2}{50} = 14{,}4\% .$$

D.h., sofern der kurzfristige Bankkredit zu einem Zinssatz zu bekommen ist, der unterhalb von 14,4% liegt, rechnet sich die Ausnutzung von Skonto.

Fallstudie 15: Anzahlungen I

Es ergibt sich folgende zu lösende Gleichung:

$$250.000 = 62.500 * \left(1 + i * \frac{3}{4}\right) + 62.500 * \left(1 + i * \frac{2}{4}\right) + 62.500 * \left(1 + i * \frac{1}{4}\right) + 57.000$$

Aufgelöst nach i ergibt sich ein Zinssatz von

$i = 5{,}86667\%$.

Fallstudie 16: Anzahlungen II

Gefragt ist in der umgeformten geometrischen Reihe:

$$a_1 = S_n * \frac{(q-1)}{(q^n - 1)}$$

nach dem konstant einzuzahlenden Betrag a_1. Die Parameter in obiger Formel sind:

$S_n = 1.750.000,-$ €

$n = 3$

$$q = 1 + \frac{i}{100} = 1{,}048.$$

Wir erhalten:

$$a_1 = 1.750.000 * \frac{(1{,}048 - 1)}{(1{,}048^3 - 1)} = 556.208{,}18€$$

Somit zahlt der Kunde jeweils am Ende der Jahre eins bis drei 556.208,18 € an den Produzenten. Nachfolgend ist die Entwicklung der Zahlungen dargestellt:

Einzahlung	**Wertentwicklung**		
	t_1	t_2	t_3
t_1	556.208.18	582.906,17	610.885,67
t_2		556.208.18	582.906,17
t_3			556.208.18
Endwert			**1.750.000,00**

Fallstudie 17: Kontokorrentrechnung

Die Kontokorrenttabelle hat folgendes Aussehen:

Wertstellung	S/H	Betrag	Tage	Diskontzahl
31.12.	S	2.800,00	37	1.036
07.02.	H	1.600,00		
	S	1.200,00	49	588
26.03.	S	3.400,00		
	S	4.600,00	52	2.392
18.05.	H	2.000,00		
	S	2.600,00	9	234
27.05.	S	5,160,00		
	S	7.760,00	28	2.173
25.06.	H	3.700,00		
30.06.	S	4.060,00	5	203
	S	174,85	180	6.626
30.06.	**S**	**4.234,85**		

Durch die zu zahlenden Zinsen, die sich im Zeitablauf in Höhe von 174,85 € einstellen, erhöht sich der Verbindlichkeitenbestand des Kunden auf 4.234,85 €.

Fallstudie 18: Diskontkredit

Die Modalitäten des Kontokorrentkredits – 12% p.a. – führen, bezogen auf die 5 Monate, zu folgenden Kosten:

$$Kontokorrentkosten = \frac{120.000 * 12 * 150}{360 * 100} = 6.000,- €$$

Der Diskontkredit mit den beiden Kostenbestandteilen Diskontkosten und Diskontspesen bedeuten Kosten in Höhe von:

$$Diskontkreditkosten = \frac{120.000 * 9,5 * 153}{360 * 100} + 10 = 4.855,- €$$

Anmerkung: Man bedenke, dass der Diskontkredit für den Zeitraum März bis Juli gegeben wird. Gemäß den Vorgaben werden somit die Monate März, Mai und Juli mit 31 Tagen, die Monate April und Juni mit 30 Tagen gerechnet.

Die Berechnung führt zu dem Resultat, dass der Diskontkredit trotz des hohen Aufschlages aufgrund der schlechten Bonität um 1.145,- € günstiger ist als der Kontokorrentkredit.

Fallstudie 19: Lohmann-Ruchti-Effekt

Jahr	Maschinen (Stück)	Abschreibung (in €)	Zugang	Freie Liquidität	Abgang
1	40	40.000	4	0	0
2	44	44.000	4	4.000	0
3	48	48.000	5	2.000	0
4	53	53.000	5	5.000	0
5	58	58.000	6	3.000	0
6	64	64.000	6	7.000	0
7	70	70.000	7	7.000	0
8	77	77.000	8	4.000	0
9	85	85.000	8	9.000	0
10	93	93.000	10	2.000	40
11	63	63.000	6	5.000	4
12	65	65.000	7	0	4
13	68	68.000	6	8.000	5
14	69	69.000	7	7.000	5
15	71	71.000	7	8.000	6
16	72	72.000	8	0	6
17	74	74.000	7	4.000	7
18	74	74.000	7	8.000	8
19	73	73.000	8	1.000	8
20	73	73.000	7	4.000	10

Man erkennt, dass sich die erweiterte Kapazität nach etwa 15 Jahren stabilisiert und sich nicht mehr beliebig erweitern lässt. Nach dem Kapazitätsmultiplikator $K = 2/(1+0{,}1) = 1{,}81$ steigen die originär angeschafften Maschinen (40 Stück) also auf etwa 72 bis 73 Maschinen.

Fallstudie 20: Rückstellungen

zu a)

Die Rückstellungsbildung sorgt für einen Ausweis im Fremdkapital (Konto Rückstellungen) und wirkt aufwandserhöhend:

Aufwendungen für Rückstellungsbildung an (kurzfristige) Rückstellungen 20.000,- €

zu b)

Da die Schadensersatzleistungen im alten Jahr der Höhe nach richtig vorhergesagt wurden, wird im neuen Jahr die Rückstellung erfolgsneutral aufgelöst:

Rückstellungen an Bank 20.000,- €

zu c)

Die Schadensersatzleistung wurde im alten Jahr unterschätzt, so dass im neuen Jahr 5.000,- € aufwandswirksam nachzubuchen sind:

Rückstellungen	20.000,- €	an	Bank	25.000,- €
a.o. Aufwand	5.000,- €			

zu d)

Die Schadensersatzleistung wurde im alten Jahr überschätzt, so dass im neuen Jahr 4.000,- € ertragswirksam nachzubuchen sind:

Rückstellungen	20.000,- €	an	Bank	16.000,- €
			a.o. Ertrag	4.000,- €

zu e)

Die Rückstellung wird im neuen Jahr ebenfalls vollständig aufgelöst und sorgt hier in gleicher Höhe für einen a.o. Ertrag:

Rückstellungen an a.o. Ertrag 20.000,- €

Fallstudie 21: Leasing

Die folgenden beiden Tabellen zeigen die zu leistenden Kapitaldienste der Varianten Kreditgewährung und Leasing (in €).

Kredit				
Jahr	**Darlehen zum 01.01.**	**Zinsen**	**Tilgung**	**Zinsen & Tilgung**
1	90.000	4.410	15.000	19.410
2	75.000	3.675	15.000	18.675
3	60.000	2.940	15.000	17.940
4	45.000	2.205	15.000	17.205
5	30.000	1.470	15.000	16.470
6	15.000	735	15.000	15.735
Σ				**105.435**

Leasing			
Jahr	**Gebühr**	**Leasing**	**Leasing & Gebühr**
1	9.000	22.464	31.464
2		22.464	22.464
3		22.464	22.464
4		22.464	22.464
5		7.000	7.000
6		7.000	7.000
Σ			**112.856**

Es ist erkennbar, dass – der Summe nach – Leasing teurer als die Aufnahme eines Bankkredits ist. Dies ist auch nicht weiter verwunderlich, da mit den Leasingraten auch das Risiko des Leasinggebers abgegolten wird. Die Liquiditätsbelastung zeigt den Kredit in den ersten 4 Jahren im Vorteil, während das Leasing in den letzten beiden Jahren eine niedrigere Auszahlung aufweist.

Jahr	Liquiditätsbelastung Kredit	Liquiditätsbelastung Leasing	Differenz
1	19.410	31.464	–12.054
2	18.675	22.464	–3.789
3	17.940	22.464	–4.524
4	17.205	22.464	–5.259
5	16.470	7.000	9.470
6	15.735	7.000	8.735
Σ	**105.435**	**112.856**	**–7.421**

Fallstudie 22: Factoring I

zu a)

Der Forderungsumsatz abzüglich des auf ein Sperrkonto zu überweisenden Betrages ist das jährliche Finanzierungsvolumen. Bei einem durchschnittlichen Zahlungsziel von 30 Tagen ist somit das Finanzierungsvolumen durch 12 zu dividieren und ergibt den durchschnittlich ausstehenden Betrag. Darauf entfallen 7,5% Kreditgebühr. Ferner sind 0,5% Dienstleistungsgebühr (vom Jahresumsatz) in Abzug zu bringen. Die Summe von Kredit- und Dienstleistungsgebühr in Relation zum Finanzierungsvolumen ergibt den Factoringaufwand in %.

Forderungsumsatz – Sperrkonto (15%)	30.000.000,- € 4.500.000,- €
= Finanzierungsvolumen	25.500.000,- €
Durchschnittlich ausstehender Betrag (ZZ = 30 Tage) – Kreditgebühr (7,5%) – Dienstleistungsgebühr (0,5% vom Jahresumsatz)	2.125.000,- € 159.375,- € 150.000,- €
= Barauszahlung	1.815.625,- €
Factoringaufwand in % des Finanzierungsvolumens	14,56%

zu b)

Die Einführung des Factorings wäre dann sinnvoll, wenn die hohen Gebühren (14,56%) durch entsprechende Einsparungspotenziale in der Verwaltung kompensiert würden.

Fallstudie 23: Factoring II

zu a)

Wenn die Außenstände des Unternehmens um 200.000 € auf 3 Mio. € gesenkt werden, reduziert sich das durchschnittliche Zahlungsziel (die durchschnittliche Lieferantenkreditdauer) von ursprünglich 64 Tagen auf 60 Tage:

$$\text{Zahlungsziel} = \frac{\text{Debitoren} * 360}{\text{Umsatz}} = \frac{3.000.000 * 360}{18.000.000} = 60 \text{ Tage}$$

Die Kapitalfreisetzung beträgt 1.700.000 €. Dazu berechnet man zunächst den Debitorenbestand (in €) bei den vertraglich vereinbarten 30 Tagen und subtrahiert den Betrag von den avisierten ursprünglichen Außenständen:

$$\text{Debitoren} = \frac{\text{Zahlungsziel} * \text{Umsatz}}{360} = \frac{30 * 18.000.000}{360} = 1.500.000 \text{ €}$$

Debitoren bei Zahlungsziel 64 Tage:	3.200.000,- €
Debitoren bei Zahlungsziel 30 Tage:	1.500.000,- €
Kapitalfreisetzung	**1.700.000,- €**

zu b)

Bei einer finanzwirtschaftlichen Vergleichsrechnung sind den entstehenden Factoring-Gebühren alle Einsparungen durch die Übernahme der drei Funktionen Dienstleistung, Kreditversicherung und Finanzierung durch das Factoring-Institut gegenüberzustellen.

Dienstleistungsgebühr (1,4% auf den Umsatz/die Forderungen von 18 Mio. €)	252.000,- €
Delcrederegebühr (0,6% auf den Umsatz/die Forderungen von 18 Mio. €)	108.000,- €
Finanzierungskosten (9% auf die Inanspruchnahme von 2,7 Mio. €)[200]	243.000,- €
Kosten des Factoring	**603.000,- €**

[200] Die ursprünglichen Außenstände (geschätzt) in Höhe von 3,2 Mio. € sollten annahmegemäß durch ein besseres Forderungsmanagement auf 3 Mio. € reduziert werden. Davon gehen 10% auf ein Sperrkonto, so dass 2,7 Mio. € an Außenständen verbleiben.

Personalkosten für 2 Angestellte (2 * 4.000,- € * 13 Monate)	104.000,- €
Lohnnebenkosten (60% auf Personalkosten)	62.400,- €
Büromaterial	6.000,- €
Miete (12 Monate á 360,- €)	4.320,- €
Aufwendungen für Mahnungen und Auskünfte	6.300,- €
Gerichts- und Anwaltskosten	2.100,- €
Forderungsausfälle (0,4% des Umsatzes)	72.000,- €
3% Skontoabzugsmöglichkeit auf Wareneinkauf über 8 Mio. €[201]	240.000,- €
Zinskostenersparnis durch Rückführung des Kontokorrentkredites[202]	162.000,- €
Kostenersparnis im Verwaltungsbereich	**659.120,- €**

In Höhe der Differenz zwischen Factoringkosten und Kostenersparnis würde sich die Unternehmung somit durch die Inanspruchnahme des Factorings besser stellen. Die Ersparnis beträgt 56.120,- €. Factoring erscheint im Beispiel also sinnvoll.

zu c)

Die Bilanz erfährt durch die Reduzierung der Warenforderungen (–2,9 Mio. €), der Warenverbindlichkeiten (–1,1 Mio. €) sowie der Kontokorrentverbindlichkeiten eine deutliche Verkürzung.

---

[201] Dies unterstellt, dass bei den in der Bilanz ausgewiesenen Warenverbindlichkeiten (1,1 Mio. €) die Skontofrist bereits abgelaufen ist, hier also der Lieferantenkredit in Anspruch genommen wurde.

[202] Wir unterstellen, dass die in der Bilanz ausgewiesenen Warenforderungen bis auf den Sperrbetrag in Höhe von 0,3 Mio. € wegfallen, denn annahmegemäß werden die ursprünglichen durchschnittlichen Forderungen in Höhe von 3,2 Mio. € um 0,2 Mio. € durch besseres Forderungsmanagement des Factoringinstituts verringert und auf diese ein Sperrbetrag von 10% erhoben, der als Restbetrag in der Bilanz stehen bleibt. Insgesamt reduziert sich die Bilanzsumme somit um 2,9 Mio. €. Auf der Passivseite werden die freiwerdenden Mittel zunächst benutzt, die Warenverbindlichkeiten abzubauen (1,1 Mio. €), mit den restlichen 1,8 Mio. € werden die Kontokorrentverbindlichkeiten reduziert, so dass sich in Höhe des reduzierten Betrages gewichtet mit einer 9%igen Verzinsung die Zinsen reduzieren (1,8 Mio. € * 0,09 = 162.000,- €).

Bilanz nach Factoring in TEUR

AKTIVA			**PASSIVA**
Anlagevermögen	5.000	Eigenkapital	3.000
Vorräte	2.400	Bankdarlehen (langfristig)	1.600
Forderungen Factor	300	Kontokorrentkredit	1.050
Liquide Mittel	50	Sonstiges Fremdkapital	2.100
Bilanzsumme	**7.750**	**Bilanzsumme**	**7.750**

Infolge dessen erhöht sich die Eigenkapitalquote von 28,17% auf 38,71%.

$$\text{Eigenkapitalquote (vorher)} = \frac{\text{Eigenkapital} * 100}{\text{Bilanzsumme}} = \frac{3.000}{10.650} = 28{,}17\%$$

$$\text{Eigenkapitalquote (nachher)} = \frac{3.000}{7.750} = 38{,}71\%$$

Fallstudie 24: Mezzanine Finanzierung

zu a)

Da im ersten Jahr 5 Mio. € aufgenommen werden, beträgt hier die Festverzinsung 500 TEUR, während ab dem zweiten Jahr 1,2 Mio. € an Festzinsen an die Inhaber der Genussscheine zu zahlen sind, da ab diesem Jahr die kompletten 12 Mio. € aufgenommen sind. Zusätzlich zur 6%igen gewinnabhängigen Verzinsung sieht die Zinszahlungsreihe der ersten 6 Jahre damit wie folgt aus:

	Jahr 1	**Jahr 2**	**Jahr 3**	**Jahr 4**	**Jahr 5**	**Jahr 6**
Festzins	500.000	1.200.000	1.200.000	1.200.000	1.200.000	1.200.000
var. Zins			22.500	30.000	39.000	51.000
Summe						**6.642.500**

zu b)

Im ersten Jahr erhält der stille Gesellschafter 11% auf 5 Mio. € und damit 550 TEUR, im Anschluss (in den Jahren 2 bis 6) jeweils auf die volle Finanzierungssumme (12 Mio. €) die Verzinsung und folglich 1.320 TEUR. Für die Unternehmung beträgt die gesamte Zinsbelastung der ersten 6 Jahre somit 7.150 TEUR

zu c)

Der Kostenvorteil der Gesellschaft bei der Ausgabe der Genussscheine gegenüber der Stillen Gesellschaft entsteht in Höhe der Differenz der beiden Zinskosten und damit in Höhe von 507.500 €. Da dies einer 6%igen Verzinsung entspricht, müsste die Gesellschaft etwas mehr als 9,3 Mio. € zusätzlich an Gewinn erzielen (507.500/0,06), damit sich die Aufnahme des stillen Gesellschafters rechnet.

Fallstudie 25: Betriebsbedingtes versus neutrales Ergebnis

Bei Unternehmen A ist ein positives Gesamtergebnis in Höhe von 100 TEUR entstanden, das durch einen betriebsbedingten Verlust (–100 TEUR) und einen neutralen Gewinn (+200 TEUR) herbeigeführt wurde. Kritisch ist anzumerken, dass mit dem Kerngeschäft der Unternehmung kein Geld verdient wird. Das dort entstandene negative Ergebnis wurde lediglich durch den neutralen Erfolg überkompensiert. Ohne genaue Analyse der Aufwands-/Erlösstrukturen ist hier eine Beteiligung schwer vorstellbar. Ohne Kostenreduktionen/Umsatzerhöhungen wäre auch im nächsten Jahr mit einem negativen betriebsbedingten Ergebnis zu rechnen, so dass dann möglicherweise auch das Gesamtergebnis negativ ausfällt.

Unternehmen B weist zwar ein negatives Gesamtergebnis in Höhe von 20 TEUR auf, das durch einen betriebsbedingten Gewinn (+100 TEUR) und einen neutralen Verlust (–120 TEUR) entstand, das Grundgeschäft ist aber positiv, so dass hier ein Engagement vorstellbar wäre. Untersucht werden muss noch, welche Faktoren den hohen neutralen Aufwand (300 TEUR) verursacht haben. Natürlich muss dieser Faktor gefunden und eliminiert werden.

Fallstudie 26: Quicktest

Die Quicktestkennzahlen aus den Analysebereichen Finanzierung (Eigenkapitalquote), Liquidität (Schuldentilgungsdauer), Rentabilität (Gesamtkapitalrentabilität) sowie dem Erfolg (Cashflow rate) lauten:

Kennzahl	Wert	Note
Eigenkapitalquote	$\frac{584}{2.888} * 100 = 20{,}22\%$	2
Schuldentilgungsdauer	$\frac{(2.304 - 28)}{(84 + 380)} = 4{,}9 \text{ Jahre}$	2
Gesamtkapitalrentabilität	$\frac{(84 + 436)}{2.888} * 100 = 18{,}01\%$	1
Cashflow rate	$\frac{(84 + 380)}{9.000} * 100 = 5{,}16\%$	3

Sowohl die finanzielle Stabilität (mit den beiden Kennzahlen der Eigenkapitalquote und der Schuldentilgungsdauer) als auch die Ertragslage (mit den beiden Kennzahlen Gesamtkapitalrentabilität und Cashflow rate) zeigen die Gesamtnote gut (2). Während aber bei der finanziellen Stabilität beide Kennzahlen die Note 2 ausweisen, fällt das Urteil bei den Ertragskennzahlen unterschiedlich aus. Während die Gesamtkapitalrentabilität zur Note 1 kommt (hier wirken sich die vergleichsweise hohen Fremdkapitalzinsen positiv auf das Gesamtergebnis aus), ist die Cashflow rate lediglich befriedigend (3).

Kritisch ist anzumerken, dass es sich bei Kennzahlenanalysen immer um eine stichtagsbezogene in die Vergangenheit gerichtete Betrachtung handelt, deren Resultate bereits zum Analysezeitpunkt überholt sein können.

Fallstudie 27: Finanz- und Liquiditätsanalyse

Beispielbilanz 1:

$$EKQ = \frac{EK}{GK} = \frac{320}{1.600} * 100 = 20\% \qquad ADA = \frac{EK}{AV} = \frac{320}{1.000} * 100 = 32\%$$

$$ADB = \frac{(EK + LFK)}{AV} = \frac{400}{1.000} * 100 = 40\% \qquad LI3 = \frac{UV}{KFK} = \frac{600}{1.200} * 100 = 50\%$$

Die Eigenkapitalquote ist in Bezug auf das Anlagevermögen zu gering, der Anlagedeckungsgrad B ist (deutlich) kleiner als 100%, so dass das Anlagevermögen nicht durch langfristig gebundenes Kapital gedeckt ist. Das bedeutet für den Liquiditätsgrad 3, dass das Umlaufvermögen nicht ausreicht, um das kurzfristige Fremdkapital bedienen zu können.

Fazit: Konkurs droht aufgrund von Illiquidität.

Beispielbilanz 2:

$$EKQ = \frac{EK}{GK} = \frac{-100}{500} * 100 = -20\% \qquad ADA = \frac{EK}{AV} = \frac{-100}{100} * 100 = -100\%$$

$$ADB = \frac{(EK + LFK)}{AV} = \frac{300}{100} * 100 = 300\% \qquad LI3 = \frac{UV}{KFK} = \frac{400}{200} * 100 = 200\%$$

Die Unternehmung ist aufgrund des bilanziellen Verlustes überschuldet, das Eigenkapital ist negativ, so dass Eigenkapitalquote und Anlagendeckung A ebenfalls negativ sind.[203] Anlagendeckung B und damit auch die Liquidität 3. Grades sind größer als 100%, so dass die liquiden Mittel ausreichen, um die kurzfristigen Schulden bedienen zu können.

Fazit: Die Liquidität ist ausreichend, es muss aber Eigenkapital zugeführt werden, ansonsten muss Konkurs wegen bilanzieller Überschuldung angemeldet werden.

Fallstudie 28: Leverage-Effekt

zu a) Verschuldungsgrade:

1. Möglichkeit: $\frac{FK}{EK} = \frac{0}{100} = 0$

2. Möglichkeit: $\frac{FK}{EK} = \frac{50}{50} = 1$

3. Möglichkeit: $\frac{FK}{EK} = \frac{80}{20} = 4$

---

[203] Fraglich ist in diesem Zusammenhang, ob man diese beiden negativen Kennzahlen überhaupt ausrechnen sollte, da die Interpretation keinen richtigen Sinn ergibt.

zu b) Reingewinne:

1. Möglichkeit: 1.000.000 € * 12% = 120.000 €

2. Möglichkeit: Gewinn – Fremdkapital * Fremdkapitalzinssatz

120.000 – 500.000 * 8% = 80.000 €

3. Möglichkeit: 120.000 – 800.000 * 8% = 56.000 €

zu c) Eigenkapitalrentabilitäten:

1. Möglichkeit: $\frac{G}{EK} = \frac{120.000}{1.000.000} = 12\%$

2. Möglichkeit: $\frac{G}{EK} = \frac{80.000}{500.000} = 16\%$

3. Möglichkeit: $\frac{G}{EK} = \frac{56.000}{200.000} = 28\%$

Die Eigenkapitalrentabilitäten können auch über die Leverageformel bestimmt werden:

1. Möglichkeit: $EKR = GKR + \frac{FK}{EK} * (GKR - i_f) = 12\% + 0*(12\%-8\%) = 12\%$

2. Möglichkeit: $EKR = 12\% + 1*(12\%-8\%) = 16\%$

3. Möglichkeit: $EKR = 12\% + 4*(12\%-8\%) = 28\%$

zu d) Leverage-Effekt

Im vorliegenden Beispiel gilt GKR > i_f, so dass sich ein positiver Hebel durch die Aufnahme von Fremdkapital ergibt. Mit zunehmender Verschuldung ist es also möglich, die Eigenkapitalrentabilität zu steigern.

zu e) Schlussfolgerungen und Zielkonflikte

Bei einer statischen Betrachtung würde man versuchen, die Verschuldung weiter zu erhöhen, um die Verzinsung des Eigenkapitals weiter zu verbessern. Probleme ergeben sich aber zum einen dadurch, dass mit zunehmender Verschuldung die Unabhängigkeit der Unternehmung und die Bonität verloren geht und zum anderen kann nicht davon ausgegangen werden, dass die positive Differenz zwischen Gesamtkapitalrentabilität und Fremdkapitalzinssatz im dynamischen Prozess bleibt. Sollten zukünftig die Gewinne ausbleiben, so würde aus dem positiven Hebel ein negativer werden mit der Konsequenz, dass die Eigenkapitalrentabilität mit jedem weiteren € an Fremdmitteln sukzessive sinkt.

Fallstudie 29: Kapitalbudget

zu a)

Die Summe aller Maschineninvestitionen beträgt 450 TEUR.

zu b)

Bringt man die Renditeerwartungen der Maschinen in eine aufsteigende und die Kreditzinsen in eine absteigende Reihenfolge, so ergibt sich folgendes Bild:

Maschine	Preis	Rendite	Kredit	Volumen	Zinssatz
M1	150 TEUR	8%	K3	200 TEUR	5%
M2	100 TEUR	7%	K2	100 TEUR	5,5%
M3	200 TEUR	4%	K1	150 TEUR	7%

Maschine M1 erwirtschaftet mit 8% die höchste Rendite und ist vollständig mit Kredit K3 finanzierbar. Es bleibt ein Finanzierungsvolumen von 50 TEUR übrig. Auch Maschine M2 liegt mit der 7%igen Rendite über den beiden Kreditzinssätzen von K3 und K2. M2 wird folglich realisiert und zwar mit dem Restbetrag von Kredit K3 (50 TEUR) sowie mit der Hälfte des Kreditvolumens von Kredit K2 (ebenfalls 50 TEUR).

Die nächste Maschine M3 bringt eine Rendite von 4% und liegt damit unterhalb der Zinssätze der Kredite. Eine Realisierung von M3 sollte also unterbleiben.

Das optimale Finanzierungsvolumen beträgt daher 250 TEUR (Realisierung von M1 & M2). Der Überschuss beträgt 6,25 TEUR und ergibt sich aus folgender Berechnung:

(150*0,08 + 100*0,07) – (200*0,05 + 50*0,055) = (12 + 7) – (10 + 2,75) = 6,25 TEUR.

zu c)

Die Investition in Maschine M3 wird unterlassen, denn sie würde bei der Durchführung Verluste erwirtschaften:

(200*0,04) – (50*0,055 + 150*0,07) = 8 – (2,75 + 10,5) = –5,25 TEUR.

zu d)

Graphisch sieht das Kapitalbudget wie folgt aus:

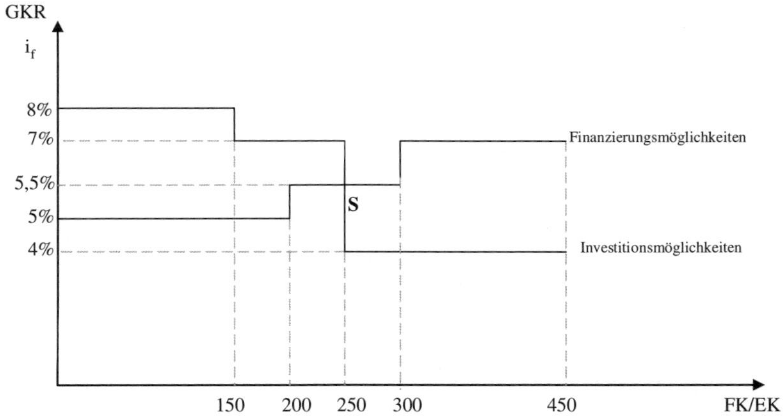

Man erkennt, dass die optimale Investitionshöhe bei 250 TEUR erreicht ist. Links von diesem Punkt S übersteigt die Investitionsrendite die Finanzierungskosten, so dass sich eine weitere Verschuldung lohnt, rechts liegen die Kapitalkosten über den Renditen. Die senkrechten Bereiche der Finanzierungs- und Investitionsmöglichkeitenkurven symbolisieren mathematisch gesehen die Unstetigkeitsstellen, so dass der zum Punkt S korrespondierende Zinssatz 5,5% graphisch nicht als gleichgewichtiger Zinssatz interpretiert werden kann.

Fallstudie 30: Bonitätsmaße

Die Scoringmethode kommt bei der unterstellten Umsatzreduktion auf 4 Mio. € zu folgenden Kennzahlen:

Kennzahl	Formel & Wert	Score
Anlagenintensität	$\frac{1380}{2073} * 100 = 66{,}57\%$	1
Eigenkapitalquote	$\frac{399}{2073} * 100 = 19{,}25\%$	3
Anlagendeckung A	$\frac{399}{1380} * 100 = 28{,}91\%$	3
Anlagendeckung B	$\frac{(399 + 1300)}{1380} * 100 = 123{,}12\%$	3
Working Capital	$\frac{(693 - 124 - 150 - 100)}{693} * 100 = 46{,}03\%$	3
Debitorenziel	$\frac{550}{(4000/12)} = 1{,}65$ Monate	3
Kreditorenziel	$\frac{150}{(240/12)} = 7{,}5$ Monate	7
Liquidität 2. Grades	$\frac{(53 + 550)}{(124 + 150 + 100)} * 100 = 161{,}23\%$	1
Liquidität 3. Grades	$\frac{693}{(124 + 150 + 100)} * 100 = 185{,}29\%$	1
Schuldentilgungsdauer	$\frac{(1674 - 53)}{(99 + 276)} = 4{,}32$ Jahre	3
Eigenkapitalrentabilität	$\frac{99}{300} * 100 = 33{,}00\%$	1
Gesamtkapitalrentabilität	$\frac{(99 + 155)}{2073} * 100 = 12{,}25\%$	3
Return on Investment	$\frac{99}{4000} * \frac{4000}{2073} * 100 = 4{,}78\%$	3

Kennzahl	Formel & Wert	Score
Material-/Personalintensität	$\frac{(240+2180)}{4000}*100 = 60{,}50\%$	3
Fremdkapitalzinsintensität	$\frac{155}{4000}*100 = 3{,}88\%$	5
Abschreibungsintensität	$\frac{276}{4000}*100 = 6{,}90\%$	3
Cashflow rate	$\frac{(99+276)}{4000}*100 = 9{,}38\%$	3
Summe Scores **Scoredurchschnitt**		49 **2,88**

Für die multiple Diskriminanzanalyse stellen sich die Werte wie folgt ein:

Kennzahl	Formel & Wert	Faktor	Scores
Cashflow / Verbindlichkeiten	$\frac{(99+276)}{1550} = 0{,}2419$	1,5	0,3629
Bilanzsumme / Verbindlichkeiten	$\frac{2073}{1550} = 1{,}3374$	0,08	0,1070
Gewinn vor Steuern / Bilanzsumme	$\frac{99}{2073} = 0{,}0478$	10	0,4780
Gewinn vor Steuern / Umsatzerlös	$\frac{99}{4000} = 0{,}0248$	5	0,1240
Vorräte / Umsatzerlös	$\frac{50}{4000} = 0{,}0125$	0,3	0,0038
Umsatzerlös / Bilanzsumme	$\frac{4000}{2073} = 1{,}9296$	0,1	0,1930
Diskriminanzfunktion			**1,2687**

Die Faktorenanalyse schließlich kommt zu dem Bonitätsindikator:

Kennzahl	Formel & Wert	Scores
Eigenkapital / Fremdkapital	$\frac{399}{1674} * 100 = 23{,}84\%$	2
Liquide Mittel / Gesamtkapital	$\frac{53}{2073} * 100 = 2{,}56\%$	2
(Umlaufvermögen – kurzfristiges Fremdkapital) / Aufwand vor Abschreibung	$\frac{(693-374)}{3625} * 100 = 8{,}80\%$	1
(Gewinn + Fremdkapitalzinsen) / Gesamtkapital	$\frac{(99+155)}{2073} * 100 = 12{,}25\%$	2
Umsatz / Gesamtkapital	$\frac{4000}{2073} * 100 = 192{,}96\%$	3
Fremdkapital / Cashflow	$\frac{1674}{(99+276)} * 100 = 446{,}40\%$	2
(Fremdkapital – Umlaufvermögen) / Cashflow	$\frac{(1674-693)}{(99+276)} * 100 = 261{,}60\%$	2
(Lieferantenverbindlichkeiten + Wechselverbindlichkeiten) / Wareneinkauf	$\frac{150}{240} * 100 = 62{,}50\%$	4
Bonitätsindikator		**18**

Die Bonitätsmaße führen also zu den Ergebnissen:

Scoringmethode: gut (2,88)

Multiple Diskriminanzanalyse: mittelmäßig (1,27)

Faktorenanalyse: gut (18)

Fallstudie 31: Kennzahlenanalyse im Rahmen der Finanzierung mit Mezzanine-Kapital

Nachstehende Auswertung zeigt die deutliche Verbesserung der Bilanzsituation. Die Fristenkongruenz zwischen Finanzierung und Investition ist nun hergestellt.

Bilanz in TEUR	vorher		nach Mezzanine	
		%		%
AKTIVA				
Grundstücke und Bauten	1.100	50,0	1.100	40,7
Technische Anlagen	500	22,7	650	24,1
Anlagevermögen	1.600	72,7	1.750	64,8
Vorräte	200	9,1	350	13,0
Kundenforderungen	300	13,6	300	11,1
Flüssige Mittel	100	4,6	300	11,1
Umlaufvermögen	600	27,3	950	35,2
Bilanzsumme	2.200	100,0	2.700	100,0
PASSIVA				
Eigenkapital	700	31,8	700	25,9
Mezzanine-Kapital	0	0,0	500	18,5
Eigenkapital	700	31,8	1.200	44,4
Kurzfristige Rückstellungen	100	4,6	100	3,7
Langfristige Bankverbindlichkeiten	500	22,7	750	27,8
Kurzfristige Bankverbindlichkeiten	500	22,7	250	9,3
Lieferantenverbindlichkeiten	400	18,2	400	14,8
Verbindlichkeiten	1.400	63,6	1.400	51,9
Bilanzsumme	2.200	100,0	2.700	100,0

Kennzahl	**Werte in %**	
	vorher	nach Mezzanine
Eigenkapitalquote	31,8	44,4
Anlagendeckungsgrad B	75,0	111,43
Liquidität III	60,0	126,67

Fallstudie 32: Originärer kurzfristiger Finanzplan eines kleinen Betriebes

zu a) und b)

Umsatzerlöse Januar: 75.600 € (4.200 St. * 18,- €)

Daraus resultierende Einzahlungen: Jan. = 22.680 €, Feb. = 30.240 €, Mär. = 22.680 €

Umsatzerlöse Februar: 93.600 € (5.200 St. * 18,- €)

Daraus resultierende Einzahlungen: Feb. = 28.080 €, Mär. = 37.440 €, Apr. = 28.080 €

Umsatzerlöse März: 117.000 € (6.500 St. * 18,- €)

Daraus resultierende Einzahlungen: Mär. = 35.100 €, Apr. = 46.800 €, Mai = 35.100 €

	Januar	**Februar**	**März**
Anfangsbestand	7.500	–16.320	–16.500
Forderungen Jan.	22.680	30.240	22.680
Forderungen Feb.		28.080	37.440
Forderungen Mär.			35.100
Altforderungen	37.000		18.000
Verfügbare Mittel	67.180	42.000	96.720
Rohstoffe	12.000	15.000	19.000
Personal	27.000	27.000	27.000
Sonstige Kosten	16.500	16.500	16.500
Altverbindlichkeiten	28.000		
Zinsen			9.000
Summe Ausgaben	83.500	58.500	71.500
Überschuss/Fehlbetrag	**–16.320**	**–16.500**	**25.220**

zu c)

Die Fehlbeträge in Januar und Februar könnten durch einen Kontokorrentkredit aufgefangen werden, zumal ab März mit einem positiven Banksaldo gerechnet werden kann.

Fallstudie 33: Derivativer mittelfristiger Finanzplan

Das Innenfinanzierungsvolumen ergibt sich aus dem Cashflow, also dem Gewinn und den nicht auszahlungswirksamen Aufwendungen, Abschreibungen und langfristigen Rückstellungen:

Innenfinanzierungsvolumen (Cashflow) pro Jahr in €	
Gewinn	250
Abschreibung	180
Langfristige Rückstellungen	70
Cashflow	**500**

Daraus und aus dem Außenfinanzierungsvolumen ergeben sich folgende Ein- und Auszahlungsreihen:

Zeitpunkt	Innen-finanzierung	Eigenkapital-einlage	Kredit-aufnahme	Kredit-tilgung	Investitions-volumen
t_0	0	1.000	1.000		2.000
t_1	500		200	-100	600
t_2	500		200	-100	600
t_3	500		200	-100	600
t_4	500	150	200	-100	750
t_5	500			-100	400

Damit ergibt sich insgesamt ein mögliches Investitionsvolumen aufgrund der Innen- und Außenfinanzierungsvolumina von 4.950 GE, verteilt auf den Zeitraum t_0 bis t_5.

Fallstudie 34: Derivativer langfristiger Finanzplan

Zunächst werden die beiden Bilanzen staffelförmig zu einer Differenzenbilanz komprimiert:

Bilanz in TEUR			
	Planjahr 2011	**Planjahr 2012**	**Differenz**
AKTIVA			
Grundstücke und Bauten	700	1.700	+1.000
Technische Anlagen	600	600	0
Andere Anlagen	100	100	0
Vorräte	600	300	–300
Kundenforderungen	700	500	–200
Sonstige Vermögensgegenstände	50	50	0
Liquide Mittel	150	200	+50
Bilanzsumme	2.900	3.450	+550
PASSIVA			
Gezeichnetes Kapital	300	300	0
Jahresüberschuss	100	200	+100
Kurzfristige Rückstellungen	200	200	0
Langfristige Bankverbindlichkeiten	1.300	2.300	+1.000
Lieferantenverbindlichkeiten	600	400	–200
Sonstige kurzfristige Verbindlichkeiten	400	50	–350
Bilanzsumme	2.900	3.450	+550

Durch Umgliederung ergibt sich die Bewegungsbilanz, wobei alle Positionen, deren Beträge sich zwischen den beiden Planjahren nicht veränderten, keine Beachtung finden:

Bewegungsbilanz in TEUR

Kapitalverwendung			**Kapitalherkunft**
Grundstücke und Bauten	1.000	Jahresüberschuss	100
Liquide Mittel	50	Langfristige Bankverbindlichkeiten	1.000
Lieferantenverbindlichkeiten	200	Vorräte	300
So. kurzfr. Verbindlichkeiten	350	Kundenforderungen	200
Summe	**1.600**	**Summe**	**1.600**

Am bedeutsamsten ist die geplante Kapitalbewegung bei den Grundstücken und Bauten sowie den langfristigen Bankverbindlichkeiten. Die Investition (Kapitalbindung) in das Anlagevermögen in Höhe von 1 Mio. € führt in der gleichen Höhe zur Kapitalzuführung. Die langfristigen Bankverbindlichkeiten stellen dabei eine Form der Außenfinanzierung dar. Weiterhin soll die Kapitalbindung in die liquiden Mittel (50 TEUR) sowie der Kapitalentzug durch Verringerung der Lieferantenverbindlichkeiten (200 TEUR) und der sonstigen kurzfristigen Verbindlichkeiten (350 TEUR) durch Gewinnthesaurierung (100 TEUR) und Kapitalfreisetzungsmaßnahmen im Rahmen des Vorratsabbaus (300 TEUR) sowie Kundenforderungsrückgängen (200 TEUR) finanziert werden.

Fallstudie 35: Integrierte Unternehmensplanung

zu a)

Die Planwerte für Absatzmengen, Preise sowie Umsatzerlöse lauten:

	Istzahlen 2009			**Planzahlen 2010**		
	Absatzmenge	**Preis/ Stück**	**Umsatz**	**Absatzmenge**	**Preis/ Stück**	**Umsatz**
Maier/Schmitt	12.000	30 €	360.000 €	8.400	25,00 €	210.000 €
Müller	7.500	32 €	240.000 €	8.250	32,00 €	264.000 €
Schulze	9.500	31 €	294.500 €	10.000	29,45 €	294.500 €
Gesamt			**894.500 €**			**768.500 €**

zu b)

Der für 2010 geplante Umsatzerlös beträgt 768.500 €.

zu c)

Der Materialeinsatz des Jahres 2009 betrug 58% des Umsatzerlöses und soll aufgrund gesunkener Importpreise um 2% reduziert werden können. 56% von 768.500 € entsprechen 430.360 €.

zu d)

Ausgangsbasis der Personalaufwendungen des Planjahres sind die in 2009 angefallenen 241.515 €. Diese ergeben, vermindert um eine 15%ige Kostenreduktion von 50.000 € (Differenz des Jahresgehaltes des ausscheidenden Herrn Maier zu Herrn Schmitt) einen neu einzuplanenden Personalaufwand in Höhe von 234.015 €.

zu e)

Der Anfangsbestand des Anlagevermögens des Jahres 2010 beträgt 80.000 €, als Anfangskapital beim Eigenkapital werden 56.794 € angesetzt.

zu f)

Die Abschreibungen, die sowohl im Anlagevermögen, als auch in der Gewinn- und Verlustrechnung zum Ansatz kommen müssen, setzen sich aus dem Vorjahresbetrag (20.000 €) und 20% der Neuinvestition, die 20.000 € beträgt, zusammen und beläuft sich somit auf 24.000 €.

zu g)

Warenvorräte, Warenforderungen sowie Warenverbindlichkeiten ergeben sich durch die unterhalb der Bilanz dargestellten Kennzahlen:

$$\text{Warenvorräte} = \frac{\text{Materialeinsatz}}{\text{Lagerumschlagshäufigkeit}} = \frac{430.360}{7} = 61.480\text{ €}$$

$$\text{Warenforderungen} = \frac{\text{Umsatzerlös} * \text{Zahlungsziel}}{360} = \frac{768.500 * 30}{360} = 64.042\text{ €}$$

$$\text{Warenverbindlichkeiten} = \frac{\text{Materialeinsatz} * \text{Zahlungsziel}}{360} = \frac{430.360 * 30}{360} = 35.863\text{ €}$$

zu h)

Die Rückstellung führt zu einem Ausweis auf der Passivseite der Bilanz (25.000 €) sowie zu höheren sonstigen betrieblichen Aufwendungen, die sich dann zusammen mit den 42.000 € auf insgesamt 67.000 € belaufen.

zu i)

Die Annuität zu den betreffenden Konditionen beläuft sich auf 57.680,64 €. Daraus entwickelt sich der Zins- und Tilgungsplan der Jahre 2008 bis 2012:[204]

Jahr	Schuld am 01.01.	Annuität	Zinsen	Tilgung
2008	150.000,00	0,00	11.250,00	0,00
2009	150.000,00	0,00	11.250,00	0,00
2010	150.000,00	57.680,64	**11.250,00**	**46.430,64**
2011	103.569,36	57.680,64	7.767,70	49.912,94
2012	53.656,41	57.680,64	4.024,23	53.656,41
Σ		**173.041,93**	**45.541,93**	**150.000,00**

Im Jahr 2010 sind 11.250 € an Zinsenaufwand und 46.431 € an Tilgungsleistung zu berücksichtigen, die die Bankverbindlichkeiten des Vorjahres entsprechend reduzieren.

zu j)

Unter Berücksichtigung aller bisherigen GuV-Positionen ergibt sich eine 30%ige Ertragssteuerbelastung in Höhe von 562 €.

zu k)

Da das Jahresergebnis positiv ist, werden 40% ausgeschüttet und 60% thesauriert. Deshalb werden als Gewinn nach Steuern 1.312 € als Zugang in das Eigenkapital und 525 € in Form der Gewinnausschüttung als Abgang vom Eigenkapital verbucht.

zu l)

Die sonstige Passiva beträgt 5.000 €, weil unverändert aus dem Vorjahr übernommen, die liquiden Mittel bringen die Bilanz als Residualgröße zum Ausgleich und belaufen sich auf 25.492 €.

Plan-Bilanz sowie Gewinn- und Verlustrechnung haben damit folgendes Aussehen:

[204] Es ergeben sich kleine Rundungsdifferenzen.

Gewinn- und Verlustrechnung				
	Istzahlen 2009		Planzahlen 2010	
	in €	in %	in €	in %
Umsatz	894.500	100,0	768.500	100,0
Materialeinsatz	518.810	58,0	430.360	56,0
Deckungsbeitrag	375.690	42,0	338.140	44,0
Personalaufwand	241.515	27,0	234.015	30,5
Abschreibungen	20.000	2,2	24.000	3,1
Sonst. Aufwendungen	86.750	9,7	67.000	8,7
Fixkosten gesamt	348.265	38,9	325.015	42,3
Zinsaufwand	11.250	1,3	11.250	1,5
Ergebnis v. Steuern	16.175	1,8	1.875	0,2
Ertragsteuern	4.853	0,5	562	0,1
Ergebnis nach Steuern	11.323	1,3	1.312	0,2

Bilanz				
	Istzahlen 2009		Planzahlen 2010	
	in €	in %	in €	in %
Anlagevermögen 1.1.	100.000	39,2	80.000	35,2
+ Zugänge			20.000	8,8
./. Abschreibungen	20.000	7,8	24.000	10,6
Anlagevermögen 31.12.	80.000	31,4	76.000	33,5
Vorräte	74.116	29,1	61.480	27,1
Warenforderungen	74.542	29,2	64.042	28,2
Sonstige Aktiva	26.370	10,3	25.492	11,2
AKTIVA	**255.028**	**100,0**	**227.014**	**100,0**
Eigenkapital 1.1.	50.000	19,6	56.794	25,0
./. Gewinnausschüttung	4.529	1,8	–525	–0,2
+/./. Gewinn/Verlust nach Steuern	11.323	4,4	1.312	0,6
Eigenkapital 31.12.	56.794	22,3	57.581	25,4
Langfristige Rückstellungen	0	0,0	25.000	11,0
Bankverbindlichkeiten	150.000	58,8	103.569	45,6
Warenverbindlichkeiten	43.234	17,0	35.863	15,8
Sonstige Passiva	5.000	2,0	5.000	2,2
PASSIVA	**255.028**	**100,0**	**227.014**	**100,0**
Lagerumschlag			7	
Zahlungsziel Forderungen (Tage)			30	
Zahlungsziel Verbindlichkeiten (Tage)			30	

Der Finanzplan lässt sich aus der Gewinn- und Verlustrechnung und den Änderungen der Bilanz ableiten:

Finanzplan	
	Betrag in €
Anfangsliquidität	**+26.370**
A. Selbstfinanzierung	
Personalausgaben	–234.015
Materialausgaben[205]	–425.095
Fremdkapitalzinsen	–11.250
Sonstige betriebliche Aufwendungen[206]	–42.000
Steuerzahlungen	–562
Umsatzerlöse[207]	+779.000
Saldo A	**+66.078**
B. Investition	
Kauf von Anlagevermögen	–20.000
Saldo B	**–20.000**
C. bereits festgelegte Fremdfinanzierung	
Tilgung	–46.431
Saldo C	**–46.431**
D. Saldo aus AB, Saldo A, B und C	+26.017
E. Finanzierungsmaßnahmen	
Gewinnausschüttung	–525
Saldo E	**–525**
Neuer Liquiditätsstatus	**+25.492**

Der neue Liquiditätsstatus entspricht dem Liquiditätssaldo der Planbilanz 2010.

[205] Materialkosten (430.360 €) zuzüglich der Verminderung des Warenverbindlichkeitenbestandes (7.371 €) und abzüglich der Verminderung des Warenvorratsbestandes (12.636 €).

[206] Die Einstellung in die langfristigen Rückstellungen wird im Jahr 2010 nicht auszahlungswirksam und ist somit in einem Auszahlungsplan nicht zu berücksichtigen.

[207] Umsatzerlöse (768.500 €) zuzüglich Abnahme der Warenforderungen (10.500 €).

Fallstudie 36: Risikomanagement

Die Risk-map hat folgendes Aussehen:

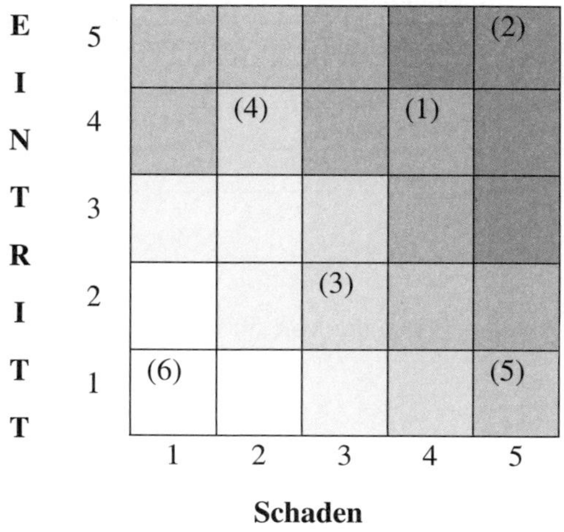

Die beiden Risiken des Absatzeinbruches (2) und Forderungsausfalls (1) sind sofort anzugehen. Immerhin stehen Absatzeinbrüche in Höhe von 20% des Gesamtvolumens zur Diskussion. Ebenso würden die möglichen Forderungsausfälle zu massiven Liquiditätsproblemen beim Unternehmen führen.

Eine gangbare Vermeidungs- oder Verminderungsstrategie könnte darin bestehen, die Forderungsausfälle durch Vorkasse zu mildern. Besteht die Möglichkeit, das Risiko von Forderungsausfällen an internationale Kunden durch Factoring zu überwälzen, sollte auch diese Strategie in Erwägung gezogen werden.

Das Risiko des drohenden Absatzrückganges ist kurzfristig schwer in den Griff zu bekommen. Denkbar wären hier Verminderungs- oder Kompensationsstrategien, indem neue Märkte erschlossen werden, neue Produkte die Produktpalette erweitern oder neue Vertriebskanäle den Absatz ankurbeln. Auch sollten Möglichkeiten in Erwägung gezogen werden, die Kostenstruktur zu optimieren. So wirken sich insbesondere die beschäftigungsunabhängigen Fixkosten sehr negativ bei starken Absatzschwankungen aus.

Das Risiko eines weiteren möglichen Sturmschadens (5), der nicht durch entsprechende Versicherungen abgedeckt ist, lässt sich sehr kurzfristig durch Nachbesserungen des Versicherungsvertrages heilen. Es erfolgt also hier eine Risikoüberwälzung.

Letztlich bedarf noch das Risiko der drohenden Preiserhöhungen von Rohstoffen (4) einer kurz- bis mittelfristigen Lösung. Denkbar wären hier ebenfalls wieder Verminderungs- oder Kompensationsstrategien, indem neue Lieferanten gesucht und gefunden werden. Durch diese Maßnahmen wären möglicherweise auch Lieferengpässe (3) aus dem Weg geräumt.

Das Rechtsstreitrisiko wird als unerheblich angesehen und deshalb akzeptiert. Der Maßnahmenkatalog sieht damit die folgenden Strategien vor:

Nr.	Risiko	Strategie
(1)	Forderungsausfall	Vermeidung, Verminderung, Überwälzung
(2)	Absatzeinbruch	Verminderung, Kompensation
(3)	Störungen bei der Materialbeschaffung	Verminderung, Kompensation
(4)	Preiserhöhung der Lieferanten	Verminderung, Kompensation
(5)	Sturmschaden	Überwälzung
(6)	Rechtsstreitrisiko	Akzeptieren

Fallstudie 37: Statistische Risikomaße I

Aus dem Stückdeckungsbeitrag von 15,- € und den Fixkosten von 500.000,- € ergibt sich folgende Gewinntabelle:

Absatzmenge	Gewinn in €
25.000	–125.000
30.000	–50.000
35.000	25.000
40.000	100.000
45.000	175.000
50.000	250.000

Gewichtet mit den Eintrittswahrscheinlichkeiten ergibt sich der erwartete Gewinn:

$\mu_G = -125.000*0{,}08 - 50.000*0{,}12 + 25.000*0{,}3 + 100.000*0{,}3 + 175.000*0{,}12 + 250.000*0{,}08 = 62.500$ €

Daraus leiten sich Varianz und Standardabweichung ab:

$\sigma^2 = (-125.000-62.500)^2*0{,}08 + (-50.000-62.500)^2*0{,}12 + (25.000-62.500)^2*0{,}3 + (100.000-62.500)^2*0{,}3 + (175.000-62.500)^2*0{,}12 + (250.000-62.500)^2*0{,}08 = 9.506.250.000$

$\sigma = 97.500$

Daraus ergibt sich der VaR: –1,645 * 97.500 + 62.500 = –97.887,50 €

Mit einer Wahrscheinlichkeit von 95% wird also der Verlust von 97.887,50 € nicht überschritten, d.h., die Stühle werden produziert.

Fallstudie 38: Statistische Risikomaße II

Eine Rendite von 8% bedeutet einen erwarteten Gewinn μ_G von 400.000 €. Die Standardabweichung σ beträgt bei unterstellten 18% 72.000 €.

Daraus leitet sich ein z-Wert von (300.000–400.000)/72.000 = –1,39 ab, woraus sich eine Wahrscheinlichkeit von 8,23% ergibt. So groß ist die Wahrscheinlichkeit, dass der Gewinn unterhalb von 300.000 € liegt.

Fallstudie 39: Der Standardansatz nach Basel II

Die Umorientierung von Basel I nach Basel II hat für die Bank insgesamt einen positiven Effekt.

Unternehmen	**A**	**B**
Rating	„AAA“	„unter B–“
Risikogewicht	20%	150%
Kredithöhe	100.000,- €	100.000,- €
Basel I	100.000 * 0,08 = 8.000,- €	100.000 * 0,08 = 8.000,- €
Basel II	100.000 * 0,20 * 0,08 = 1.600 ,- €	100.000 * 1,50 * 0,08 = 12.000 ,- €

Für Unternehmen A sind 6.400,- € weniger an Eigenkapital zu hinterlegen, für Unternehmen B aufgrund der schlechten Bonität 4.000,- € mehr. Insgesamt ergibt sich somit ein Gesamteffekt von 2.400,- €, den die Bank gegenüber Basel I weniger an Eigenkapital hinterlegen muss.

Fallstudie 40: Unternehmensbewertung nach der Ertragswert- und DCF-Methode

Die Ertragswertmethode liefert den Unternehmenswert nach folgender Berechnung:[208]

Jahr	2009	2010	2011	2012
Ergebnis vor Steuern	178.296	225.396	273.437	322.439
Gewerbesteuer (14%)	24.961	31.555	38.281	45.141
Körperschaftsteuer (15,825%)	28.215	35.669	43.271	51.026
Ausschüttungsbetrag	125.119	158.172	191.884	226.272
Abgeltungssteuer (26,375%)	33.000	41.718	50.610	59.679
Zu kapitalisierender Betrag	92.119	116.454	141.275	166.592
Abzinsungsfaktor	0,9506	0,9036	0,8589	16,5177
Barwerte	87.568	105.228	121.341	2.751.717
Ertragswert				**3.065.854**

Nach der DCF-Methode ist in mehreren Schritten vorzugehen:

1. Schritt: Ermittlung der Investitionen aus dem Anlagevermögen

Jahr	2009	2010	2011	2012
Sachanlagen 31.12.	205.000	205.000	210.000	210.000
./. Sachanlagen 01.01.	200.000	205.000	205.000	210.000
+ Abschreibungen	40.000	40.000	40.000	40.000
= Investitionen	**45.000**	**40.000**	**45.000**	**40.000**

[208] Durch die Vernachlässigung von Nachkommastellen kommt es auch hier zu kleinen Rundungsdifferenzen.

2. Schritt: Entwicklung des Nettoumlaufvermögens

Jahr	2009	2010	2011	2012
Vorräte	318.240	324.600	331.100	337.700
+ Kundenforderungen	408.000	416.160	424.483	432.973
+ sonst. Forderungen	38.000	38.000	38.000	38.000
./. Lieferantenverbindlichkeiten	163.200	166.464	169.793	173.189
./. sonstige Verbindlichkeiten	226.500	226.500	226.500	226.500
= Nettoumlaufvermögen	374.540	385.796	397.290	408.984
Veränderung Nettoumlaufvermögen	**+11.040**	**+11.256**	**+11.494**	**+11.694**

3. Schritt: Ermittlung des Free Cashflows

Jahr	2009	2010	2011	2012
Ergebnis vor Steuern	178.296	225.396	273.437	322.439
+ Zinsaufwand	36.680	36.680	36.680	36.680
Ergebnis vor Steuern und Zinsen	214.976	262.076	310.117	359.119
./. Gewerbesteuer	30.097	36.691	43.416	50.277
./. Körperschaftsteuer	34.020	41.473	49.076	56.831
Ausschüttungsbetrag	150.859	183.911	217.625	252.012
./. Abgeltungssteuer	39.789	48.507	57.398	66.468
Ergebnis nach Steuern	111.070	135.405	160.226	185.544
+ Abschreibungen	40.000	40.000	40.000	40.000
./. Investitionen	45.000	40.000	45.000	40.000
./. Erhöhung Nettoumlaufvermögen	11.040	11.256	11.494	11.694
Free Cashflow	**95.030**	**124.149**	**143.732**	**173.850**

4. Schritt: Ermittlung des Unternehmenswertes

Aus den Angaben zur Fremd- und Eigenkapitalquote sowie den geforderten Verzinsungen und dem tax shield ergibt sich der i^{WACC} wie folgt:

$$i^{WACC} = r_{FK} * (1-s) * \frac{FK}{GK} + r_{EK} * \frac{EK}{GK} = 0{,}05 * (1-0{,}40375) * 0{,}69 + 0{,}10 * 0{,}31 = 5{,}16\%$$

Jahr	2009	2010	2011	2012
Free Cashflow	95.030	124.149	143.732	173.850
Abzinsungsfaktoren	0,9509	0,9043	0,8599	16,6647
Barwerte	90.364	112.268	123.595	2.897.158
Gesamtunternehmenswert	3.223.385			
./. Festverzinsliches Fremdkapital[209]	–458.500			
Wert des Eigenkapitals	**2.764.885**			

Fallstudie 41: Unternehmensbewertung nach dem Similar Public Company Approach

Aus Aktienkurs, Anzahl Aktien und Jahresumsätzen ergeben sich folgende Werte:

Unternehmen	A	B	C
Aktienkurs in €	2,50	4,20	6,10
Anzahl Aktien in Mio.	12,0	15,0	18,0
Jahresumsatz in Mio. €	12,0	23,0	35,0
Marktkapitalisierung in Mio. € (Aktienkurs * Anzahl Aktien)	30,0	63,0	109,8
Multiplikator (Marktkapitalisierung/Umsatz)	2,50	2,74	3,14

Median des Multiplikators	2,74 (Unternehmen B)
Risikoabschlag (hier 35%)	0,96
Verwendeter Multiplikator	**1,78**

Durch Multiplikation des verwendeten Faktors von 1,78 mit dem unterstellten Umsatzerlös in Höhe von 12 Mio. €/Jahr stellt sich ein Unternehmenswert von 21,36 Mio. € ein.

Fallstudie 42: Multiplikatormethode

Aufgrund der Tatsache, dass außergewöhnliche Erträge und Aufwendungen angefallen sind, muss das Ergebnis um diese Einflüsse bereinigt werden.

[209] Entnommen der Bilanzposition „Bankverbindlichkeiten“.

EBT	102.000 €
./. außerordentliche Erträge	– 24.500 €
+ außerordentliche Aufwendungen	+ 15.250 €
= Ergebnis der „gewöhnlichen“ Geschäftstätigkeit	**92.750 €**

Dieses Ergebnis ist Basis zur Berechnung der Bandbreite für den Unternehmenswert:

$MP_{B,MIN} = 92.750 * 3{,}50 = 324.625,- €$

$MP_{B,MITTEL} = 92.750 * 5{,}00 = 463.750,- €$

$MP_{B,MAX} = 92.750 * 6{,}50 = 602.875,- €$

Die Vorgehensweise macht die Problematik der Bewertung deutlich. Zwischen niedrigstem und höchstem Wert liegt eine Spanne von 278.250 €. Bei der Multiplikatormethode handelt es sich folglich nur um ein Werkzeug, das Kauf- und Verkaufverhandlungen unterstützen kann.

Fallstudie 43: Ertragswertmethode bei KMU

Ausgangsbasis bildete folgende Reihe der operativen Ergebnisse des Planansatzes:

Jahr	**2009**	**2010**	**2011**	**2012**
Operatives Ergebnis	178.296	225.396	273.437	322.439

Der Vergleich der beiden Unternehmer A und B führt zu folgendem Ergebnis:

Merkmal	A	B	Wichtung	Werte A	Werte B
Fachkenntnis und Branchenerfahrung	7	3	10	70	30
Kaufmännische Kenntnisse	3	5	8	24	40
Kommunikative Fähigkeiten	2	5	8	16	40
Kreativität	4	5	9	36	45
Durchsetzungsvermögen	6	3	8	48	24
Fähigkeit, Aufgaben zu delegieren	2	5	7	14	35
Umgang mit Risiko	4	6	5	20	30
Bereitschaft, viel zu arbeiten	7	5	7	49	35
Unterstützung aus Privatleben	7	4	5	35	20
Gesamtbewertung				**312**	**299**

Es ergibt sich eine Abweichung zwischen den Gesellschaftern von 13 Punkten, so dass keine Zu- oder Abschläge vom Ergebnis gemacht werden.

Jedoch erfolgt eine Korrektur des operativen Ergebnisses aufgrund der Personalaufwandsstruktur, die um 60 TEUR verbessert wird.[210]

Jahr	2009	2010	2011	2012
Operatives Ergebnis	178.296	225.396	273.437	322.439
+ Korrektur Personal	60.000	60.000	60.000	60.000
Neues Operatives Ergebnis	238.296	285.396	333.437	382.439
./. Gewerbesteuer	29.191	34.961	40.846	46.849
./. Körperschaftsteuer	37.710	45.164	52.766	60.521
Ausschüttungsbetrag	171.394	205.271	239.825	275.069
./. Abgeltungssteuer	45.205	54.140	63.254	72.550
Zu kapitalisierender Betrag	126.189	151.131	176.571	202.520
Abzinsungsfaktor	0,8969	0,8044	0,7214	6,2730
Barwerte	113.179	121.570	127.378	1.270.408
Ertragswert				**1.632.535**

Der modifizierte Ertragswert beträgt also ca. 1,6 Mio. €.

[210] Durch die Vernachlässigung von Nachkommastellen sind kleine Rundungsdifferenzen möglich.

Fallstudie 44: Economic Value Added I

zu a)

NOPAT = EBIT – 35% = 3.000 – 1.050 = 1.950 €

EVA = 1.950 – 0,105 * 22.000 = –360 €

Der EVA ist infolge der hohen Kapitalkosten negativ. Es wird also Wert vernichtet.

zu b)

Das Produkt aus gewogenem Kapitalkostensatz und eingesetztem Kapital muss der Höhe des NOPAT (1.950 €) entsprechen.

Aus 1.950 = 0,105 * KI ergibt sich ein KI in Höhe von 18.571,43 €, d.h., das eingesetzte Kapital (KI) müsste, ausgehend von 22.000 € um 3.428,57 € reduziert werden.

Fallstudie 45: Economic Value Added II

Für Investitionsobjekt 1 gelten folgende Zahlen:

in Mio. €	**Bestehendes Geschäft**	+	**Neues Projekt**	=	**Gesamtvolumen**
Ergebnis nach Steuern	130		110		240
Kapital	1.000		1.000		2.000
Umsatz	2.000		2.000		4.000
Umsatzrendite	6,5%		5,5%		6,0%
Kapitalrendite	13,0%		11,0%		12%
Kapitalkostensatz	9,0%		9,0%		9,0%
Kapitalkosten	90€		90€		180€
EVA	**+40€**	+	**+20€**	=	**+60€**

Fazit: Investitionsobjekt 1 wird realisiert, der EVA erhöht sich um 20 Mio. € auf 60 Mio. €.

Anders sieht es bei Investitionsobjekt 2 aus:

in Mio. €	**Bestehendes Geschäft**	+	**Neues Projekt**	=	**Gesamtvolumen**
Ergebnis nach Steuern	60		80		140
Kapital	1.000		1.000		2.000
Umsatz	2.000		2.000		4.000
Umsatzrendite	3,0%		4,0%		3,5%
Kapitalrendite	6,0%		8,0%		7%
Kapitalkostensatz	9,0%		9,0%		9,0%
Kapitalkosten	90€		90€		180€
EVA	**–30€**		**–10€**		**–40€**

Fazit: Investitionsobjekt 2 wird nicht realisiert, der ohnehin negative EVA verschlechtert sich durch die Investitionsentscheidung von -30 Mio. € um 10 Mio. € auf -40 Mio. €.

Gesamtfazit: Eine alleinige Verbesserung der Kapital-/Umsatzrendite führt nicht immer zur Unternehmenswertsteigerung!

6 Abbildungsverzeichnis

7 Tabellenverzeichnis

8 Abkürzungsverzeichnis

abzgl.	abzüglich
ABS	Asset-Backed-Securities
Abs.	Absatz
AG	Aktiengesellschaft
AKA	Ausfuhrkredit-Gesellschaft mbH
AktG	Aktiengesetz
AO	Abgabenordnung
a.o.	außerordentlich
APV	Adjusted Present Value
ARAP	Aktive Rechnungsabgrenzungsposten
b	bezahlt
bB	bezahlt Brief
bG	bezahlt Geld
BGB	Bürgerliches Gesetzbuch
BIZ	Bank für internationalen Zahlungsausgleich
bspw.	beispielsweise
bzgl.	bezüglich
bzw.	beziehungsweise
ca.	circa
c.p.	ceteris paribus
DCF	Discounted Cashflow-Verfahren
d.h.	das heißt

DV	Datenverarbeitung
DVFA	Deutschen Vereinigung für Finanzanalyse und Anlageberatung
EBIT	Earnings before Interest and Tax
EBT	Earnings before Tax
EDV	Elektronische Datenverarbeitung
eG	Eingetragene Genossenschaft
ESt	Einkommensteuer
EStG	Einkommensteuergesetz
etc.	etcetera
EU	Europäische Union
EVA	Economic Value Added
ex D	ex Dividende
ex BA	ex Berichtigungsaktie
ex BR	ex Bezugsrecht
ff.	fortfolgende
F&E	Forschung & Entwicklung
GewSt	Gewerbesteuer
ggf.	gegebenenfalls
GmbH	Gesellschaft mit beschränkter Haftung
GuV	Gewinn- und Verlustrechnung
HFA	Hauptfachausschuss
HGB	Handelsgesetzbuch
HV	Hauptversammlung
IAS	International Accounting Standards
i.d.R.	in der Regel
IDW	Institut der Wirtschaftsprüfer
i.e.S.	im engeren Sinn
IFRS	International Financial Reporting Standards

inkl.	inklusive
IPO	Initial Public Offering
IT	Informationstechnologie
i.w.S.	im weiteren Sinn
KfW	Kreditanstalt für Wiederaufbau
KG	Kommanditgesellschaft
KGaA	Kommanditgesellschaft auf Aktien
KMU	Kleine und mittlere Unternehmen
KonTraG	Gesetz zur Kontrolle und Transparenz im Unternehmensbereich
KSt	Körperschaftsteuer
KWG	Gesetz über das Kreditwesen
Mio.	Millionen
Mrd.	Milliarde
NOPAT	Net Operating Profit Less Adjusted Taxes
Nr.	Nummer
OHG	Offene Handelsgesellschaft
p.a.	per annum
PC	Profit Center
PRAP	Passive Rechnungsabgrenzungsposten
S.	Seite
SPV	Special-Purposes-Vehicle
TCF	Total Cashflow
Tsd.	Tausend
u.a.	unter anderem
US-GAAP	Generally Accepted Accounting Principles
UStG	Umsatzsteuergesetz
VaR	Value at Risk
VC	Venture Capital

vgl.	vergleiche
WACC	Weighted Average Cost of Capital
wg.	wegen
WpHG	Wertpapierhandelsgesetz
z.B.	zum Beispiel

9 Anhang

9.1 Systematik und Beispiel der Kostenrechnung

Die erste Aufgabe besteht für den Kostenrechner darin, aus der Gewinn- und Verlustrechnung alle für die Kostenrechnung relevanten Zahlen abzuleiten, um sie zum Zwecke der Produktkalkulation bzw. zur Ermittlung des Betriebsergebnisses weiterverarbeiten zu können. Dies erfolgt mit Hilfe der so genannten Abgrenzungsrechnung, d.h., es muss ermittelt werden, inwieweit die in der Gewinn- und Verlustrechnung enthaltenen Aufwendungen auch als Kosten – vereinfachend handelt es sich hierbei um Aufwendungen, die durch das Kerngeschäft der Unternehmung entstanden sind – zu erfassen sind. Ansonsten würden sie nicht oder ggf. in einer anderen Höhe berücksichtigt.

<table>
<tr><td colspan="3">Aufwendungen aus der Gewinn- und Verlustrechnung
(Finanzbuchhaltung)</td><td></td></tr>
<tr><td>Neutrale Aufwendungen</td><td>Betriebliche Aufwendungen</td><td>Betriebliche Aufwendungen</td><td></td></tr>
<tr><td></td><td>=</td><td>≠</td><td></td></tr>
<tr><td></td><td>Grundkosten</td><td>Anderskosten</td><td>Zusatzkosten</td></tr>
<tr><td></td><td colspan="3">Kosten der Kosten- und Leistungsrechnung</td></tr>
</table>

Im Sinne der Kostenrechnung werden nach obigem Schema also zunächst einmal diejenigen Aufwendungen (und auch Erträge) herausgefiltert, die **neutral** sind und deshalb nicht in die Kosten- und Leistungsrechnung übernommen werden dürfen.

Neutrale Aufwendungen und Erträge entstehen

- **bei der Verfolgung betriebsfremder Ziele** (z.B. Verluste aus Wertpapierverkäufen oder Erträge aus der Vermietung von betriebsfremden Grundstücken),
- aus betrieblichen, aber **periodenfremden** Vorgängen (z.B. Nachzahlung von Löhnen und betrieblichen Steuern) oder
- als **außerordentliche** Aufwendungen und Erträge (z.B. Erlöse aus dem Verkauf von Anlagevermögen oder Aufwendungen aufgrund eines Wasserschadens).

Viele, wahrscheinlich sogar die meisten Aufwendungen der Finanzbuchhaltung, können unverändert als Kosten in die Betriebsergebnisrechnung aufgenommen werden. In diesen Fällen spricht man von **aufwandsgleichen Kosten** oder auch **Grundkosten**. Beispielhaft sind hier zu nennen:

- Löhne und Gehälter
- Materialaufwand
- Frachtkosten

Aufwendungen aus der Finanzbuchhaltung, die kalkulatorisch ungeeignet sind und deshalb in der Kosten- und Leistungsrechnung mit einem anderen Wert anzusetzen sind, nennt man **aufwandsungleiche Kosten** oder auch **Anderskosten**. Standardbeispiele sind:

- Abschreibungen, die in der Gewinn- und Verlustrechnung nach handels- und steuerrechtlichen Grundsätzen angesetzt werden, während sie in der Kostenrechnung zu Wiederbeschaffungspreisen und nach dem tatsächlichen Werteverzehr darzustellen sind.
- Zinsaufwendungen, die in der Kostenrechnung zu durchschnittlichen Marktpreisen ihren Niederschlag finden, während sie im Jahresabschluss gemäß den aktuellen Gegebenheiten dargestellt werden. Hier können also bspw. kurzfristig geltende zinsgünstige Darlehen ihren Niederschlag finden.

Es gibt drittens Kosten, denen in der Finanzbuchhaltung keine Aufwendungen gegenüberstehen, die aber leistungsbedingt anfallen und deshalb im Rahmen der Kalkulation anzusetzen sind. Diese Kosten nennt man **Zusatzkosten**. Hier kann der

- kalkulatorische Unternehmerlohn beispielhaft genannt werden, der bei Personengesellschaften in der Kostenrechnung als zusätzlicher Kostenfaktor berücksichtigt werden muss, sofern bspw. das Geschäftsführergehalt nicht in den Aufwendungen der Finanzbuchhaltung enthalten ist.

Eine Abgrenzungsrechnung sieht beispielhaft wie folgt aus:

Ergebnistabelle						
Finanzbuchhaltung			**Kosten- und Leistungsrechnung**			
Gesamtergebnisrechnung			Abgrenzungsrechnung		Betriebsergebnisrechnung	
Konto	Aufwand	Erträge	Neutraler Aufwand	Kostenrechnerische Korrektur	Kosten	Leistungen
Umsatz		2.600.000				2.600.000
Material	600.000				600.000	
Personal	1.500.000				1.500.000	
Abschreibung	120.000			+ 20.000	140.000	
Leasing	14.000				14.000	
Frachten	30.000				30.000	
Büromaterial	5.000				5.000	
Messe	5.000				5.000	
Versicherungen	10.000				10.000	
So. Aufwand	116.000		104.000		12.000	
Zinsen	54.000				54.000	
	2.454.000	2.600.000	104.000	20.000	**2.370.000**	2.600.000
	146.000				**230.000**	
	Gesamtergebnis				**Betriebsergebnis**	

Das Gesamtergebnis gemäß Gewinn- und Verlustrechnung (vor Steuern) beträgt also 146.000 €, während das Betriebsergebnis mit 230.000 € sogar um 84.000 € höher ausfällt. Zunächst wurden die kalkulatorischen Abschreibungen mit 140.000 € um 20.000 € höher angesetzt als die handelsrechtlichen Abschreibungen (Anderskosten). Dann waren im Rahmen der sonstigen Aufwendungen, die in der Gewinn- und Verlustrechnung 116.000 € betrugen, 104.000 € abzugrenzen. Davon entfielen 4.000 € auf einen Verlust aus dem Verkauf von Wertpapieren (betriebsfremder Aufwand) und 100.000 € entstanden durch einen Wasserschaden (außerordentlicher Aufwand).

9.2 Historie zum Aktienmarkt

26.04.1999	Einführung SMAX All Share
21.06.1999	Einführung SDAX
07.07.1999	Einführung NEMAX50
15.05.2000	Einführung Branchenindex Neuer Markt
24.06.2002	Verkleinerung des SDAX auf 50 Unternehmen
13.08.2002	Einführung MDAX
24.03.2003	Neue Indexwelt basierend auf Prime Standard
	Einführung TecDAX
	Verkleinerung MDAX auf 50 Unternehmen
31.12.2004	Einstellung der Berechnung von NEMAX50
25.10.2005	Einführung Entry Standard Index
02.05.2006	Einführung General Standard Index
01.11.2007	Inkrafttreten des Finanzmarktrichtlinie-Umwandlungsgesetzes „FRUG“

9.3 Zusammensetzung des DAX (30)[211]

Nr.	Unternehmen	Index-anteil	Markt-kapitalisierung in Mio. €	Sektor
1	E.ON AG O.N.	9,81%	66.515,06	Utilities
2	SIEMENS AG	9,49%	64.385,41	Industrial
3	ALLIANZ	8,64%	58.588,37	Insurance
4	DAIMLER AG	7,23%	49.040,04	Automobile
5	BASF	6,55%	44.442,22	Chemicals
6	BAYER AG	6,24%	42.313,97	Chemicals
7	DEUTSCHE BANK AG	5,65%	38.306,55	Banks
8	RWE AG	5,05%	34.228,03	Utilities
9	DT.TELEKOM AG	4,70%	31.881,95	Telecommunication
10	SAP AG	4,31%	29.211,64	Software
11	VOLKSWAGEN AG	3,92%	26.560,69	Automobile
12	MUENCH.RUECKVERS.	3,91%	26.498,56	Insurance
13	DEUTSCHE BOERSE	2,78%	18.850,00	Financial Services
14	DEUTSCHE POST AG	2,48%	16.850,24	Transportation & Logistics
15	COMMERZBANK AG	2,06%	13.981,53	Banks
16	THYSSENKRUPP AG	2,00%	13.573,77	Industrial
17	LINDE AG	1,94%	13.169,46	Chemicals
18	CONTINENTAL AG	1,87%	12.662,72	Automobile
19	BAY.MOTOREN WERKE AG	1,66%	11.257,72	Automobile
20	MAN AG	1,39%	9.407,95	Industrial
21	ADIDAS AG	1,25%	8.504,21	Consumer
22	LUFTHANSA AG	1,22%	8.279,51	Transportation & Logistics
23	FRESEN.MED.CARE KGAA	0,92%	6.255,75	Pharma & Healthcare
24	MERCK KGAA	0,90%	6.124,13	Pharma & Healthcare
25	HENKEL KGAA	0,75%	5.077,13	Consumer
26	METRO AG	0,74%	5.031,92	Retail
27	HYPO REAL ESTATE HLDG	0,70%	4.736,10	Banks
28	DEUTSCHE POSTBANK AG	0,70%	4.728,12	Banks
29	INFINEON TECH. AG	0,64%	4.356,00	Technology
30	TUI AG	0,51%	3.439,19	Transportation & Logistics

[211] Die Werte wurden der Website der Deutsche Börse AG entnommen; Stand: 28.04.2008.

9.4 Zusammensetzung des TecDAX[212]

Nr.	Unternehmen	Index-anteil	Markt-kapitalisierung in Mio. €	Sektor
1	Q-CELLS AG	13,19%	3.148,86	Industrial
2	SOLARWORLD AG	11,44%	2.731,92	Industrial
3	QIAGEN	9,91%	2.366,29	Pharma & Healthcare
4	TELE ATLAS	7,21%	1.722,33	Software
5	UTD.INTERNET AG	7,08%	1.690,68	Software
6	NORDEX AG	5,54%	1.322,85	Industrial
7	BB BIOTECH	4,65%	1.109,86	Pharma & Healthcare
8	WIRECARD AG	3,89%	929,11	Software
9	SOFTWARE AG	3,61%	861,66	Software
10	ROFIN SINAR TECHS	3,59%	857,15	Industrial
11	AIXTRON AG	3,38%	807,11	Technology
12	EPCOS AG.	2,71%	647,29	Technology
13	FREENET AG	2,39%	569,60	Software
14	PFEIFFER VACUUM TECH	2,25%	538,24	Industrial
15	KONTRON AG	2,13%	507,52	Technology
16	SOLON AG	1,91%	455,30	Industrial
17	ERSOL SOLAR ENERGY AG	1,49%	356,64	Industrial
18	SINGULUS TECHNOL	1,47%	350,99	Industrial
19	BB MEDTECH	1,44%	343,87	Pharma & Healthcare
20	DRAEGERWERK	1,14%	272,67	Pharma & Healthcare
21	MORPHOSYS AG	1,12%	267,58	Pharma & Healthcare
22	CARL-ZEISS MEDITEC AG	1,10%	263,15	Pharma & Healthcare
23	REPOWER SYSTEMS AG	1,07%	254,94	Industrial
24	CENTROTHERM	1,05%	251,50	Industrial
25	VERSATEL	1,04%	247,54	Telecommunication
26	CONERGY AG	1,01%	241,40	Industrial
27	PHOENIX SOLAR AG	0,94%	224,38	Industrial
28	BECHTLE AG	0,89%	212,50	Software
29	QSC AG	0,81%	194,37	Telecommunication
30	IDS SCHEER AG	0,55%	131,59	Software

[212] Die Werte wurden der Website der Deutsche Börse AG entnommen; Stand: 28.04.2008

9.5 Zusammensetzung des MDAX[213]

Nr.	Unternehmen	Index-anteil	Markt-kapitalisierung in Mio. €	Sektor
31	K+S AG	10,09%	8.980,30	Chemicals
32	SALZGITTER AG	5,91%	5.256,26	Basic resources
33	EADS	5,52%	4.915,23	Industrial
34	FRESENIUS	4,82%	4.289,45	Pharma & Healthcare
35	BEIERSDORF AG	4,69%	4.169,94	Consumer
36	GEA GROUP AG	4,22%	3.751,56	Industrial
37	HOCHTIEF AG	3,31%	2.942,50	Construction
38	SGL CARBON AG	2,88%	2.559,27	Chemicals
39	WACKER CHEMIE	2,87%	2.550,78	Chemicals
40	STADA ARZNEIMITT.	2,76%	2.451,63	Pharma & Healthcare
41	CELESIO AG	2,49%	2.218,44	Retail
42	LANXESS AG	2,46%	2.185,73	Chemicals
43	BILFINGER BERGER AG	2,33%	2.077,77	Construction
44	HANN.RUECKVER.AG	2,25%	1.999,71	Insurance
45	HEIDELBERGCEMENT AG	2,12%	1.887,91	Construction
46	SYMRISE AG	2,06%	1.835,60	Chemicals
47	FRAPORT AG	1,95%	1.737,99	Transportation & Logistics
48	RHEINMETALL AG	1,95%	1.735,20	Industrial
49	KLOECKNER + CO AG	1,93%	1.720,04	Industrial
50	RHOEN-KLINIKUM	1,89%	1.684,68	Pharma & Healthcare
51	WINCOR NIXDORF	1,87%	1.660,87	Industrial
52	TOGNUM AG	1,76%	1.567,04	Industrial
53	IVG IMMOBILIEN AG	1,65%	1.470,43	Financial Services
54	MTU AERO ENGINES	1,62%	1.438,84	Industrial
55	PUMA AG	1,58%	1.401,59	Consumer
56	ARCANDOR AG	1,42%	1.262,08	Retail
57	PREMIERE	1,40%	1.244,91	Media
58	HAMBURG.HAFEN	1,32%	1.170,30	Transportation & Logistics
59	LEONI AG	1,13%	1.008,32	Automobile
60	DOUGLAS HOLDING	1,11%	988,57	Retail

[213] Die Werte wurden der Website der Deutsche Börse AG entnommen; Stand: 28.04.2008. Die laufende Nummer beginnt bei 31, da der MDAX in der logischen Reihenfolge dem DAX 30 folgt.

Nr.	Unternehmen	Index-anteil	Markt-kapitalisierung in Mio. €	Sektor
61	ALTANA AG	1,07%	948,80	Chemicals
62	NORDDT.AFFINERIE	1,06%	947,58	Basic resources
63	HEIDELBERG.DRUCKMA.	1,05%	932,67	Industrial
64	SUEDZUCKER	1,04%	929,33	Food & Beverages
65	AMB GENERALI HOLDING AG	1,02%	911,31	Insurance
66	VOSSLOH AG	1,00%	894,15	Industrial
67	PRAKTIKER BAU-U.H.HLDG	0,96%	855,50	Retail
68	GILDEMEISTER AG	0,93%	826,21	Industrial
69	PROSIEBENSAT.1	0,92%	816,39	Media
70	KRONES AG	0,89%	795,55	Industrial
71	DEUTSCHE EUROSHOP AG	0,83%	734,87	Financial Services
72	MLP AG	0,80%	712,25	Financial Services
73	PFLEIDERER AG	0,80%	708,40	Industrial
74	DEMAG CRANES AG	0,80%	708,02	Industrial
75	GAGFAH	0,74%	661,44	Financial Services
76	KUKA AG	0,71%	628,82	Industrial
77	AAREAL BANK AG	0,70%	626,39	Banks
78	HUGO BOSS AG	0,55%	487,33	Consumer
79	DEUTZ AG	0,52%	463,20	Industrial
80	ARQUES INDUSTRIES AG	0,27%	237,26	Financial Services

9.6 Zusammensetzung des SDAX[214]

Nr.	Unternehmen	Index-anteil	Markt-kapitalisierung in Mio. €	Sektor
1	GERRESHEIMER AG	5,50%	827,74	Pharma & Healthcare
2	FUCHS PETROL.AG	5,48%	824,83	Chemicals
3	ELRINGKLINGER AG	4,65%	699,17	Automobile
4	BAYWA AG	4,39%	660,02	Industrial
5	A.SPRINGER AG	4,34%	653,08	Media
6	FIELMANN AG	3,76%	566,42	Retail
7	BAUER AG	3,18%	478,05	Construction
8	RATIONAL AG	3,09%	465,81	Industrial
9	DIC ASSET AG	2,93%	440,67	Financial Services
10	GFK AG	2,74%	412,79	Industrial
11	D + S EUROPE AG	2,59%	390,12	Media
12	MVV ENERGIE AG	2,59%	389,70	Utilities
13	JUNGHEINRICH AG	2,33%	350,08	Industrial
14	ALSTRIA OFFICE REIT AG	2,28%	343,39	Financial Services
15	MPC MUENCH.PET.CAP.	2,23%	336,06	Financial Services
16	DEUTSCHE WOHNEN AG	2,18%	328,61	Financial Services
17	AIR BERLIN	2,15%	324,21	Transportation & Logistics
18	KWS SAAT AG	2,10%	315,46	Industrial
19	INDUS HOLDING AG	2,01%	302,23	Financial Services
20	KOENIG + BAUER AG	1,89%	284,73	Industrial
21	MEDION AG	1,86%	279,35	Industrial
22	WACKER CONSTR.	1,78%	268,15	Industrial
23	GERRY WEBER INTERNAT.	1,72%	258,32	Consumer
24	CTS EVENTIM AG	1,71%	256,64	Media
25	COMDIRECT BANK AG	1,69%	255,09	Financial Services
26	TAKKT AG	1,60%	240,81	Retail
27	H+R WASAG AG	1,55%	233,37	Chemicals
28	IKB DT.INDUSTRIEBANK	1,50%	225,38	Banks
29	SIXT AG	1,49%	224,15	Transportation & Logistics
30	COLON.REAL ESTATE AG	1,48%	222,01	Financial Services

[214] Die Werte wurden der Website der Deutsche Börse AG entnommen; Stand: 28.04.2008

Nr.	Unternehmen	Index-anteil	Markt-kapitalisierung in Mio. €	Sektor
31	BIOTEST AG	1,45%	217,65	Pharma & Healthcare
32	DT.BETEILIG.AG	1,44%	216,22	Financial Services
33	INTERHYP AG	1,38%	208,39	Financial Services
34	GRENKELEASING AG	1,38%	207,89	Financial Services
35	HIGHLIGHT CMNCTS	1,37%	205,83	Media
36	HOMAG GROUP AG	1,32%	199,19	Industrial
37	C.A.T. OIL AG	1,28%	192,27	Basic resources
38	VIVACON AG	1,26%	190,14	Financial Services
39	HCI CAPITAL	1,23%	185,05	Financial Services
40	TAG TEGERNSEE IMMOB.	1,17%	176,28	Financial Services
41	GRAMMER AG	1,15%	173,64	Automobile
42	DUERR AG	1,11%	166,81	Industrial
43	ELEXIS AG	1,10%	166,24	Industrial
44	DYCKERHOFF	1,10%	165,40	Construction
45	EM.SPORT MEDIA AG	0,88%	132,99	Media
46	ESCADA AG	0,84%	126,28	Consumer
47	PATRIZIA IMMOBILIEN	0,68%	102,37	Financial Services
48	CURANUM AG	0,60%	90,35	Pharma & Healthcare
49	BALDA AG	0,40%	60,44	Industrial
50	THIELERT	0,07%	10,68	Industrial

9.7 Tabelle der Standardnormalverteilung

z	$F_{SN}(-z)$	$F_{SN}(z)$	$D(z)$	z	$F_{SN}(-z)$	$F_{SN}(z)$	$D(z)$	z	$F_{SN}(-z)$	$F_{SN}(z)$	$D(z)$
	0.	0.	0.		0.	0.	0.		0.	0.	0.
0.01	4960	5040	0080	0.51	3050	6950	3899	1.01	1562	8438	6875
0.02	4920	5080	0160	0.52	3015	6985	3969	1.02	1539	8461	6923
0.03	4880	5120	0239	0.53	2981	7019	4039	1.03	1515	8485	6970
0.04	4840	5160	0319	0.54	2946	7054	4108	1.04	1492	8508	7017
0.05	4801	5199	0399	0.55	2912	7088	4177	1.05	1469	8531	7063
0.06	4761	5239	0478	0.56	2877	7123	4245	1.06	1446	8554	7109
0.07	4721	5279	0558	0.57	2843	7157	4313	1.07	1423	8577	7154
0.08	4681	5319	0638	0.58	2810	7190	4381	1.08	1401	8599	7199
0.09	4641	5359	0717	0.59	2776	7224	4448	1.09	1379	8621	7243
0.10	4602	5398	0797	0.60	2743	7257	4515	1.10	1357	8643	7287
0.11	4562	5438	0876	0.61	2709	7291	4581	1.11	1335	8665	7330
0.12	4522	5478	0955	0.62	2676	7324	4647	1.12	1314	8686	7373
0.13	4483	5517	1034	0.63	2643	7357	4713	1.13	1292	8708	7415
0.14	4443	5557	1113	0.64	2G11	7389	4778	1.14	1271	8729	7457
0.15	4404	5596	1192	0.65	2578	7422	4843	1.15	1251	8749	7499
0.16	4364	5636	1271	0.66	2546	7454	4907	1.16	1230	8770	7540
0.17	4325	5675	1350	0.67	2514	7486	4971	1.17	1210	8790	7580
0.18	4286	5714	1428	0.68	2483	7517	5035	1.18	1190	8810	7620
0.19	4247	5753	1507	0.69	2451	7549	5098	1.19	1170	8830	7660
0.20	4207	5793	1585	0.70	2420	7580	5161	1.20	1151	8849	7699
0.21	4168	5832	1663	0.71	2389	7611	5223	1.21	1131	8869	7737
0.22	4129	5871	1741	0.72	2358	7642	5285	1.22	1112	8888	7775
0.23	4090	5910	1819	0.73	2327	7673	5346	1.23	1093	8907	7813
0.24	4052	5948	1897	0.74	2296	7704	5407	1.24	1075	8925	7850
0.25	4013	5987	1974	0.75	2266	7734	5467	1.25	1056	8944	7887
0.26	3974	6026	2051	0.76	2236	7764	5527	1.26	1038	8962	7923
0.27	3936	6064	2128	0.77	2206	779,4	5587	1.27	1020	8980	7959
0.28	3897	6103	2205	0.78	2177	7823	5646	1.28	1003	8997	7995
0.29	3859	6141	2282	0.79	2148	7852	5705	1.29	0985	9015	8029
0.30	3821	6179	2358	0.80	2119	7881	5763	1.30	0968	9032	8064
0.31	3783	6217	2434	0.81	2090	7910	5821	1.31	0951	9049	8090
0.32	3745	6255	2510	0.82	2061	7939	5878	1.32	0934	9066	8132
0.33	3707	6293	2586	0.83	2033	7967	5935	1.33	0918	9082	8165
0.34	3669	6331	2661	0.84	2005	7995	5991	1.34	0901	9099	8198
0.35	3632	6368	2737	0.85	1977	8023	6047	1.35	0885	9115	8230
0.36	3594	6406	2812	0.86	1949	8051	6102	1.36	0869	9131	8262
0.37	3557	6443	2886	0.87	1922	8078	6157	1.37	0853	9147	8293
0.38	3520	6480	2961	0.88	1894	8106	6211	1.38	0838	9162	8324
0.39	3483	6517	3035	0.89	1867	8133	6265	1.39	0823	9177	8355
0.40	3446	6554	3108	0.90	1841	8159	6319	1.40	0808	9192	8385
0.41	3409	6591	3182	0.91	1814	8186	6372	1.41	0793	9207	8415
0.42	3372	6628	3255	0.92	1788	8212	6424	1.42	0778	9222	8444
0 43	3336	6664	3328	0.93	1762	8238	6476	1.43	0764	9236	8473
0.44	3300	6700	3401	0.94	1736	8264	6528	1.44	0749	9251	8501
0.45	3264	6736	3473	0.95	1711	8289	6579	1.45	0735	9265	8529
0.46	3228	6772	3545	0.96	1685	8315	6629	1.46	0721	9279	8557
0.47	3192	6808	3616	0.97	1660	8340	6680	1.47	0708	9292	8584
0.48	3156	6844	3688	0.98	1635	8365	6729	1.48	0694	9306	8611
0.49	3121	6879	3759	0.99	1611	8389	6778	1.49	0681	9319	8638
0.50	3085	6915	3829	1.00	1587	8413	6827	1.50	0668	9332	8664

z	$F_{SN}(-z)$	$F_{SN}(z)$	$D(z)$	z	$F_{SN}(-z)$	$F_{SN}(z)$	$D(z)$	z	$F_{SN}(-z)$	$F_{SN}(z)$	$D(z)$
	0.	0.	0.		0.	0.	0.		0.	0.	0.
1.51	0655	9345	8690	2.01	0222	9778	9556	2.51	0060	9940	9879
1.52	0643	9357	8715	2.02	0217	9783	9566	2.52	0059	9941	9883
1.53	0630	9370	8740	2.03	0212	9788	9576	2.53	0057	9943	9886
1.54	0618	9382	8764	2.04	0207	9793	9586	2.54	0055	9945	9889
1.55	0606	9394	8789	2.05	0202	9798	9596	2.55	0054	9946	9892
1.56	0594	9406	8812	2.06	0197	9803	9606	2.56	0052	9948	9895
1.57	0582	9418	8836	2.07	0192	9808	9615	2.57	0051	9949	9898
1.58	0571	9429	8859	2.08	0183	9812	9625	2.58	0049	9951	9901
1.59	0559	9441	8882	2.09	0183	9817	9634	2.59	0048	9952	9904
1.60	0548	9452	8904	2.10	0179	9821	9643	2.60	0047	9953	9907
1.61	0537	9463	8926	2.11	0174	9826	9651	2.61	0045	9955	9909
1.62	0526	9474	8948	2.12	0170	9830	9660	2.62	0044	9956	9912
1.63	0516	9484	8969	2.13	0166	9834	9668	2.63	0043	9957	9915
1.64	0505	9495	8990	2.14	0162	9838	9676	2.64	0041	9959	9917
1.65	0495	9505	9011	2.15	0158	9842	9684	2.65	0040	9960	9920
1.66	0485	9515	9031	2.16	0154	9846	9692	2.66	0039	9961	9922
1.67	0475	9525	9051	2.17	0150	9850	9700	2.67	0038	9962	9924
1.68	0465	9535	9070	2.18	0146	9854	9707	2.68	0037	9963	9926
1.69	0455	9545	9090	2.19	0143	9857	9715	2.69	0036	9964	9929
1.70	0446	9554	9109	2.20	0139	9861	9722	2.70	0035	9965	9931
1.71	0436	9564	9127	2.21	0136	9864	9729	2.71	0034	9966	9933
1.72	0427	9573	9146	2.22	0132	9868	9736	2.72	0033	9967	9935
1.73	0418	9582	9164	2.23	0129	9871	9743	2.73	0032	9968	9937
1.74	0409	9591	9181	2.24	0125	9875	9749	2.74	0031	9969	9939
1.75	0401	9599	9199	2.25	0122	9878	9756	2.75	0030	9970	9940
1.76	0392	9608	9216	2.26	0119	9881	9762	2.76	0029	9971	9942
1.77	0384	9616	9233	2.27	0116	9884	9768	2.77	0028	9972	9944
1.78	0375	9625	9249	2.28	0113	9887	9774	2.78	0027	9973	9946
1.79	0367	9633	9265	2.29	0110	9890	9780	2.79	0026	9974	9947
1.80	0359	9641	9281	2.30	0107	9893	9786	2.80	0026	9974	9949
1.81	0351	9649	9297	2.31	0104	9896	9791	2.81	0025	9975	9950
1.82	0344	9656	9312	2.32	0102	9898	9797	2.82	0024	9976	9952
1.83	0336	9664	9328	2.33	0099	9901	9802	2.83	0023	9977	9953
1.84	0329	9671	9342	2.34	0096	9904	9807	2.84	0023	9977	9955
1.85	0322	9678	9357	2.35	0094	9906	9812	2.85	0022	9978	9956
1.86	0314	9686	9371	2.36	0091	9909	9817	2.86	0021	9979	9958
1.87	0307	9693	9385	2.37	0089	9911	9822	2.87	0021	9979	9959
1.88	0301	9699	9399	2.38	0087	9913	9827	2.88	0020	9980	9960
1.89	0294	9706	9412	2.39	0084	9916	9832	2.89	0019	9981	9961
1.90	0287	9713	9426	2.40	0082	9918	9836	2.90	0019	9981	9963
1.91	0281	9719	9439	2.41	0080	9920	9840	2.91	0018	9982	9964
1.92	0274	9726	9451	2.42	0078	9922	9845	2.92	0018	9982	9965
1.93	0268	9732	9464	2.43	0075	9925	9849	2.93	0017	9983	9966
1.94	0262	9738	9476	2.44	0073	9927	9853	2.94	0016	9984	9967
1.95	0256	9744	9488	2.45	0071	9929	9857	2.95	0016	9984	9968
1.96	0250	9750	9500	2.46	0069	9931	9861	2.96	0015	9985	9969
1.97	0244	9756	9512	2.47	0068	9932	9865	2.97	0015	9985	9970
1.98	0239	9761	9523	2.48	0066	9934	9869	2.98	0014	9986	9971
1.99	0233	9767	9534	2.49	0064	9936	9872	2.99	0014	9986	9972
2.00	0228	9772	9545	2.50	0062	9938	9876	3.00	0013	9987	9973

9.8 Fragenkatalog zum Rating

1. Sparte: Branchen-, Produkt- und Marktstellung

Frage 1: Welche Produkte vertreiben Sie und auf welchen Märkten sind Sie präsent?

Antwort 1: Sägemaschinen: 350.000 € (Umsatzanteil 25%)

Hobelbänke: 550.000 € (Umsatzanteil 39%)

Drehbänke: 502.000 € (Umsatzanteil 36%)

Absatzgebiet Europa: 978.000 €

Absatzgebiet Amerika: 424.000 €

Frage 2: Wie teilen sich die Produkte auf die Absatzgebiete auf?

Antwort 2: Sägemaschine in Europa: 244.000 €

Sägemaschine in Amerika: 106.000 €

Hobelbänke in Europa: 396.000 €

Hobelbänke in Amerika: 154.000 €

Drehbänke in Europa: 338.000 €

Drehbänke in Amerika: 164.000 €

Frage 3: Wie hoch ist das mittelfristige reale Wachstum der Produkte?

Antwort 3: Bei allen Produkten und auf allen Märkten wird ein reales Wachstum von 2% als realistisch angesehen.

Frage 4: Wie hoch ist die Branchenrentabilität (Ergebnis vor Steuern/Umsatz) in der Vergangenheit und wie wird die Zukunft gesehen?

Antwort 4: Die durchschnittliche Branchenrentabilität betrug 3%, es wird zukünftig aufgrund von Marktbereinigungen mit sinkender Konkurrenz und damit einhergehenden steigenden Renditen auf 5% gerechnet.

Frage 5: Wie hoch sind die Preisschwankungen in der Branche?

Antwort 5: Die Preise schwanken moderat.

Frage 6: Wie groß sind die Nachfrageschwankungen in der Branche?

Antwort 6: Die Nachfrageschwankungen sind ebenfalls moderat, da es keine saisonale oder zyklische Bewegungen gibt.

Frage 7: Wie viel Prozent des Umsatzes entfallen auf die 3 größten Kunden?

Antwort 7: Mit ca. 35% ist es ein relativ hoher Anteil.

Frage 8: Wie stark ist die Gesellschaft von gesellschaftlichen Moden/Trends abhängig?

Antwort 8: Überhaupt nicht.

Frage 9: Wie hoch ist der Anteil der Fremdwährungsumsätze, deren Kursrisiko abgesichert ist?

Antwort 9: Umsätze werden generell nicht durch Devisentransaktionen abgesichert.

Frage 10: Wie lange sichert der derzeitige Auftragsbestand die Kapazitätsauslastung?

Antwort 10: Der Auftragsbestand sorgt für eine durchschnittliche Kapazitätsauslastung von etwa einem halben Jahr und ist damit recht hoch.

Frage 11: Wie ausgewogen ist die Verteilung der Produkte über die Stadien des Produktlebenszyklus?

Antwort 11: Das Portfolio verteilt sich relativ ausgewogen über die Phasen.

Frage 12: Tragen Sie die Produkte in eine Produktlebenszyklusgraphik ein!

Frage 13: Wie haben sich die Marktanteile der Holz AG im Vergleich zu den wichtigsten Wettbewerbern in der Vergangenheit entwickelt?

Antwort 13: Sie sind im Vergleich etwas angestiegen.

Frage 14: Wie hoch waren die Deckungsbeiträge der Produkte?

Antwort 14: Die Deckungsbeiträge (Umsatz abzgl. variabler Kosten) der Produkte entwickelten sich in der Vergangenheit ähnlich:

Sägemaschine: 45%; Hobelbänke: 50% und Drehbänke 48%.

Frage 15: Tragen Sie in einer Marktanteils-/Marktwachstumsmatrix Ihre Produkte ein!

Sparte 2: Management und Strategie

Frage 16: Hat das Unternehmen eine schriftlich fixierte Unternehmensstrategie?

Antwort 16: Die Grundzüge der Unternehmensstrategie wurden im Rahmen eines Audits einmal festgehalten.

Frage 17: Wie lautet die Strategie in wenigen Worten?

Antwort 17: Die Holz AG sieht sich als Produzent und Vertreiber von maschinellen Werkzeugen und ist bestrebt, durch eine aktive Marktpolitik zukünftig auf den asiatischen Raum zu bedienen.

Frage 18: Kennen Sie die wichtigsten Wettbewerber, deren Aktivitäten sowie deren Stärken und Schwächen?

Antwort 18: Sie sind weitgehend bekannt.

Frage 19: Besitzt das Unternehmen eine klare Vorstellung von seinen Zielen und Prioritäten hinsichtlich neuer Produkte und Märkte?

Antwort 19: Es bestehen klare Vorstellungen, sie wurden aber noch nicht konkret schriftlich fixiert.

Frage 20: Beschreiben Sie die Gesellschafterstruktur!

Antwort 20: Die AG hat 8 Gesellschafter, von denen einer die kaufmännische und ein zweiter die technische Leitung innehat. Die übrigen Personen sind Familienangehörige und nicht an der Unternehmung aktiv beteiligt.

Frage 21: Wie viel Prozent des Gesellschaftskapitals sind im Management vertreten?

Antwort 21: 20%

Frage 22: Gab es in den letzten 2 Jahren eine haftungsbeschränkende Rechtsformänderung und wenn ja, zu welcher Rechtsform?

Antwort 22: In den letzten zwei Jahren nicht, jedoch wurde eine vor 4 Jahren die KG in eine AG umgewandelt.

Frage 23: Seit wann führt der Vorstand/die Geschäftsführung das Unternehmen?

Antwort 23: Seit 5 Jahren

Frage 24: Wenn weniger als 5 Jahre, wie oft hat der Vorstand in dieser Zeit gewechselt?

Antwort 24: Frage nicht relevant.

Frage 25: Wie hoch ist das Durchschnittalter der Geschäftsleitung?

Antwort 25: Das Durchschnittsalter beträgt 44 Jahre, der kaufmännische Geschäftsführer ist 47 Jahre, der technische Leiter 41 Jahre alt.

Frage 26: Welche Vertretungsregelungen bestehen für die Geschäftsleitung für den Krankheits- bzw. Urlaubsfall?

Antwort 26: Der kaufmännische Leiter wird durch den Prokuristen, der technische Leiter durch den technischen Betriebsleiter vertreten. Das Unternehmen ist bei einem Ausfall in keiner Weise negativ beeinträchtigt

Frage 27: Besteht für die Geschäftsleitung eine Nachfolgeplanung bzw. eine Nachfolgeregelung?

Antwort 27: Eine Nachfolgeplanung ist in Ansätzen vorhanden. Es ist vorgesehen, dass die beiden Söhne der Geschäftsführer die Unternehmung weiterführen werden.

Frage 28: Existiert im Unternehmen ein Aufsichtsrat, der auf die Entscheidungen der Geschäftsleitung beratend Einfluss nimmt?

Antwort 28: Der Aufsichtsrat (die Familie) nimmt nur sehr begrenzt Einfluss.

Frage 29: Wie hoch ist in Ihrem Leitungsorgan und der 2. Führungsebene das Verhältnis von Personen mit betriebswirtschaftlicher Qualifikation zum Bedarf?

Antwort 29: Die betriebswirtschaftliche Ist-Qualifikation entspricht weitestgehend der Soll-Qualifikation.

Frage 30: Wie hoch ist in Ihrem Leitungsorgan und der 2. Führungsebene das Verhältnis von Personen mit einschlägiger technischer Qualifikation zum Bedarf?

Antwort 30: Die technische Ist-Qualifikation entspricht in vollem Umfang der Soll-Qualifikation.

Frage 31: Wie hoch ist in Ihrem Leitungsorgan und der 2. Führungsebene das Verhältnis von Personen mit branchenbezogener Qualifikation zum Bedarf?

Antwort 31: Die branchenbezogene Ist-Qualifikation entspricht in vollem Umfang der Soll-Qualifikation.

Frage 32: Existieren in Ihrem Unternehmen eine Personalplanung sowie Qualifikationsprogramme?

Antwort 32: Eine systematische Personalplanung existiert noch nicht.

Frage 33: Wie hoch ist der Altersdurchschnitt der Belegschaft?

Antwort 33: 37 Jahre

Frage 34: Wie hoch ist die Mitarbeiterfluktuation im Vergleich zur Branche?

Antwort 34: Mit etwa 15% (ein Siebtel der Belegschaft wechselt im Schnitt jährlich) liegen wir unter dem Durchschnitt.

Frage 35: Wie stark ist das Know-how an die Mitarbeiter gebunden?

Antwort 35: Derzeit ist das Know-how stark auf einige Personen konzentriert, es wird noch an einem besseren Wissenstransfer gearbeitet.

Sparte 3: Interne Wertschöpfung

Frage 36: Verfügt das Unternehmen über eine klar gegliederte Aufbauorganisation?

Antwort 36: Die Aufbauorganisation existiert, ist aber noch nicht genau dokumentiert.

Frage 37: Verfügt das Unternehmen über eine klar gegliederte Ablauforganisation?

Antwort 37: Die Ablauforganisation existiert, ist aber noch nicht genau dokumentiert.

Frage 38: Verfügt das Unternehmen über ein Qualitätsmanagementsystem?

Antwort 38: Ein Qualitätsmanagementsystem ist in groben Zügen vorhanden.

Frage 39: Verfügt das Unternehmen über ein Datensicherungssystem (Sicherung vor Datenverlust, Viren, Sabotage etc.)?

Antwort 39: Datensicherungen werden täglich gemacht.

Frage 40: Werden im Unternehmen F&E-Maßnahmen systematisch durchgeführt?

Antwort 40: F&E-Maßnahmen gibt es nicht geregelt.

Frage 41: Wie groß ist der technische Vorsprung aufgrund der F&E-Maßnahmen?

Antwort 41: Frage nicht relevant.

Frage 42: Gibt es Patente, Schutzrechte etc. für Produkte?

Antwort 42: Nein, gibt es nicht.

Frage 43: Wo sehen Sie die Zukunftsprodukte, wo die Entwicklungspotenziale?

Antwort 43: Es sind generell die Produktmöglichkeiten in Asien.

Frage 44: Optimiert das Unternehmen die Einkaufskonditionen kontinuierlich?

Antwort 44: Die Konditionen werden fallweise, aber nicht systematisch optimiert.

Frage 45: Bestehen starke Abhängigkeiten von einzelnen Lieferanten?

Antwort 45: Es bestehen deutliche Abhängigkeiten, insbesondere bei Zwischenprodukten.

Frage 46: Existiert ein systematisches Lagermanagement mit DV-Unterstützung?

Antwort 46: Es existiert ein Warenwirtschaftssystem, aus dem aktuell die Bestände ermittelt werden können.

Frage 47: In welchem Verhältnis stehen die Ziele des Lagermanagements – geringe Kapitalbindung versus hohe Sicherheitsreserven – zueinander?

Antwort 47: Die Lagerbestände sind trotz ABC-Analyse etwas zu hoch.

Frage 48: Wie hoch ist das Durchschnittsalter Ihrer Produktionsanlagen?

Antwort 48: 5 Jahre

Frage 49: Wird regelmäßig und systematisch eine Optimierung der Prozesse zur Produktivitätssteigerung durchgeführt?

Antwort 49: Es findet eine fallweise Optimierung statt.

Frage 50: Existiert eine strukturierte Vertriebsorganisation?

Antwort 50: Ja, Europa haben wir in 5 Gebiete mit entsprechenden Ansprechpartnern gegliedert und Amerika wird von 3 Handelsvertretern betreut.

Frage 51: Existiert ein klares Marketingkonzept mit regelmäßiger und systematischer Marktforschung?

Antwort 51: Es existiert ein Marketingkonzept, aber kein systematisches.

Sparte 4: Planung und Steuerung

Frage 52: Zum Ende welchen Quartals des neuen Geschäftsjahres lag im Durchschnitt der letzten Jahre der Jahresabschluss vor?

Antwort 52: Spätestens zum Ende des 2. Quartals

Frage 53: Wie oft jährlich informieren Sie Ihre Hausbank über die Entwicklung Ihres Unternehmens?

Antwort 53: Die Hausbank erhält den testierten Jahresabschluss und bei Bedarf eine Budgetplanung des kommenden Jahres auf Monatsbasis.

Frage 54: Wer ist dabei im Allgemeinen der Initiator?

Antwort 54: Die Bank erhält die Unterlagen immer unaufgefordert nach Fertigstellung.

Frage 55: Sind die eingereichten Unterlagen aussagekräftig und nachvollziehbar?

Antwort 55: Ja, es erfolgen auf den Jahresabschluss praktisch keine Rückfragen.

Frage 56: Existiert eine vollständige Bilanzplanung unter Berücksichtigung verschiedener Szenarien?

Antwort 56: Nein, es wird lediglich eine betriebswirtschaftliche Auswertung auf Basis der geplanten Erlöse und Aufwendungen erstellt.

Frage 57: Existiert eine vollständige GuV-Planung unter Berücksichtigung verschiedener Szenarien?

Antwort 57: Siehe Antwort 56; es wird eine GuV-Planung erstellt, allerdings ohne verschiedene Szenarien.

Frage 58: Existiert eine vollständige Liquiditätsplanung unter Berücksichtigung verschiedener Szenarien?

Antwort 58: Nein, eine Liquiditätsplanung wird nicht erstellt, es wird lediglich morgens der Finanzstatus über den Banksaldo ermittelt.

Frage 59: Existiert eine vollständige Investitionsplanung unter Berücksichtigung verschiedener Szenarien?

Antwort 59: Nein, eine Investitionsplanung existiert noch nicht, ist aber aufgrund des hohen Liquiditätsbedarfs zukünftig geplant.

Frage 60: Welche Planungen sprechen Sie mit der Bank ab?

Antwort 60: Keine

Frage 61: Existiert ein regelmäßiger und systematischer Soll-Ist-Vergleich der Planungsrechnungen?

Antwort 61: Ein Abgleich findet monatlich aufgrund der BWA statt, grobe Abweichungen werden hinterfragt.

Frage 62: Um wie viel % wichen in den letzten 2 Jahren die Ist-Zahlen von den Planzahlen ab?

Antwort 62: Die Istzahlen (Ergebnis) liegen meist 5-10% über den Planzahlen, da wir konservativ planen.

Frage 63: In welchem Umfang ist das Unternehmen gegen folgende Risiken gesichert:

Betriebsunterbrechung, Feuer, Betriebshaftpflicht, Umwelt, Sonstige

Antwort 63: Betriebsunterbrechung; keine Absicherung

Feuer; 100%

Betriebshaftpflicht; ausreichend

Umwelt; keine Absicherung

Sonstige; keine

Sparte 5: Kontodaten und Finanzpolitik

Frage 64:	Existiert ein systematisches Forderungsüberwachungs- und Mahnwesen?
Antwort 64:	Ja, es werden täglich die fälligen Debitorenrechnungen ausgedruckt und überwacht.
Frage 65:	In welchem Umfang haben Sie im letzten Jahr Ihre genehmigte Kreditlinie in Anspruch genommen?
Antwort 65:	Es wurden lediglich einmal im Zuge einer Neuinvestition 50.000 € für 5 Kalendertage in Anspruch genommen.
Frage 66:	An wie vielen Tagen des letzten Jahres zeigte Ihr Konto ein Guthabensaldo (Habensaldo)?
Antwort 66:	An etwa 200 Tagen
Frage 67:	Wie oft haben Sie im letzten Jahr Zins- und Tilgungsstundungen beantragt?
Antwort 67:	Nie
Frage 68:	Welche Finanzierungsgrundsätze (Eigen-, Fremd-, Innen- und/oder Außenfinanzierung verfolgt Ihr Unternehmen für die nächsten Jahre und mit welchem Ziel?
Antwort 68:	Das Unternehmen möchte in den nächsten 2 Jahren seine Eigenkapitalquote von 25 auf 40% durch Gewinnthesaurierung erhöhen, um etwas unabhängiger von Fremdkapitalgebern zu sein.
Frage 69:	Wie viel % des Gewinns wurden in den letzten 3 Jahren durchschnittlich thesauriert (also nicht ausgeschüttet)?
Antwort 69:	Jeweils 50%

Frage 70: Wie viel % des Gewinns planen Sie in den nächsten 5 Jahren durchschnittlich zu thesaurieren?

Antwort 70: Jeweils 50%

9.9 Umsatzmultiplikatoren ausgewählter Branchen

Branchen	Erfahrungssätze in % vom Umsatz		
	Mindest-satz	**Mittel-satz**	**Höchst-satz**
Gärtnerei	12	20	30
Forstwirtschaften	0	0	0
Schlachtereien	5	11	19
Obst-/Gemüseverarbeitung	6	20	34
Bäckereien	14	20	28
Getränkeherstellung	14	23	36
Winzereien	10	15	25
Brauereien	28	40	53
Textilgewerbe	5	15	25
Herstellung von Oberbekleidung	2	11	20
Lederverarbeitung	7	12	20
Herstellung von Schuhen	8	14	24
Sägewerke	12	22	36
Papierverarbeitung	22	31	45
Buchverlage	16	34	48
Zeitungsverlage	16	21	27
Chemische Industrie	40	54	72
Pharmaindustrie	42	58	76
Herstellung von Keramik	11	21	31
Herstellung von Betonfertigteilen	0	4	10
Metallerzeugung u. -bearbeitung	5	20	35
Stahl-/Leichtmetallbau	14	27	42
Maschinenbau	15	25	35
Herstellung von Büromaschinen	6	12	22
Herstellung von DV-Geräten	4	11	18
Herstellung von Kfz-Zubehör	8	26	40
Schiffbau	2	10	18
Möbelherstellung	6	20	32
Schmuckherstellung	18	28	43
Herstellung von Musikinstrumenten	24	28	32
Sportgerätehersteller	14	25	35
Herstellung von Spielwaren	18	29	40
Recycling von Schrott	32	45	56

Elektrizitätsversorgung	61	68	75
Baugewerbe	10	25	40
Hoch- und Tiefbau	12	20	32
Elektroinstallation	19	32	48
Sanitär und Heizung	16	24	35
Stuckateurgewerbe	31	38	45
Maler	28	34	40
Glaser	29	36	44
Vermietung von Baumaschinen	39	55	71
Kfz-Handel	12	18	26
Kfz-Werkstätten	15	22	30
Handelsvertretungen	20	35	50
Großhandel mit Obst, Gemüse	17	26	35
Großhandel mit Getränken	38	45	52
Großhandel mit Tabakwaren	20	23	25
Pharmazeutischer Großhandel	42	58	71
Einzelhandel Lebensmittel/Getränke/Tabakwaren	8	16	25
Getränkehandel/Bierverlag	26	36	50
Einzelhandel mit Tabakwaren	3	8	12
Apotheken	25	32	51
Einzelhandel mit Bekleidung	3	11	33
Einzelhandel mit Schuhen	5	13	25
Einzelhandel mit Möbeln	12	24	36
Einzelhandel mit Büchern	14	28	42
Einzelhandel mit Zeitschriften	9	21	29
Einzelhandel mit Computer	6	15	25
Augenoptiker	11	21	32
Einzelhandel mit Antiquitäten	4	9	18
Hotels	10	21	32
Restaurants	12	25	35
Cafés	16	23	30
Eisdielen	14	20	26
Imbisshallen	5	15	26
Gaststätten	8	17	30
Diskotheken/Tanzlokale	22	36	55
Omnibus-Überland-Verkehr	12	22	28
Speditionen	5	15	25
Reisebüros	13	23	34
Private Paketdienste	20	26	33
Kreditbanken	36	52	68

Lebensversicherungen	80	95	110
Krankenversicherungen	35	45	55
Versicherungsagenturen	20	35	53
Versicherungsmakler	11	28	45
Immobilienmakler	11	25	35
Softwarehäuser	20	35	50
Reparatur von Büromaschinen	15	23	31
F&E Gentechnik	78	95	112
Rechtsanwalts-Stadtpraxen	52	62	70
Rechtsanwalts-Landpraxen	28	40	52
Patentanwaltskanzleien	37	54	60
Wirtschaftsprüferpraxen	110	125	140
Steuerberaterpraxen Stadt	100	116	125
Steuerberaterpraxen Land	90	100	110
Architekturbüros	26	43	60
Ingenieurbüros	12	28	44
Zeitarbeitsunternehmen	45	60	75
Detekteien	30	39	51
Gebäudereinigungen	47	61	76
Inkassobüros	42	56	66
Fahrschulen (Kfz)	18	25	34
Allgemeinmedizin	30	44	60
Augenarzt	25	37	48
Chirurg	28	40	50
Frauenarzt	26	42	56
HNO-Arzt	27	36	46
Dermatologie	18	27	42
Innere Medizin	25	36	48
Kinderarzt	25	38	47
Labormedizin	24	36	50
Lungenheilkunde	21	30	43
Neurochirurgie	23	33	44
Neurologie	26	32	38
Nuklearmedizin	25	38	52
Orthopädie	15	29	42
Praktischer Arzt	24	40	56
Radiologie	20	24	28
Urologie	22	34	46
Zahnarztpraxen	20	34	50
Heilpraktiker	21	35	54

Tierarztpraxen	18	35	52
Filmtheater	15	25	35
Tanzschulen	23	34	44
Wäschereien	15	21	28
Chemische Reinigungen	10	16	26
Damen- und Herrenfriseure	10	15	40
Kosmetiksalons	13	23	37
Bestattungsinstitute	26	36	48
Ehevermittlungsinstitut	22	30	38

10 Literaturverzeichnis

Achleitner A./von Einem C./von Schröder B., Private Debt – alternative Finanzierung für den Mittelstand, Stuttgart, 2004

Adelberger O., Formen der Innenfinanzierung, in: Handbuch des Finanzmanagements (Gerhardt/Gerke/Steiner Hrsg.), 1993, S. 197–228

Amit R./Glosten L., Does venture capital foster the most promising entrepreneurial firms?, in: California Management Review, Vol. 32, 3/1990, S. 102–111

Baetge J., Die Früherkennung von Unternehmenskrisen anhand von Abschlusskennzahlen, in: Der Betrieb, 2002, S. 2281–2287

Baetge J./Niemeyer K./Kümmel J., Darstellung der Discounted-Cashflow-Verfahren (DCF-Verfahren) mit Beispiel, in: Peemöller V., Praxishandbuch der Unternehmensbewertung, Herne/Berlin, 2004, S. 263–360

Baetge J./Stellbrink J., Früherkennung von Unternehmenskrisen mit Hilfe der Bilanzanalyse, in: Controlling, Heft 4/5, 2005, S. 213–222

Ballwieser W., Methoden der Unternehmensbewertung, in: Handbuch des Finanzmanagements (Gerhardt/Gerke/Steiner Hrsg.), 1993, S. 151–176

Ballwieser W., Wertorientierte Unternehmensführung: Grundlagen, in: Schmalenbachs Zeitschrift für betriebswirtschaftliche Forschung, 52. Jg., 3/2000, S. 160–166

Bamberg G./Baur F., Statistik, München, 2007

Barthel C., Unternehmenswert: Die vergleichsorientierten Bewertungsverfahren, in: Der Betrieb, 1996, S. 149–163

Baseler Ausschuss für Bankenaufsicht, Die Neue Baseler Eigenkapitalvereinbarung – 3. Konsultationspapier, Basel, 2003

Becker H.P., Grundlagen der Unternehmensfinanzierung, München, 2002

Behringer S., Unternehmensbewertung der Mittel- und Kleinbetriebe, Berlin, 2004

Bernet B./Denk C., Finanzierungsmodelle für KMU, Bern/Stuttgart/Wien, 2000

Betsch O./Groh A./Lohmann L., Corporate Finance, München, 2000

Bigus J., Finanzierung über Factoring und Finanzierung über Asset-Backed-Securities im Vergleich, in: Wirtschaftswissenschaftliches Studium, Heft 8, 2000, S. 465–467

Bigus J., Zur bilanziellen Abgrenzung von Eigen- und Fremdkapital, in: Der Betriebswirt, Heft 1, 2007, S. 7–21

Bitz H., Abgrenzung des Risiko-Frühwarnsystems i.e.S. nach KonTraG zu einem umfassenden Risikomanagementsystem im betriebswirtschaftlichen Sinn, in: Betriebswirtschaftliche Forschung und Praxis, 52. Jg., Heft 3, 2000, S. 231–241

Bitz M., Grundlagen des finanzwirtschaftlich orientierten Risikomanagements, in: Handbuch des Finanzmanagements (Gerhardt/Gerke/Steiner Hrsg.), 1993, S. 641–668

Black F./Jensen M./Scholes M., The Capital Asset Pricing Model: Some empirical tests, in: Studies in the Theory of Capital Markets, Jensen M. (Hrsg), New York, 1972, S. 79–121

Bleuel H., Monte-Carlo-Analysen im Risikomanagement mittels Software-Erweiterungen zu MS-Excel – dargestellt am Fallbeispiel der Unternehmensplanung, in: Controlling, Heft 7, 2006, S. 371–378

Bleymüller J./Gehlert G./Gülicher H., Statistik für Sozialwissenschaftler, 12. Auflage, München, 2004

Born K., Unternehmensanalyse und Unternehmensbewertung, Stuttgart, 2003

Bortz J., Statistik für Human- und Sozialwissenschaftler, Berlin, 2005

Bösl K./Sommer M., Mezzanine Finanzierung, München, 2006

Brandt D., Mezzanine Finanzierungsformen: Alternativen zu IPO und Bankendarlehen?, München, 2004

Bretz M., Eigenkapitalausstattung und Insolvenzen im Mittelstand, in: Betriebswirtschaftliche Forschung und Praxis, 50. Jg., Heft 3, 1998, S. 263–278

Breuer W./Schuhmacher F., Discounted-Cash-flow-Verfahren und Kapitalmarktspekulation, in: Betriebswirtschaftliche Forschung und Praxis, 56. Jg., 2004, S. 119–133

Brezski E./Böge H./Lübbehüsen T./Rohde T./Tomat O., Mezzanine-Kapital für den Mittelstand, Stuttgart, 2006

Burchert H./Hering T./Hoffjan A., Finanzwirtschaftliche Probleme mittelständischer Unternehmen, in: Betriebswirtschaftliche Forschung und Praxis, 50. Jg., 3/1998, S. 241–262

Büschgen E., Leasing: Erfolgs- und liquiditätsorientierter Vergleich zu traditionellen Finanzierungsinstrumenten, in: Handbuch des Finanzmanagements (Gerhardt/Gerke/Steiner Hrsg.), 1993, S. 495–518

Busse von Colbe W., Finanzflussrechnung als Grundlage für Finanzierungsentscheidungen, in: Handbuch des Finanzmanagements (Gerhardt/Gerke/Steiner Hrsg.), 1993, S. 25–42

Chmielewicz K., Integrierte Finanz-, Bilanz- und Erfolgsplanung, in: Handbuch des Finanzmanagements (Gerhardt/Gerke/Steiner Hrsg.), 1993, S. 43–66

Coenenberg A., Jahresabschluss und Jahresabschlussanalyse, Stuttgart, 2003

Copeland T./Weston J./Shastri K., Financial Theory and Corporate Policy, Wesley, 2005

Damodaran A., Investment Valuation: Tools and techniques for determining the value of any assets, New York, 1996

Däumler K.D./Grabe J., Betriebliche Finanzwirtschaft, Herne/Berlin, 2008

Drukarczyk J., Finanzierung über Pensionsrückstellungen, in: Handbuch des Finanzmanagements (Gerhardt/Gerke/Steiner Hrsg.), 1993, S. 229–260

Drukarczyk J., Finanzierung, Stuttgart, 2008

Eisenführ F., Beurteilungskriterien für Investitions- und Finanzierungsalternativen bei gegebenen Kapitalkosten, in: Handbuch des Finanzmanagements (Gerhardt/Gerke/Steiner Hrsg.), 1993, S. 99–120

Elango B., How venture capital firms differ, in: Journal of Business Venturing, Vol. 10, 2/1995, S. 157–179

Essler W./Kruschwitz L./Löffler A., Zur Verwendung des WACC-Verfahrens bei vorgegebener bilanzieller Verschuldung, in: Betriebswirtschaftliche Forschung und Praxis, 56. Jg., 2004, S. 134–147

Everling O./Schneck O., Das Rating ABC, Wiley, 2004

Everling O./Bargende D., Externe Ratingsysteme als Frühwarnsysteme, in: Controlling, Heft 4/5, 2005, S. 261–269

Ewert R./Szczesny A., Risikoindikatoren, Rating und Ausfallwahrscheinlichkeiten im Kreditgeschäft – Eine empirische Untersuchung vor dem Hintergrund von Basel II, in: Betriebswirtschaftliche Forschung und Praxis, 54. Jg., Heft 6, 2002, S. 574–590

Fama E., Risk-adjusted Discount Rates and Capital Budgeting under Uncertainty, in: Journal of Financial Economics, Vol. 5, 1977, S. 3–24

Fey G./Kuhn N., Der Börsengang – eine Finanzierungsalternative für den Mittelstand, in: Zeitschrift für das gesamte Kreditwesen, Heft 3, 2008, S. 114–117

Fey G./Kuhn N., Erfahrungen von Neuemittenten mit dem Börsengang, in: Der Finanzbetrieb, Heft 3, 2008, S. 215–218

Fischer T./Rödl K., Value Added Reporting – Publizität wertorientierter Managementkonzepte in den Geschäftsberichten der DAX-30 Unternehmen, in: Controlling, Heft 1, 2005, S. 23–32

Friege C./Stauss B., Forderungsmanagement, in: Wirtschaftswissenschaftliches Studium, Heft 11, 2007, S. 554–560

Garhammer C., Grundlagen der Finanzierungspraxis, Göttingen, 1998

Gebhardt G., Anleihen als Instrumente der langfristigen Finanzierung, in: Handbuch des Finanzmanagements (Gerhardt/Gerke/Steiner Hrsg.), 1993, S. 445–476

Gerke W./Rapp H.W., Eigenkapitalbeschaffung durch Erstemission von Aktien, in: Handbuch des Finanzmanagements (Gerhardt/Gerke/Steiner Hrsg.), 1993, S. 287–312

Gerpott T./Hoffmann A., Risikomanagement in Unternehmen, in: Wirtschaftswissenschaftliches Studium, Heft 1, 2008, S. 7–13

Gifford S., Limited attention and the role of the venture capitalists, in: Journal of Business Venturing, Vol. 12, 1997, S. 459–482

Gleißner W./Meier G., Risikoaggregation mittels Monte-Carlo-Simulation, in: Versicherungswirtschaft, 3/1999, S. 926–929

Gleißner W./Meier G.(Hrsg.), Wertorientiertes Risiko-Management für Industrie und Handel, Wiesbaden, 2001

Gleißner W./Füser K., Leitfaden Rating: Basel II – Rating-Strategien für den Mittelstand, München, 2003

Goebel L., MM Praxisbuch Mittelstandsfinanzierung: Beteiligungskapital, Leasing, Factoring, Fördermittel, Würzburg, 2005

Graw H./Keller C., Bilanzmanipulation – Risiko und Krisenfrüherkennung durch Jahresabschlussanalysen, in: Kredit & Rating Praxis, Heft 1, 2004, S. 27–31

Grunert J./Kleff V./Norden L./Weber M., Mittelstand und Basel II: Der Einfluss der neuen Eigenkapitalvereinbarung für Banken auf die Kalkulation von Kreditzinsen, in: Zeitschrift für Betriebswirtschaft, 72. Jg., Heft 10, 2002, S. 1045–1064

Hahn O., Factoring und Forfaitierung, in: Handbuch des Finanzmanagements (Gerhardt/Gerke/Steiner Hrsg.), 1993, S. 519–530

Harbrecht W./Kick T., Basel II: Auswirkungen auf Kreditzinsen – Eine Modellrechnung für kleine und mittlere Unternehmen, in: Controlling, Heft 4/5, 2006, S. 221–227

Harrant H./Hemmrich A., Risikomanagement in Projekten, München/Wien, 2004

Hauptfachausschuss der Wirtschaftsprüfer, Besonderheiten der Bewertung kleiner und mittlerer Unternehmen, in: Die Wirtschaftsprüfung, 51. Jg., Heft. 11, 1998, S. 26–29

Helbing C., Besonderheiten der Bewertung von kleinen und mittleren Unternehmen, in: Peemöller, V., Praxishandbuch der Unternehmensbewertung, Herne/Berlin, 2004, S. 187–198

Hering T., Konzeption der Unternehmensbewertung und ihre Eignung für mittelständische Unternehmen, in: Betriebswirtschaftliche Forschung und Praxis, 52. Jg., 5/2000, S. 433–453

Hirsch B., Der Economic Value Added, in: Wirtschaftswissenschaftliches Studium, Heft 2, 2007, S. 62–68

Hofmann G., Basel II und die Zukunft des Kreditgeschäfts in Deutschland, in: Betriebswirtschaftliche Forschung und Praxis, 54 Jg. Heft 6, 2002, S. 545–555

Hommelhoff P./Mattheus D., Risikomanagement im Konzern – ein Problemaufriss, in: Betriebswirtschaftliche Forschung und Praxis, 52. Jg., Heft 3, 2000, S. 217–230

Jacobs J./Weinrich G., Bonitätsbeurteilung kleiner Unternehmen mit nicht-linearen Klassifikationsverfahren, in: Der Betriebswirt, Heft 4, 2002, S. 343–358

Jahrmann. F.U., Finanzierung, Herne/Berlin, 2003

Kaiser D./Lauterbach R., Die Rolle von Venture Capital bei Börsengängen, in: Zeitschrift für das gesamte Kreditwesen, Heft 3, 2008, S. 118–122

Kaserer C./Achleitner A./v. Einem C./Schiereck D., Private Equity in Deutschland – Rahmenbedingungen, ökonomische Bedeutung und Handlungsempfehlungen, München, 2007

Keiber K./Kronimus A./Rudolf M., Bewertung von Wachstumsunternehmen am Neuen Markt, in: Zeitschrift für Betriebswirtschaft, 72. Jg., Heft 7, 2002, S. 735–764

Keiner T., Rating für den Mittelstand, Frankfurt/New York, 2001

KfW (Hrsg.), Unternehmensfinanzierung: Immer noch schwierig, aber erste Anzeichen einer Besserung, Frankfurt a.M., 2005

Knuppertz T./Ahlrichs F., Prozessorientiertes Risikomanagement, in: Controlling, Heft 8/9, 2007, S. 491–499

Koch W./Wegmann J., Going public im Mittelstand – Erfahrungsberichte vom Neuen Markt, in: Betriebswirtschaftliche Forschung und Praxis, 50. Jg., Heft 3, 1998, S. 289–298

Kokalj L./Paffenholz G./Moog P. 2003, Neue Tendenzen in der Mittelstandsfinanzierung, Wiesbaden, 2002

Kolbeck C./Wimmer R., Finanzierung für den Mittelstand, Wiesbaden, 2002

Koller T./Goedhart M./Wessels D., Valuation: Measuring an Managing the Value of Companies, New Jersey, 2005

Korst H., Kurzfristige Finanzierungsrechnung zur Finanzdisposition, in: Handbuch des Finanzmanagements (Gerhardt/Gerke/Steiner Hrsg.), 1993, S. 87–98

Kotz H., Basel II – neue Anforderungen an die Bankenaufsicht, in: Zeitschrift für das gesamte Kreditwesen, 54. Jg., 2001, S. 638–642

Kralicek P., Kennzahlen für Geschäftsführer, Wien, 2001

Kruschwitz L., Verfahren zur Berücksichtigung der Unsicherheit bei Investitions- und Finanzierungsentscheidungen, in: Handbuch des Finanzmanagements (Gerhardt/Gerke/Steiner Hrsg.), 1993, S. 121–130

Kußmaul H./Hilmer K., Auswirkungen der Unternehmensteuerreform 2008 auf den Mittelstand, in: Wirtschaftswissenschaftliches Studium, Heft 1, 2008, S. 48–51

Kütter G./Loch F./Thelen-Pischke H., Das zweite Konsultationspapier zur Überarbeitung der Basler Eigenkapitalübereinkunft, in: Zeitschrift für das gesamte Kreditwesen, 54 Jg., 2001, S. 183–186

Kütting K.H., Erkennung von Unternehmenskrisen anhand der angewandten Bilanzpolitik, in: Controlling, Heft 4/5, 2005, S. 223–231

Langner S., Asset Backed Securities, in: Schmalenbachs Zeitschrift für betriebswirtschaftliche Forschung, 54. Jg., Heft 11, 2002, S. 656–673

Laux H., Wertorientierte Unternehmenssteuerung und Kapitalmarkt, Berlin/Heidelberg/New York, 2006

Leopold G., Gewinnung von externem Eigenkapital für nicht börsennotierte Unternehmen, in: Handbuch des Finanzmanagements (Gerhardt/Gerke/Steiner Hrsg.), 1993, S. 345–364

Loehr H., Bewertung von Unternehmen an den Kapitalmärkten, in: Handbuch des Finanzmanagements (Gerhardt/Gerke/Steiner Hrsg.), 1993, S. 177–196

Löffler A., Zwei Anmerkungen zu WACC, in: Zeitschrift für Betriebswirtschaft, 74. Jg., Heft 9, 2004, S. 934–942

Löhnert P./Böckmann U., Multiplikatorverfahren in der Unternehmensbewertung, in: Peemöller V., Praxishandbuch der Unternehmensbewertung, Herne/Berlin, 2004, S. 401–425

Lövenich M., Die Entwicklung der Factoring-Gesellschaften aus Kapitalmarkt- und Bankensicht, in: Finanzierung, Leasing, Factoring, Heft 5, 2007, S. 200–202

Lück W., Elemente eines Risiko-Management-Systems, in: Der Betrieb, 1998, S. 8–14

Lück W., Managementrisiken, in: Dörner D./Horváth P./Kagermann H. (Hrsg.), Praxis des Risikomanagements, Stuttgart, 2000, S. 311–343

Lück M./Henke M., Die interne Revision als zentraler Bestandteil der Corporate Governance, in: Betriebswirtschaftliche Forschung und Praxis, 56. Jg. 2004, S. 1–14

MacKinlay C., On Multivariate Tests of the CAPM, in: Journal of Financial Economics 1987, S. 341–371

Mandl G./Rabel K., Unternehmensbewertung – Eine praxisorientierte Einführung, Wien/Frankfurt, 2002

Mankiw G./Shapiro M., Risk and Return, Consumption Beta versus Market Beta, in: Review of Economics and Statistics, 1986, S. 452–459

Massenberg H.J./Borchardt A., Rating und Rechnungslegung im Mittelstand, in: Betriebswirtschaftliche Forschung und Praxis, Heft 4, 2007, S. 346–356

Mayer B./Pfeiffer T./Schneider G., Wertorientierte Unternehmenssteuerung mit differenzierten Kapitalkosten: Einzel- versus Gesamtbewertung, in: Der Betriebswirt, Heft 1, 2005, S. 7–20

Mochel T./Stolte B., Forderungsmanagement für den Mittelstand – Debitorenmanagement optimieren und Forderungsausfälle reduzieren, in: Controlling, Heft 4/5, 2006, S. 229–235

Modigliani F./Miller M.H., The Cost of Capital, Corporation Finance and the Theory of Investment, in: American Economic Review, Vol. 48, 1958, S. 261–297

Muche T., Ein stochastisches Modell zur Insolvenzprognose auf der Basis von Jahresabschlußdaten, in: Betriebswirtschaftliche Forschung und Praxis, Heft 4, 2007, S. 376–399

Nekat K./Nippel P., Kapitalherabsetzung und Unternehmenssanierung, in: Wirtschaftswissenschaftliches Studium, Heft 7, 2006, S. 374–379

Nelles M./Klusemann M., Die Bedeutung der Finanzierungsalternative Mezzanine-Capital im Kontext von Basel II für den Mittelstand, in: Finanz Betrieb, Heft 1, 2003, S. 1–10

Olbrich M., Zur Bedeutung des Börsenkurses für die Bewertung von Unternehmungen und Unternehmungsanteilen, in: Betriebswirtschaftliche Forschung und Praxis, 52. Jg., Heft 5, 2000, S. 454–465

Olfert K./Reichel C., Finanzierung, Ludwigshafen, 2005

Padberg C./Swies D., Basell II und dessen Umsetzung in deutsches Recht – Darstellung der Entwicklung von Normen und Begriffen, in: Finanzierung, Leasing, Factoring, Heft 4, 2007, S. 166–171

Paetzmann K., Finanzierung mittelständischer Unternehmen nach „Basel II" – Neue Spielregeln durch bankeninterne Ratings, in: Der Betrieb, 54. Jg., 2001, S. 493–497

Paul S., Basel II – Kontrolle der Risikoposition von Banken im Spannungsfeld von Markt und Staat, in: Betriebswirtschaftliche Forschung und Praxis, 54. Jg. Heft 6, 2002, S. 556–573

Peemöller V./Kunowski S., Ertragswertverfahren nach IDW, in: Handbuch der Unternehmensbewertung, Herne/Berlin, 2004, S. 199–262

Perridon L./Steiner M., Finanzwirtschaft der Unternehmung, München, 2007

Prätsch J./Schikorra U./Ludwig E., Finanzmanagement, München/Wien, 2003

Rappaport A., Creating Shareholder Value, New York, 1986

Ratjan R./Zingales L., What do we know about capital structure? Some evidence from international data, in: Journal of Finance, Vol. 50, Heft 5, 1995, S. 1421–1460

Reichling P./Beinert C./Henne A., Praxishandbuch Finanzierung, Wiesbaden, 2005

Richter F., Unternehmensbewertung bei variablem Verschuldungsgrad, in: Zeitschrift für Bankrecht und Bankwirtschaft, 10. Jg., Heft 6, 1998, S. 379–389

Rösler P., Kreditfinanzierung über Intermediäre, in: Handbuch des Finanzmanagements (Gerhardt/Gerke/Steiner Hrsg.), 1993, S. 401 – 428

Ross S./Westerfield R./Jordan B., Fundamentals of Corporate Finance, New York, 2003

Schäfer H./Schässburger B., Bewertungsmängel von CAPM und DCF bei innovativen wachstumsstarken Unternehmen und optionspreistheoretischen Alternativen, in: Zeitschrift für Betriebswirtschaft, 71. Jg., Heft 1, 2001, S. 85–107

Schmidt J., Die Discounted Cash-flow-Methode – nur eine kleine Abwandlung der Ertragswertmethode?, in: Schmalenbachs Zeitschrift für betriebswirtschaftliche Forschung, 47. Jg., Heft 12, 1995, S. 1088–1118

Schneck O., Finanzierung, München, 2003

Schöning S./Rojek S., Genussscheinprogramme, in: Wirtschaftswissenschaftliches Studium, Heft 10, 2007, S. 527–530

Schulte R., Kapitalstrukturentwicklung in der Frühentwicklungsphase von Existenzgründungen, in: Betriebswirtschaftliche Forschung und Praxis, Heft 3, 2007, S. 217–231

Schultze W., Methoden der Unternehmensbewertung: Gemeinsamkeiten, Unterschiede, Perspektiven, Düsseldorf, 2003

Schwetzler B./Darijtschuk N., Unternehmensbewertung mit Hilfe der DCF-Methode – eine Anmerkung zum „Zirkularitätsproblem“, in: Zeitschrift für Betriebswirtschaft, 69. Jg. Heft 3, 1999, S. 295–318

Seiler K., Unternehmensbewertung – Wertermittlung bei Kauf, Verkauf und Fusion von kleinen und mittleren Unternehmen, Berlin/Heidelberg, 2004

Sieben G./Maltry H., Der Substanzwert der Unternehmung, in: Peemöller V., Praxishandbuch der Unternehmensbewertung, Herne/Berlin, 2004, S. 375–400

Stark J., Neue Trends in der Unternehmensfinanzierung, in: Finanzierung für den Mittelstand (Kolbeck C./Wimmer R. Hrsg.), 2002, S. 35–45

Steiner M./Wittrock C., Märkte für Instrumente zur Risikoabsicherung, in: Handbuch des Finanzmanagements (Gerhardt/Gerke/Steiner Hrsg.), 1993, S. 669–720

Steiner M./Wallmeier M., Unternehmensbewertung mit Discounted Cash Flow-Methode und dem Economic Value Added-Konzept, in: Finanzbetrieb, 1. Jg., 1999, S. 1–10

Steiner M./Mader W./Starbatty N., Aktuelle Entwicklungen in der Unternehmensfinanzierung, in: Finanz Betrieb, Heft 5, 2003, S. 513–524

Stewart I./Bennett, The Quest for Value, 1991

Stiefl J., Wie robust sind Seifenblasen: Die Bewertung junger Unternehmen am Neuen Markt, in: Accounting, Heft 3, 2002, S. 6–7

Stiefl J., Finanzmanagement, München, 2005

Stiefl J./v. Westerholt K., Wertorientiertes Management, München, 2007

Stoimenov P./Wilkens S., Das Capital Asset Pricing Model – Ergebnisse für den deutschen Aktienmarkt, in: Wirtschaftswissenschaftliches Studium, Heft 5, 2005, S. 295–300

Streitferdt F., Unternehmensbewertung mit den DCF-Verfahren nach der Unternehmensteuerreform 2008, in: Finanz Betrieb, Heft 4, 2008, S. 268–276

Süchting J., Finanzmanagement, Wiesbaden, 1995

Swoboda P., Finanzierungstheorie, Heidelberg, 2007

Wallmeier, M., Kapitalkosten und Finanzierungsprämissen, in: Zeitschrift für Betriebswirtschaft, 69 Jg., Heft 12, 1999, S. 1473–1490

Wambach M./Rödl B., Rating: Finanzierung für den Mittelstand, Frankfurt am Main, 2001

Wassermann H., Factoring für den Mittelstand: Ein Herz für kleinere Unternehmen, in: Finanzierung, Leasing, Factoring, Heft 2, 2007, S. 70–80

Weber M./Schiereck D., Marktbezogene Bestimmung der Kapitalkosten, in: Handbuch des Finanzmanagements (Gerhardt/Gerke/Steiner Hrsg.), 1993, S. 131–150

Weiß G., Kohärente Risikomaße – Eine Einführung in die axiomatische Risikomaßtheorie, in: Wirtschaftswissenschaftliches Studium, Heft 5, 2008, S. 270–272

Welge M./Eulerich M., Die Szenario-Technik als Planungsinstrument in der strategischen Unternehmenssteuerung, in: Controlling, Heft 2, 2007, S. 69–74

Wieselhuber & Partner, Börseneinführung mit Erfolg, München, 1996

Wildemann H., Handlungsempfehlungen zur Verbesserung der Risikoposition von KMU beim Rating unter besonderer Berücksichtigung leistungswirtschaftlicher Risiken, in: Controlling, Heft 4/5, 2005, S. 233–241

Wöhe G./Bilstein J., Grundzüge der Unternehmensfinanzierung, München, 2002

Wolf K., Implementierung eines Risikomanagementsystems, in: Wirtschaftswissenschaftliches Studium, Heft 10, 2004, S. 625–630

Wüstemann J./Kierzek S., IFRS als neues Bilanzrecht für den Mittelstand? – Bilanztheoretische Erkenntnisse und Würdigung der IFRS in ihrem Lichte, in: Betriebswirtschaftliche Forschung und Praxis, Heft 4, 2007, S. 358–375

Zantow R., Finanzwirtschaft der Unternehmung: Die Grundlagen des modernen Finanzmanagements, München, 2007

Zeidler G./Schöninger S./Tschöpel A., Auswirkungen der Unternehmensteuerreform 2008 auf Unternehmensbewertungskalküle, in: Finanz Betrieb, Heft 4, 2008, S. 276–288